# 机械设计原理
## 与
## 技术方法

张丽杰　李立华　孙爱丽　主编

JIXIE SHEJI YUANLI
YU
JISHU FANGFA

化学工业出版社

·北京·

《机械设计原理与技术方法》以设计为主线，介绍了常用机械设计的基本知识及创新方法。全书分为6篇共20章，第1篇机械设计总论（第1章和第2章），主要包括机械设计及技术方法概述，如机械组成、机械设计准则、强度、刚度、互换性及标准化等；第2篇机械常用机构设计（第3章至第9章），主要阐述常见机构的运动原理、运动特点和设计等；第3篇机械传动机构设计（第10章至第12章），主要阐述机械传动机构的工作原理、失效形式及设计等；第4篇轴系零、部件（第13章至第15章），主要阐述轴的设计及轴上零、部件的选用；第5篇连接（第16章至第18章），主要阐述常用连接；第6篇机械设计实训篇（第19章和第20章），主要介绍常用仿真设计软件及设计方法，同时为了培养设计人员的创新理念，提高创新能力，精选案例进行讲解。

本书内容丰富，图文并茂，实用性强，可作为机械设计人员的参考书及高等院校、高职院校机械类及近机械类专业的教材，也可作为机械类创新大赛的指导书。

**图书在版编目（CIP）数据**

机械设计原理与技术方法/张丽杰，李立华，孙爱丽主编. —北京：化学工业出版社，2020.6（2022.4重印）

ISBN 978-7-122-36215-5

Ⅰ.①机… Ⅱ.①张…②李…③孙… Ⅲ.①机械设计 Ⅳ.①TH122

中国版本图书馆 CIP 数据核字（2020）第 032322 号

---

责任编辑：张兴辉　金林茹　　　　　　　文字编辑：陈　喆
责任校对：刘曦阳　　　　　　　　　　　装帧设计：王晓宇

---

出版发行：化学工业出版社（北京市东城区青年湖南街 13 号　邮政编码 100011）
印　　装：北京天宇星印刷厂
787mm×1092mm　1/16　印张 22¾　字数 569 千字　2022 年 4 月北京第 1 版第 2 次印刷

---

购书咨询：010-64518888　　　　　　　　售后服务：010-64518899
网　　址：http://www.cip.com.cn
凡购买本书，如有缺损质量问题，本社销售中心负责调换。

---

定　　价：99.00 元　　　　　　　　　　　　　　　　　版权所有　违者必究

# 前言

在科学技术迅速发展的今天，机械工业作为各类工业的基础，在任何时期都不可或缺。机械设计的实用性、经济性和创新性决定了其先进性。

作为一名机械设计人员，要设计出更多、更新的机械装置和机械设备，除了具备基础理论知识外，还需要掌握常用的设计方法，以实现典型机构的应用、组合及创新。为此，本书以机械设计为主线，系统总结常用机构、常见传动机构、轴系零部件及连接的基础知识，结合近十年指导机械创新大赛的经验，运用常用仿真设计软件对典型设计作品的设计过程进行讲解，旨在拓宽机械设计人员的思路，培养创新思维，提高实践能力和创新能力。

本书分为 6 篇共 20 章，第 1 篇机械设计总论（第 1 章和第 2 章），主要包括机械设计及技术方法概述，如机械组成、机械设计准则、强度、刚度、互换性及标准化等；第 2 篇机械常用机构设计（第 3~9 章），主要阐述常见机构的运动原理、运动特点和设计等；第 3 篇机械传动机构设计（第 10~12 章），主要阐述机械传动机构的工作原理、失效形式及设计等；第 4 篇轴系零、部件（第 13~15 章），主要阐述轴的设计及轴上零、部件的选用；第 5 篇连接（第 16~18 章），主要阐述常用连接；第 6 篇机械设计实训（第 19 章和第 20 章），主要介绍常用仿真设计软件、设计方法，并结合典型案例进行讲解。

本书内容全面，深入浅出，实用性强，可作为机械设计人员的参考书及高等院校、高职院校机械类及近机械类专业的教材，也可作为机械类创新大赛的指导书。

本书由陆军军事交通学院张丽杰、李立华、孙爱丽任主编，郝振洁、张健、王云、刘雅倩、谢霞任副主编，参加本书编写工作的还有柴树峰、王文照、马超、李改灵、杨甫勤、白丽娜、王晓燕。本书由徐来春、孙开元任主审。

编者殷切希望广大读者在使用过程中，对本书的不足和欠妥之处提出批评。

编　者

# 目录

# 第 5 篇

## 连　　接

## 第6篇
### 机械设计实训

# 第 **1** 篇
## 机械设计总论

# 第 1 章

# 机械设计及技术方法概述

本书紧密联系实际，着眼于研究常用机构的工作原理、机械运动方案设计和通用零部件的特点、机械设计的理论知识和实践方法，培养机械设计人员的工程观念。

## 1.1 机械设计及技术方法的研究对象

**（1）零件**

零件是机械制造的最小单元。任何机器都是由许多零件组成的。若将一部机器进行拆卸，拆到不可再拆的最小单元就是零件。机械中的零件可分为两类：一类是在各类机械中经常用到的零件，称为通用零件，如齿轮、螺钉、轴、弹簧等；另一类是只出现于某些特定机械之中的零件，称为专用零件，如汽轮机的叶片、内燃机的活塞（图 1-1）等。

**（2）构件**

构件是机械运动的单元。可以是单一的零件，也可以由刚性组合在一起的几个零件组成。如图 1-1 所示的齿轮既是零件又是构件；而连杆则是由连杆体、连杆盖、轴瓦、螺栓、螺母及轴套几个零件组成，这些零件组成一个整体进行运动，所以称为一个构件，如图 1-2 所示。

**（3）部件**

在机械中，把为完成共同任务彼此协同工作的一系列零件或构件所组成的组合体称为部件。它是装配的单元，如滚动轴承、联轴器等。

**（4）机器**

人类经过长期的生产实践逐步创造了各种机器，从家用的电风扇、洗衣机到工业上使用的各种机床，从汽车、火车、轮船、飞机到火箭、宇宙飞船、航天飞机，从挖掘机、起重机到各种机器人等。机器的种类很多，构造、性能和用途各不相同，但它们却有一些共同的特征。

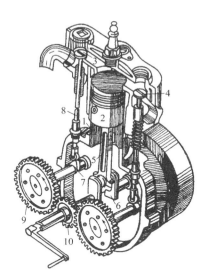

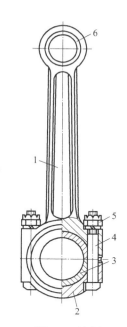

图 1-1　单缸四冲程内燃机

1—气缸体；2—活塞；3—进气阀；4—排气阀；5—连杆；

6—曲轴；7—凸轮；8—顶杆；9，10—齿轮

图 1-2　连杆

1—连杆体；2—连杆盖；3—轴瓦；

4—螺栓；5—螺母；6—轴套

如图 1-1 所示的单缸四冲程内燃机，由气缸体 1、活塞 2、进气阀 3、排气阀 4、连杆 5、曲轴 6、凸轮 7、顶杆 8、齿轮 9 和齿轮 10 等组成。燃气推动活塞往复移动，通过连杆转变为曲轴的连续转动。凸轮和顶杆是用来启闭进气阀和排气阀的。为了保证曲轴每转两周进、排气阀各启闭一次，曲轴与凸轮轴之间安装了齿数比为 1：2 的齿轮。这样，当燃气推动活塞运动时，各构件能够协调地动作，进、排气阀有规律地启闭，加上气化、点火等装置的配合，从而将燃气的热能转换为曲轴转动的机械能。

图 1-3 所示为一自动送料冲压机，它由冲压机和送料传动装置两大部分组成。其工作原理是：机座 4 是整个装置的支撑，电动机通过带传动和齿轮传动（图中未标出）减速后，把运动和动力传递给冲压机的曲轴 1，曲轴带动连杆 2，连杆 2 传给冲头 3（即滑块），使冲头作上下往复运动。送料传动装置的曲柄 1′与冲压机的曲轴 1 固连在同一轴上，由曲柄 1′经连杆 5、齿条 5′、齿轮 6、单向离合器 7、锥齿轮 8 与 9、圆柱齿轮 9′与 10，以及与两圆柱齿轮分别固连的滚筒的转动，将带状料或棒状料送入冲压模具中进行冲压。送料长度的调节是靠调整曲柄 1′的长度来实现的。送料与冲压过程靠机械来实现，从而代替人完成有用的机械功。

从以上两个实例以及日常生活中接触过的其他机器可知，虽然各种机器的构造、用途和性能各不相同，但是从它们的组成、运动确定性以及功能关系来看，都具有以下几个共同特征：

① 都是人为实体（构件）的组合。

② 各个运动实体（构件）之间具有确定的相对运动。

③ 能够实现能量的转换，代替或减轻人类的劳动，完成有用的机械功。现代机器的内涵还包括信息处理、影像处理等功能。

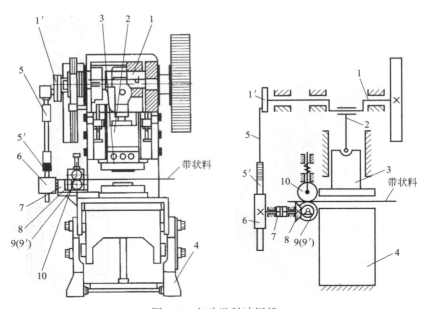

图 1-3　自动送料冲压机

1,1′—曲轴；2,5—连杆；3—冲头；4—机座；5′—齿条；6—齿轮；7—单向离合器；
8,9—锥齿轮；9′,10—圆柱齿轮

　　凡同时具备上述 3 个特征的实物组合体就称为机器。但是随着现代科学技术的迅猛发展，机器的概念也相应发生了变化。尤其是计算机的出现和不断完善，使机器的智能化程度越来越高。这类机器除具有使其内部各机构正常动作的先进控制系统外，还包含信息采集、处理和传递系统等。

　　因此机器的概念可以这样表述：机器是执行机械运动的装置，用来变换或传递能量、物料、信息。

　　**(5) 机构**

　　机器的概念已如上所述，那么什么是机构？为了说明这个问题，需要进一步分析上述几个实例。

　　在图 1-1 所示的单缸内燃机中，活塞、连杆、曲轴和气缸体组合起来，可将活塞的往复移动变成曲轴的连续转动；凸轮、顶杆和气缸体的另一组合，可将凸轮的连续转动变成顶杆按某种预期运动规律的往复移动；而三个齿轮与气缸体组合在一起后，又可将转动变快或变慢，甚至改变转向。这些具有各自运动特点且均含有一个机架（这里是气缸体）的组合体才是基本的。我们把能实现预期机械运动的各构件（包括机架）的基本组合体称为机构。在工程实际中，人们常根据实现各种运动形式的构件及主要零件外形特点定义机构的名称。例如，图 1-1 中的齿轮 9 和 10，图 1-3 中的锥齿轮 8 和 9，其主要运动特点是把高速转动变为低速转动或反之，称其为齿轮机构；图 1-1 中的凸轮 7 和顶杆 8，其主要构件是具有特定轮廓曲线的凸轮，利用其轮廓曲线使顶杆按指定规律作周期性的往复移动，称其为凸轮机构；图 1-1 中的活塞 2、连杆 5 和曲轴 6，图 1-3 中杆件 1、2、3、1′ 和 5，其构件的基本形状是杆状或块状，其运动特点是能实现转动、摆动、移动等运动形式的相互转换，称其为连杆机构。

　　由以上几个例子可以看出，机构具有机器的前两个特征：

① 都是人为实体（构件）的组合；

② 各个运动实体（构件）之间具有确定的相对运动。

**提示**：机器与机构的主要区别是，能否实现能量转换、做有用功。

通过以上分析可以看出，机器的主体部分是由各种机构组成的，它可以完成能量的转换或做有用的机械功；而机构则仅仅起着运动及动力传递和运动形式转换的作用。从结构和运动的观点来看，两者之间并无区别。因此，人们常用"机械"一词作为机器与机构的总称。

## 1.2  机械设计及技术方法的发展

20 世纪以来，随着科学和技术的发展与进步，设计的基础理论研究得到加强。随着设计经验的积累，以及设计和工艺的结合，已形成了一套半经验半理论的设计方法。依据这套方法进行机电产品设计，统称为传统设计。所谓"传统"是指这套设计方法已沿用了很长时间，直到现在仍被广泛地采用着。传统设计又称常规设计。

传统设计是以经验总结为基础，运用力学和数学而形成的经验公式、图表、设计手册等作为设计的依据，通过经验公式、近似系数或类比等方法进行的设计。传统设计在长期运用中得到不断的完善和提高，是符合当代技术水平的一种有效设计方法。但由于所用的计算方法和参考数据偏重于经验的概括和总结，往往忽略了一些难解或非主要的因素，因而造成设计结果的近似性大，也难免存在不确切和失误。此外，信息处理、参量统计和选取、经验或状态的存储和调用等还没有一个理想的有效方法，解算和绘图也多用手工完成，所以不仅影响设计速度和设计质量的提高，也难以做到精确和优化。传统设计对技术与经济、技术与美学也未能做到很好的统一，使设计带有一定的局限性。这些都是有待于进一步改进和完善之处。

限于历史和科技发展的原因，传统设计方法基本上是一种以静态分析、近似计算、经验设计、手工劳动为特征的设计方法。显然，随着现代科学技术的飞速发展，生产技术的需要以及先进设计手段的出现，这种传统方法已难以满足当今时代的要求，从而迫使设计领域不断研究和发展新的设计方法和技术。

现代设计是过去长期的传统设计活动的延伸和发展，它继承了传统设计的精华，吸收了当代科技成果和计算机技术。与传统设计相比，它是一种以动态分析、精确计算、优化设计和 CAD 为特征的设计方法。

现代设计方法与传统设计方法相比，主要完成了以下几方面的转变：

① 以动态的取代静态的  如以机器结构动力学计算取代静力学计算；以实时在线测试数据作为评价依据等。

② 以定量的取代定性的  如以有限元法计算箱体的尺寸和刚度取代经验类比法。

③ 以变量取代常量  如可靠性设计中用随机变量取代传统设计方法中当作常量的粗略处理方法。

④ 以优化设计取代可行性设计  用相关的设计变量恰当地建立设计目标的数学模型，从众多的可行解（方案）中寻求最优解。

⑤ 以并行设计取代串行设计  并行设计［concurrent design，也称并行工程（concurrent engineering）］是一种面向整个"产品生命周期"的一体化设计过程，在设计阶段就从总体上并行地综合考虑其整个生命周期中功能结构、工艺规划、可制造性、可装配性、可测

试性、可维修性以及可靠性等各方面的要求与相互关系，避免串行设计中可能发生的干涉与返工，从而迅速开发出质优、价廉、能耗低的产品。

⑥ 以微观的取代宏观的　如以断裂力学理论处理零件材料本身微观裂纹扩展引起的低应力脆断现象，建立以损伤容限为设计判据的设计方法；润滑理论中的微-纳米摩擦学等。

⑦ 以系统工程法取代分部处理法　将产品的整个设计工作作为一个单级或多级的系统，用系统工程的观点划分其设计阶段及分析其组成单元，通过仿真及自动控制等手段，综合最优地处理它们的内在关系及系统与外界环境的关系。

⑧ 以自动化设计取代人工设计　按照集成化与智能化的要求，充分利用先进的硬件及软件（如计算机、自动绘图机，以及数据库、图形库、知识库、专家系统、评价与决策系统等众多支持系统），极力提高人机结合的设计系统的自动化水平，大大提高产品的设计质量、设计效率和经济效益，并利于设计人员集中精力创新开发更多的高科技产品，无疑是现代设计方法发展的核心目标。

目前，我国设计领域正由传统设计向现代设计过渡，广大设计人员应尽快适应这一新的变化，通过推行现代设计，尽快提高我国机电产品的性能、质量、可靠性和市场竞争力。

# 第2章

# 机械设计概述

## 2.1 机械系统的结构组成和功能

### 2.1.1 机械系统的结构组成

本书中所说的机械系统，一般是指机械系统中的工作机器。

如图 2-1 所示的机械系统是一牛头刨床，它是金属切削机床中的一种，主要用于刨削中、小型零件的平面。其中，图 2-1(a) 是它的外形图，图 2-1(b) 是它的传动示意图。牛头刨床通过电动机（原动机）驱动传动装置（带传动机构、齿轮变速机构、曲柄滑块机构）带动滑枕及刀架（工作机构）作往复直线运动；此外，通过曲柄摇杆机构和棘轮机构控制工作台沿着横梁作单向间歇直线运动，实现对零件的切削加工。

从上面的实例可知，机械系统一般由原动机、传动装置、工作机构、操纵控制装置等部分组成，如图 2-2 所示。

**（1）原动机**

原动机及其配套装置是给机械系统提供动力、实现能量转换的部分。其中一次动力机是将自然界能源（一次能源）直接转变为机械能，有水轮机、汽轮机和内燃机等。二次动力机则是将二次能源（电能、液能、气能）转化为机械能，有电动机、液压马达、气动马达等。动力机输出的运动以转动为主，也有直线运动，如直线运动电动机、油缸、气缸等。

**（2）传动装置**

传动装置是将动力机的动力和运动传递给执行机构的中间装置，它的主要功能是：

① 减速或增速，即把动力的输出速度降低或增高后传递给执行机构；

(a) 牛头刨床外形图

1—工作台；2—刀架；3—滑枕；4—床身；5—摆杆机构(在内部)；
6—变速机构；7—进刀机构；8—横梁

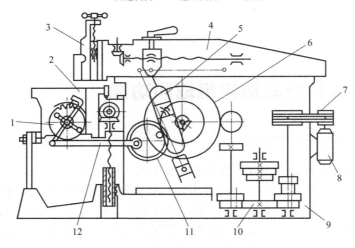

(b) 牛头刨床传动示意图

1—棘轮机构；2—工作台；3—刀架；4—滑枕；5—曲柄滑块机构；6—摆杆机构；7—带传动机构；
8—电动机；9—床身；10—齿轮变速机构；11—圆盘；12—曲柄摇杆机构

图 2-1　牛头刨床外形及传动示意图

② 变速，即实现有级或无级的变速，将多种速度提供给执行机构；

③ 传递动力，即与传递速度同时，将动力机的动力传递给执行机构；

④ 按工作要求改变运动规律，将连续的匀速旋转运动改变为按某种规律变化的旋转、非旋转运动；

⑤ 实现由一个或多个动力机驱动若干个同速或不同速的驱动机构。

传动装置的主要类型如图 2-2 所示。图 2-3～图 2-7 则是图 2-1 所示的牛头刨床中传动装置中的各种传动机构，其中图 2-3 是带传动机构，图 2-4 是齿轮变速机构，图 2-5 是曲柄滑块机构，图 2-6 是棘轮间歇运动机构，图 2-7 是螺旋传动机构。

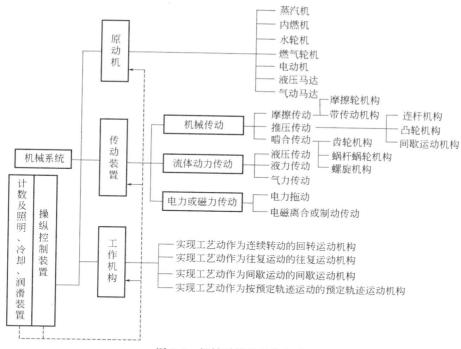

图 2-2　机械系统的结构组成

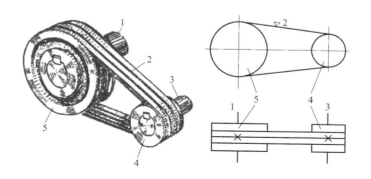

(a) 带传动机构　　　　(b) 带传动机构示意图

图 2-3　带传动机构

1—传动轴；2—V 带；3—电动机轴；4—小带轮；5—大带轮

**（3）工作机构**

工作机构，又称执行机构，是利用机械能来改变作业对象的性质、状态、形状或位置，或对作业对象进行检测、度量等以进行生产或达到其他预定要求的装置。工作机构一般处于机械系统的末端，直接与作业对象接触，因此，其输出也是整个机械系统的主要输出，工作机构的结构形式取决于机械系统本身的用途，如汽车的车轮、机器人的抓取机构。

**（4）操纵控制装置**

操纵及控制机械系统各组成部分协调动作，使之能可靠地完成工作任务的装置，称为操纵控制装置。它通过人工操作或测量元件获取控制信号，经由控制器，使控制对象改变其工作

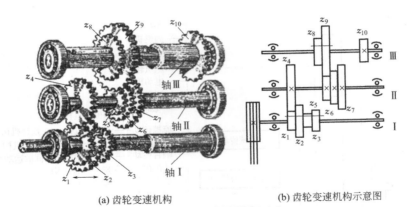

(a) 齿轮变速机构　　　　　　　　　(b) 齿轮变速机构示意图

图 2-4　齿轮变速机构

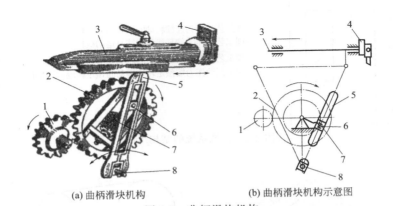

(a) 曲柄滑块机构　　　　　　　　　(b) 曲柄滑块机构示意图

图 2-5　曲柄滑块机构

1—小齿轮；2—摆杆齿轮；3—滑枕；4—刀架；5—摆杆；6—滑块；7—调节螺杆；8—下支点

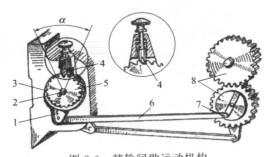

图 2-6　棘轮间歇运动机构

1—摇杆；2—进刀丝杆；3—挡环；4—棘爪；5—棘轮；6—连杆；7—偏心销；8—齿轮

参数或运行状态。例如，操纵控制机械系统的启动或停车，改变传动系统的运动状态和工作参数，调节工作机构的行程和速度，控制各工作机构之间的协调动作等。操纵控制装置通常由各种形式的连杆机构、凸轮机构或组合机构组成。在现代机械系统中，许多更为先进的控制装置，如各类伺服机构、自动控制装置、计算机数字控制装置等，已得到了更为广泛的应用。

　　控制系统的基本特征是组成控制系统的各环节间存在控制联系和信息联系，控制的目的是使被控对象的某一或某些物理量能按预期的规律运动并达到预期的目标。就物理结构来说，控制系统的组成是多种多样的，但就控制的作用来看，控制系统主要由控制部分和被控

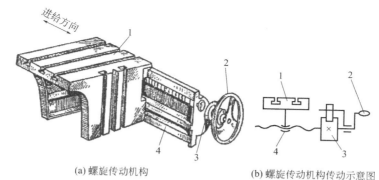

(a) 螺旋传动机构　　　　(b) 螺旋传动机构传动示意图

图 2-7　螺旋传动机构

1—工作台；2—手轮；3—棘轮机构；4—螺旋机构

部分组成。控制部分的功能是接收指令信号和被控部分的反馈信号，并对被控部分发出控制信号。被控部分则是接收控制信号，发出反馈信号，并在控制信号的作用下实现被控运动。在本书中，被控部分就是机械系统。

传统意义上的"原动机-传动装置-工作机构"形式的机械系统主要着眼于运动和动力的传递，而现代机械系统则更注重信息的流动和控制，因此控制装置在现代机械系统中占有非常重要的地位。

### 2.1.2　机械系统的功能

#### （1）功能的概念

任何机械系统（机械产品）都必须实现一定的功能。机械产品的功能一般是指该产品的效能、用途和作用。例如，洗衣机的功能是去污和甩干；电动机的功能是将电能转化成机械能；减速器的功能是传递转矩和变速转换。人们购买产品，买的是它的功能，使用的也是它的功能。因此，设计和制造机械产品的目的是实现既定的功能。

机械产品的功能，按其重要程度，可分为基本功能和辅助功能。基本功能是实现产品使用价值必不可少的功能；辅助功能则为产品的附加功能。例如手表的基本功能是计时，其余诸如防水、防震、防磁、夜光等，则为其辅助功能。

机械设计的最终目的是设计出能实现既定功能的机械系统的结构。常规的设计方法，一般是从机械的结构件设计开始的，而功能分析则是从机械的结构思考转为对它的功能的思考，即先从功能分析入手，然后再寻找可能实现既定功能的各种结构方案，通过对比、分析、评价、决策，确定一种最好的结构方案。这样，就可以做到不受现有结构的束缚，便于形成新的设计构思，提出创造性的设计方案。

#### （2）总功能、分功能和功能元的概念

任何机械产品都可以抽象出它的总功能。例如，载重汽车可抽象出其总功能是长距离运输物料；洗碗机可抽象出其总功能为除去餐具上的污垢；材料拉伸试验机可抽象出其总功能为测力和变形等。

一个机械系统的功能往往比较复杂，所包含的内容很多，通常很难立即找出其相应的解答（实现该功能的结构方案）。因此，为便于分析研究，需将功能分解成复杂程度较低的分功能。如有必要，分功能还可进一步分解成若干层次，直至功能的基本单元——功能元。功能分解后，必须满足：同级分功能组合起来应能实现上一级分功能的要求，最后组合成的整体就是系

统的总功能。这种功能的分解和组合的关系就是功能结构，图 2-8 表示了这种关系。

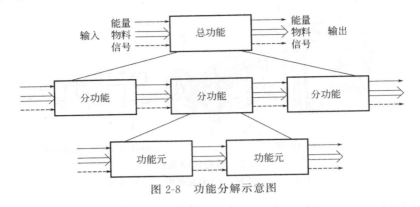

图 2-8　功能分解示意图

　　应当注意的是，具体系统功能分解的层次取决于系统的复杂程度及新设计所占的比重大小。对系统中已知的部分，可用现有部件实现其较为复杂的分功能，此时功能分解可在较高层次上停止；对于系统中新开发的部分，则需分解到其功能足够清晰为止。另外还应注意，即使总功能相同，功能分解的结果也可能不同，相应的解答方案也可能不同，故应对各种分解方案进行选择比较。

**（3）功能结构图**

　　机械产品总功能和各分功能之间的分解和结合关系可以用图来描述，此图就称为功能结构图。

　　建立产品的功能结构图时，首先需要确定其总功能并对此功能进行分解；然后通过对各分功能之间的关系进行分析，找出起决定作用的主要分功能的组合关系，初步确定功能结构的总体框架，再考虑附加的、次要的分功能；最后建立所需的功能结构图。通过建立功能结构图，可以理清产品的功能和各分功能之间的关系，便于寻找能实现各分功能（功能元）的结构方案。因此，建立功能结构图是进行机械产品设计的重要环节之一。

　　图 2-9 所示为带式运输机的功能结构图。

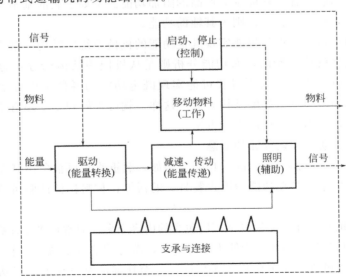

图 2-9　带式运输机的功能结构图

# 2.2　机械设计的概念及特点

## 2.2.1　机械设计的概念

"设计"具有广泛的含义。关于设计，目前还没有一个统一的定义，一般可以认为，设计是根据市场需求，对技术系统、零部件、工艺方法等进行设计和决策的过程。在多数情况下，这个过程要反复进行。计划和决策要以基础科学、数学、工程科学等为基础，其目标是对各种资源实现最佳的利用，使之最好地转变为人类需求的系统或器件。

从市场的需求出发，通过构思、计划和决策，确定机械产品的功能、原理方案、技术参数和结构等，并把设想变为现实，这样的一种技术实践活动过程就是机械设计。其目的是设计出一种能达到预定功能要求、性能好、成本低、价值高、能满足市场需求的机械产品。

例如，通过市场调查得知，根据环保的要求，无氟冰箱必将取代有氟冰箱，其市场需求迫切，具有很高的社会效益，于是，设计人员即从冰箱的功能需求出发，根据无氟制冷的要求，构思其原理方案、确定技术参数和结构布置，最后使无氟冰箱面市。这一技术过程，就是机械设计。

## 2.2.2　机械设计的过程

机械设计一般可分为开发型设计（根据机械产品的总功能要求和约束条件进行全新的设计）、适应型设计（根据生产技术的发展和使用部门的要求，对产品的结构和性能进行更新和改造，使之适应某种附加的要求）、变参数型设计（只对结构设置和尺寸加以改变，使之满足功能和速比等不同要求）、测绘和仿制等。

不同国家、不同企业、不同类型的机械设计，其设计过程不尽相同，但大致上可以分为产品规划阶段、原理方案设计阶段、结构方案设计阶段、总体设计阶段、施工设计阶段和试制、生产、销售阶段等，每个阶段的大致内容和目标如图 2-10 所示。

## 2.2.3　机械设计的特点

机械产品设计的过程是一个复杂的过程，涉及设计过程、设计管理、市场需求、社会环境等方方面面，其特点主要表现在以下几个方面。

**(1) 机械设计过程的渐变性**

机械设计过程的渐变性主要表现在：

① 产品设计是一个从抽象概念到具体产品的演化过程。如图 2-10 所示，从抽象的产品规划、功能需求、原理方案设计到较具体的结构方案设计、总体设计等，设计者在设计过程中，不断丰富和完善产品的设计信息，直到完成整个产品的设计。

② 产品设计是一个逐步求精和细化的过程。在产品设计的初期阶段，产品的结构关系与参数表达往往是模糊的和不完善的，随着设计过程的发展，产品的结构和参数才逐渐清晰和不断完善。

③ 产品设计是一个反复修改和迭代的过程（即设计-再设计的反复过程）。在此过程中，设计者需要不断地修改某些设计参数和结构，以满足最终的设计要求。

设计过程是一个由抽象到具体、由粗到精、逐步细化的过程，因此，设计过程中的许多

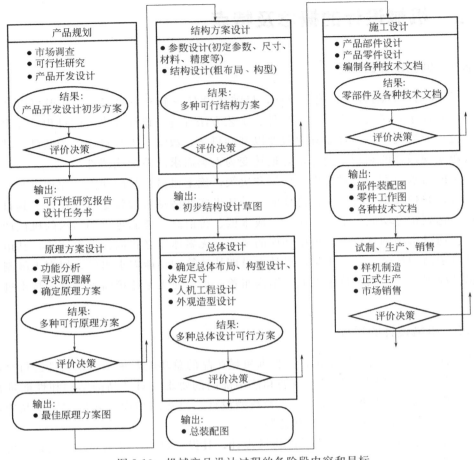

图 2-10  机械产品设计过程的各阶段内容和目标

细节并不是一开始就很清楚，需要在设计过程中不断完善、不断修正。设计进行到某一阶段时，很有可能发现前一阶段有些问题没有考虑周全，需要返回进行修改，并以此为基础重新进行设计，这个过程称为再设计。

再设计的过程，是精益求精的过程。一个设计，只有经过反复修改，才能不断完善。怕麻烦、不愿反复推敲、发现问题不愿修改的设计作风，不是好的作风，具有这种作风的设计人员很难设计出好的产品。

④ 设计方案的多解性。能够满足一定功能要求和设计约束的设计方案不是唯一的，存在着多种可行方案。设计者应在多种可行方案中，选择最优者作为设计方案，这就出现了优化设计。

⑤ 产品设计工作是创造性的工作，设计过程是不断创新的过程。

**（2）机械设计过程管理的复杂性**

机械设计过程管理的复杂性主要表现在：产品开发过程管理要求能够对从需求分析、概念设计直到最终设计完成的整个产品开发过程进行组织、协调和控制，并且能够对每一个阶段所需要的设备、工具、人员等进行分配、组织和管理。同时，产品开发创新程度、设计方法等方面的不同及其相互作用又进一步加深了产品开发过程管理的难度。产品开发也受到制造企业各个方面（例如产品开发策略、可利用资源、组织结构、人员素质、开发经验、信息技术、协作与合作、异地设计等）的影响。因而，设计过程管理是一个重要而又复杂的过程。

**（3）机械设计过程以市场需求为导向的必要性**

产品设计与制造的目的是满足市场的需要，因此，用户的满意程度是衡量产品优劣的主要指标。注重市场调查和预测，明确市场将需要什么，应是设计师经常关心的问题。特别是要把重点放在市场预测上，并以此为基础，确定新产品开发计划。

全球化的竞争使制造企业面临的竞争对手越来越多，产品上市时间和产品生命周期越来越短。作为设计师，更应重视产品开发的市场导向问题。

**（4）机械设计过程应增强社会环境意识，建立可持续发展观**

随着人们社会环境意识的增强，要求在产品开发过程中，对涉及的社会环境问题、资源的合理利用问题等给予足够的重视。也就是说，在设计过程中，应自觉增强社会环境意识和树立可持续发展的观念。

由产品设计的特点可以看出，机械设计中值得重视的几个问题是：设计过程中的创新和优化问题，市场需求和产品成本问题，可持续发展问题等。

# 2.3 机械设计中的准则、方法及一般步骤

## 2.3.1 机械零件的设计准则

为了保证所设计的机械零件能安全、可靠地工作，在进行设计工作之前，应确定相应的设计准则。不同的零件或相同的零件在差异较大的环境中工作，都应有不同的设计准则。设计准则的确定应该与零件的失效形式紧密地联系起来。一般来讲，大体有以下设计准则。

**（1）强度准则**

强度准则就是指零件中的应力不得超过允许的限度。例如：对一次断裂来讲，应力不超过材料的强度极限；对疲劳破坏来讲，应力不超过零件的疲劳极限；对残余变形来讲，应力不超过材料的屈服极限。这就是满足了强度要求，符合了强度计算的准则。其代表性的表达式为：

$$\sigma \leqslant \sigma_{\lim} \tag{2-1}$$

考虑各种偶然性或难以精确分析的影响，式（2-1）右边要除以设计安全系数（简称为安全系数）$S$，即：

$$\sigma \leqslant \frac{\sigma_{\lim}}{S} \tag{2-2}$$

**（2）刚度准则**

零件在载荷作用下产生的弹性变形量 $y$（它广义地代表任何形式的弹性变形量），小于或等于机器工作性能所允许的极限值 $[y]$（即许用变形量），就叫做满足了刚度要求，或符合了刚度设计准则。其表达式为：

$$y \leqslant [y] \tag{2-3}$$

弹性变形量 $y$ 可按各种求变形量的理论或实验方法来确定，而许用变形量 $[y]$ 则应随

不同的使用场合，根据理论或经验来确定其合理的数值。

**（3）寿命准则**

影响寿命的主要因素——腐蚀、磨损和疲劳，是三个不同范畴的问题，它们各自发展过程的规律也不同。迄今为止，还没有提出实用有效的腐蚀寿命计算方法，因而也无法列出腐蚀的计算准则。关于磨损的计算方法，由于其类型众多，产生的机理还未完全搞清，影响因素也很复杂，所以尚无可供工程实际使用的能够进行定量计算的方法，本书不拟讨论。关于疲劳寿命，通常是求出使用寿命时的疲劳极限或额定载荷作为计算的依据。

**（4）振动稳定性准则**

机器中存在着很多的周期性变化的激振源。例如：齿轮的啮合，滚动轴承中的振动，滑动轴承中的油膜振荡，弹性轴的偏心转动等。如果某一零件本身的固有频率与上述激振源的频率重合或成整倍数关系时，这些零件就会发生共振，致使零件损坏或机器工作情况失常等。所谓振动稳定性，就是说在设计时要使机器中受激振作用的各零件的固有频率与激振源的频率错开。例如，令 $f$ 代表零件的固有频率，$f_p$ 代表激振源的频率，则通常应保证如下条件：

$$0.85f > f_p \quad 或 \quad 1.15f < f_p \tag{2-4}$$

如果不能满足上述条件，则可用改变零件及系统的刚性，改变支承位置，增加或减少辅助支承等办法来改变 $f$ 值。把激振源与零件隔离，使激振的周期性改变的能量不传递到零件上去，或者采用阻尼以减小受激振动零件的振幅，都会改善零件的振动稳定性。

**（5）可靠性准则**

如有一大批某种零件，其件数为 $N_0$，在一定的工作条件下进行试验。如在 $t$ 时间后仍有 $N$ 件在正常地工作，则此零件在该工作环境条件下工作 $t$ 时间的可靠度 $R$ 可表示为：

$$R = \frac{N}{N_0} \tag{2-5}$$

如试验时间不断延长，则 $N$ 将不断地减小，故可靠度也将改变。这就是说，零件的可靠度本身是一个时间的函数。如果在时间 $t \sim (t + \mathrm{d}t)$ 的间隔中，又有 $\mathrm{d}N$ 件零件发生破坏，则在此 $\mathrm{d}t$ 时间间隔内破坏的比率 $\lambda(t)$ 定义为：

$$\lambda(t) = -\frac{\dfrac{\mathrm{d}N}{\mathrm{d}t}}{N} \tag{2-6}$$

式中　$\lambda(t)$——失效率，负号表示 $\mathrm{d}N$ 的增大将使 $N$ 减小。

分离变量并积分，得：

$$-\int_0^t \lambda(t)\mathrm{d}t = \int_{N_0}^{N} \frac{\mathrm{d}N}{N} = \ln\frac{N}{N_0} = \ln R \tag{2-7}$$

即：

$$R = \mathrm{e}^{-\int_0^t \lambda(t)\mathrm{d}t} \tag{2-8}$$

零件或部件的失效率 $\lambda(t)$ 与时间 $t$ 的关系如图 2-11 所示。这个曲线常被形象化地称为浴盆曲线，一般是用实验的办法求得的。该曲线分为三段：

Ⅰ段代表早期失效阶段。在这一阶段中，失效率由开

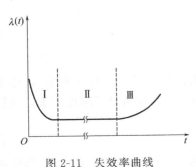

图 2-11　失效率曲线

始时很高的数值急剧地下降到某一稳定的数值。引起这一阶段失效率特别高的原因是零部件中所存在的初始缺陷，例如零件上未被发现的加工裂纹，安装不正确，接触表面未经磨合（跑合）等。

Ⅱ段代表正常使用阶段。在此阶段内如果发生失效，一般地总是由偶然的原因引起的，故其发生是随机性的，失效率则表现为缓慢增长。

Ⅲ段代表损坏阶段。长时间的使用而使零件发生磨损、疲劳裂纹扩展等，使失效率急剧地增加。及时维护和更换马上要发生破坏的零件就可以延缓机器进入这一阶段的时间。

表征零件可靠性的另一指标是零件的平均工作时间（也称平均寿命）。对于不可修复的零件，平均寿命是指其失效前的平均工作时间，用 MTTF（mean time to failures）表示；对于可修复的零件，则是指其平均故障间隔时间，用 MTBF（mean time between failures）表示。在工程实际中，平均寿命应用统计的方法确定。

### 2.3.2 机械零件的设计方法

机械零件的设计方法可从不同的角度进行不同的分类。目前较为流行的分类方法是把过去长期采用的设计方法称为常规的（或传统的）设计方法，近几十年发展起来的设计方法称为现代设计方法。本节主要阐明本书使用的常规设计方法。

机械零件的常规设计方法可概括地划分为以下几种。

**（1）理论设计**

根据长期总结出来的设计理论和实验数据所进行的设计，称为理论设计。现以简单受拉杆件的强度设计为例来讨论理论设计的概念。设计时强度计算按式（2-2）为：

$$\sigma \leqslant \frac{\sigma_{\lim}}{S}$$

或

$$\frac{F}{A} \leqslant \frac{\sigma_{\lim}}{S}$$

式中　$F$——作用于拉杆上的外载荷；

　　　$A$——拉杆横截面面积；

　　$\sigma_{\lim}$——拉杆材料的极限应力；

　　　$S$——设计安全系数（简称为安全系数）。

对上式的运算过程，可以有下述两大类不同的处理方法。

① 设计计算　由公式直接求出杆件必需的横截面尺寸 $A$，即：

$$A \geqslant \frac{SF}{\sigma_{\lim}} \tag{2-9a}$$

② 校核计算　按其他办法初步设计出杆件的横截面尺寸后，可选用下列四式之一进行校核计算：

$$\sigma = \frac{F}{A} \leqslant [\sigma] \tag{2-9b}$$

$$F \leqslant \frac{\sigma_{\lim} A}{S} \tag{2-9c}$$

$$S_{ca} = \frac{\sigma_{\lim}}{\sigma} \geqslant S \qquad\qquad (2\text{-}9\text{d})$$

$$\sigma_{\lim} \geqslant \sigma S \qquad\qquad (2\text{-}9\text{e})$$

式(2-9d)中的 $S_{ca}$ 为安全系数计算值，或简称为计算安全系数。

设计计算多用于能通过简单的力学模型进行设计的零件；校核计算则多用于结构复杂、应力分布较复杂、但又能用现有的应力分析方法（以强度为设计准则时）或变形分析方法（以刚度为设计准则时）进行计算的场合。

**（2）经验设计**

根据对某类零件已有的设计与使用实践而归纳出的经验关系式，或根据设计者本人的工作经验用类比的办法所进行的设计叫经验设计。这对那些使用要求变动不大而结构形状已典型化的零件，是很有效的设计方法。例如箱体、机架、传动零件的各结构要素等。

**（3）模型实验设计**

对于一些尺寸巨大而结构又很复杂的重要零件，尤其是一些重型整体机械零件，为了提高设计质量，可采用模型实验设计的方法。即把初步设计的零部件或机器制成小模型或小尺寸样机，通过实验的手段对其各方面的特性进行检验，根据实验结果对设计进行逐步的修改，从而达到完善。这样的设计过程叫模型实验设计。

这种设计方法费时、昂贵，因此只用于特别重要的设计中。

### 2.3.3  机械零件设计的一般步骤

机械零件的设计大体要经过以下几个步骤：

① 根据零件的使用要求，选择零件的类型和结构。为此，必须对各种零件的不同类型、优缺点、特性与使用范围等，进行综合对比并正确选用。

② 根据机器的工作要求，计算作用在零件上的载荷。

③ 根据零件的类型、结构和所受载荷，分析零件可能的失效形式，从而确定零件的设计准则。

④ 根据零件的工作条件及对零件的特殊要求（例如高温或在腐蚀性介质中工作等），选择适当的材料。

⑤ 根据设计准则进行有关的计算，确定出零件的基本尺寸。

⑥ 根据工艺性及标准化等原则进行零件的结构设计。

⑦ 细节设计完成后，必要时进行详细的校核计算，以判定结构的合理性。

⑧ 画出零件的工作图，并写出计算说明书。

在进行设计时，对于数值的计算除少数与几何尺寸精度要求有关者外，一般以两位或三位有效数字的计算精度为宜。

必须再度强调指出，结构设计是机械零件的重要设计内容之一，在有些情况下，它占了设计工作量中一个较大的比例，一定要给予足够的重视。

绘制的零件工作图应完全符合制图标准，并满足加工的要求。

写出的设计说明书要条理清晰，语言简明，数字正确，格式统一，并附有必要的结构草图和计算草图。重要的引用数据，一般要注明来源出处。对于重要的计算结果，要写出简短的结论。

# 2.4　机械设计的互换性和标准化

## 2.4.1　互换性的概念与作用

### （1）互换性的含义

在日常生活中可以找到许多有关互换性的例子。一个灯泡和任何一个灯头，不管它们来自哪一个工厂，都可以安装在一起；自行车、手表、计算机等的零件坏了，可买上一个，迅速换上，并且更换后能很好地满足使用要求。之所以这样方便，就是因为灯泡、灯头以及自行车等的零件都具有互换性。

为了保证一批零件具有互换性，最理想的方法是使这批零件的实际参数（尺寸、形状等几何参数及强度、刚度等其他物理参数）完全一样，均等于其理论值。但这是不可能的，也没有这个必要。实际上，只要制成的零件，其实际参数值变动不大，在允许的最大变动量（称之为"公差"）的范围之内，保证零件充分近似即可。

因此，机械制造中的互换性，是指按规定的几何、物理及其他质量参数的公差，来分别制造机器的各个组成部分，使其在装配与更换时，不需辅助加工及修配，便能很好地满足使用和生产上的要求。

### （2）互换性在机械制造中的作用

互换性在机械制造中的主要作用是：

① 机器中某一零件损坏后可迅速地用新的备件换上，使机器修理的时间和费用显著减少，保证机器工作的连续性和持久性，从而提高机器的使用价值。

② 互换性是提高生产水平和文明程度的有力手段。由于规定了公差，可实现生产专业化和技术协作；由于有互换性，装配时，不需辅助加工和修配，能减轻装配工的劳动量，缩短装配周期，大大提高装配的生产率。

③ 按互换性原则设计和生产的标准零件和部件，可简化绘图和计算等工作，缩短设计周期，有利于促进计算机辅助设计。

因此，在机械制造中遵循互换性原则，可以缩短机械产品的生产周期，提高产品质量和降低产品成本，快速响应市场的需求。

### （3）互换性的种类

根据互换性的形式和程度的不同，互换性可分为完全互换和不完全互换。

① 完全互换　若零件在装配或更换时，不仅不需辅助加工与修配，而且不需选择，则其互换性为完全互换。采用完全互换，要求零件的公差很小，加工困难，成本较高。

② 不完全互换　不完全互换主要有概率互换、分组互换、调整互换等。如加工零件时，将零件的公差适当放大，加工后，再按零件的实际尺寸大小分成若干组，使每组零件间实际尺寸的差别减小，装配时按组进行（例如大孔配大轴，小孔配小轴）。这样，既可保证装配精度和使用要求，又可解决加工困难的问题，并降低成本。这种仅组内可以互换，组与组之间不可互换，即为不完全互换。

单件生产的机械产品（如特重型机器、特高精度仪器等）通常采用不完全互换。

### 2.4.2 标准化和优先数系

**（1）标准化的概念**

对于机械零件的设计工作来说，标准化的作用是很重要的。所谓零件的标准化，就是对零件的尺寸、结构要素、材料性能、检验方法、设计方法、制图要求等，制定出各式各样的大家共同遵守的标准。标准化带来的优越性表现为：

① 能以最先进的方法在专门化工厂中对那些用途最广的零件进行大量的、集中的制造，以提高质量，降低成本。

② 统一了材料和零件的性能指标，使其能够进行比较，并提高了零件性能的可靠性。

③ 采用了标准结构及零部件，可以简化设计工作，缩短设计周期，提高设计质量。另外，也简化了机器的维修工作。

机械制图的标准化保证了工程语言的统一。因此，对设计图纸的标准化检验是设计工作中的一个重要环节。

现已发布的与机械零件设计有关的标准，从运用范围上来讲，可以分为国家标准（GB）、行业标准和企业标准三个等级，从使用的强制性来说，可分为必须执行的（有关度、量、衡及涉及人身安全等标准）和推荐使用的（如标准直径等）。

**（2）优先数系**

对于同一产品，为了符合不同的使用条件，在同一基本结构或基本尺寸条件下，规定出若干个辅助尺寸不同的产品，称为不同的系列，这就是系列化的含义。例如对于同一结构、同一内径的滚动轴承，制出不同外径及宽度的产品，称为滚动轴承系列。系列大小的规定一般是以优先数系为基础的。优先数系就是按几何级数关系变化的数字系列，而级数项的公比一般取为 10 的某次方根。例如取公比 $q = \sqrt[n]{10}$，通常取根式指数 $n = 5$，10，20，40。按它们求出的数字系列（要作适当的圆整）分别称为 5、10、20 和 40 系列（详见 GB/T 321—2005）。

# 2.5 机械设计的强度问题

机械及其零部件丧失正常工作能力或其功能参数降低到限定值以下，称为失效。例如，机床因其主轴轴承磨损而丧失应有的精度、齿轮轮齿断裂、螺钉被拉断等都称为失效。

机械零部件在载荷作用下可能会出现整体或表面断裂、大塑性变形等，从而导致丧失正常工作能力而失效。所谓强度，就是抵抗这类失效的能力，即机械零部件在正常工作条件下不出现这种类型的失效。

### 2.5.1 载荷和应力

**（1）载荷**

机器工作时所出现的载荷是力和力矩。

载荷根据其性质可分为静载荷和变载荷。载荷的大小和方向不随时间变化或变化极缓慢的称为静载荷；载荷大小和方向随着时间变化的称为变载荷。

机械零部件上所受的载荷，还可分为工作载荷、名义载荷和计算载荷。工作载荷是机械正常工作时所受到的载荷。由于机器实际工作情况比较复杂，工作载荷的变化规律往往也比较复杂，难以确定。当缺乏有关资料，难以准确确定工作载荷时，可近似地按原动机的功率通过计算求得，这样求出的载荷为名义载荷。若原动机的功率为 $P(\text{kW})$，额定转速为 $n(\text{r/min})$，则作用在传动件上的名义转矩为：

$$T = 9550 \frac{P\eta i}{n} (\text{N} \cdot \text{m})$$

式中　$i$——由原动机到所计算零件的总传动比；

　　　$\eta$——由原动机到所计算零件的传动链的总效率。

为可靠起见，计算中的载荷值，应计及零部件工作中所受的各种附加载荷。例如，由原动机、工作机或传动系统本身的振动而引起的附加载荷等。这些附加载荷可通过动力学分析或实测确定。如缺乏资料，则可用一个载荷系数 $K$ 对名义载荷（力 $F$ 或转矩 $T$）进行修正而得到近似的计算载荷（力）$F_c$ 或计算转矩 $T_c$：

$$F_c = KF$$
$$T_c = KT$$

**（2）应力**

在载荷作用下，机械零件的剖面（或表面）上将产生应力。按应力随时间变化的情况不同，应力可分为静应力和变应力两大类。不随时间而变化的应力为静应力，不断地随时间而变化的应力为变应力。大多数机械零部件都是在变应力状态下工作的。

### 2.5.2　静应力作用下的强度问题

机械零部件在静应力作用下，其强度条件可用两种不同的方式表示。

① 危险剖面处的计算应力（$\sigma_{ca}$、$\tau_{ca}$）不超过许用应力（$[\sigma]$、$[\tau]$），其强度条件可写成：

$$\sigma_{ca} \leqslant [\sigma] = \frac{\sigma_{\lim}}{[S]} \text{ 或 } \tau_{ca} \leqslant [\tau] = \frac{\tau_{\lim}}{[S]} \qquad (2\text{-}10)$$

式中　$\sigma_{\lim}$，$\tau_{\lim}$——极限正应力、极限剪应力；

　　　$[S]$——许用安全系数。

② 危险剖面处的计算安全系数（$S_\sigma$、$S_\tau$）不小于许用安全系数 $[S]$，其强度条件可写成：

$$S_\sigma = \frac{\sigma_{\lim}}{\sigma_{ca}} \geqslant [S] \quad \text{或} \quad S_\tau = \frac{\tau_{\lim}}{\tau_{ca}} \geqslant [S] \qquad (2\text{-}11)$$

静应力下，对于塑性材料，可取其屈服极限（$\sigma_s$、$\tau_s$）作为极限应力，即 $\sigma_{\lim} = \sigma_s$，$\tau_{\lim} = \tau_s$；对于脆性材料，可取其强度极限（$\sigma_b$、$\tau_b$）作为极限应力，即 $\sigma_{\lim} = \sigma_b$，$\tau_{\lim} = \tau_b$。

### 2.5.3　变应力作用下的强度问题

作用在机械零部件上的载荷，无论是静载荷还是变载荷，均能产生变应力，在变应力作用下，机械零件的失效与静应力完全不同，因而，其强度条件的计算方法也有明显的区别。

**（1）变应力的种类和特点**

按应力变化周期 $T$、应力幅 $\sigma_a$、平均应力 $\sigma_m$ 随时间变化的规律不同，变应力可分为稳定循环变应力、不稳定循环变应力和随机变应力三类。其中，应力变化周期、应力幅和平均应力均不随时间而变者，称为稳定循环变应力；应力变化周期、应力幅或平均应力之一随时间变化者，称为不稳定循环变应力；应力变化不呈周期性而带偶然性者，称为随机变应力。这里只讨论稳定循环变应力。

图 2-12 所示是常见的稳定循环变应力的类型。其中，图 2-12(a) 所示是非对称循环变应力，图 2-12(b) 所示是脉动循环变应力，图 2-12(c) 所示是对称循环变应力。稳定循环变应力各参数之间具有下面的关系：

$$\sigma_{max} = \sigma_a + \sigma_m, \sigma_{min} = \sigma_m - \sigma_a, \sigma_m = (\sigma_{max} + \sigma_{min})/2, \sigma_a = (\sigma_{max} - \sigma_{min})/2$$

最小应力和最大应力之比称为变应力的循环特征 $r$，其计算公式为：

$$r = \pm \frac{\sigma_{min}}{\sigma_{max}} \tag{2-12}$$

式中　$\sigma_{max}$，$\sigma_{min}$——绝对值最大、绝对值最小的应力。

$\sigma_{max}$，$\sigma_{min}$ 在横坐标轴同侧时，$r$ 取正号；在异侧时，$r$ 取负号。$r$ 值在 $+1$ 和 $-1$ 之间变化。如图 2-12 所示，由于对称循环变应力的 $\sigma_m = 0$，$\sigma_a = |\sigma_{max}| = |\sigma_{min}|$，$\sigma_{max}$、$\sigma_{min}$ 在横坐标轴的异侧，因此，$r = -1$；脉动循环变应力的 $\sigma_{min} = 0$，$\sigma_a = |\sigma_m|$，$\sigma_{max} = 2\sigma_a = 2\sigma_m$，因此，$r = 0$；当最大应力 $\sigma_{max}$ 与最小应力 $\sigma_{min}$ 很接近或相等时，应力幅 $\sigma_a$ 接近或等于零，此时循环特征 $r = +1$，这类应力称为静应力。

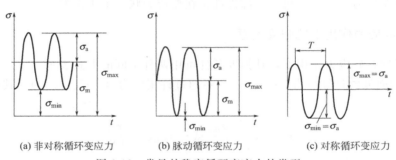

(a) 非对称循环变应力　　(b) 脉动循环变应力　　(c) 对称循环变应力

图 2-12　常见的稳定循环变应力的类型

**(2) 稳定循环变应力时的强度条件**

机械零部件在变应力作用下，其强度条件与静应力时相同，其表达式也可以写成计算应力小于等于许用应力［式(2-10)］或安全系数大于等于许用安全系数［式(2-11)］的形式。但在变应力作用下机械零部件的损坏与在静应力作用下的损坏有本质的区别。静应力作用下机械零部件的损坏，是由于在危险截面中产生过大的塑性变形或最终断裂。而在变应力作用下，机械零部件的损坏，是由于在零部件表面应力最大处，其应力超过某一极限值时，首先出现初始微裂纹，在交变应力的反复作用下，裂纹不断扩展，当裂纹扩展到一定程度后，最终导致机械零部件断裂，这种现象称为疲劳断裂。这种区别，在强度条件中，主要表现为极限应力的不同。如上所述，在静应力作用下，其极限应力主要与材料的性能有关；而机械零部件受变应力作用时，其极限应力不仅与材料的性能有关，而且，应力的循环特征 $r$、应力变化的循环次数 $N$、应力集中、零件的表面情况和零件的大小等对极限应力都有很大的影响。一个零件（材料性能一定）在同一应力水平的应力作用下，$r$ 越大（越接近静应力），或 $N$ 越小，零件越不易损坏，即其极限应力越高，反之，零件易损坏，极限应力下降。

用一组标准试件按规定试验方法进行疲劳试验，应力循环特征为 $r$ 时，试件受"无数"

次应力循环而不发生疲劳断裂的最大应力值，即为变应力时的极限应力，称为材料的疲劳极限（或称持久极限），用 $\sigma_r$ 表示。$\sigma_{-1}$ 为对称循环变应力下的疲劳极限（$r=-1$），$\sigma_0$ 为脉动循环变应力下的疲劳极限（$r=0$）。不同材料的 $\sigma_{-1}$ 和 $\sigma_0$，可以从有关手册中查得。

① 不同循环次数 $N$ 时的疲劳极限　试验表明，零件（或材料）所受的应力增大，该零件（或材料）到破坏为止能承受的变应力循环次数减少；反之，应力减小，能承受的变应力循环次数增加。当应力减小到某一数值时，应力循环次数可达"无数"次而不发生疲劳破坏。图 2-13 所示是对某种材料进行试验得出的应力和应力循环次数的关系曲线，称为 $\sigma\text{-}N$ 曲线，或疲劳曲线，又称 S-N 曲线。图中，$\sigma_r$ 即为该材料的疲劳极限；而 $\sigma_{rN}$ 为应力循环次数为 $N$ 时（有限寿命）的极限应力，称之为条件疲劳极限。从图中可以明显看出，材料（零件）承受变应力的循环次数愈少，其极限应力愈高。

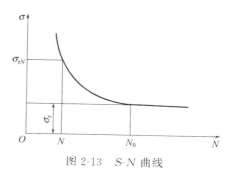

图 2-13　S-N 曲线

试验研究指出，疲劳曲线可以用下式表示：$\sigma^m N=$ 常数。其中，$m$ 为与材料性能、应力状态等有关的指数，其值可由有关手册查得。由上述关系，可求得条件疲劳极限 $\sigma_{rN}$ 与应力循环次数 $N$ 的关系为

$$\sigma_{rN}=\sqrt[m]{\frac{N_0}{N}}\sigma_r=K_N\sigma_r \tag{2-13}$$

式中　$K_N$——寿命系数，$K_N=\sqrt[m]{\dfrac{N_0}{N}}$。

因 $N\geqslant N_0$ 时，疲劳极限均为 $\sigma_r$，故当 $N\geqslant N_0$ 时，应取 $K_N=1$。

② 不同应力循环特征 $r$ 时的疲劳极限　材料相同但应力循环特征 $r$ 不同时，其极限应力 $\sigma_r$ 不同。对称循环变应力（$r=-1$）时的极限应力 $\sigma_{-1}$ 最小，脉动循环变应力（$r=0$）时的极限应力 $\sigma_0$ 次之，静应力（$r=+1$）时的极限应力 $\sigma_s$ 或 $\sigma_b$ 最大。上述极限应力均可通过实验取得。非对称循环变应力（$-1<r<+1$，$r$ 不等于零）下的极限应力，可利用简化的极限应力图（图 2-14）直接求得。对于任一种材料，若 $\sigma_{-1}$、$\sigma_0$、$\sigma_s$ 和 $\sigma_b$ 为已知，简化的极限应力图可按下面的方法作出：以平均应力 $\sigma_m$ 为横坐标，应力幅 $\sigma_a$ 为纵坐标，在纵坐标上取 $OA$ 等于 $\sigma_{-1}$；取纵坐标和横坐标均为 $\sigma_0/2$，得点 $B(\sigma_0/2,\ \sigma_0/2)$；在横坐标上取 $OC$ 等于 $\sigma_b$；连接 $ABC$，此折线即为简化的极限应力曲线。

实际上，对于塑性材料，其静应力的极限应力应为屈服极限 $\sigma_s$。因此，在横坐标上取 $OG$ 等于 $\sigma_s$，过 $G$ 点作与横坐标成 135°的直线和 $AB$ 的延长线相交于 $D$，折线 $ADG$ 即为循环特征为 $r$ 时，塑性材料的极限应力曲线。$OD$ 连接线将简化极限应力图分为 $OAD$ 和 $ODG$ 两个区域。

若应力循环特征 $r$ 在 $OAD$ 区域内 [可推得，当 $r<\dfrac{\sigma_{-1}(\sigma_s-\sigma_0)}{\sigma_s(\sigma_0-\sigma_{-1})}$ 时，$r$ 在 $OAD$ 区域内]，其相应的极限应力由线段 $AD$ 决定。

对于塑性很低的脆性材料，例如高强度钢和铸铁，其极限应力常用极限应力图中的 $AC$ 直线来描述，由此可得这种材料的极限应力为：

$$\sigma_r = \frac{\sigma_{-1}(\sigma_a + \sigma_m)}{\sigma_a + \varphi_\sigma \sigma_m} \tag{2-14}$$

其中，$\varphi_\sigma = \dfrac{\sigma_{-1}}{\sigma_b}$。

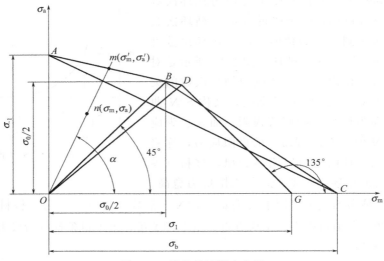

图 2-14　简化的极限应力图

在式(2-12)～式(2-14)中，若用 $\tau$ 代替 $\sigma$，则以上各式对剪应力同样适用。

③ 考虑应力集中、绝对尺寸、表面状态时的极限应力　在零件剖面的几何形状突然变化之处（如孔、圆角、键槽、螺纹等），局部应力要远远大于名义应力，这种现象称为应力集中。由于应力集中的存在，零件的疲劳极限相对有所降低，其影响通常通过应力集中系数 $K_\sigma$（或 $K_\tau$）来考虑。其他条件相同（包括剖面上的应力大小），零件剖面的绝对尺寸越大，其疲劳极限就越低。这是由于尺寸大时，材料晶粒粗，出现缺陷的概率大，机加工后表面冷作硬化（对提高疲劳强度相对有利）相对薄。剖面绝对尺寸对疲劳极限的影响，通过采用绝对尺寸系数 $\varepsilon_\sigma$（$\varepsilon_\tau$）来考虑。其他条件相同时，零件表面光滑程度较高或经过强化处理（如喷丸、表面热处理、表面化学处理等），都可以提高机械零件的疲劳强度。表面状态对疲劳极限的影响，可用表面状态系数 $\beta$ 来表达。

上述因素的综合影响，可用一个综合影响系数 $(K_\sigma)_D$ 或 $(K_\tau)_D$ 来表示：

$$(K_\sigma)_D = \frac{K_\sigma}{\varepsilon_\sigma \beta}; (K_\tau)_D = \frac{K_\tau}{\varepsilon_\tau \beta}$$

由试验得知，应力集中、绝对尺寸、表面状态，只对变应力的应力幅部分产生影响，因而，计算时只要用综合影响系数 $(K_\sigma)_D$ 或 $(K_\tau)_D$ 对式(2-12)～式(2-14)中的应力幅部分进行修正即可。因此，考虑应力集中、绝对尺寸、表面状态时的极限应力如下。

对于脆性材料：

当 $r < \dfrac{\sigma_{-1}(\sigma_s - \sigma_0)}{\sigma_s(\sigma_0 - \sigma_{-1})}$ 时，

$$\sigma_r = \frac{\sigma_{-1}(\sigma_a + \sigma_m)}{(K_\sigma)_D \sigma_a + \psi_\sigma \sigma_m} \tag{2-15}$$

当 $r \geqslant \dfrac{\sigma_{-1}(\sigma_{\mathrm{s}}-\sigma_0)}{\sigma_{\mathrm{s}}(\sigma_0-\sigma_{-1})}$ 时，

$$\sigma_{\mathrm{r}}=\sigma_{\mathrm{s}} \tag{2-16}$$

对于塑性很低的脆性材料：

$$\sigma_{\mathrm{r}}=\frac{\sigma_{-1}(\sigma_{\mathrm{a}}+\sigma_{\mathrm{m}})}{(K_\sigma)_{\mathrm{D}}\sigma_{\mathrm{a}}+\varphi_\sigma\sigma_{\mathrm{m}}} \tag{2-17}$$

在式(2-15)~式(2-17)中若用 $\tau$ 代替 $\sigma$，则以上各式对剪应力同样适用。

④ 用安全系数表示的强度条件  根据安全系数的定义：

$$S_\sigma=\frac{\sigma_{\mathrm{lim}}}{\sigma_{\mathrm{ca}}}$$

可得用安全系数表示的强度条件如下。

对于塑性材料：

当 $r<\dfrac{\sigma_{-1}(\sigma_{\mathrm{s}}-\sigma_0)}{\sigma_{\mathrm{s}}(\sigma_0-\sigma_{-1})}$ 时，

$$S_\sigma=\frac{\sigma_{-1}}{(K_\sigma)_{\mathrm{D}}\sigma_{\mathrm{a}}+\psi_\sigma\sigma_{\mathrm{m}}}\geqslant[S] \tag{2-18}$$

当 $r\geqslant\dfrac{\sigma_{-1}(\sigma_{\mathrm{s}}-\sigma_0)}{\sigma_{\mathrm{s}}(\sigma_0-\sigma_{-1})}$ 时，

$$S_\sigma=\frac{\sigma_{\mathrm{s}}}{\sigma_{\mathrm{a}}+\sigma_{\mathrm{m}}}\geqslant[S] \tag{2-19}$$

对于塑性很低的脆性材料：

$$S_\sigma=\frac{\sigma_{-1}}{(K_\sigma)_{\mathrm{D}}\sigma_{\mathrm{a}}+\varphi_\sigma\sigma_{\mathrm{m}}}\geqslant[S] \tag{2-20}$$

在式(2-18)~式(2-20)中若用 $\tau$ 代替 $\sigma$，则以上各式对剪应力同样适用。

**(3) 复合应力状态下用安全系数表示的强度条件**

很多零件（如轴）在工作时，同时受弯曲应力和扭转应力的复合作用，经试验研究和理论分析，可导出零件受对称循环的变应力作用时（两种应力都是对称循环，且同周期和同相）其安全系数的计算式为：

$$S=\frac{S_\sigma S_\tau}{\sqrt{S_\sigma^2+S_\tau^2}} \tag{2-21}$$

式中，$S_\sigma$ 和 $S_\tau$ 可根据下面的公式计算：

$$S_\sigma=\frac{\sigma_{-1}}{(K_\sigma)_{\mathrm{D}}\sigma_{\mathrm{a}}};S_\tau=\frac{\sigma_{-1}}{(K_\tau)_{\mathrm{D}}\tau_{\mathrm{a}}} \tag{2-22}$$

对于受非对称循环复合变应力作用的零件，也可以近似地应用上面的公式进行计算，但这时的 $S_\sigma$ 和 $S_\tau$ 应分别按式(2-18)~式(2-20)计算。

**(4) 接触应力作用下的强度问题**

对于高副机构（如齿轮传动、滚动轴承等），理论上，载荷是通过点或线接触传递的。实际上，零件受载后，由于在接触部分要产生局部的弹性变形，从而形成面接触。这种接触的接触面积很小，但表层产生的局部应力却很大，这种局部应力称为接触应力。在机械零件设计中遇到的接触应力多为变应力，在这种情况下产生的失效属于接触疲劳破坏。它的特点是：零件在接触应力的反复作用下，首先在表面和表层产生初始疲劳裂纹，然后在滚动接触过程中，由于润滑油被挤进裂纹内而形成高的压力，使裂纹加速扩展，最后使表层金属呈小片状剥落下来，在零件表面形成一个个小坑，这种现象称为疲劳点蚀。疲劳点蚀是齿轮、滚动轴承等零件的主要失效形式。

影响疲劳点蚀的主要因素是接触应力的大小，因而，接触应力作用下的强度条件是最大接触应力不超过其许用值，即：

$$\sigma_{H\,max} \leqslant \sigma_{HP}$$

式中　$\sigma_{HP}$——许用接触应力；

　　$\sigma_{H\,max}$——接触应力的最大值。

# 2.6　机械设计的刚度问题

## 2.6.1　机械零件的刚度及其作用

机械零件的刚度是指该零件在载荷作用下抵抗弹性变形的能力，其大小用产生单位变形所需的外力或外力矩表示。反之，由单位外力或外力矩的作用而产生的变形，则称为柔度。

进行机械设计时，除了要满足强度要求外，还应满足刚度要求，这是因为：

① 如果某些零件刚度不足，将影响机器正常工作。例如轴的弯曲刚度不足时，轴颈将在轴承中倾斜，使两者接触不良。

② 加工零件时，若被加工零件或机床零件（例如主轴、刀架等）的刚度不足，则被加工零件或机床零件产生变形，会引起制造误差，影响零件的加工精度。此外，被加工零件的刚度还是决定进刀量和切削速度的重要因素，对生产率产生直接的影响。

③ 刚度有时是决定零件承载能力的重要条件。例如受压的长杆、压力容器等，其承载能力主要取决于它们对变形的稳定性。要想提高这类零件的承载能力，一般要从提高其刚度入手。

④ 对于弹簧一类的弹性零件，设计的出发点就是要在一定的载荷作用下，产生一定的弹性变形，因此，满足刚度要求是这类零件设计的基本前提。

⑤ 刚度还会影响零件的自振频率，对零件的抗振性能有较大的影响。

## 2.6.2　机械零件的刚度条件

刚度条件主要是限定机械零件的弹性变形量，即：

$$y \leqslant [y], \quad \phi \leqslant [\phi]$$

式中　$y$——零件的变形量（伸长、挠度等）；

　　$\phi$——变形角（挠角、扭转角）；

　　$[y]$——许用变形量；

　　$[\phi]$——许用变形角。

一般来说，对于形状简单的零件，其变形量 $y$ 和变形角 $\phi$ 可按材料力学的有关公式进行计算。对于形状复杂的零件，较难进行精确的刚度计算。作为近似，可将复杂形状的零件用简化的模型来代替，例如用等直径轴代替阶梯轴作条件性计算等。随着计算机技术的发展，用有限元法，可在计算机上快速而较精确地计算出具有复杂形状零件的变形量。

许用变形量 $[y]$ 或许用变形角 $[\phi]$，可根据工作要求确定具体数值，可参阅有关手册。

应指出的是，按刚度条件计算所得的零件，其剖面尺寸一般要比按强度条件计算的大，故满足刚度要求的零件，往往也可能同时满足强度要求。

### 2.6.3　影响刚度的因素及其改进措施

**（1）材料对刚度的影响**

材料的弹性模量愈大，零件的刚度愈大。由于同类金属的弹性模量相差不大，因此，设想以昂贵的高强度合金钢代替普通碳钢来提高零件的刚度是不合算的。

**（2）结构对刚度的影响**

当零件剖面积相同时，中空剖面比实心剖面的惯性矩大，故零件的弯曲刚度和扭转刚度也较大。此外，采用设计加强肋的方式也可以提高零件的刚度。

支承方式对零件的刚度也有较大的影响，减小支点距离，尽量避免采用悬臂结构，或尽量减小悬臂长度，均有利于提高零件的刚度。

**（3）预紧装配对接触刚度的影响**

接触刚度是指接触表面层在载荷作用下抵抗弹性变形的能力。接触刚度随载荷的增大而增大，故采用预紧工艺可提高零件的接触刚度。

## 2.7　机械设计中的摩擦、磨损

当在正压力作用下相互接触的两个物体受切向外力的影响而发生相对滑动，或有相对滑动的趋势时，在接触表面上就会产生抵抗滑动的阻力，这一自然现象即为摩擦，这时所产生的阻力叫做摩擦力。摩擦是一种不可逆过程，其结果必然有能量损耗和摩擦表面物质的丧失或迁移，即磨损。据估计，世界上在工业方面约有 $1/3\sim1/2$ 的能量消耗于摩擦过程中。磨损会使零件的表面形状和尺寸遭到缓慢而连续的破坏，使机器的效率及可靠性逐渐降低，从而丧失原有的工作性能，最终还可能导致零件的突然破坏。国内每年制造的配件中，磨损件占了其中很大的比例。虽然从 17 世纪就开始对摩擦进行系统的研究，近几十年来已在某些机器或设备的设计中采用了考虑磨损寿命的设计方法，但是由于摩擦、磨损过程的复杂性，对于它们的机理，至今仍在进行深入的研究探讨。不过，人们为了控制摩擦、磨损，提高机器效率，减小能量损失，降低材料消耗，保证机器工作的可靠性，已经找到了一个有效的手段——润滑。当然，摩擦在机械中也并非总是有害的，如带传动、汽车及拖拉机的制动器等正是靠摩擦来工作的，这时还要进行增摩技术的研究。

现在把研究有关摩擦、磨损与润滑的科学与技术统称为摩擦学，并把在机械设计中正确运用摩擦学知识与技术，使之具有良好的摩擦学性能这一过程称为摩擦学设计。本章将概略介绍机械设计中有关摩擦学方面的一些基本知识。

### 2.7.1　摩擦

摩擦可分两大类：一类是发生在物质内部，阻碍分子间相对运动的内摩擦；另一类是当相互接触的两个物体发生相对滑动或有相对滑动的趋势时，在接触表面上产生的阻碍相对滑动的外摩擦。仅有相对滑动趋势时的摩擦叫做静摩擦；相对滑动进行中的摩擦叫做动摩擦。根据位移形式的不同，动摩擦又分为滑动摩擦与滚动摩擦。本节将只着重讨论金属表面间的滑动摩擦。根据摩擦面间存在润滑剂的情况，滑动摩擦又分为干摩擦、边界摩擦（边界润滑）、流体摩擦（流体润滑）及混合摩擦（混合润滑），如图 2-15 所示。

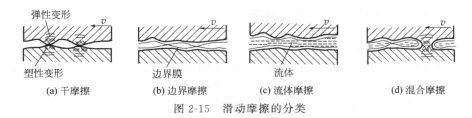

(a) 干摩擦　　　　(b) 边界摩擦　　　　(c) 流体摩擦　　　　(d) 混合摩擦

图 2-15　滑动摩擦的分类

干摩擦是指表面间无任何润滑剂或保护膜的纯金属接触时的摩擦。在工程实际中，并不存在真正的干摩擦，因为任何零件的表面不仅会因氧化而形成氧化膜，而且多少也会被含有润滑剂分子的气体所湿润或受到"油污"。在机械设计中，通常把这种未经人为润滑的摩擦状态当作干摩擦处理，如图 2-15(a) 所示。运动副的摩擦表面被吸附在表面的边界膜隔开，摩擦性质取决于边界膜和表面的吸附性能的摩擦称为边界摩擦，如图 2-15(b) 所示。运动副的摩擦表面被流体膜隔开，摩擦性质取决于流体内部分子间黏性阻力的摩擦称为流体摩擦，如图 2-15(c) 所示。当摩擦状态处于边界摩擦及流体摩擦的混合状态时称为混合摩擦，如图 2-15(d) 所示。边界摩擦、混合摩擦及流体摩擦都必须具备一定的润滑条件，所以，相应的润滑状态也常分别称为边界润滑、混合润滑及流体润滑。可以用膜厚比 $\lambda$ 来大致估计两滑动表面所处的摩擦（润滑）状态，即

$$\lambda = \frac{h_{\min}}{(R_{q1}^2 + R_{q2}^2)^{\frac{1}{2}}} \tag{2-23}$$

式中　$h_{\min}$——两滑动粗糙表面间的最小公称油膜厚度，$\mu m$；

　　$R_{q1}$，$R_{q2}$——两表面形貌轮廓的均方根偏差（约为算术平均偏差 $R_{a1}$、$R_{a2}$ 的 $1.20 \sim 1.25$ 倍），$\mu m$。

通常认为：$\lambda \leqslant 1$ 时呈边界摩擦（润滑）状态；$\lambda > 3$ 时呈流体摩擦（润滑）状态；$1 < \lambda \leqslant 3$ 时呈混合摩擦（润滑）状态。

**(1) 干摩擦**

固体表面之间的摩擦，虽然早就有人进行了系统的研究，并在 18 世纪就提出了至今仍在沿用的、关于摩擦力的数学表达式：$F_f = f F_n$（式中，$F_f$ 为摩擦力；$F_n$ 为法向载荷；$f$ 为摩擦系数），但是有关摩擦的机理直到 20 世纪中叶才比较清楚地揭示出来，并逐渐形成现今被广泛接受的分子-机械理论、黏附理论等。对于金属材料，特别是钢，目前较多采用修正后的黏附理论。

两个金属表面在法向载荷作用下的接触面积，并不是两个金属表面互相覆盖的公称接触面积（或叫表观接触面积）$A_0$，而是由一些表面轮廓峰相接触所形成的接触斑点的微面积的总和，叫真实接触面积 $A_r$，如图 2-16 所示。由于真实接触面积很小，因此轮廓峰接触区所承受的压力很高。修正黏附理论认为：在有摩擦情况下，轮廓峰接触区除作用有法向力外，还作用有切向力，所以接触区同时有压应力和切应力存在。这时金属材料的塑性变形取决于压应力和切应力所组成的复合应力作用，而不仅仅取决于金属材料的压缩屈服极限

$\sigma_{Sy}$。图 2-17(a) 所示为压应力 $\sigma_y$ 及切应力 $\tau$ 联合作用下，单个轮廓峰的接触模型，并且假定材料的塑性变形产生于最大切应力达到某一极限值的情况。若将作用在轮廓峰接触区的切向力逐渐增大到 $F_f$ 值，结点将进一步发生塑性流动，这种流动导致接触面积增大。也就是说，在复合应力作用下，接触区出现了结点增长的现象。结点增长模型如图 2-17(b) 所示，其中 $\tau_B$ 为较软金属的剪切强度极限。

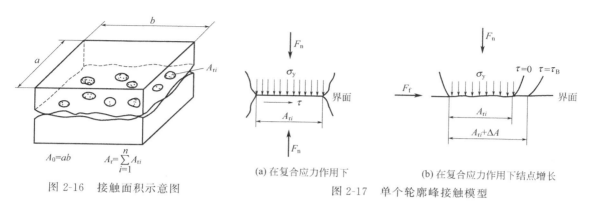

图 2-16　接触面积示意图

(a) 在复合应力作用下　　(b) 在复合应力作用下结点增长

图 2-17　单个轮廓峰接触模型

修正后的黏附理论认为，做相对运动的两个金属表面间的摩擦系数为

$$f=\frac{F_f}{F_n}=\frac{\tau_{Bj}}{\sigma'_{Sy}}=\frac{界面剪切强度极限}{两种金属基体中的较软的压缩屈服极限} \tag{2-24}$$

当两金属界面被表面膜分隔开时，$\tau_{Bj}$ 为表面膜的剪切强度极限；当剪断发生在较软金属基体内时，$\tau_{Bj}$ 为较软金属基体的剪切强度极限 $\tau_B$；若表面膜局部破裂并出现金属黏附结点时，$\tau_{Bj}$ 将介于较软金属的剪切强度极限和表面膜的剪切强度极限之间。

修正黏附理论与实际情况比较接近，可以在相当大的范围内解释摩擦现象。在工程中，常用金属材料副的摩擦系数是指在常规的压力与速度条件下，通过实验测定的值，并可认为是一个常数。

**（2）边界摩擦（边界润滑）**

润滑油中的脂肪酸是一种极性化合物，它的极性分子能牢固地吸附在金属表面上。单层分子膜吸附在金属表面上的符号如图 2-18(a) 所示，图中 ○ 为极性原子团。这些单层分子膜整齐地呈横向排列，很像一把刷子。边界摩擦类似两把刷子间的摩擦，其模型见图 2-18(b)。吸附在金属表面上的多层分子边界膜的摩擦模型如图 2-19 所示。分子层距金属表面越远，吸附能力越弱，剪切强度越低，远到若干层后，就不再受约束。因此，摩擦系数将随着层数的增加而下降，三层时要比一层时降低约一半。比较牢固地吸附在金属表面上的分子膜，称为边界膜。边界膜极薄，润滑油中的一个分子长度平均约为 $0.002\mu m$，如果边界膜有 10 层分子，其厚度也仅为 $0.02\mu m$。两摩擦表面的粗糙度之和一般超过边界膜的厚度（当膜厚比 $\lambda \leqslant 1$ 时），所以边界摩擦时，不能完全避免金属的直接接触，这时仍有微小的摩擦力产生，其摩擦系数通常约为 0.1。

按边界膜形成机理，边界膜分为吸附膜（物理吸附膜及化学吸附膜）和反应膜。润滑剂中脂肪酸的极性分子牢固地吸附在金属表面上，就形成物理吸附膜；润滑剂中分子受化学键力作用而贴附在金属表面上所形成的吸附膜则称为化学吸附膜。吸附膜的吸附强度随温度升高而下降，达到一定温度后，吸附膜发生软化、失向和脱吸现象，从而使润滑作用降低，磨损率和摩擦系数都将迅速增加。

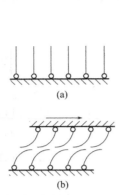

图 2-18　单层分子边界膜的摩擦模型

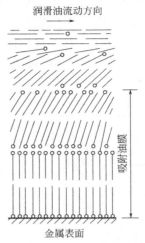

图 2-19　多层分子边界膜的摩擦模型

反应膜是当润滑剂中含有以原子形式存在的硫、氯、磷时，在较高的温度（通常在150～200℃）下，这些元素与金属起化学反应而生成硫、氯、磷的化合物（如硫化铁）在油与金属界面处形成的薄膜。这种反应膜具有低剪切强度和高熔点，它比前两种吸附膜都更稳定。

合理选择摩擦副材料和润滑剂，降低表面粗糙度值，在润滑剂中加入适量的油性添加剂和极压添加剂，都能提高边界膜强度。

**（3）混合摩擦（混合润滑）**

当摩擦表面间处于边界摩擦与流体摩擦的混合状态时（$1 < \lambda \leqslant 3$），称为混合摩擦。混合摩擦时，如流体润滑膜的厚度增大，表面轮廓峰直接接触的数量就要减小，润滑膜的承载比例也随之增加。所以在一定条件下，混合摩擦能有效地降低摩擦阻力，其摩擦系数要比边界摩擦时小得多。但因表面间仍有轮廓峰的直接接触，所以不可避免地仍有磨损存在。

**（4）流体摩擦（流体润滑）**

当摩擦面间的润滑膜厚度大到足以将两个表面的轮廓峰完全隔开（即 $\lambda > 3$）时，即形成了完全的流体摩擦。这时润滑剂中的分子已大都不受金属表面吸附作用的支配而自由移动，摩擦是在流体内部的分子之间进行，所以摩擦系数极小（油润滑时约为 0.001～0.008），是理想的摩擦状态。

从上述情况看，由干摩擦到流体摩擦，已有的摩擦学理论体系是不完善的。因为不论是从膜厚还是从摩擦特性来说，在流体润滑和边界润滑之间还存在一个空白区，而混合润滑只是描述了各种润滑状态共存时的润滑性能，并不具有基本的、独立的润滑机理。因此，近些年来提出了介于流体润滑和边界润滑之间的薄膜润滑，以填补上述的空白区。薄膜润滑研究不仅对于深化润滑和磨损理论具有重要意义，而且是现代科学技术发展的需要，具有广泛的应用背景。例如，薄膜润滑已成为保证一些高科技设备和超精密机械正常工作的关键技术；传统机械零件的小型化和大功率要求也有减小机器中润滑油膜厚度的趋势。

随着科学技术的发展，摩擦学研究也逐渐深入到微观研究领域，形成了纳米摩擦学理论。纳米摩擦学是在原子、分子尺度上研究摩擦界面上的行为、损伤及其对策，主要研究内容包括纳米薄膜润滑和微观摩擦磨损理论，以及表面和界面分子工程。纳米摩擦学的学科基础、理论分析及实验测试方法都与宏观摩擦学研究有很大的差别。

纳米摩擦学的研究能够深入到原子、分子尺度，能够动态揭示摩擦过程中的微观现象，还可以在纳米尺度上使摩擦表面改性和排列原子。纳米摩擦学研究在微机械系统的摩擦特性研究方面，在最大限度降低磨损以保证诸如计算机大容量高密度磁记录装置等高科技设备的功能和使用寿命等方面都具有明显的应用背景。

### 2.7.2 磨损

运动副之间的摩擦将导致零件表面材料的逐渐丧失或迁移，即形成磨损。磨损会影响机器的效率，降低工作的可靠性，甚至促使机器提前报废。因此，在设计时预先考虑如何避免或减轻磨损，以保证机器达到设计寿命，具有很大的现实意义。另外也应当指出，工程上也有不少利用磨损作用的场合，如精加工中的磨削及抛光，机器的"磨合"过程等都是磨损的有用方面。

一个零件的磨损过程大致可分为三个阶段，即磨合阶段、稳定磨损阶段及剧烈磨损阶段，磨损曲线如图 2-20 所示。磨合阶段包括摩擦表面轮廓峰的形状变化和表面材料被加工硬化两个过程。由于零件加工后的表面总具有一定的粗糙度，在磨合初期，只有很少的轮廓峰接触，因此接触面上真实应力很大，使接触轮廓峰压碎和塑性变形，同时薄的表层被冷作硬化，原有的轮廓峰逐渐局部或完全消失，产生出形状和尺寸均不同于原样的新轮廓峰。实验证明，各种摩擦副在不同条件下磨合之后，相当于给定摩擦条件下形成稳定的表面粗糙度，在以后的摩擦过程中，此粗糙度不会继续改变。磨合后的稳定粗糙度是给定摩擦条件（材料、压力、温度、润滑剂与润滑条件）下的最佳粗糙度，它与原始粗糙度无关，并以磨损量最少为原则。磨合是磨损的不稳定阶段，在整个工作时间内所占比例很小。

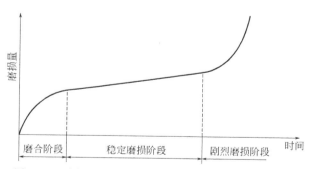

图 2-20　零件的磨损量与工作时间的关系（磨损曲线）

在稳定磨损阶段内，零件在平稳而缓慢的速度下磨损，它标志着摩擦条件保持相对恒定。这个阶段的长短代表了零件使用寿命的长短。

经过稳定磨损阶段后，零件的表面遭到破坏，运动副中的间隙增大，引起额外的动载荷，出现噪声和振动。由于这种情况不能保证良好的润滑状态，摩擦副的温升便急剧增大，磨损速度也急剧增大。这时就必须停机，更换零件。

　　由此可见，在设计或使用机器时，应该力求缩短磨合期，延长稳定磨损期，推迟剧烈磨损期的到来。为此就必须对形成磨损的机理有所了解。

　　关于磨损分类的见解颇不一致，大体上可概括为两种：一种是根据磨损结果着重对磨损表面外观的描述，如点蚀磨损、胶合磨损、擦伤磨损等；另一种则是根据磨损机理来分类，如黏附磨损、磨粒磨损、疲劳磨损、流体磨粒磨损、流体侵蚀磨损、机械化学磨损、微动磨损等。现按后一种分类依次进行简要的说明。

　　**（1）黏附磨损**

　　当摩擦表面的轮廓峰在相互作用的各点处发生"冷焊"后，在相对滑动时，材料从一个表面迁移到另一个表面，便形成了黏附磨损。这种被迁移的材料，有时也会再附着到原先的表面上去，出现逆迁移，或脱离所黏附的表面而成为游离颗粒。严重的黏附磨损会造成运动副咬死。这种磨损是金属摩擦副之间最普遍的一种磨损形式。

　　**（2）磨粒磨损**

　　外部进入摩擦面间的游离硬颗粒（如空气中的尘土或磨损造成的金属微粒）或硬的轮廓峰尖在较软材料表面上犁刨出很多沟纹时被移去的材料，一部分流动到沟纹的两旁，一部分则形成一连串的碎片脱落下来成为新的游离颗粒，这样的微切削过程就叫磨粒磨损。

　　**（3）疲劳磨损**

　　疲劳磨损是指由于摩擦表面材料微体积在重复变形时疲劳破坏而引起的机械磨损。例如，当作滚动或滚-滑运动的高副零件受到反复作用的接触应力（如滚动轴承运转或齿轮传动）时，如果该应力超过材料相应的接触疲劳极限，就会在零件工作表面或表面下一定深度处形成疲劳裂纹，随着裂纹的扩展与相互连接，就造成许多微粒从零件工作表面上脱落下来，致使表面上出现许多月牙形浅坑，形成疲劳磨损或疲劳点蚀。

　　**（4）流体磨粒磨损和流体侵蚀磨损（冲蚀磨损）**

　　流体磨粒磨损是指由流动的液体或气体中所夹带的硬质物体或硬质颗粒作用引起的机械磨损。利用高压空气输送型砂或用高压水输送碎矿石时，管道内壁所产生的机械磨损是其实例之一。

　　流体侵蚀磨损是指由液流或气流的冲蚀作用引起的机械磨损。近年来，燃气涡轮机的叶片、火箭发动机的尾喷管这样一些部件的损坏，已引起人们对这种磨损形式的注意。

　　**（5）机械化学磨损（腐蚀磨损）**

　　机械化学磨损是指由机械作用及材料与环境的化学作用或电化学作用共同引起的磨损。例如摩擦副受到空气中的酸或润滑油、燃油中残存的少量无机酸（如硫酸）及水分的化学作用或电化学作用，在相对运动中造成表面材料的损失所形成的磨损。氧化磨损是最常见的机械化学磨损之一。

　　**（6）微动磨损（微动损伤）**

　　微动磨损是一种甚为隐蔽的，由黏附磨损、磨粒磨损、机械化学磨损和疲劳磨损共同形成的复合磨损形式。它发生在名义上相对静止，实际上存在循环的微幅相对滑动的两个紧密接触的表面（如轴与孔的过盈配合面、滚动轴承套圈的配合面、旋合螺纹的工作面、铆钉的工作面等）上。这种相对滑移是在循环变应力或振动条件下，由于两接触面上产生的弹性变形的差异而引起的，并且相对滑移的幅度非常小，一般仅为微米量级。微动磨损不仅损坏配合表面的品质，而且会导致疲劳裂纹的萌生，从而急剧地降低零件的疲劳强度。通常所说的微动损伤除包含微动磨损外，还包含微动腐蚀和微动疲劳。

# 2.8 机械现代设计方法简介

传统的设计方法主要依赖设计者的个人经验，创意全靠灵感，计算全靠手工，经常需要将复杂公式简单化，用近似公式或经验公式，所以结果不一定是最佳方案。随着计算机水平和相关学科领域技术的发展，出现了很多新的设计方法，从总体上概括为将现代应用数学、应用力学、微电子学及信息科学等方面的最新成果与手段融入机械设计中。

目前常见的机械现代设计方法有：计算机辅助设计（computer aided design，CAD）、优化设计（optimization design）、可靠性设计（reliability design）、并行设计（concurrent design）、有限元法（finite element method，FEM）、绿色设计（green design，GD）等。

计算机辅助设计技术是由信息技术（包括计算机、网络通信、数据管理技术）和设计技术（包括工业设计、产品设计、生产过程设计等）密切结合而发展形成的一门高新技术。CAD技术，就是利用计算机的软硬件辅助设计者进行规划、分析计算、综合、模拟、评价、绘图和编写技术文件等设计活动，其特点就是将设计人员的思维、综合分析和创造能力与计算机的高速运算、巨大数据存储和快速图形生成等能力很好地结合起来，这样许多繁重的工作就可以由计算机来完成，设计人员则可对计算、处理的中间过程做出判断、修改，以便于有效地完成设计。涉及的技术主要有二维绘图、三维造型、参数化设计、工程分析等。

优化设计是最优化技术在机械设计领域的移植和应用，其基本思想是根据机械设计的理论、方法、标准和规范等建立一个数学模型，然后采用数学规划方法和计算机技术自动找出设计问题的最优方案。它是机械设计理论与优化数学、电子计算机相互结合而形成的一种现代设计方法。

可靠性设计是可靠性学科的一个重要分支，是一种很重要的现代设计方法。可靠性是产品质量的重要指标，它标志着产品不会丧失工作能力的可靠程度。可靠性的定义是，产品在规定的条件下和规定的时间内，完成规定的功能的能力。传统设计方法是将安全系数作为衡量安全与否的指标，但安全系数的大小并没有同可靠度直接挂钩，这就有很大的盲目性。可靠性设计强调在设计阶段就把可靠度直接引进到零件中去。传统设计方法是把设计变量视为确定性的单值变量并通过确定性的函数进行计算，而可靠性设计则是把设计变量视为随机变量并运用随机方法对设计变量进行描述和计算。可靠性设计可以看作是传统设计的延伸与发展。

并行设计是对产品及其相关过程（包括制作过程和支持过程）进行并行、集成化处理的系统方法和综合技术，它要求产品开发人员从一开始就考虑到产品全生命周期（从概念形成到产品报废）内各阶段的因素（如功能、制造、装配、作业调度、质量、成本、维护与用户需求等），并强调各部分的协同工作，通过建立各决策者之间的有效的信息交流与通信机制，综合考虑各相关因素的影响，使后续环节中可能出现的问题在设计的早期阶段就被发现并得到解决，最大限度地减少设计反复。要实施好并行工程，需要在产品的设计开发周期，将概念设计、工艺设计、最终需求等结合起来，各项工作的项目小组要分工合作完成，利用现代CIM技术，辅助项目进行的并行化，协调整个项目进程。

有限元法是利用数学近似的方法对真实物理系统（几何和载荷工况）进行模拟。引入简单而又相互作用的元素，用有限数量的未知量去逼近无限未知量的真实系统。它不仅能用于工程中复杂的非线性问题、非稳态问题的求解，还可用于工程设计中进行复杂结构的静态和动力分析，并能准确地计算形状复杂零件的应力分布和变形，成为复杂零件强度和刚度计算的有力分析工具。

　　绿色设计也称为生态设计、环境设计、生命周期设计等，虽然各国提法不同，但其内涵大体一致，其基本思想就是在设计阶段就将环境因素和预防污染的措施纳入产品设计中，将环境性能作为产品设计目标和出发点，考虑产品的可拆卸性、可回收性、可维护性、重复利用性等，同时保证产品的功能、经济、质量和使用寿命要求。

　　总之，设计工作本质上是一种创造性的活动，是对知识与信息等进行创造性的运作与处理。发展机械现代设计方法，实质上就是不断追求最机智、最恰当而且最迅速地满足用户要求、社会效益、经济效益、机械内在要求等对机械构成的全部约束条件。

# 第2篇

# 机械常用机构设计

# 第3章

# 平面机构分析

## 3.1 运动副及其分类

一个作平面运动的自由构件具有三个独立运动。如图 3-1 所示，在 $xOy$ 坐标系中，构件 $S$ 可随其上任一点 $A$ 沿 $x$ 轴、$y$ 轴方向独立移动和绕 $A$ 点独立转动。构件相对于参考系的独立运动称为自由度。所以一个作平面运动的自由构件具有三个自由度。

图 3-1　平面运动构件的自由度

机构是由若干构件组合而成的。在机构中，每个构件都以一定方式与其他构件相互连接，这种连接不是固定连接，而是能产生一定相对运动的连接。相互连接的两构件既保持直接接触，又能产生一定的相对运动，我们把这种连接称为运动副。构件组成运动副后，其独立运动受到约束，自由度随之减少。

两构件组成的运动副的接触形式不外乎点、线或面接触。按照这种接触特性，运动副通常被分为低副和高副两类。

**(1) 低副**

两构件通过面接触组成的运动副称为低副。根据组成低副两构件之间的相对运动形式，低副又可分为转动副和移动副。

① 转动副　若组成运动副的两构件只能在同一个平面内绕同一轴线相对转动，则这种运动副称为转动副。组成转动副构件的相对运动形式类似于日常生活中的铰链，所以，转动副亦称为回转副或铰链。如图 3-2(a) 所示为轴颈与轴承之间的连接，图 3-2(b) 所示为铰链的连接。

② 移动副　若组成运动副的两构件只能沿某一轴线相对移动，则该运动副称为移动副，

如图 3-3 所示。

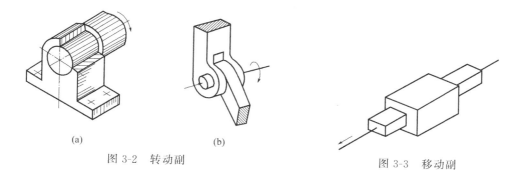

(a)　　　　(b)

图 3-2　转动副　　　　　图 3-3　移动副

**（2）高副**

两构件通过点或线接触组成的运动副称为高副。两个构件连接形成高副时，构件在接触处的相对运动是绕接触点或者绕接触线的相对转动，以及沿接触点线切线方向的相对移动。图 3-4（a）中的车轮 1 与钢轨 2 为线接触；图 3-4（b）中凸轮 1 与推杆 2 为点接触；图 3-4（c）中的齿轮 1 与齿轮 2 分别在接触处 $A$ 组成高副。组成平面高副两构件间的相对运动是沿接触切线 $t$-$t$ 方向的相对移动和在平面内的相对转动。

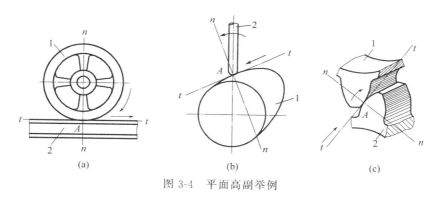

(a)　　　　　(b)　　　　　(c)

图 3-4　平面高副举例

除上述平面低副和平面高副外，机械中还经常见到如图 3-5（a）所示的球面副和图 3-5（b）所示的螺旋副。它们都属于空间运动副。对于空间运动副，本节不作讨论。

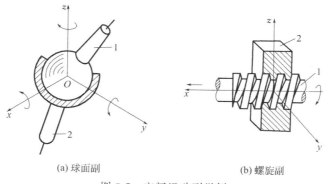

(a) 球面副　　　　　(b) 螺旋副

图 3-5　空间运动副举例

# 3.2　平面机构的运动简图

## 3.2.1　机构的组成

机构由若干个构件通过可动连接方式连接而成。组成机构的构件，按其运动性质可分为固定件、原动件和从动件三种类型。

**（1）固定件（机架）**

固定件是机构中用来支承活动构件运动的构件。任何机构，一定存在一个相对固定的构件，这一构件称为机构中的固定件，也称为机架。例如，图 1-1 中的内燃机，气缸体就是固定件，它用以支承活塞、曲轴等活动构件。在研究机构中活动构件的运动时，常常以固定构件作为参考坐标系。

**（2）原动件（主动件）**

机构中运动规律已知的构件称为原动件。原动件的运动规律由外界给定。例如，内燃机中的活塞，其运动规律取决于进气的时间、气体压力和气体流量等。但是，进气时间、气体压力和气体流量等均由外界给定，并不依赖于内燃机中机构或构件的运动。原动件是机构获取运动源的构件，也称机构中的主动件。欲使机构产生运动，一个机构中至少需有一个原动件。

**（3）从动件**

机构中随着原动件运动而运动的其余活动构件称为从动件。其中输出预期运动的从动件称为输出构件，其他从动件则起到传递运动的作用。例如图 1-1 中的连杆和曲轴都是从动件，由于该机构的功用是将直线运动变换为定轴转动，因此，曲轴是输出构件，连杆是传递运动的从动件。

## 3.2.2　构件与运动副的表示方法

机器由机构组成，而机构中各构件其实际外形和结构很复杂，在对机构进行运动分析和受力分析时，为了使问题简化，有必要撇开那些与运动无关的构件外形和运动副的具体构造，仅用一种表示机构的简明图形，即机构运动简图来表示。机构运动简图用国家标准GB/T 4460—2013 规定的简单符号及线条表示机构中的运动副及构件，并且按一定比例确定机构的运动尺寸，绘制出反映机构各个构件之间相对运动关系的简明图形。机构运动简图中各个构件的运动特性与机构原型中对应构件的运动特性完全相同。

**（1）机构运动简图中运动副的表示方法**

两构件组成转动副时，其表示方法如图 3-6(a)～(c) 所示。用小圆圈表示转动副，其圆

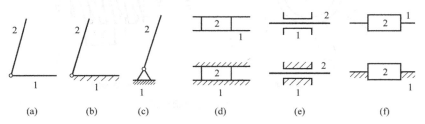

(a)　　(b)　　(c)　　(d)　　(e)　　(f)

图 3-6　平面低副的表示方法

心代表相对转动轴线。若组成转动副的两构件都是活动的，则用图 3-6（a）表示；若两构件之一为机架，则在代表机架的构件上加阴影线，如图 3-6（b）所示，也可简化成图 3-6（c）所示的形式。

两构件组成移动副的表示方法如图 3-6（d）～（f）所示。移动副的导路必须与两构件相对移动方向一致。同上所述，画有阴影线的构件表示机架。

两构件组成高副时，在简图中应当画出两构件接触处的曲线轮廓，如图 3-7 所示，表示平面高副的曲线，其曲率中心的位置必须与组成高副两构件接触处实际轮廓的曲率中心位置一致。同样，画有阴影线的构件表示机架。

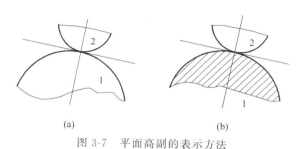

图 3-7　平面高副的表示方法

**（2）机构运动简图中构件的表示方法**

参与组成两个运动副的构件用一条线段相连。图 3-8（a）表示参与组成两个转动副的一个构件。图 3-8（b）表示参与组成一个转动副和一个移动副的构件，同一构件的不同部分在角处加上焊接标记。

一般来说，参与组成三个转动副的构件可用三角形表示，为了表明三角形是同一个构件，常在三个角上加焊接标记或在三角形内打上阴影线，如图 3-8（c）所示。如果三个转动副的中心处于一条直线上，则可用图 3-8（d）表示。以此类推，参与组成 $n$ 个运动副的构件可用 $n$ 边形来表示。其他常用零部件的表示方法可参看 GB/T 4460—2013《机械制图　机构运动简图用图形符号》。

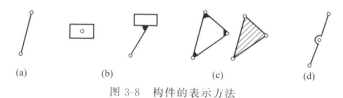

图 3-8　构件的表示方法

### 3.2.3　平面机构运动简图的绘制方法和步骤

绘制平面机构运动简图的过程可以划分为 5 个步骤，绘图方法涵盖在每个步骤中。下面分别介绍每个步骤的具体内容和方法，并通过绘制机构运动简图的两个实例，熟悉和掌握这 5 个步骤的具体内涵。

**（1）绘制机构运动简图的步骤**

① 明确机构的组成　绘制机构运动简图之前，首先应明确机构的组成，辨别清楚机构中固定件、原动件和从动件。

② 分析机构的运动　明确机构组成之后，在固定件的基础上，从原动件开始，按照机

构中运动的传递顺序，分析各个构件之间的相对运动性质，辨别相互连接的两个构件是相对转动、相对移动，还是既相对转动又相对移动。

③ 确定运动副的类型和数目　根据构件之间的相对运动性质，辨别构件与构件连接形成的运动副是转动副、移动副还是高副，并且确定各种类型运动副的数目。

④ 选择视图平面和原动件位置　绘制机构运动简图时，一般选择与各个构件或者与大多数构件运动平面相互平行的平面作为机构运动简图的视图平面，这样容易表达清楚机构的组成和运动情况。

⑤ 绘制机构运动简图　选择适当比例尺，比例尺是指图纸尺寸与机构实际尺寸之比，在所选视图平面中，按选定的尺寸比例，确定各个运动副之间的相对位置，并用国家标准GB/T 4460—2013 中规定的符号绘制各个构件和运动副，得到机构运动简图。

**（2）机构运动简图绘制实例**

下面结合绘制机构运动简图的两个实例，进一步熟悉、理解和掌握绘制机构运动简图每一步骤中的具体内容和方法。

例 3-1　绘制如图 3-9(a) 所示颚式破碎机的机构运动简图。

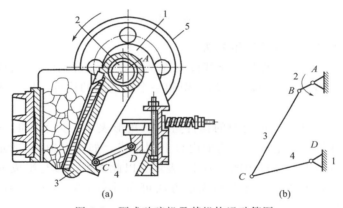

(a)　　　　　　　　　　(b)

图 3-9　颚式破碎机及其机构运动简图

① 明确机构的组成　图 3-9(a) 中的颚式破碎机主体机构由机架 1、偏心轴（又称曲轴）2、动颚 3、肘板 4 四个构件组成。

② 分析机构的运动　在图 3-9(a) 中，各个构件的运动如下：

a.偏心轴 2 与带轮固连成一体与机架 1 在 A 点连接，并绕 A 点作旋转运动。

b.动颚 3 作平面复杂运动。

c.肘板 4 与机架在 D 点连接，并绕 D 点摆动。

d.弹簧和支承杆 5 起到辅助支承作用，其目的是改善机构的受力状况，加强机构的刚性。从运动角度看，有无支承杆 5 及弹簧，都不会改变机构的运动形式，即支承杆 5 和弹簧不会对机构的运动产生影响。

根据上述运动分析，图 3-9(a) 所示颚式破碎机中，对机构产生影响的活动构件只有偏心轴 2、动颚 3 和肘板 4，其中偏心轴 2 是运动和动力输入构件。

③ 确定运动副的类型和数目

a.偏心轴 2 上的圆柱销与动颚 3 上的圆柱孔装配在一起，两个构件之间的相对运动为转动，因此，偏心轴 2 与动颚 3 的连接构成转动副。

b. 动颚 3 与肘板 4 通过销与孔连接在一起，两者相对转动，其连接处构成转动副。

c. 偏心轴 2 与机架 1 连接，并相对于机架 1 转动，两者构成转动副。

d. 肘板 4 与机架 1 连接，相对于机架 1 转动，两者构成转动副。

④ 选择视图平面和原动件位置　选择机构运动简图的视图平面时，应尽量使组成机构的所有构件和运动副都能够在视图中表达清楚。对于平面机构，选择构件的运动平面作为视图平面，一般可以满足这一要求。图 3-9(a) 所示颚式破碎机的 3 个活动构件——偏心轴 2、动颚 3 和肘板 4 的运动均在纸平面内，因此，选择该平面作为绘制颚式破碎机机构运动简图的视图平面。

⑤ 绘制机构运动简图　选定适当的比例尺，根据图 3-9(a) 尺寸定出 $A$、$B$、$C$、$D$ 的相对位置，由构件和运动副的规定符号绘制出机构运动简图，并将图中的机架画上阴影线，如图 3-9（b）所示。

**例 3-2**　绘制图 3-10(a) 中所示活塞泵的机构运动简图。

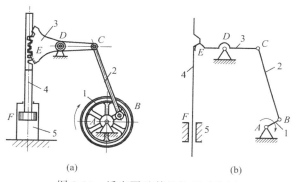

(a)　　　　　　　　　　　　　(b)

图 3-10　活塞泵及其机构运动简图

① 明确机构的组成　图 3-10(a) 所示机构由曲柄 1、连杆 2、齿扇 3、齿条活塞 4 和机架 5 等组成。

② 分析机构运动　机构中各个构件的运动情况如下：

a. 曲柄 1 与机架 5 在 $A$ 点连接，由驱动源带动曲柄绕 $A$ 点转动，故曲柄 1 是原动件。

b. 连杆 2 作平面运动。

c. 齿扇 3 上的 $D$ 点固定在机架上，在 $C$ 点与连杆 2 连接，在连杆 2 的带动下，齿扇 3 绕 $D$ 点摆动。

d. 构件 3 轮齿与构件 4 的齿通过线接触相互啮合，带动活塞在气缸 $F$ 中上下往复运动。

③ 确定运动副的类型和数目

a. 曲柄 1 与机架在 $A$ 点连接并相对转动，故在 $A$ 点构成转动副。

b. 连杆 2 与曲柄 1 在 $B$ 点处连接并相对转动，故在 $B$ 点构成转动副。

c. 齿扇 3 在 $C$、$D$ 点分别与连杆 2 和机架相连并相对转动，构成 $C$、$D$ 两个转动副。

d. 构件 3 的轮齿与构件 4 的齿构成平面高副 $E$。

e. 构件 4 与 5 之间为相对移动，构成移动副 $F$。

④ 选择视图平面和原动件位置　由机构运动分析可知，图 3-10(a) 所示机构中，4 个活动构件的运动，即曲柄 1 的转动、连杆 2 的平面运动、齿扇 3 的转动、齿条活塞 4 的上下往复运动均在纸平面内，因此，选择该平面作为机构运动简图的视图平面。

⑤ 绘制机构运动简图　选取适当比例，按图 3-10(a) 尺寸，定出 A、B、C、D、E、F 的相对位置，用构件和运动副的规定符号画出机构运动简图，在原动件上标注箭头，如图 3-10(b) 所示。

应当说明，绘制机构运动简图时，原动件的位置选择不同，所绘机构运动简图的图形也不同。当原动件位置选择不当时，构件相互重叠交叉，使图形不易辨认。为了清楚地表达各构件的相互关系，绘图时，应选择一个恰当的原动件位置。

# 3.3　平面机构的自由度

机构的各构件之间应具有确定的相对运动。显然，不能产生相对运动或无规则乱动的一堆构件难以用来传递运动。为了使组合起来的构件能产生运动并具有运动确定性，有必要探讨机构自由度和机构具有确定运动的条件。

### 3.3.1　平面机构自由度计算公式

如前所述，一个作平面运动的自由构件具有三个自由度，因此，平面机构的每个活动构件，在未用运动副连接之前，都有三个自由度。如图 3-1 所示，构件 S 可以在 $xOy$ 平面坐标系中自由运动，即沿 $x$ 轴和 $y$ 轴的移动以及在 $xOy$ 平面内绕 A 点的转动。当两构件组成运动副之后，它们的相对运动受到约束，自由度随之减少。不同种类的运动副引入的约束不同，所保留的自由度也不同。如图 3-2 所示的转动副，约束了两个自由度，只保留一个转动自由度；而移动副（图 3-3）约束了沿一轴方向的移动和在平面内的转动两个自由度，只保留沿另一轴方向移动的自由度；高副（图 3-4）则只约束沿接触处公法线 $n\text{-}n$ 方向移动的自由度，保留绕接触处转动和沿接触处公切线 $t\text{-}t$ 方向移动两个自由度。也可以说，在平面机构中，每个低副引入两个约束，使构件失去两个自由度；每个高副引入一个约束，使构件失去一个自由度。

设某平面机构共有 K 个构件，除去固定构件，则活动构件数为 $n = K-1$。在未用运动副连接之前，这些活动构件的自由度总数为 $3n$。当用运动副将构件连接组成机构之后，机构中各构件具有的自由度随之减少。若机构中低副数为 $P_L$ 个，高副数为 $P_H$ 个，则运动副引入的约束总数为 $2P_L + P_H$。活动构件的自由度总数减去运动副引入的约束总数就是机构自由度。以 $F$ 表示，即：

$$F = 3n - 2P_L - P_H \tag{3-1}$$

这就是平面机构自由度的计算公式。由公式可知，机构自由度取决于活动构件的件数以及运动副的性质和个数。

### 3.3.2　机构具有确定运动的条件

机构的自由度也即机构中各构件相对于机架具有的独立运动的数目。如前所述，从动件是不能独立运动的，只有原动件才能独立运动。通常每个原动件具有一个独立运动（如电动机的转子具有一个独立运动，内燃机的活塞具有一个独立运动），因此，机构的自由度应当与原动件数相等。

**例 3-3**　计算如图 3-9 所示颚式破碎机主体机构的自由度。

**解**：在颚式破碎机主体机构中，有三个活动构件，$n = 3$；包含四个转动副，$P_L = 4$；没有高副，故 $P_H=0$。由平面机构自由度计算公式(3-1) 得机构自由度：

$$F=3n-2P_L-P_H=3\times3-2\times4-0=1$$

该机构具有一个原动件（曲轴 2），原动件数与机构自由度数相等。

**例 3-4**　计算如图 3-10 所示活塞泵的自由度。

**解**：通过分析可得，活塞泵具有四个活动构件，即 $n=4$；五个低副（四个转动副 $A$、$B$、$C$、$D$ 和一个移动副 $F$），$P_L=5$；一个高副（$E$），$P_H=1$，由平面机构自由度计算公式(3-1) 得机构自由度：

$$F=3n-2P_L-P_H=3\times4-2\times5-1=1$$

机构的自由度与原动件（曲柄 1）数相等。

**问题**：如果机构自由度不等于给出的原动件数目（大于或小于），机构的运动会出现什么现象呢？

如图 3-11(a) 所示为铰链五杆机构，具有四个活动构件形成五个转动副，图中原动件数等于 1，机构自由度为 $F=3\times4-2\times5=2$。当只给定原动件 1 的位置角 $\varphi_1$ 时，从动件 2、3、4 的位置不能确定，不具有确定的相对运动。只有给出两个原动件，使构件 1、4 都处于给定位置才能使从动件获得确定运动。

如图 3-11(b) 所示为铰链四杆机构，具有三个活动构件形成四个转动副，图中原动件数等于 2，机构自由度为 $F=3\times3-2\times4=1$，如果原动件 1 和原动件 3 的给定运动都要同时满足，机构中最弱的构件必将损坏，例如将杆 2 拉断，杆 1 或杆 3 折断。

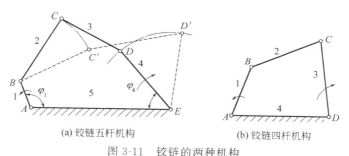

(a) 铰链五杆机构　　　　(b) 铰链四杆机构

图 3-11　铰链的两种机构

如图 3-12(a) 的自由度 $F=3\times4-2\times6=0$，该构件组合的自由度等于 0，说明它是不能产生相对运动的刚性桁架。图 3-12(b) 的自由度 $F=3\times2-2\times3=0$，也是一个刚性桁架。图 3-12(c) 的自由度 $F=3\times3-2\times5=-1$，$F<0$ 说明它所受约束过多，已成为超静定桁架。

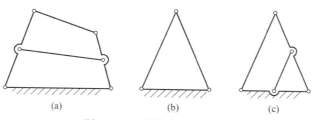

(a)　　　　　　(b)　　　　　　(c)

图 3-12　不同构件的自由度

综上所述：

① $F\leqslant0$ 时，机构蜕变为刚性桁架，构件之间没有相对运动。

② $F>0$ 时，原动件数小于机构的自由度，各构件没有确定的相对运动；原动件数大于

机构的自由度，则在机构的薄弱处遭到破坏。

由此可见，机构具有确定运动的条件是：机构自由度 $F>0$，且 $F$ 等于原动件数。

### 3.3.3　计算平面机构自由度的注意事项

计算机构自由度，辨别机构是否具有确定运动，有时候会出现结果与机构的实际运动不吻合的情况。例如，计算求得的机构自由度数与机构中原动件的数目不相等，但实际机构却有确定的运动。产生这一现象的主要原因是计算机构自由度的过程中，没有注意到机构组成的一些特殊情况，如复合铰链、局部自由度和虚约束。

**（1）复合铰链**

三个或三个以上构件同在一处用转动副相连接，就构成复合铰链。如图 3-13（a）所示是三个构件汇交成的复合铰链，图 3-13（b）是它的俯视图。由图 3-13（b）可以看出，这三个构件共组成两个转动副。以此类推，$K$ 个构件汇交而成的复合铰链有（$K-1$）个转动副。在计算机构自由度时应注意识别复合铰链，以免把转动副的个数算错。

图 3-13　复合铰链

**例 3-5**　计算图 3-14 所示圆盘锯主体机构的自由度。

**解：**机构中有七个活动构件，$n=7$；$A$、$B$、$C$、$D$ 四处都是三个构件汇交的复合铰链，各有两个转动副，$E$、$F$ 处各有一个转动副，故 $P_L=10$，由式（3-1）得

$$F=3\times7-2\times10=1$$

$F$ 与机构原动件数相等。当原动件 8 转动时，圆盘中心 $E$ 将确定地沿 $EE'$ 移动。

**（2）局部自由度**

机构中常出现一种与输出构件运动无关的自由度，称为局部自由度（或称多余自由度），在计算机构自由度时应予排除。

**例 3-6**　计算图 3-15 所示滚子从动件凸轮机构的自由度。

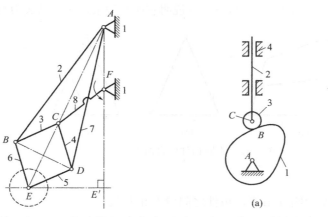

图 3-14　圆盘锯主体机构　　　　图 3-15　滚子从动件凸轮机构

如图 3-15（a）所示，当原动件凸轮 1 转动时，通过滚子 3 驱使构件 2 以一定运动规律在机架 4 中往复移动。从动件 2 是输出构件。滚子 3 是为减少高副元素的磨损，安装在从动件与凸轮接触处的，从而使凸轮与从动件之间的滑动摩擦变为滚动摩擦。不难看出，在这个机构中，滚子 3 绕其轴线是否转动或转动快慢，都不影响输出构件 2 的运动，因此，在计算机构的自由度时应预先将转动副 C 除去不计。或如图 3-15（b）所示，可设想将滚子 3 与从动件 2 固连在一起作为一个构件来考虑，此时，$n=2$，$P_L=2$，$P_H=1$。由式(3-1) 可得：

$$F=3n-2P_L-P_H=3\times2-2\times2-1=1$$

局部自由度虽然不影响整个机构的运动，但滚子可使高副接触处的滑动摩擦变成滚动摩擦，减少磨损，所以实际机械中常有局部自由度出现。

**（3）虚约束**

对机构自由度不起独立限制作用的重复约束称为虚约束或消极约束。在计算机构自由度时应予排除不计。

如图 3-16 所示的机构中，$L_{AB}=L_{CD}=L_{EF}$，$L_{BF}=L_{AE}$，$L_{FC}=L_{ED}$，在此机构中，$n=4$，$P_L=6$，$P_H=0$。由式(3-1) 可得：

$$F=3n-2P_L-P_H=3\times4-2\times6=0$$

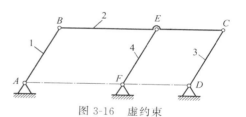

图 3-16　虚约束

这表明该机构不能运动，显然与实际情况不符。进一步分析可知，机构中的运动轨迹有重叠现象。因为当原动件 1 转动时，构件 2 上 C 点的运动轨迹是以 D 点为圆心，以 $L_{CD}$ 为半径的圆弧，如果去掉构件 4（转动副 C、D 也不再存在），C 点的运动轨迹没有变化，这说明构件 4 及转动副 C、D 是否存在，对整个机构的运动并无影响。也就是说，机构中加入构件 4 及转动副 C、D 后，虽然使机构增加了一个约束，但此约束并不起限制机构运动的作用，所以是虚约束。在计算机构自由度时应除去构件 4 和转动副 C、D，此时，$n=3$，$P_L=4$，$P_H=0$，由式(3-1) 可得：

$$F=3n-2P_L-P_H=3\times3-2\times4=1$$

此结果与实际情况相符。

虚约束是构件间几何尺寸满足某些特殊条件的产物。平面机构中的虚约束常出现在下列场合：

① 两构件间组成多个导路平行的移动副，只有一个移动副起作用，其余都是虚约束。如图 3-15（a）所示凸轮机构的运动简图，从动件与机架间组成两个移动副，其中之一为虚约束。

② 两个构件之间组成多个轴线重合的转动副时，只有一个转动副起作用，其余都是虚约束。例如两个轴承支持一根轴只能看作一个转动副。

③ 机构中对传递运动不起独立作用的对称部分。如图 3-17 所示行星轮系中，中心轮 1 通过两个对称布置的小齿轮 2 和 2′驱动内齿轮 3，其中有一个小齿轮对传递运动不起独立作用。但第二个小齿轮的加入，使机构增加了一个虚约束（引入两个转动副和两个高副），计算自由

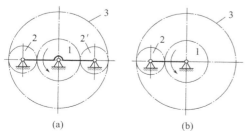

图 3-17　对称结构的虚约束

度时应予排除。

还有一些类型的虚约束需要通过复杂的数学证明才能判别，这里就不再一一列举了。虚约束对运动虽不起作用，但从增加构件的刚度，改善机构受力状况等方面看，却是必需的。虚约束要求较高的制造精度，如果加工误差太大，不能满足某些特殊几何条件，虚约束就会变成实际的约束，阻碍构件运动。

**例 3-7**　计算图 3-18 所示大筛机构的自由度。

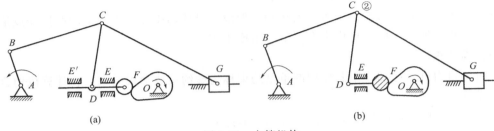

图 3-18　大筛机构

**解**：分析图 3-18(a)，机构中的滚子有一个局部自由度；顶杆与机架在 $E$ 和 $E'$ 处组成两个导路平行的移动副，其中之一为虚约束；$C$ 处是复合铰链。为计算方便，今将滚子与顶杆焊成一体，去掉移动副 $E$，并在 $C$ 点注明转动副个数，如图 3-18(b) 所示。由图 3-18(b) 得：$n=7$，$P_L=9$（7 个转动副，2 个移动副），$P_H=1$，由式(3-1) 得

$$F=3n-2P_L-P_H=3\times7-2\times9-1=2$$

机构自由度等于 2，具有两个原动件。

# 3.4　速度瞬心及其在平面机构速度分析中的应用

对某些平面机构来说，应用速度瞬心法进行速度分析，有时显得十分简便，下面主要介绍速度瞬心及其在平面机构速度分析中的应用。

### 3.4.1　速度瞬心及其求法

**(1) 速度瞬心（瞬心）的概念**

如图 3-19 所示，任一构件 2 相对于构件 1 作平面运动时，在任一瞬时，其相对运动可看作是绕某一重合点的转动，该重合点称为速度瞬心或瞬时回转中心，简称瞬心。因此，瞬心是两构件上绝对速度相同的重合点（简称同速点），如果这两个构件都是运动的，则其瞬心称为相对瞬心；如果这两个构件之一是静止的，则其瞬心称为绝对瞬心。因静止构件的绝对速度为零，所以绝对瞬心是运动构件上瞬时绝对速度等于零的点。

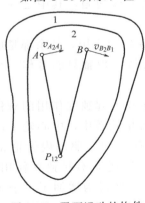

图 3-19　平面运动的构件

瞬心三要素：①该点涉及两个构件；②绝对速度相同，相对速度为零；③相对回转中心。

**(2) 机构瞬心的数目**

由于作相对运动的任意两个构件都有一个瞬心，根据排列组

合的原理，如一个机构由 $K$ 个构件组成，则瞬心数为：

$$N = \frac{K(K-1)}{2} \tag{3-2}$$

**（3）瞬心的求法**

当两构件的运动已知时，瞬心的位置便可确定，如图 3-19 中，已知重合点 $A_1$ 和 $A_2$ 及 $B_1$ 和 $B_2$ 的相对速度 $v_{A_1A_2} = v_{B_2B_1}$ 的方向，则两速度矢量的垂线的交点便是瞬心 $P_{12}$。在机构中通常用如下方法求得瞬心。

① 根据瞬心的定义求直接接触两构件的速度瞬心　当两构件用转动副连接时，其转动副中心就是它们的相对瞬心 $P_{12}$，如图 3-20（a）所示；当两构件组成移动副时，由于它们的所有重合点的相对速度方向都平行于导路方向，所以其相对位置 $P_{12}$ 位于导路的垂直方向的无穷远处，如图 3-20（b）所示；当两构件组成纯滚动的高副时，接触点的相对速度为零，其接触点就是它们的相对瞬心 $P_{12}$，如图 3-20（c）所示；当两构件组成滚动兼滑动的高副时，接触点的相对速度不为零且其方向沿切线方向，其相对瞬心 $P_{12}$ 位于接触点的公法线 $n$-$n$ 上，如图 3-20（d）所示，由于滚动和滑动的速度未知，故还不能确定 $P_{12}$ 在法线的哪一点上，还需要其他辅助条件确定。

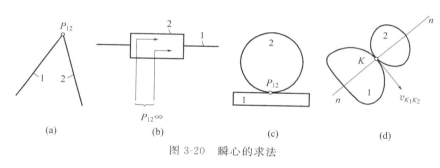

图 3-20　瞬心的求法

② 根据三心定理确定不直接接触的构件的速度瞬心

三心定理是指作相对平面运动的三个构件共有三个瞬心，这三个瞬心位于同一直线。

如图 3-21 所示，按式（3-2），构件 1、2、3 共有三个瞬心。为证明方便，设构件 1 为固定构件，则 $P_{12}$ 和 $P_{13}$ 为构件 1、2 和构件 1、3 之间的绝对瞬心。下面证明相对瞬心 $P_{23}$ 应位于 $P_{12}$ 和 $P_{13}$ 的连线上。假定 $P_{23}$ 不在直线 $P_{12}P_{13}$ 上，而在其他任一点 $C$，重合点 $C_2$ 和 $C_3$ 的绝对速度 $v_{C_2}$ 和 $v_{C_3}$ 各垂直于 $CP_{12}$ 和 $CP_{13}$，显然，这时 $v_{C_2}$ 和 $v_{C_3}$ 的方向不一致。瞬心应是绝对速度相同（方向相同，大小相等）的重合点，今 $v_{C_2}$ 与 $v_{C_3}$ 的方向不同，故 $C$ 点不可能是瞬心。只有位于 $P_{12}P_{13}$ 直线上的重合点速度方向才可能一致，所以瞬心 $P_{23}$ 必在 $P_{12}$ 和 $P_{13}$ 的连线上。

**例 3-8**　如图 3-22 所示为一铰链四杆机构，试确定该机构在图示位置时其全部瞬心的位置。

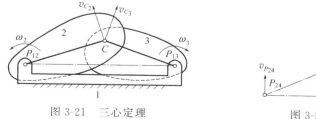

图 3-21　三心定理　　　　　图 3-22　瞬心法的应用

**解：**根据式（3-2），该机构由 4 个构件组成，$N=\dfrac{4\times(4-1)}{2}=6$，所以该机构所有瞬心的数目为 6，即 $P_{12}$、$P_{13}$、$P_{14}$、$P_{23}$、$P_{24}$、$P_{34}$。其中 $P_{12}$、$P_{23}$、$P_{34}$、$P_{14}$ 分别在四个转动副的中心，可直接定出；而其余两个瞬心 $P_{13}$ 和 $P_{24}$ 则可应用三心定理来确定。

根据三心定理，对于构件 1、2、3 来说，$P_{13}$ 必在 $P_{12}$ 及 $P_{23}$ 的连线上；而对于构件 1、4、3 来说，瞬心 $P_{13}$ 必在 $P_{14}$ 及 $P_{34}$ 的连线上。因此上述两连线的交点即为瞬心 $P_{13}$。

同理，$P_{24}$ 必在 $P_{23}P_{34}$ 及 $P_{12}P_{14}$ 两连线的交点上。

因构件 1 是机架，所以 $P_{12}$、$P_{13}$、$P_{14}$ 是绝对瞬心，而 $P_{23}$、$P_{24}$、$P_{34}$ 是相对瞬心。

### 3.4.2　瞬心在速度分析上的应用

利用瞬心进行速度分析，可求出两构件的角速度之比、构件的角速度及构件上某点的线速度。

**（1）铰链四杆机构**

如图 3-22 所示，$P_{24}$ 为构件 4 和构件 2 的等速重合点（注：刚体构件可以看成无限大），因此通过 $P_{24}$ 可以求出构件 4 和构件 2 的角速比。而构件 4 和构件 2 分别绕绝对瞬心 $P_{14}$ 和 $P_{12}$ 转动，因此有：

$$v_{P_{24}}=\omega_4 l_{P_{24}P_{12}}=\omega_2 l_{P_{24}P_{12}}$$

或

$$\frac{\omega_2}{\omega_4}=\frac{l_{P_{24}P_{14}}}{l_{P_{24}P_{12}}}\frac{P_{24}P_{14}}{P_{24}P_{12}}$$

上式表明两构件的角速度与其绝对瞬心至相对瞬心的距离成反比。如果 $P_{24}$ 在 $P_{14}$ 和 $P_{12}$ 的同一侧，则 $\omega_2$ 和 $\omega_4$ 方向相同。如果 $P_{24}$ 在 $P_{14}$ 和 $P_{12}$ 之间，则 $\omega_2$ 和 $\omega_4$ 方向相反。如知其一构件的角速度，可求出另一构件角速度的大小和方向。

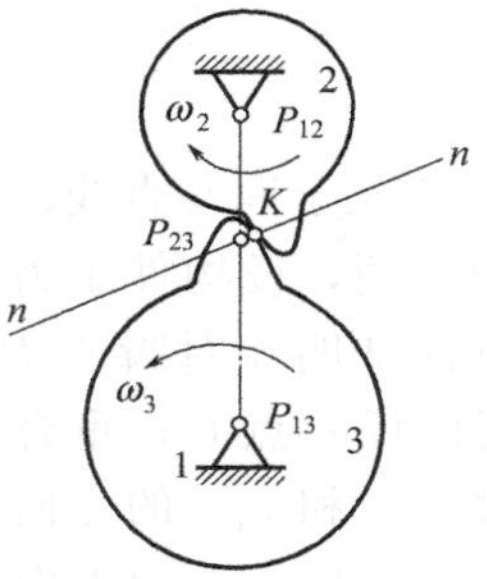

**（2）齿轮机构**

如图 3-23 所示为相啮合的两齿轮机构，共由三个构件组成。构件 2、3 组成高副，可以利用相对瞬心求两轮的角速度之比。齿轮 2 和 3 的绝对瞬心为 $P_{12}$ 和 $P_{13}$，其相对瞬心 $P_{23}$ 在过接触点 $K$ 的公法线 $n\text{-}n$ 上，又因位于 $P_{12}$ 和 $P_{13}$ 的连线上，故两线的交点即为 $P_{23}$。这就是齿轮的齿廓啮合基本定律。

$$i=\frac{\omega_2}{\omega_1}=\frac{P_{23}P_{12}}{P_{23}P_{13}}$$

图 3-23　两齿轮机构

**（3）直动从动件凸轮机构**

如图 3-24 所示为凸轮机构，$P_{13}$ 位于凸轮的回转中心，$P_{23}$ 在垂直于从动件导路的无穷远处。过 $P_{13}$ 作导路的垂线代表 $P_{13}$ 和 $P_{23}$ 之间的连线，它与法线 $n\text{-}n$ 的交点就是 $P_{12}$。$P_{12}$ 是构件 1 和 2 的同速点。由构件 1 可得 $v_{P_{12}}=\omega_1 l_{P_{13}P_{12}}$；构件 2 为平动构件，各点速度相同，$v_{P_{12}}=v_2$。故得

$$v_2=\omega_1 l_{P_{24}P_{12}}$$

或

$$l_{P_{13}P_{12}}=\frac{v_2}{\omega_1}$$

**例 3-9**　图 3-25 所示的曲柄滑块机构中，已知各构件的尺寸和主动件的角速度 $\omega_1$。求：①机构的全部瞬心位置；②从动件 3 的速度。

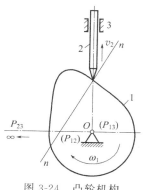

图 3-24　凸轮机构

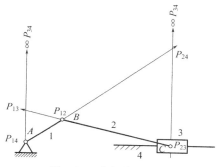

图 3-25　曲柄滑块机构

**解：** ① 此机构中共有 4 个构件，6 个瞬心。转动副中心 $A$、$B$、$C$、$D$ 各为瞬心 $P_{14}$、$P_{12}$、$P_{23}$，瞬心 $P_{34}$ 在垂直导路方向无穷远处。作 $P_{23}$ 与 $P_{34}$ 的连线（即过 $P_{23}$ 作导路的垂线），它与直线 $P_{14}P_{12}$ 的交点就是瞬心 $P_{24}$。同理，过 $P_{14}$ 作导路的垂线表示 $P_{14}$ 与 $P_{34}$ 的连线，它与直线 $P_{12}P_{23}$ 的交点就是瞬心 $P_{13}$。因构件 4 是机架，故 $P_{14}$、$P_{24}$、$P_{34}$ 为绝对瞬心，其余为相对瞬心。

② 根据瞬心定义，$v_3 = v_{P_{13}} = \omega_1 l_{P_{13}P_{14}} = \omega_1 P_{13}P_{14}$。

通过上述例子可见，利用瞬心法求简单平面机构的速度，特别是平面高副机构进行速度分析是很方便的，但不足之处是构件较多时，瞬心数目太多，求解费时，且作图时常有某些瞬心落在图纸之外。

# 思　考　题

3-1　什么是运动副？运动副的作用是什么？什么是高副？什么是低副？

3-2　平面机构中的低副和高副各引入几个约束？保留几个自由度？

3-3　机构具有确定运动的条件是什么？当机构的原动件数少于或多于机构的自由度时，机构的运动将发生何种情况？

3-4　机构运动简图有何用处？怎样绘制机构运动简图？

3-5　在计算平面机构的自由度时，应注意哪些问题？

3-6　如何判别复合铰链、局部自由度和虚约束？

3-7　如何理解速度瞬心？什么是绝对瞬心和相对瞬心？

# 第4章

# 平面连杆机构

平面连杆机构是由若干构件用低副（转动副、移动副）连接组成的在同一平面或相互平行平面内运动的机构，又称平面低副机构。由于连杆机构间用低副连接，接触表面为平面或圆柱面，因而压强小便于润滑，磨损较小，寿命长，可以传递较大动力；同时易于制造，能获得较高的运动精度，还可用作实现远距离的操纵控制。因此，平面连杆机构在各种机械、仪器中获得了广泛应用。平面连杆机构的缺点是：不易精确实现复杂的运动规律，且设计较复杂；当构件数和运动副数较多时，效率较低。

平面连杆机构构件的形状多种多样，不一定为杆状，但从运动原理来看，均可用等效的杆状构件来替代。最简单的平面连杆机构是由四个构件组成，称为平面四杆机构。本章重点介绍平面四杆机构的基本形式、应用、演化形式、特性及其常用的设计方法。

## 4.1 平面四杆机构的基本类型及其应用

平面四杆机构种类繁多，按照所含移动副数目的不同，可分为：全转动副的铰链四杆机构、含一个移动副的四杆机构和含两个移动副的四杆机构。对这些机构改换机架、变更杆件长度和扩大转动副等，还可以得到平面四杆机构的其他演化形式。

### 4.1.1 铰链四杆机构的基本类型

全部用转动副相连的平面四杆机构，称为平面铰链四杆机构，简称铰链四杆机构。铰链四杆机构是四杆机构的基本形式，也是其他多杆机构的基础。

如图 4-1(a) 所示剪板机中的固定架 AD、剪刀 DC 等构件，虽然它们的形状各不相同，但在进行分析时，均可简化为杆件形式。用小圆圈表示铰链，线段表示构件，机构运动简图如图 4-1(b) 所示。

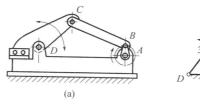
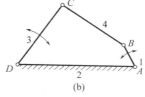

图 4-1　剪板机

如图 4-2(a) 所示，机构的固定构件 4 称为机架，与机架通过转动副连接的构件 1 和 3 称为连架杆，不与机架直接连接的构件 2 称为连杆，连杆一般作平面复杂运动。若组成转动副的两构件能作整周相对转动，则称该转动副为整转副，否则称摆动副。与机架组成整转副的连架杆称为曲柄，与机架组成摆动副的连架杆称为摇杆。

对铰链四杆机构来说，机架和连杆总是存在的，因此可按照连架杆是曲柄还是摇杆，将铰链四杆机构分为三种基本形式：曲柄摇杆机构、双曲柄机构和双摇杆机构。

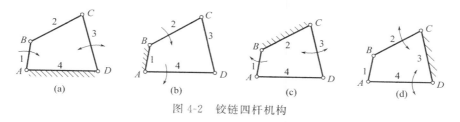

图 4-2　铰链四杆机构

### 4.1.2　铰链四杆机构的应用

**（1）曲柄摇杆机构**

在铰链四杆机构的两个连架杆中，若其中一个为曲柄，另一个为摇杆，则称其为曲柄摇杆机构，如图 4-3 所示。

如图 4-3 所示曲柄摇杆机构中，取曲柄 $AB$ 为主动件，并作逆时针等速转动。当曲柄 $AB$ 的 $B$ 端从 $B$ 点回转到 $B_1$ 点时，从动件摇杆 $CD$ 上之 $C$ 端从 $C$ 点摆动到 $C_1$ 点，而当 $B$ 端从 $B_1$ 点回转到 $B_2$ 点时，$C$ 端从 $C_1$ 点顺时针摆动到 $C_2$ 点。当 $B$ 端继续从 $B_2$ 点回转到 $B_1$ 点时，$C$ 端将从 $C_2$ 点逆时针摆回到 $C_1$ 点。这样，在曲柄 $AB$ 连续作等速回转时，摇杆 $CD$ 将在 $C_1C_2$ 范围内作变速往复摆动，即曲柄摇杆机构能将主动件（曲柄）整周的回转运动转换为从动件（摇杆）的往复摆动。

曲柄摇杆机构在生产中应用很广，如图 4-4 所示为雷达天线俯仰机构。曲柄 1 缓慢均匀转动，通过连杆 2 使摇杆 3 在一定角度的范围内摆动，从而达到调整天线俯仰角、搜索信号的目的。

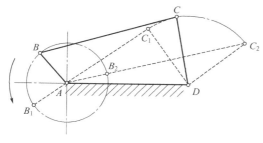

图 4-3　曲柄摇杆机构

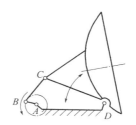

图 4-4　雷达天线俯仰机构

图 4-5 又列举了一些应用实例：图 4-5(a) 所示为汽车刮雨器，图 4-5(b) 所示为颚式破碎机，图 4-5(c) 所示为搅拌机。它们在曲柄 AB 连续回转的同时，摇杆 CD 可以往复摆动，完成刮窗、矿石破碎、搅拌等动作。

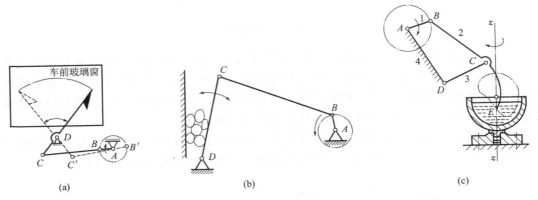

图 4-5　曲柄摇杆机构的应用实例

在曲柄摇杆机构中，当取摇杆为主动件时，可以使摇杆的往复摆动转换成从动件曲柄的整周回转运动。在图 4-6 所示的缝纫机踏板机构中，踏板（相当于摇杆 CD）作往复摆动时，连杆 BC 驱动曲轴（相当于曲柄 AB）和带轮连续回转。

**（2）双曲柄机构**

具有两个曲柄的铰链四杆机构称为双曲柄机构，如图 4-7 所示。在双曲柄机构中，两个连架杆均为曲柄，均可作整周回转。两个曲柄可以分别为主动件。在图 4-7 所示的双曲柄机构中，取曲柄 AB 为主动件，当主动曲柄 AB 顺时针回转 180° 到 $AB_1$ 位置时，从动曲柄 CD 顺时针回转到 $C_1D$，转过角度 $\varphi_1$；主动曲柄 AB 继续回转 180°，从动曲柄 CD 转过角度 $\varphi_2$。显然 $\varphi_1 > \varphi_2$，$\varphi_1 + \varphi_2 = 360°$。所以双曲柄机构的运动特点是：主动曲柄匀速回转一周，从动曲柄随之变速回转一周，即从动曲柄每回转的一周中其角速度有时大于主动曲柄的角速度，有时小于主动曲柄的角速度。

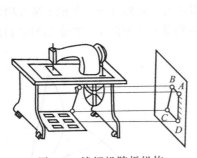

图 4-6　缝纫机踏板机构

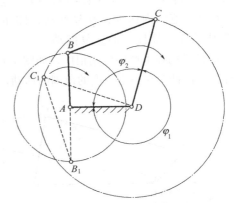

图 4-7　双曲柄机构

图 4-8 所示为插床的主运动机构运动简图，主动曲柄 AB 作等速回转时，连杆 BC 带动

从动曲柄构件 $CDE$ 作周期性变速回转，再通过构件 $EF$ 使滑块带动插刀作上下往复运动，实现慢速工作行程（下插）和快速退刀行程的工作要求。

如图 4-9 所示为双曲柄机构在惯性筛中的应用。工作时，等速转动的主动曲柄 $AB$，通过连杆 $BC$ 带动从动曲柄 $CD$ 作周期性变速转动，并通过构件 $CE$ 的连接，使筛子变速往复移动。

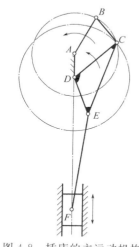

图 4-8　插床的主运动机构

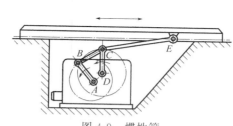

图 4-9　惯性筛

双曲柄机构中，当连杆与机架的长度相等且两个曲柄长度相等时，若曲柄转向相同，称为平行四边形机构，如图 4-10(a) 所示；若曲柄转向不同，称为反向平行双曲柄机构，简称反向双曲柄机构，如图 4-10(b) 所示。

平行四边形机构的运动特点是：两曲柄的回转方向相同，角速度相等。反向平行双曲柄机构的运动特点是：两曲柄的回转方向相反，角速度不等。

平行四边形机构在运动过程中，如图 4-10(a) 所示，主动曲柄 $AB$ 每回转一周，两曲柄与连杆 $BC$ 出现两次共线，此时会产生从动曲柄 $CD$ 运动的不确定现象，即主动曲柄 $AB$ 的回转方向不变，而从动曲柄 $CD$ 可能顺时针方向回转，也可能逆时针方向回转，而使机构变成反向平行双曲柄机构，如图 4-10(b) 所示，导致不能正常传动。为避免这一现象，常采用的方法有：一是利用从动曲柄本身的质量或附加一转动惯量较大的飞轮，依靠其惯性作用来导向；二是增设辅助构件；三是采取多组机构错列等。

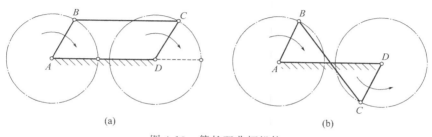

(a)　　　　　　　　　　　　　　　(b)

图 4-10　等长双曲柄机构

图 4-11 所示为机车车轮联动装置，它利用了平行四边形机构两曲柄回转方向相同、角

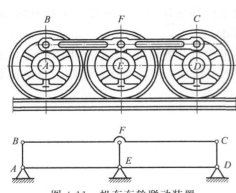

图 4-11　机车车轮联动装置

速度相等的特点，使从动车轮与主动车轮具有完全相同的运动，为了防止这种机构在运动过程中变为反向平行双曲柄机构，在机构中增设了一个辅助构件（曲柄 $EF$）。

图 4-12 的左右两组车轮采用错列结构，使左右两组车轮的曲柄相错 90°，从而保证了车轮的正常回转。

图 4-13 为车门启闭机构，采用的是反向平行双曲柄机构。当主动曲柄 $AB$ 转动时，通过连杆 $BC$ 使从动曲柄 $CD$ 反向转动，从而保证了两扇车门同时开启和关闭至各自的预定位置。

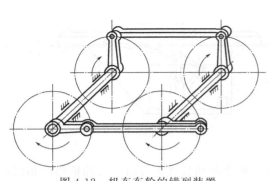

图 4-12　机车车轮的错列装置

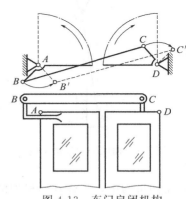

图 4-13　车门启闭机构

### （3）双摇杆机构

在铰链四杆机构中，若两连架杆均为摇杆，则称其为双摇杆机构，如图 4-14 所示。

在双摇杆机构中，两摇杆可以分别为主动件。当连杆与摇杆共线时（图 4-14 中 $B_1C_1D$ 与 $C_2B_2A$），机构处于死点位置。此时，$\varphi_1$ 与 $\varphi_2$ 分别为两摇杆的最大摆角。图 4-15 所示为利用双摇杆机构的自卸翻斗装置。杆 $AD$ 为机架，当油缸活塞杆向右摆动时，可带动双摇杆 $AB$ 与 $CD$ 向右摆动，使翻斗中的货物自动卸下；当油缸活塞杆向左缩回时，则带动双摇杆向左摆动，使翻斗回到原来的位置。

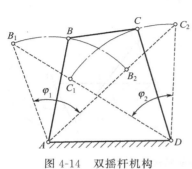

图 4-14　双摇杆机构

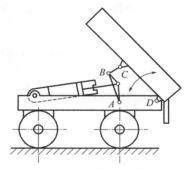

图 4-15　自卸翻斗装置

图 4-16 所示为港口用起重机，也采用了双摇杆机构，该机构利用连杆上的特殊点 $E$ 实现货物的水平吊运。

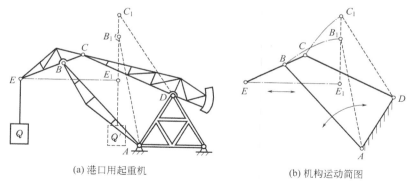

(a) 港口用起重机　　　　　　　(b) 机构运动简图

图 4-16　港口用起重机

图 4-17 为采用双摇杆机构的飞机起落架收放机构。飞机要着陆前，着陆轮 5 须从机翼（机架）2 中推放至图中实线所示位置，该位置处于双摇杆机构的死点，即 $AB$ 与 $BC$ 共线。飞机起飞后，为了减小飞行中的空气阻力，又须将着陆轮收入机翼中（图中虚线位置）。上述动作由主动摇杆 $AB$ 通过连杆 $BC$ 驱动从动摇杆 $CD$ 带动着陆轮实现。

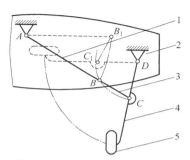

图 4-17　飞机起落架收放机构

1—主动摇杆；2—机架；3—连杆；
4—从动摇杆；5—着陆轮

### 4.1.3　铰链四杆机构的演化

在生产实际中，除了前面讲述的三种类型的铰链四杆机构外，还广泛应用其他形式的四杆机构。其他四杆机构可以看作是由铰链四杆机构演化得到的。

**（1）曲柄滑块机构**

曲柄滑块机构实质上是通过改变曲柄摇杆机构的运动副形状尺寸演化而来的。由图 4-3 可知，当摇杆 $CD$ 的长度趋向无穷大，原来沿圆弧往复运动的 $C$ 点变成沿直线的往复移动，也就是摇杆变成了沿导轨往复运动的滑块，曲柄摇杆机构就演化成如图 4-18 所示的曲柄滑块机构。

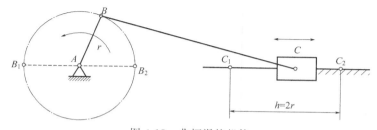

图 4-18　曲柄滑块机构

图 4-18 的曲柄滑块机构中，若取曲柄 $AB$ 为主动件，并作连续整周回转时，通过连杆 $BC$ 可以带动滑块 $C$ 作往复直线运动，滑块 $C$ 移动的距离 $h$ 等于曲柄长度 $r$ 的两倍，即 $h=2r$。反之，若取滑块 $C$ 为主动件，当滑块作往复直线运动时，通过连杆 $BC$ 可以带

动曲柄 AB 作整周回转，但存在从动件曲柄与连杆共线的两个死点位置，需要采取相应的措施。

　　曲柄滑块机构在机械中应用很广，图 4-19 所示为压力机中的曲柄滑块机构。该机构将曲轴（即曲柄）的回转运动转换成重锤（即滑块）的上下往复直线运动，完成对工件的压力加工。

　　图 4-20 所示为内燃机中的曲柄滑块机构。活塞（即滑块）的往复直线运动通过连杆转换成曲轴（即曲柄）的连续回转运动。由于滑块为主动件，因此该机构存在两个死点位置，俗称上死点和下死点。对于单缸工作的内燃机，如手扶拖拉机用的柴油机，通常采用附加飞轮，利用惯性来使曲轴顺利通过死点位置；对于多缸工作的内燃机，如汽车发动机、船用柴油机和活塞式航空发动机等，通常采用错列各缸的曲柄滑块机构的方式。

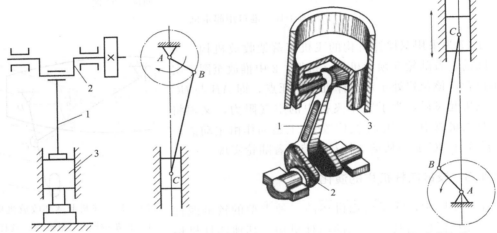

图 4-19　压力机中的曲柄滑块机构
1—连杆；2—曲轴（曲柄）；3—活塞（滑块）

图 4-20　内燃机中的曲柄滑块机构
1—连杆；2—工件；3—滑块

　　扩大转动副尺寸是一种常见的、具有实际应用价值的机构演化方法。转动副直径愈大，其强度愈高，机构的刚性也愈好。

**（2）偏心轮机构**

　　当曲柄滑块机构中要求滑块的行程 $h$ 很小时，曲柄长度必须很小。此时，为了提高机构的刚性和使运动副具有比较高的强度，常将曲柄做成偏心轮，用偏心轮的偏心距 $e$ 来替代曲柄的长度，曲柄滑块机构演化成偏心轮机构，如图 4-21 所示。在偏心轮机构中，滑块的行程等于偏心距的两倍，即 $h=2e$。在偏心轮机构中，只能以偏心轮为主动件。

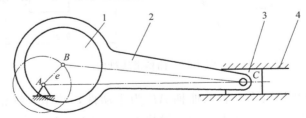

图 4-21　偏心轮机构
1—偏心轮；2—连杆；3—滑块；4—机架

机构传递的动力比较大，或者曲柄销（转动副）承受载荷比较大，或者曲柄长度比较短，或者从动件行程比较小的情况下，常常将曲柄做成偏心轮。这种结构尺寸的演化，不会影响机构的运动性质，避免了因曲柄长度太短，无法在曲柄两端设置两个转动副而出现结构设计困难的情况。

**（3）导杆机构**

导杆机构可以看成是改变曲柄滑块机构中的固定构件而演化来的。如图 4-22(a) 所示的曲柄滑块机构，当改取杆 1 为固定件时，即可得到如图 4-22（b）所示的导杆机构。在该导杆机构中，与构件 3 组成移动副的构件 4 称为导杆，构件 3 称为滑块，可相对导杆滑动，并可随导杆一起绕 A 点回转。在导杆机构中通常取杆 2 为主动件。导杆机构分转动导杆机构与摆动导杆机构两种。当机架的长度 $l_1$ 小于杆 2 的长度 $l_2$（$l_1 < l_2$）时，主动件杆 2 与从动件（导杆）4 均可作整周回转，即为转动导杆机构；当 $l_1 > l_2$ 时，主动件杆 2 作整周回转时，从动件 4 只能作往复摆动，即为摆动导杆机构，如图 4-23 所示。

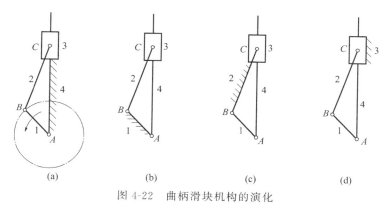

图 4-22　曲柄滑块机构的演化

图 4-24 所示为牛头刨床中摆动导杆机构的应用实例。杆 BC 为主动件作等速回转运动。当杆 BC 从 $BC_1$ 回转到 $BC_2$ 时，从动件导杆 AD 由左极限位置 $AD_1$ 摆动到右极限位置 $AD_2$，牛头刨床滑枕的行程 $D_1D_2$ 即为工作行程；当杆 BC 继续由 $BC_2$ 回转到 $BC_1$ 时，导杆 AD 从 $AD_2$ 摆回 $AD_1$，滑枕行程 $D_2D_1$ 即为空回行程。显然摆动导杆机构具有急回特性。为了实现滑枕作往复直线运动，在机架 A 处导杆的导槽中设置了一个滑块，使导杆在

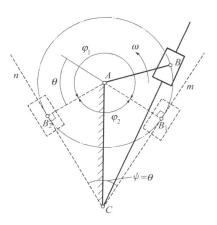

图 4-23　摆动导杆机构

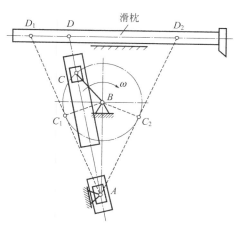

图 4-24　牛头刨床中的摆动导杆机构

摆动时能上下移动。杆 $BC$ 为传动丝杠，在 $C$ 点处与铰链（螺母）连接，杆 $BC$ 的长度可调节，从而实现滑枕行程的调节。

**（4）摇块机构和定块机构**

当取杆 2 为固定件（机架）时，即可得到图 4-22(c) 所示的曲柄摇块机构。此机构一般以杆 1 或杆 4 为主动件。$l_1 < l_2$ 时，杆 1 可作整周回转，$l_1 > l_2$ 时，杆 1 只能作摆动。当杆 1 作整周回转或摆动时，导杆 4 相对滑块 3 滑动，并一起绕 $C$ 点摆动。滑块 3 只能绕机架上 $C$ 点摆动，称为摇块。当杆 4 为主动件在摇块 3 中移动时，杆 1 则绕 $B$ 点回转或摆动。图 4-25 所示为应用曲柄摇块机构的自翻卸料装置。车厢 1（杆 1）可绕车架 2（机架 2）上的 $B$ 点摆动，活塞杆 4（导杆 4）、液压缸 3（摇块 3）可绕车架上的 $C$ 点摆动。当液压缸中的活塞杆运动时，车厢绕 $B$ 点转动，转到一定角度时，货物自动卸下。

当取构件 3 为固定件时，即可得到图 4-22(d) 所示的移动导杆机构。此机构通常以杆 1 为主动件，杆 1 回转时，杆 2 绕 $C$ 点摆动。杆 4 仅相对固定滑块作往复移动。图 4-26 所示的抽水机即采用了移动导杆机构。摆动手柄 1，在杆 2 的支承下（杆 2 自身绕机架上 $C$ 点摆动），活塞杆 4 在固定滑块（唧筒 3，即机架）内上下往复移动，实现抽水的动作。

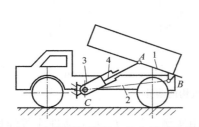

图 4-25　自翻卸料装置中的曲柄摇块机构

1—车厢；2—车架；3—液压缸；4—活塞杆

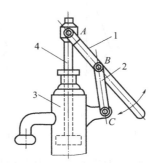

图 4-26　抽水机中的移动导杆机构

1—手柄；2—杆；3—唧筒；4—活塞杆

**（5）四杆机构的扩展**

除上述以外，生产中常见的某些多杆机构，也可以看成是由若干个四杆机构组合扩展形成的。

图 4-27 所示的手动冲床是一个六杆机构，它可以看成是由两个四杆机构组成的。第一个是由原动摇杆（手柄）1、连杆 2、从动摇杆 3 和机架 4 组成的双摇杆机构；第二个是由摇杆 3、小连杆 5、冲杆 6 和机架 4 组成的摇杆滑块机构。其中前一个四杆机构的输出件作为第二个四杆机构的输入件。扳动手柄 1，冲杆 6 就上下运动。采用六杆机构，使扳动手柄的力获得两次放大，从而增大了冲杆的作用力。这种增力作用在连杆机构中经常用到。

图 4-28 所示为筛料机主体机构的运动简图，这个六杆机构也可以看成由两个四杆机构组成。第一个是由原动曲柄 1、连杆 2、从动曲柄 3 和机架 6 组成的双曲柄机构；第二个是由曲柄 3（原动件）、连杆 4、滑块 5（筛子）和机架 6 组成的曲柄滑块机构。需要指出，有些多杆机构不是由四杆机构组成的。

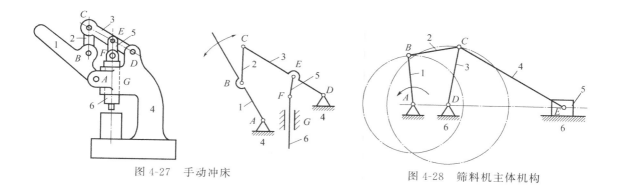

图 4-27　手动冲床　　　　　　　　　图 4-28　筛料机主体机构

# 4.2　平面四杆机构的基本特性

### 4.2.1　铰链四杆机构存在曲柄的条件

曲柄是能作整圈旋转的连架杆，只有这种能作整圈旋转的构件才能用电动机等连续转动的装置来带动，所以，能作整圈旋转的构件在机构中具有重要的地位，即曲柄是机构中的关键构件。铰链四杆机构中是否具有作整圈旋转的构件，取决于各构件的长度之间的关系，这就是所谓的曲柄存在条件。

在图 4-29 所示的曲柄摇杆机构中，设曲柄 $AB$、连杆 $BC$、摇杆 $CD$ 和机架 $AD$ 的杆长分别为 $l_1$、$l_2$、$l_3$ 和 $l_4$，当曲柄 $AB$ 回转一周，$B$ 点的轨迹是以 $A$ 为圆心、半径等于 $l_1$ 的圆。$B$ 点通过 $B_1$ 和 $B_2$ 点时，曲柄 $AB$ 与连杆 $BC$ 形成两次共线，$AB$ 能否顺利通过这两个位置，是 $AB$ 能否成为曲柄的关键。下面就这两个位置各构件的几何关系来分析曲柄存在的条件。

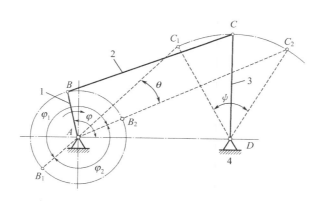

图 4-29　曲柄摇杆机构

当构件 $AB$ 与 $BC$ 在 $B_1$ 点共线时，由 $\triangle AC_1D$ 可得：$l_2 - l_1 + l_3 \geqslant l_4$；$l_2 - l_1 + l_4 \geqslant l_3$（$AB$，$BC$，$CD$ 在极限情况下重合成一直线时为等于）。

当构件 $AB$ 与 $CD$ 在 $B_2$ 点共线时，由 $\triangle AC_2D$ 可得：$l_1 + l_2 \leqslant l_3 + l_4$。

综合两种情况有

$$
\left.\begin{array}{l}
l_1 + l_4 \leqslant l_2 + l_3 \\
l_1 + l_3 \leqslant l_2 + l_4 \\
l_1 + l_2 \leqslant l_3 + l_4
\end{array}\right\} \tag{4-1}
$$

将式(4-1)中的三个不等式两两相加，经化简后可得

$$
l_1 \leqslant l_2 ; l_1 \leqslant l_3 ; l_1 \leqslant l_4 \tag{4-2}
$$

由式(4-1)与式(4-2)可得铰链四杆机构中曲柄存在的条件：

① 连架杆与机架中必有一个是最短杆；

② 最短杆与最长杆长度之和必小于或等于其余两杆长度之和。

上述两个条件必须同时满足，否则铰链四杆机构中无曲柄存在。

根据曲柄存在条件，可以推论出铰链四杆机构三种基本类型的判别方法。

① 若铰链四杆机构中最短杆与最长杆长度之和小于或等于其余两杆长度之和，则：

a. 取最短杆为连架杆时，构成曲柄摇杆机构；

b. 取最短杆为机架时，构成双曲柄机构；

c. 取最短杆为连杆时，构成双摇杆机构。

② 若铰链四杆机构中最短杆与最长杆长度之和大于其余两杆长度之和，则无曲柄存在，只能构成双摇杆机构。

### 4.2.2　急回特性

如图 4-30 所示为一曲柄摇杆机构，其曲柄 $AB$ 在转动一周的过程中，有两次与连杆 $BC$ 共线。在这两个位置铰链中心 $A$ 与 $C$ 之间的距离 $AC_1$ 和 $AC_2$ 分别为最短和最长，因而摇杆 $CD$ 的位置 $C_1D$ 和 $C_2D$ 分别为其左、右极限位置。摇杆在两极限位置间的夹角 $\psi$ 称为摇杆的摆角。

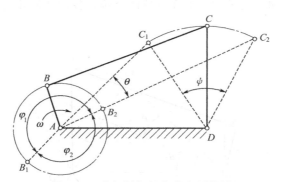

图 4-30　曲柄摇杆机构的急回特性

当曲柄 $AB$ 以等角速度 $\omega$ 顺时针回转，自位置 $AB_1$ 回转到位置 $AB_2$ 时，转过角度 $\varphi_1 = 180° + \theta$，这时摇杆 $CD$ 自 $C_1D$（左端极限位置）摆动到 $C_2D$（右端极限位置），摆动角度为 $\psi$；而当曲柄 $AB$ 继续由 $AB_2$ 转到 $AB_1$ 时，转过角度 $\varphi_2 = 180° - \theta$，摇杆 $CD$ 自位置 $C_2D$ 摆回到位置 $C_1D$，摆动角度仍为 $\psi$。虽然摇杆来回摆动的摆角相同，但对应的曲柄转角不等（$\varphi_1 > \varphi_2$）。设 $C$ 点的平均线速度为 $v_2$，所需时间为 $t_2$。由图不难看出 $\varphi_1 > \varphi_2$；当曲柄匀速转动时，对应的时间也不等（$t_1 > t_2$），从而反映了摇杆往复摆动的快慢不同。令摇杆自 $C_1D$ 摆至 $C_2D$ 为工作行程，这时摇杆 $CD$ 的平均角速度是 $\omega_1 = \psi / t_1$；摇杆自 $C_2D$

摆回至 $C_1D$ 为空回行程，这时摇杆的平均角速度是 $\omega_2=\psi/t_2$，显然，$\omega_1<\omega_2$，它表明摇杆具有急回运动的特性。牛头刨床、往复式输送机等机械就利用这种急回特性来缩短非生产时间，提高生产率。

急回运动特性可用行程速度变化系数（或称行程速比系数）$K$ 表示，即

$$K=\frac{\omega_2}{\omega_1}=\frac{\psi/t_2}{\psi/t_1}=\frac{t_1}{t_2}=\frac{\varphi_1}{\varphi_2}=\frac{180°+\theta}{180°-\theta} \tag{4-3}$$

$$\theta=180°\frac{K-1}{K+1} \tag{4-4}$$

式中　$K$——急回特性系数；

　　　$\theta$——极位夹角，即摇杆位于两极限位置时，两曲柄所夹的锐角。

机构有无急回特性取决于急回特性系数 $K$。$K$ 值愈大，急回特性愈显著，也就是从动件回程愈快；$K=1$ 时，机构无急回特性。

急回特性系数 $K$ 与极位夹角 $\theta$ 有关，$\theta=0°$，$K=1$，机构无急回特性；$\theta>0°$，机构有急回特性，且 $\theta$ 愈大，急回特性愈显著。

### 4.2.3　压力角和传动角

在生产中，不仅要求连杆机构能实现预定的运动规律，而且希望运转轻便，效率较高。

如图 4-31（a）所示的曲柄摇杆机构，如不计各杆的质量和运动副中的摩擦，则连杆 $BC$ 为二力杆，它作用于从动杆上的力 $F$ 是沿 $BC$ 方向的，见图 4-31（b）。作用在从动件上的驱动力 $F$ 与该力作用点绝对速度 $v_c$ 所夹的锐角 $\alpha$ 称为压力角。由图可见，力 $F$ 在 $v_c$ 方向的有效分力为 $F'=F\cos\alpha$，即压力角越小，有效分力就越大。也就是说，压力角可作为判断机构传动性能的标志。在连杆机构设计中，为了度量方便，习惯用压力角 $\alpha$ 的余角 $\gamma$（即连杆和从动摇杆所夹的锐角）来判断传力性能，$\gamma$ 称为传动角。因 $\gamma=90°-\alpha$，所以 $\alpha$ 越小，$\gamma$ 越大，机构传力性能越好；反之，$\alpha$ 越大，$\gamma$ 越小，机构传力越费劲，传动效率越低。

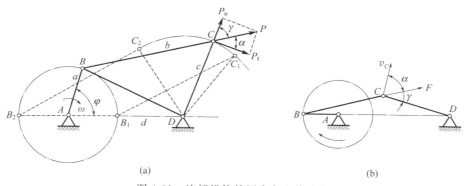

图 4-31　连杆机构的压力角和传动角

机构运转时，传动角是变化的，为了保证机构正常工作，必须规定最小传动角 $\gamma_{\min}$ 的下限。对于一般机械，通常取 $\gamma_{\min}\geqslant40°$；对于颚式破碎机、冲床等大功率机械，最小传动角应当取大一些，可取 $\gamma_{\min}\geqslant50°$；对于小功率的控制机构和仪表，$\gamma_{\min}$ 可略小于 $40°$。

对于出现最小传动角 $\gamma_{\min}$ 的位置分析如下。

由图 4-31（a）中 $\triangle ABD$ 和 $\triangle BCD$ 可分别写出

$$BD^2 = l_1^2 + l_4^2 - 2l_1 l_4 \cos\varphi$$

$$BD^2 = l_2^2 + l_3^2 - 2l_2 l_3 \cos\angle BCD$$

由此可得

$$\cos\angle BCD = \frac{l_2^2 + l_3^2 - l_1^2 - l_4^2 + 2l_1 l_4 \cos\varphi}{2l_2 l_3} \tag{4-5}$$

当 $\varphi = 0°$ 时，得 $\angle BCD_{min}$；当 $\varphi = 180°$ 时，得 $\angle BCD_{max}$。传动角是用锐角表示的。若 $\angle BCD$ 在锐角范围内变化，则传动角 $\gamma = \angle BCD$，如图 4-31(a) 所示。显然，$\angle BCD_{min}$ 即为传动角最小值，它出现在当 $\varphi = 0°$ 的位置。若 $\angle BCD$ 在钝角范围内变化，则如图 4-31 (b) 所示，其传动角 $\gamma = 180° - \angle BCD$。显然，$\angle BCD_{max}$ 对应传动角的另一极小值，它出现在曲柄转角 $\varphi = 180°$ 的位置。校核压力角时只需将 $\varphi = 0°$ 和 $\varphi = 180°$ 代入式(4-5)，求出 $\angle BCD_{min}$ 和 $\angle BCD_{max}$，然后按

$$\gamma = \begin{cases} \angle BCD & (\angle BCD \text{ 为锐角时}) \\ 180° - \angle BCD & (\angle BCD \text{ 为钝角时}) \end{cases} \tag{4-6}$$

求出两个 $\gamma$，其中较小的一个即为该机构的 $\gamma_{min}$。

### 4.2.4 死点位置

在铰链四杆机构中，当连杆与从动件处于共线位置时，如不计各运动副中的摩擦和各杆件的质量，则主动件通过连杆传给从动件的驱动力必通过从动件铰链的中心，也就是说驱动力对从动件的回转力矩等于零。此时，无论施加多大的驱动力，均不能使从动件转动，且转向也不能确定。我们把机构中的这种位置称为死点位置。

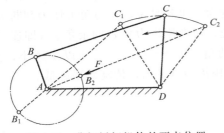

图 4-32 曲柄摇杆机构的死点位置

在取摇杆为主动件、曲柄为从动件的曲柄摇杆机构中，如图 4-32 所示，当摇杆 CD 处于 $C_1 D$、$C_2 D$ 两极限位置时，连杆 BC 与从动件曲柄 AB 出现两次共线，这两个位置就是死点位置。

实际应用中，在死点位置常使机构从动件无法运动或出现运动的不确定现象。如图 4-6 所示的缝纫机踏板机构，踏板 CD（即摇杆，为主动件）作往复摆动时，连杆 BC 与曲轴 AB（即曲柄）在两处出现共线，即处于死点位置，致使曲轴 AB 不转或出现倒转现象。

对于传动机构来说，机构有死点位置是不利的，应采取措施使机构顺利通过死点位置。对于连续回转的机器，通常可利用从动件的惯性（必要时附加飞轮以增大惯性）来通过死点位置，如缝纫机就是借助于带轮的惯性通过死点位置的。

在工程上，有时也利用死点位置的特性来实现某些工作要求。图 4-33 所示为一种钻床连杆式快速夹具。当通过手柄 2（即连杆 BC）施加外力 F，使连杆 BC 与连架杆 CD 成一直线，这时构件连架杆 AB 的左端夹紧工件 1，撤去手柄上的外力后，工件对连架杆 AB 的弹力 T 因机构处于死点位置而不能使其转动，从而保证了工件的可靠夹紧。当需要松开工件时，则必须向上扳动手柄，使机构脱

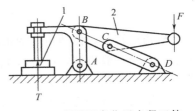

图 4-33 利用死点位置夹紧工件
1—工件；2—手柄

出死点位置。

# 4.3 平面四杆机构的设计

平面四杆机构设计的主要任务是：根据工作要求选择合适的机构类型，再按照给定的运动条件和其他附加要求（如最小传动角 $\gamma_{\min}$ 等）确定机构运动简图的尺寸参数。

生产实践对四杆机构的要求是多种多样的，给定的条件也各不相同，归纳起来，主要有以下两类问题：①按照给定从动件（连杆或连架杆）的运动规律（位置、速度、加速度）设计四杆机构；②按照给定点的运动轨迹设计四杆机构。

四杆机构设计的方法有解析法、图解法和实验法。解析法精度高，但解题方程的建立和求解比较烦琐，随着数学手段的发展和计算机的普遍，该法逐渐普及了；图解法直观，容易理解，但精度较低；实验法简易，但常需试凑，费时较多，精度亦不太高。下面主要介绍图解法中常用的几种设计方法。

### 4.3.1 按照给定的行程速度变化系数设计四杆机构

在设计具有急回运动特性的四杆机构时，通常按实际需要先给定行程速度变化系数 $K$ 的数值，然后根据机构在极限位置的关系，结合有关辅助条件确定机构运动简图的尺寸参数。

**（1）曲柄摇杆机构**

已知条件：摇杆长度 $l_3$、摆角 $\psi$ 和行程速度变化系数 $K$。试设计此曲柄摇杆机构。

其设计步骤如下：

① 由给定的行程速度变化系数 $K$，按式（4-4）求出极位夹角 $\theta$。

② 如图 4-34 所示，任选固定铰链中心 $D$ 的位置，由摇杆长度 $l_3$ 和摆角 $\psi$，作出摇杆两极限位置 $C_1D$ 和 $C_2D$。

③ 连接 $C_1$ 和 $C_2$，并作 $C_1M$ 垂直于 $C_1C_2$。

④ 作 $\angle C_1C_2N = 90° - \theta$，$C_2N$ 与 $C_1M$ 相交于 $P$ 点，由图可见，$\angle C_1PC_2 = \theta$。

⑤ 作 $\triangle PC_1C_2$ 的外接圆，在此圆周（弧 $C_1C_2$ 和弧 $EF$ 除外）上任取一点 $A$ 作为曲柄的固定铰链中心。连 $AC_1$ 和 $AC_2$，因同一圆弧的圆周角相等，故 $\angle C_1AC_2 = \angle C_1PC_2 = \theta$。

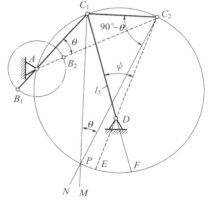

图 4-34　按 $K$ 值设计曲柄摇杆机构

⑥ 因极限位置处曲柄与连杆共线，故 $AC_1 = l_2 - l_1$，$AC_2 = l_2 + l_1$，从而得曲柄长度 $l_1 = (AC_2 - AC_1)/2$。由图 4-34 得 $AD = l_4$。由于 $A$ 点是 $\triangle C_1PC_2$ 外接圆上任选的点，所以若仅按行程速度变化系数 $K$ 设计，可得无穷多的解。$A$ 点位置不同，机构传动角的大小也不同。如获得良好的传动质量，可按照最小传动角最优或其他辅助条件来确定 $A$ 点的位置。

**（2）偏置曲柄滑块机构**

当给定行程速度变化系数 $K$ 和滑块的行程 $h$，要求设计偏置曲柄滑块机构时，可根据

滑块的行程 $h$ 确定滑块的两极限位置 $C_1$ 和 $C_2$，类似摇杆的两极限位置，下面通过实例来描述其设计过程。

**例 4-1** 试设计一偏置的曲柄滑块机构。已知滑块行程 $h=50\text{mm}$，偏心距 $e=10\text{mm}$，行程速度变化系数 $K=1.2$，如图 4-35 所示。

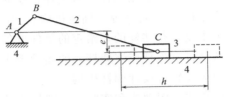

图 4-35 原曲柄滑块机构

**解：** 计算机构的极位夹角 $\theta$

$$\theta=180°\frac{K-1}{K+1}=16.4°$$

① 选择适当作图比例，作滑块的极限位置 $C_1C_2$，使 $C_1C_2=h/\mu_l=25$，如图 4-36 所示。

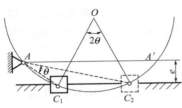

图 4-36 曲柄滑块机构设计图

② 作 $\angle C_1C_2O=\angle C_2C_1O=90°-\theta=73.6°$，直线 $C_1O$ 与 $C_2O$ 交于 $O$ 点。以 $O$ 为圆心，$C_1O$ 为半径画圆，则弦 $C_1C_2$ 对应的圆心角为 $2\theta=32.8°$。

③ 作直线 $AA'//C_1C_2$，并相距 $e/\mu_l=5\text{mm}$，与圆 $O$ 交于 $A$、$A'$，连接 $C_1A$ 于 $C_2A$，圆周角 $\angle C_2AC_1=\angle C_2OC_1/2=\theta$；则 $C_1A$ 与 $C_2A$ 即为滑块处于极限位置时曲柄与连杆对应的位置，$A$ 点即为铰链 $A$ 的中心位置。

④ 从图中量出线段 $C_1A$ 与 $C_2A$ 的长度，由 $C_1A=BC-AB$，$C_2A=BC+AB$ 可得

$$AB=\frac{C_2A-C_1A}{2}, \quad BC=\frac{C_2A+C_1A}{2}$$

杆的实际长度为：曲柄长度 $l_1=\mu_lAB=24\text{mm}$，连杆长度 $l_2=\mu_lBC=48\text{mm}$。

由于 $A$ 点是圆 $O$ 与直线 $AA'$ 的交点，因而答案是唯一的（取 $A'$ 为曲柄转动中心，所得杆长与取 $A$ 点时相同）。

**(3) 摆动导杆机构**

已知条件：机架长度 $l_4$ 和行程速度变化系数 $K$。

由图 4-37 可知，摆动导杆机构的极位夹角 $\theta$ 等于导杆的摆角 $\psi$，所需确定的尺寸是曲柄长度 $l_1$。其设计步骤如下：

① 已知行程速度变化系数 $K$，按式(4-4)求得极位夹角（也即摆角 $\psi$）。

② 任选固定铰链中心 $C$，以夹角 $\psi$ 作出导杆的两极限位置 $C_m$ 和 $C_n$。

③ 作摆角 $\psi$ 的平分线 $AC$，并在线上取 $AC=l_4$，得固定铰链中心 $A$ 的位置。

④ 过 $A$ 点作导杆极限位置的垂线 $AB_1$（或 $AB_2$），即得曲柄

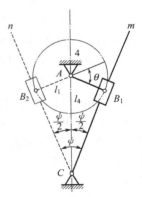

图 4-37 按 $K$ 值设计摆动导杆机构

长度 $l_1 = AB_1$。

### 4.3.2　按照给定连杆位置设计四杆机构

图 4-38 所示为铸工车间翻台振实式造型机的翻转机构。它是用一个铰链四杆机构来实现翻台的两个工作位置的。在实线位置 I，砂箱 7 与翻台 8 固连，并在振实台 9 上振实选型。当压力轴推动活塞 6 时，通过连杆 5 使摇杆 4 摆动，从而将翻台与砂箱转到虚线位置 II；然后托台 10 上升接触砂箱，解除砂箱与翻台间的紧固连接并起模。

今给定与翻台固连的连杆 3 的长度 $l_3 = BC$ 及其两个位置 $B_1C_1$ 和 $B_2C_2$，要求确定连架杆与机架组成的固定铰链中心 $A$ 和 $D$ 的位置，并求出其余三杆的长度 $l_1$、$l_2$ 和 $l_4$。由于连杆 3 上 $B$、$C$ 两点的轨迹分别为以 $A$、$D$ 为圆心的圆弧，所以 $A$、$D$ 必分别位于 $B_1B_2$ 和 $C_1C_2$ 的垂直平分线上。

故可得设计步骤如下：

① 根据给定条件，绘出连杆 3 的两个位置 $B_1C_1$ 和 $B_2C_2$。

② 分别连接 $B_1$ 和 $B_2$，$C_1$ 和 $C_2$，并作 $B_1C_2$ 和 $C_1C_2$ 的垂直平分线 $b_{12}$、$c_{12}$。

③ 由于 $A$ 和 $D$ 两点可分别在 $b_{12}$ 和 $c_{12}$ 两直线上任意选取，故有无穷多解。在实际设计时还可以考虑其他辅助条件，例如最小传动角、各杆尺寸所允许的范围或其他结构上的要求等。本机构要求 $A$、$D$ 两点在同一水平线上，且 $AD = BC$。根据这一附加条件，即可唯一确定 $A$、$D$ 的位置，并作出位于位置 I 的所求四杆机构 $AB_1C_1D$。

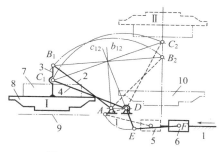

图 4-38　造型机翻转机构

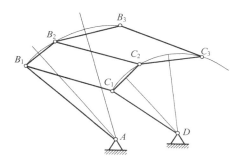

图 4-39　给定连杆三个位置的设计

若给定连杆三个位置，要求设计四杆机构，其设计过程与上述基本相同。如图 4-39 所示，由于 $B_1$、$B_2$、$B_3$ 位于以 $A$ 为圆心的同一圆弧上，故运用已知三点求圆心的方法，作 $B_1B_2$ 和 $B_2B_3$ 的垂直平分线，其交点就是固定铰链中心 $A$。用同样方法，作 $C_1C_2$ 和 $C_2C_3$ 的垂直平分线，其交点便是另一固定铰链中心 $D$。$AB_1C_1D$ 即为所求的四杆机构。

### 4.3.3　按给定两连架杆对应位置设计四杆机构

如图 4-40 所示，在四杆机构中已知机架 $AD$ 及连架杆 $AB$、$CD$（或 $CD$ 上某一直线）的长度，连架杆位置 $AB_1$ 对应于 $C_1D$，$AB_2$ 对应于 $C_2D$，要求设计该四杆机构。此问题实际上可以归结为确定铰链 $C$ 的位置。现假想机构图 $AB_2C_2D$ 形状固定并绕 $D$ 点旋转，使 $C_2D$ 转到 $C_1D$ 位置，则 $A$、$B_2$ 分别转动到 $A'$、$B_2'$ 位置，原机构转化为以 $C_1D$ 为机架、$AB$ 杆为连杆的

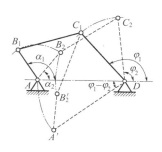

图 4-40　机架转化法

四杆机构。问题转化为按照给定的连杆位置设计四杆机构，这种方法称为反转法或机架转化法。

现举例说明。如图 4-41(a) 所示，已知连架杆 $AB$ 的三个位置与连架杆 $CD$ 上某一直线 $DE$ 的三个位置相对应，设计该四杆机构。设计步骤如下：

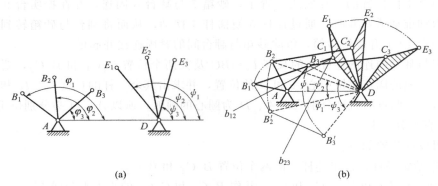

(a)　　　　　　　　　　　　　　(b)

图 4-41　按连架杆对应位置设计机构

① 选择适当的作图比例 $\mu_1$，按给定位置画出两连架杆的三组对应位置，并连接 $B_2D$、$B_3D$，如图 4-41(b) 所示。

② 用反转法将 $B_2D$、$B_3D$ 绕 $D$ 点分别转动 $(\psi_1-\psi_2)$、$(\psi_1-\psi_3)$ 得 $B_2'B_3'$。

③ 分别作 $B_1B_2'$ 和 $B_2'B_3'$ 的垂直平分线 $b_{12}C_1$ 和 $b_{23}C_1$ 交于 $C_1$ 点，作 $\triangle C_2E_2D\cong \triangle C_3E_3D\cong\triangle C_1E_1D$，可得铰链 $C$ 的另外两个位置 $C_2$ 和 $C_3$，连 $AB_2C_2D$ 得铰链四杆机构。

④ 杆 $BC$ 和 $CD$ 的长度 $l_{BC}$ 和 $l_{CD}$ 为：

$$l_{BC}=\mu_1 B_1C_1, l_{CD}=\mu_1 C_1D$$

# 思　考　题

4-1　什么是平面连杆机构？试举出几个常见的平面连杆机构实例。

4-2　为什么连杆机构又称为低副机构？它有哪些特点？

4-3　铰链四杆机构有哪几种基本形式？它们之间的主要区别在哪里？

4-4　何谓"曲柄"？铰链四杆机构中曲柄存在的条件是什么？

4-5　何谓行程速度变化系数和极位夹角？它们之间有何关系？当极位夹角为零度时行程速度变化系数等于多少？你能否画出这个曲柄摇杆机构？

4-6　什么是压力角？什么是传动角？两者有什么关系？

4-7　四杆机构在什么情况下会出现死点？加大四杆机构原动件的驱动力，能否使该机构越过死点位置？可采用什么方法越过死点位置？

# 第5章

# 凸轮机构

凸轮机构是由具有曲线轮廓或凹槽的构件，通过高副接触带动从动件实现预期运动规律的一种机构。它广泛地应用于各种机械，特别是自动机械、自动控制装置和装配生产线中。在设计机械时，当需要从动件必须准确地实现某种预期的运动规律时，常采用凸轮机构。

## 5.1　凸轮机构的应用和分类

### 5.1.1　凸轮机构的应用

如图 5-1 所示为内燃机的配气机构。当凸轮 1 作等速转动时，其曲线轮廓驱使从动件 2（阀杆）按预期的运动规律启闭阀门。

如图 5-2 所示为靠模机构。凸轮 1 作为靠模被固定在床身上，滚轮 2 在弹簧作用下与凸轮轮廓紧密接触，当滑板 3 横向运动时，与从动件相连的刀头便走出与凸轮轮廓相同的轨迹，从而切削出工件的曲线形面。

如图 5-3 所示为自动送料机构。当带有凹槽的凸轮 1 转动时，通过槽中的滚子，驱使从动件 2 作往复移动。凸轮每回转一周，从动件即从储料器中推出一个毛坯，送到加工位置。

从以上所举的例子可以看出，凸轮机构主要由凸轮、从动件和机架三个基本构件组成。当凸轮运动时，通过其曲线轮廓与从动件的高副接触，从而使从动件得到预期的运动。

凸轮机构的最大优点是：只要适当地设计出凸轮的轮廓曲线，就可以使从动件实现所需的运动规律，而且机构简单、紧凑、设计方便。在自动机械中，凸轮机构常与其他机构组合使用，充分发挥

图 5-1　内燃机的配气机构

1—凸轮；2—阀杆

各自的优势，扬长避短。凸轮机构的缺点是：①由于凸轮机构是高副机构，易磨损，因此只适用于传递动力不大的场合；②凸轮轮廓加工比较困难；③从动件的行程不能过大，否则会使凸轮变得笨重。

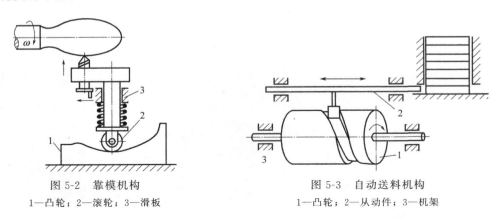

图 5-2　靠模机构
1—凸轮；2—滚轮；3—滑板

图 5-3　自动送料机构
1—凸轮；2—从动件；3—机架

### 5.1.2　凸轮机构的分类

按凸轮的形状分，有盘形凸轮、移动凸轮、圆柱凸轮；按从动件的形式分，有尖顶从动件、滚子从动件、平底从动件；按锁合方式分，有力锁合、几何锁合。表 5-1 列出了各类凸轮机构的特点及应用。

表 5-1　凸轮机构的特点及应用

| 类型 | | 图例 | 特点及应用 |
|---|---|---|---|
| 凸轮形状 | 盘形凸轮 | 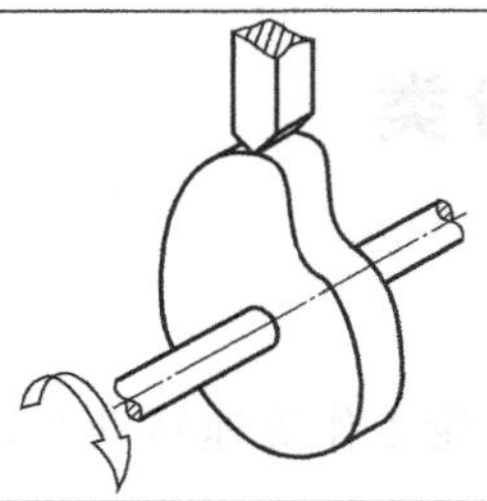 | 凸轮为径向尺寸变化的盘形构件，它绕固定轴作旋转运动。从动件在垂直于回转轴的平面内作往复的直线移动或摆动。这种类型是凸轮的最基本形式，应用广泛 |
| | 移动凸轮 | 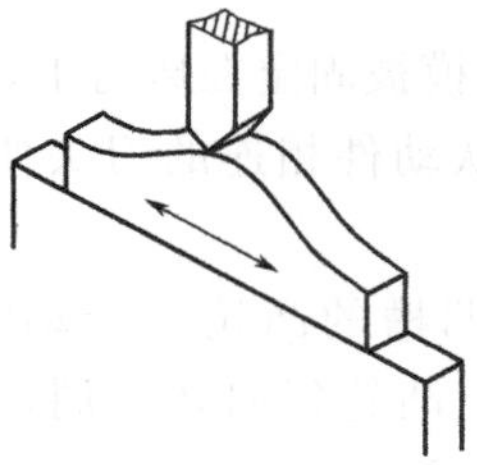 | 凸轮为一有曲面的直线运动构件。在凸轮的往返移动作用下，从动件可作往复的直线移动或摆动。这种类型在机床上应用较多 |
| | 圆柱凸轮 | 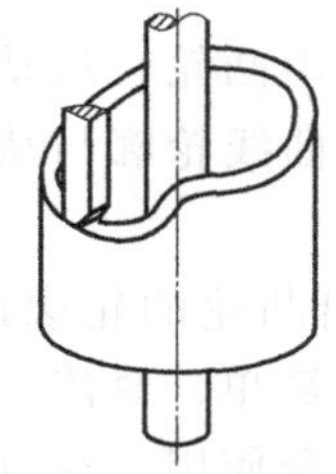 | 凸轮为一有沟槽的圆柱体，它绕中心轴作回转运动。从动件在与凸轮轴线平行的平面内作往复的直线移动或摆动。它与盘形凸轮相比，行程较长，常用于自动机床 |

| 类型 | | 图例 | 特点及应用 |
|---|---|---|---|
| 从动件形式 | 尖顶从动件 | 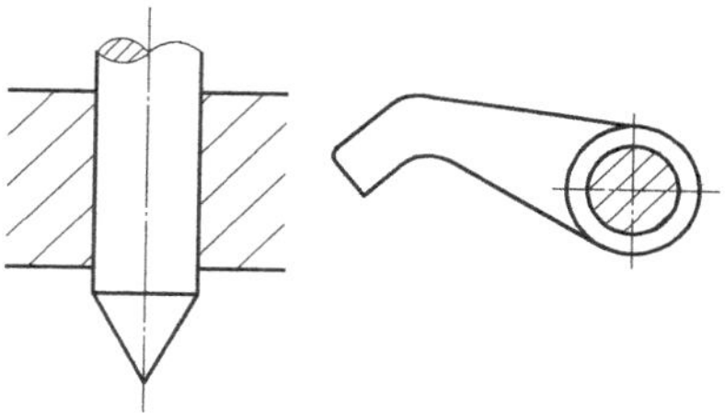 | 尖顶能与任意复杂的凸轮轮廓保持接触,从而使从动件实现预期的运动。但尖顶易磨损,故只宜用于传递力不大的低速凸轮机构中 |
| | 滚子从动件 | 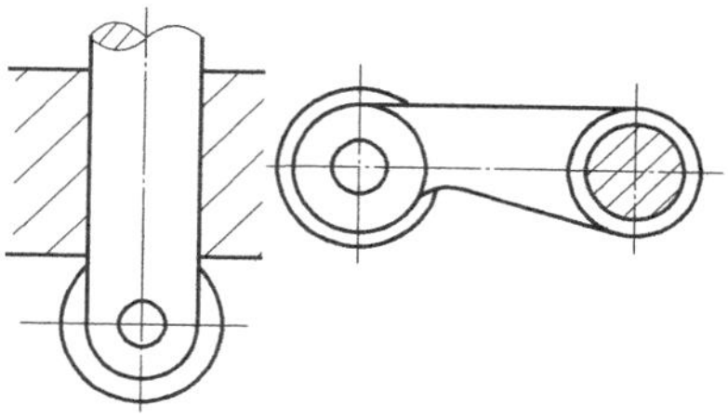 | 这种从动件由于滚子与凸轮之间为滚动摩擦,所以磨损较小,可用来传递较大的动力,应用最普遍 |
| | 平底从动件 | 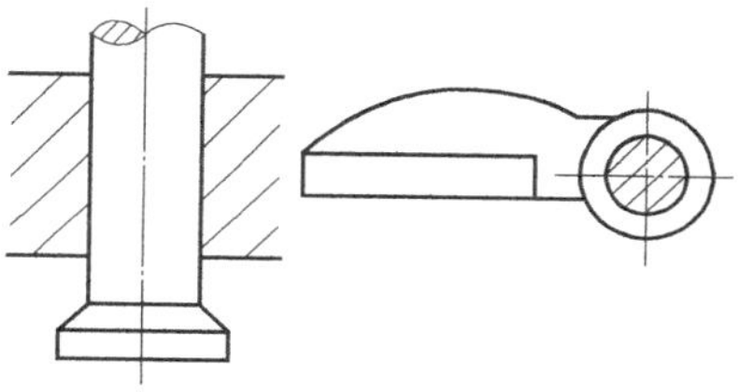 | 凸轮对从动件的作用力始终垂直于从动件的底边(不计摩擦时),故受力比较平稳,而且凸轮与平底的接触面间易形成油膜,润滑良好,所以常用于高速传动中 |
| 锁合方式 | 力锁合 | 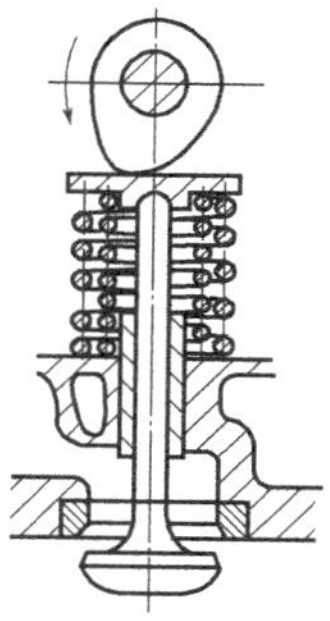 | 利用从动件的重力、弹簧力或其他外力使从动件与凸轮保持接触 |
| | 几何锁合 凹槽锁合 | 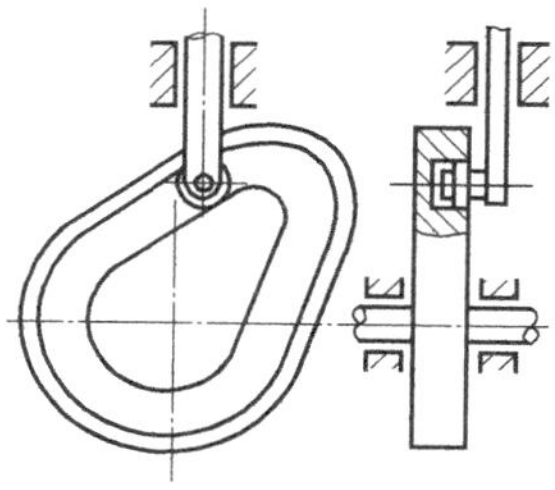 | 凹槽两侧面间的距离等于滚子的直径,故能保证滚子与凸轮始终接触。这种凸轮机构只能采用滚子从动件 |

| 类型 | | 图例 | 特点及应用 |
|---|---|---|---|
| 锁合方式 | 几何锁合 | 共轭凸轮 | 利用固定在同一轴上但不在同一平面内的主、回两个凸轮来控制一个从动件,从而形成几何封闭,使凸轮与从动件始终保持接触 |
| | | 等径和等宽凸轮 (a)　(b) | 图(a)为等径凸轮机构,因过凸轮轴心任一径向线与两滚子中心距离处处相等,可使凸轮与从动件始终保持接触。图(b)为等宽凸轮,因与凸轮廓线相切的任意两平行线间距离处处相等且等于框形内壁宽度,故凸轮和从动件可始终保持接触 |

## 5.2　从动件常用运动规律

　　凸轮的轮廓形状取决于从动件的运动规律。因此在设计凸轮机构时,首先应根据工作要求和条件来确定从动件的运动规律,然后按照这一运动规律设计凸轮轮廓线。本节中,将以尖顶直动从动件盘形凸轮机构为例,介绍几种常用的从动件运动规律,并简单讨论一下从动件运动规律的选择问题。

### 5.2.1　凸轮机构的运动参数

　　以对心尖顶直动从动件盘形凸轮机构为例。图 5-4 中,以凸轮轮廓的最小向径 $r_0$ 为半径所作的圆称为凸轮的基圆,$r_0$ 为基圆半径。从动件尖顶与凸轮轮廓在 $A$ 点(基圆与凸轮轮廓 $AB$ 的连接点)相接触时,从动件处于上升的起始位置(或者说,从动件处于与凸轮轴心 $O$ 最近的位置)。当凸轮以等角速度 $\omega$ 顺时针转动时,凸轮轮廓的向径逐渐增大,从动件被凸轮轮廓推动,以一定运动规律由离回转中心最近的位置 $A$ 点到达最远位置 $B'$ 点,这一过程称为推程。与之对应的凸轮转角 $\Phi$ 称为推程运动角,从动件上升的位移 $h$ 称为从动件的行程。当凸轮继续转过 $\Phi_s$ 时,由于轮廓 $BC$ 段为一向径不变的圆弧,从动件停留在最远处不动,对应的凸轮转角 $\Phi_s$ 称为远休止角。凸轮继续转过 $\Phi'$ 时,凸轮向径由最大减至

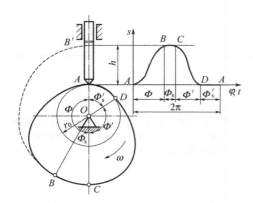

图 5-4　凸轮轮廓与从动件位移线图

最小，从动件又由最高位置回到最低位置，此过程称为回程，对应的凸轮转角 $\Phi'$ 称为回程运动角。当凸轮继续转过 $\Phi'_s$ 角时，由于轮廓 $DA$ 段为向径不变的基圆圆弧，从动件继续停在距轴心最近处不动，对应的凸轮转角 $\Phi'_s$ 称为近休止角。此时，凸轮刚好转过一圈，机构完成一个工作循环，从动件则完成一个"升—停—降—停"的运动循环。

上述过程可以用从动件的位移曲线来描述。以从动件的位移 $s$ 为纵坐标，对应的凸轮转角 $\varphi$ 为横坐标，将凸轮转角与对应的从动件位移之间的函数关系用曲线表达出来的图形称为从动件的位移线图，如图 5-4 所示。由于大多数凸轮是作等速转动，其转角与时间成正比，因此该线图的横坐标也代表时间 $t$。通过微分可以作出从动件速度线图和加速度线图，它们统称为从动件运动线图。

由以上分析可知，从动件的位移线图完全取决于凸轮轮廓曲线的形状。也就是说，从动件的不同运动规律要求凸轮具有不同的轮廓曲线。因此，在设计没有预先给定从动件位移曲线的凸轮机构时，重要的问题之一就是按照它在机械中所执行的工作任务，选择合适的从动件运动规律，并据此设计出相应的凸轮轮廓曲线。

### 5.2.2　从动件常用的运动规律

所谓从动件的运动规律是指从动件在运动过程中，其位移 $s$、速度 $v$、加速度 $a$ 随时间 $t$（或凸轮转角）的变化规律。常用的从动件运动规律有等速运动规律、等加速等减速运动规律、简谐运动规律（余弦加速度运动规律）以及摆线运动规律（正弦加速度运动规律）等。下面就这几种常用运动规律的运动方程、运动线图（推程）和应用特点分别加以介绍。

**（1）等速运动规律**

从动件推程或回程的运动速度为常数的运动规律，称为等速运动规律，其运动线图如表 5-2 所示。可以看出，从动件在推程开始和终止的瞬间，速度有突变，其加速度和惯性力在理论上为无穷大（材料有弹性变形，实际上不可能达到无穷大），致使凸轮机构产生强烈的冲击、噪声和磨损，这种冲击称为刚性冲击。因此，等速运动规律只适用于低速、轻载的场合。

**表 5-2　从动件常用运动规律**

| 运动规律 | 运动方程 | | 推程运动线图 |
|---|---|---|---|
| | 推程 $(0 \leqslant \varphi \leqslant \Phi)$ | 回程 $(\Phi + \Phi_s \leqslant \varphi \leqslant \Phi + \Phi_s + \Phi')$ | |
| 等速运动规律 | $s = \dfrac{h}{\Phi}\varphi$ <br> $v = v_0 = \dfrac{h}{\Phi}\omega$ <br> $a = 0$ | $s = h - \dfrac{h}{\Phi'}(\varphi - \Phi - \Phi_s)$ <br> $v = -\dfrac{h}{\Phi'}\omega$ <br> $a = 0$ | 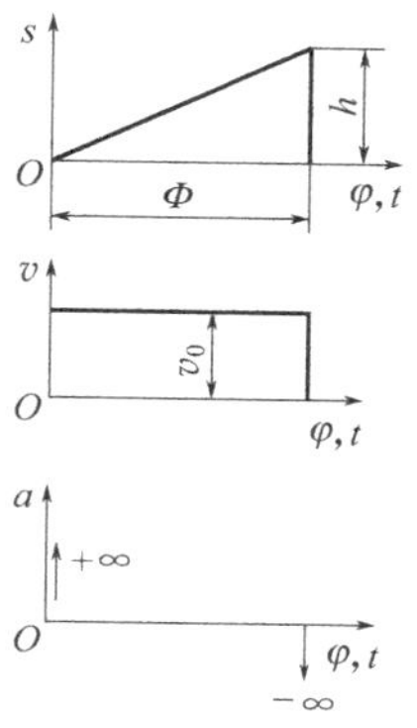 |

| 运动规律 | 运动方程 | | 推程运动线图 |
|---|---|---|---|
| | 推程($0 \leqslant \varphi \leqslant \Phi$) | 回程($\Phi + \Phi_s \leqslant \varphi \leqslant \Phi + \Phi_s + \Phi'$) | |

**等加速等减速运动规律**

推程：

等加速段 $0 \leqslant \varphi \leqslant \Phi/2$

$$s = \frac{2h}{\Phi^2}\varphi^2$$

$$v = \frac{4h\omega}{\Phi^2}\varphi$$

$$a = \frac{4h\omega^2}{\Phi^2}$$

等减速段 $\Phi/2 \leqslant \varphi \leqslant \Phi$

$$s = h - \frac{2h}{\Phi^2}(\Phi - \varphi)^2$$

$$v = \frac{4h\omega}{\Phi^2}(\Phi - \varphi)$$

$$a = -\frac{4h\omega^2}{\Phi^2}$$

回程：

等减速段 $\Phi + \Phi_s \leqslant \varphi \leqslant \Phi + \Phi_s + \Phi'/2$

$$s = h - \frac{2h}{\Phi'^2}(\varphi - \Phi - \Phi_s)^2$$

$$v = -\frac{4h\omega}{\Phi'^2}(\varphi - \Phi - \Phi_s)^2$$

$$a = -\frac{4h\omega^2}{\Phi'^2}$$

等加速段 $\Phi + \delta_s + \Phi'/2 \leqslant \varphi \leqslant \Phi + \Phi_s + \Phi'$

$$s = \frac{2h}{\Phi'^2}(\Phi + \Phi_s + \Phi' - \varphi)^2$$

$$v = -\frac{4h\omega}{\Phi'^2}(\Phi + \Phi_s + \Phi' - \varphi)$$

$$a = \frac{4h\omega^2}{\Phi'^2}$$

**简谐运动规律**

推程：

$$s = \frac{h}{2}\left(1 - \cos\frac{\pi}{\Phi}\varphi\right)$$

$$v = \frac{\pi h\omega}{2\Phi}\sin\frac{\pi}{\Phi}\varphi$$

$$a = \frac{h\pi^2\omega^2}{2\Phi^2}\cos\frac{\pi}{\Phi}\varphi$$

回程：

$$s = \frac{h}{2}\left[1 + \cos\frac{\pi}{\Phi'}(\varphi - \Phi - \Phi_s)\right]$$

$$v = -\frac{\pi h\omega}{2\Phi'}\sin\frac{\pi}{\Phi'}(\varphi - \Phi - \Phi_s)$$

$$a = -\frac{h\pi^2\omega^2}{2\Phi'^2}\cos\frac{\pi}{\Phi'}(\varphi - \Phi - \Phi_s)$$

**摆线运动规律**

推程：

$$s = h\left(\frac{\varphi}{\Phi} - \frac{1}{2\pi}\sin\frac{2\pi}{\Phi}\varphi\right)$$

$$v = \frac{h\omega}{\Phi}\left(1 - \cos\frac{2\pi}{\Phi}\varphi\right)$$

$$a = \frac{2\pi h\omega^2}{\Phi^2}\sin\frac{2\pi}{\Phi}\varphi$$

回程：

$$s = h\left[1 - \frac{\varphi - \Phi - \delta_s}{\Phi'} + \frac{1}{2\pi}\sin\frac{2\pi}{\Phi'}(\varphi - \Phi - \Phi_s)\right]$$

$$v = -\frac{h\omega}{\Phi'}\left[1 - \cos\frac{2\pi}{\Phi'}(\varphi - \Phi - \Phi_s)\right]$$

$$a = -\frac{2\pi h\omega^2}{\Phi'^2}\sin\frac{2\pi}{\Phi'}(\varphi - \Phi - \Phi_s)$$

**（2）等加速等减速运动规律**

所谓等加速等减速运动，是指从动件在一个行程 $h$ 中，先作等加速运动，后作等减速运动，且通常加速度和减速度的绝对值相等（根据工作的需要，二者也可以不相等）。从动件在推程作等加速等减速运动的运动线图如表 5-2 所示。可知，这种运动规律的加速度在 $A$、$B$、$C$ 三处存在有限的突变，因而会产生有限的冲击，这种冲击称为柔性冲击。与等速运动规律相比，其冲击程度大为减小。因此，等加速等减速运动规律适用于中速、中载的场合。

**（3）简谐运动规律（余弦加速度运动规律）**

当一质点在圆周上作匀速运动时，它在该圆直径上投影点的运动称为简谐运动。因其加速度运动曲线为余弦曲线，故也称余弦加速度运动。

简谐运动规律位移线图的作法如表 5-2 所示：把从动件的行程 $h$ 作为直径画半圆，将此半圆分成若干等份，得 1″、2″、3″、…点。再把凸轮推程运动角 $\Phi$ 也分成相应等份，并作垂线 11′、22′、33′、…，然后将圆周上的等分点投影到相应的垂直线上得 1′、2′、3′、…点。用光滑曲线连接这些点，即得到从动件的位移线图。从加速度线图可见，简谐运动规律在行程的始末两点加速度存在有限突变，故也存在柔性冲击，只适用于中速场合。但当从动件作无停歇的"升—降—升"连续反复运动时，则得到连续的加速度曲线（加速度曲线中虚线所示），柔性冲击被消除，这种情况下可用于高速场合。

**（4）摆线运动规律（正弦加速度运动规律）**

当一圆沿纵轴作匀速纯滚动时，圆周上某定点 $A$ 的运动轨迹为一摆线。定点 $A$ 运动时在纵轴上投影点的运动规律即为摆线运动规律。因其加速度按正弦曲线变化，故又称正弦加速度运动规律。从动件作摆线运动时，其加速度没有突变（表 5-2），因而将不产生冲击，故适用于高速运动场合。

除上述从动件运动规律外，实际生产中还有很多其他运动规律，如复杂多项式运动规律、改进型运动规律等。了解从动件的运动规律，便于我们在凸轮机构设计时，根据机器的工作要求进行合理选择。

### 5.2.3 从动件运动规律的选择

在选择从动件运动规律时，首先应考虑机器工作过程对其提出的要求，同时又应使凸轮机构具有良好的动力特性，并在可能时兼顾到便于凸轮的加工。从动件运动规律的选择涉及的问题很多，这里仅就凸轮机构的工作条件区分几种情况作简要的说明。

① 当机器的工作过程对从动件运动规律有特殊要求时，应从实现工作过程的要求出发确定其运动规律。如图 5-1 所示控制内燃机阀门启闭的凸轮机构，为了尽快地开启和关闭阀门，同时又不使最大加速度过大，故从动件可选用等加速等减速运动规律。

② 当机器的工作过程对从动件运动规律无特殊要求时，对于低速轻载的凸轮机构（如图 5-5 所示用于夹紧工件的凸轮机构，其速度很低，而且它只要求当凸轮转过 $\delta_0$ 角度时，从动件摆动一定角度 $\varphi$ 而使压杆压紧工件。至于在此过程中，从动件按什么规律运动则没有严格要求），可以从便于凸轮加工出发来选择从动件的运动规律，如选用等速运动（直动从动件作等速运动时，盘状凸轮的轮廓曲线是阿基米德螺线，而圆柱凸轮的轮廓曲线是普通螺旋线）或者直接用圆弧和直线作为凸轮的轮廓曲线。

对于高速凸轮机构，即使工作过程对从动件的运动规律无特殊要求，但考虑到机构的运动速度较高，如果从动件的运动规律选择不当，可能会产生很大的惯性力和冲击，从而使凸轮机构磨损加剧、寿命降低，以至影响工作。因此减小惯性力、改善其动力性能就成为选择从动件运动规律的主要依据。摆线运动，因其加速度无突变现象，不存在柔性冲击，故有较好的动力性能，可在高速下应用。

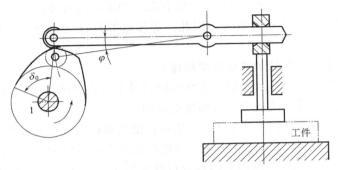

图 5-5　用于夹紧工件的凸轮机构

③ 在选择或设计从动件运动规律时，除了要考虑其冲击特性外，还应考虑其具有的最大速度 $v_{max}$、最大加速度 $a_{max}$ 及其影响，加以比较。

a. $v_{max}$ 越大，则机构动量 $mv$ 越大。若从动件突然被阻止，过大的动量会导致极大的冲击力，危及设备和人身安全。因此，当从动件质量较大时，为了减小动量，应选择 $v_{max}$ 值较小的运动规律。

b. $a_{max}$ 越大，机构惯性力越大，作用在高副接触处的应力越大，机构的强度和耐磨性要求也就越高。对于高速凸轮，为了减小惯性力的危害，应选择 $a_{max}$ 值较小的运动规律。从动件常用运动规律特性比较见表 5-3。

表 5-3　从动件常用运动规律特性比较

| 运动规律 | $v_{max}$ $(h\omega/\delta)\times$ | $a_{max}$ $(h\omega^2/\delta^2)\times$ | 冲击 | 推荐应用范围 |
|---|---|---|---|---|
| 等速 | 1.00 | $\infty$ | 刚性 | 低速轻载 |
| 等加速等减速 | 2.00 | 4.00 | 柔性 | 中速轻载 |
| 简谐（余弦加速度） | 1.57 | 4.93 | 柔性 | 中速中载 |
| 摆线（正弦加速度） | 2.00 | 6.28 | — | 高速轻载 |

④ 当单一运动规律不能满足工程要求时，采用多种运动规律组合的运动规律，以改善其运动特性。例如当采用等速运动规律时，将等速运动规律的行程两端与正弦加速度运动规律组合起来，可使其运动动力性能得到改善。

组合后的从动件运动规律应满足以下要求：a. 满足工作对从动件特殊的运动要求。b. 为避免刚性冲击，位移曲线和速度曲线（包括起始点和终点）必须连续。对高、中速凸轮机构，还应当避免柔性冲击，其加速度曲线（包括起始点和终点）也必须连续。在用不同运动规律组合形成从动件完整的运动规律时，各段的位移、速度、加速度曲线在连接点处值应分别相等，这是运动规律组合时应满足的边界条件。c. 应使最大速度 $v_{max}$、最大加速度 $a_{max}$ 的值尽可能小。

# 5.3 凸轮机构的压力角

在设计凸轮机构时，除了要求从动件能实现预期运动规律之外，还希望机构有较好的受力情况和较小的尺寸，为此，需要讨论压力角对凸轮机构的受力情况及尺寸的影响。

## 5.3.1 凸轮机构的压力角

如前面所述，作用在从动件上的驱动力与该力作用点绝对速度所夹的锐角称为压力角。如图 5-6 所示为凸轮机构在推程中某位置的情况，$F$ 为作用在从动件上的外载荷，如不计摩擦，则 $F$ 的方向沿着接触点处的法线方向，从动件则在凸轮的推动下向上运动，运动方向 $v$ 与作用力 $F$ 的夹角 $\alpha$ 即为凸轮机构的压力角。显然 $\alpha$ 角随凸轮的转动而变化。

## 5.3.2 压力角与作用力的关系

如图 5-6 所示，凸轮对从动件的作用力 $F$ 可以分解为两个分力，即沿着从动件运动方向的分力 $F'$ 和垂直于从动件运动方向的分力 $F''$。其中 $F'$ 是推动从动件克服载荷的有效分力，而 $F''$ 将增大从动件与导路之间的滑动摩擦，它是一种有害分力，且有

$$F'' = F'\tan\alpha$$

上式表明，驱动从动件的有效分力 $F'$ 一定时，压力角 $\alpha$ 越大，有害分力 $F''$ 越大，由 $F''$ 引起的摩擦阻力也越大，机构的效率也就越低。当 $\alpha$ 增大到一定程度时，由 $F''$ 引起的摩擦阻力将超过有用分力 $F'$，这时无论凸轮加给从动件的作用力多大，都不能推动从动件运动，这种现象称为自锁。为了保证凸轮机构工作可靠并具有一定的传动效率，必须对压力角加以限制，使最大压力角 $\alpha_{max}$ 不超过许用值。推程时，对于直动从动件凸轮机构推程时建议取许用压力角 $[\alpha] = 30°$；对于摆动从动件凸轮机构建议取许用压力角 $[\alpha] = 45°$。回程时，由于受力较小且无自锁问题，故许用压力角可取得大些，通常取 $[\alpha] = 70°\sim80°$。常见的依靠外力使从动件与凸轮保持接触的凸轮机构，其从动件是在外力作用下返回的，回程不会出现自锁。因此，对于这类凸轮机构通常只需对推程的压力角进行校核。

## 5.3.3 压力角与凸轮机构尺寸的关系

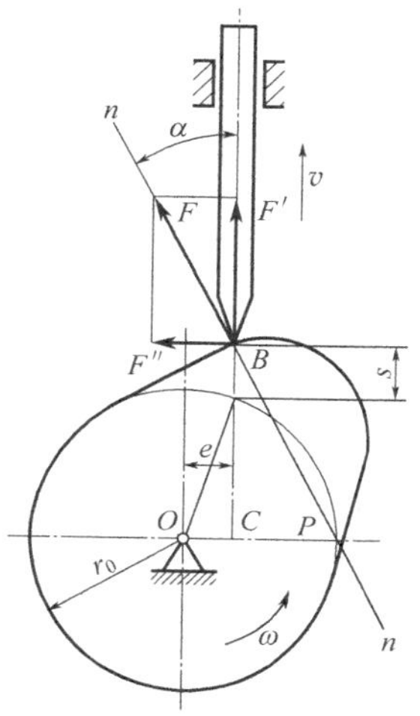

由图 5-6 可以看出，在其他条件都不变的情况下，基圆半径越大，凸轮的尺寸也越大。因此，要获得轻便紧凑的凸轮机构，应当使基圆半径尽可能地小。然而基圆半径减小会引起压力角增大，这可从下面压力角的计算公式中得到证明。

图 5-6 所示凸轮机构中，过凸轮与从动件的接触点 $B$ 作公法线（$n$-$n$），它与过凸轮轴心 $O$ 且垂直于从动件导路的直线相交于 $P$ 点，$P$ 点就是凸轮和从动件的相对速度瞬心。根据瞬心的定义有 $v_P = v = \omega l_{OP}$，所以 $l_{OP} = \dfrac{v}{\omega} = \dfrac{ds}{d\varphi}$。因此，可得凸轮机构的压力角计算公式为

图 5-6 凸轮机构的压力角

$$\tan\alpha = \frac{\dfrac{\mathrm{d}s}{\mathrm{d}\varphi} \mp e}{s + \sqrt{r_0^2 - e^2}} \tag{5-1}$$

式中　$s$——对应凸轮转角 $\varphi$ 的从动件位移；

　　　　$e$——从动件导路偏离凸轮回转中心的距离，称为偏距（当导路和瞬心 $P$ 在凸轮轴心 $O$ 的同侧时取 "—"；反之，当导路和瞬心 $P$ 在凸轮轴心 $O$ 的异侧时取 "+"）。

由式(5-1) 可知：

① 在其他条件不变的情况下，凸轮的基圆半径越小，压力角越大。基圆半径过小，压力角就会超出许用值。因此，实际设计中应在保证凸轮轮廓的最大压力角不超过许用值的前提下，选取尽可能小的基圆半径，以缩小凸轮的尺寸。

② 凸轮机构的压力角与偏距有关，增大偏距既可使压力角增大又可使压力角减小，关键取决于凸轮转动方向和从动件的偏置方向。

当压力角超过许用值而结构空间又不允许增加基圆半径时，可通过适当选取从动件的偏置方向来减小推程压力角。如图 5-7 所示：凸轮顺时针转动时，从动件偏于凸轮轴心左侧；凸轮逆时针转动，从动件偏于凸轮轴心右侧。

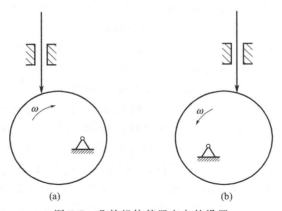

图 5-7　凸轮机构偏置方向的设置

需要指出的是，若推程的压力角减小，则回程的压力角将增大，即通过增加偏距来减小压力角是以增大回程压力角为代价的，所以偏距不宜过大。

# 5.4　图解法设计凸轮轮廓曲线

在合理地选择从动件的运动规律之后，根据工作要求、结构所允许的空间、凸轮转向和凸轮的基圆半径，就可设计凸轮的轮廓曲线。设计方法通常有图解法和解析法。图解法简单、直观，但精度有限，适用于低速或精度要求不高的场合；解析法精度较高，适用于高速或精度要求较高的场合。本书仅介绍图解法设计凸轮轮廓曲线的原理和步骤。

## 5.4.1　图解法的原理

凸轮机构工作时凸轮是运动的，而绘制凸轮轮廓时，却需要凸轮与图纸相对静止。为

此，在设计中采用"反转法"绘制凸轮轮
廓。根据相对运动原理：如果给整个凸轮机
构（凸轮、从动件、机架）加上绕凸轮轴心
$O$ 的公共角速度（$-\omega$），这样一来，凸轮
静止不动，从动件和机架（导路）则以公共
角速度（$-\omega$）绕 $O$ 点转动，且从动件仍按
原来的运动规律相对导路移动（或摆动），
如图 5-8 所示。由于从动件尖顶始终与凸轮
轮廓保持接触，所以在反转运动中，尖顶的
运动轨迹就是凸轮的轮廓曲线。

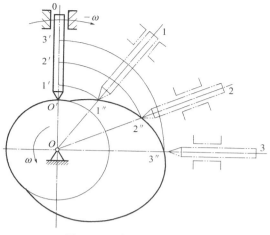

图 5-8 凸轮反转绘制原理

### 5.4.2 凸轮轮廓曲线的绘制

用"反转法"原理绘制凸轮轮廓，主要
包含三个步骤：①将凸轮的转角和从动件位
移线图分成对应的若干等份；②用"反转法"画出反转后从动件导路的各个位置；③根据所
分的等份量得从动件相应的位移，从而得到凸轮的轮廓曲线。

**（1）直动从动件盘形凸轮轮廓的绘制**

① 对心尖顶直动从动件盘形凸轮　图 5-9（a）所示为一对心尖顶直动从动件盘形凸轮机
构，图 5-9（b）为给定的从动件位移线图。设凸轮以等角速度 $\omega$ 顺时针回转，其基圆半径 $r_0$
已知，要求绘出此凸轮的轮廓曲线。

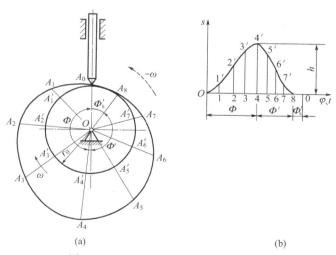

图 5-9 对心尖顶直动从动件盘形凸轮

根据反转原理，该凸轮的轮廓曲线可按如下步骤作出：

a. 选取适当比例，以 $O$ 点为圆心、$r_0$ 为半径作基圆。此基圆与导路的交点 $A_0$ 是从动
件尖顶的起始位置。

b. 自 $OA_0$ 开始沿 $-\omega$ 的方向取角度 $\Phi$、$\Phi'$、$\Phi_s'$，并将 $\Phi$ 和 $\Phi'$ 各分成若干等份，如 4 等
份，得 $A_1'$、$A_2'$、$A_3'$、$\cdots$、$A_7'$ 和 $A_8$ 点。同时，将位移线图中 $\Phi$ 和 $\Phi'$ 作相同等分。

c. 以 $O$ 为始点分别过 $A_1'$、$A_2'$、$A_3'$、$\cdots$、$A_7'$ 各点作射线，它们便是反转后从动件导路

的各个位置。

　　d. 在位移线图上量取各个位移量，从基圆开始，在相应的射线上截取 $A_1A_1' = 11'$、$A_2A_2' = 22'$、$\cdots$、$A_7A_7' = 77'$，得反转后尖顶的一系列位置 $A_1$、$A_2$、$\cdots$、$A_8$。

　　e. 将 $A_0$、$A_1$、$A_2$、$\cdots$、$A_8$ 各点连成光滑的曲线，便得到所要求的凸轮轮廓。

　　② 偏置尖顶直动从动件盘形凸轮　　如图 5-10(a) 所示为一偏置尖顶直动从动件盘形凸轮机构，图 5-10(b) 所示为给定的从动件位移线图。设凸轮以等角速度 $\omega$ 顺时针回转，其基圆半径 $r_0$ 及偏距 $e$ 均已知，要求绘出此凸轮的轮廓曲线。

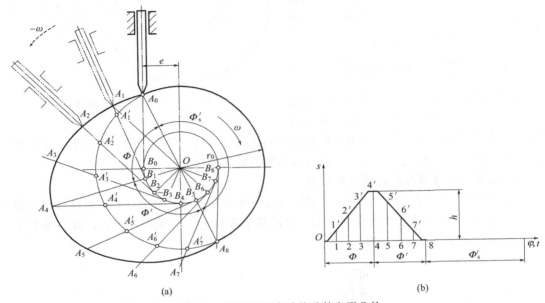

图 5-10　偏置尖顶直动从动件盘形凸轮

　　对于偏置尖顶直动从动件盘形凸轮机构，其从动件的导路不通过凸轮的回转轴心 $O$，而是有一偏距 $e$。因此，从动件在反转运动中各处的位置始终与凸轮回转轴心 $O$ 保持一偏距 $e$ 的距离。因此，若以凸轮回转中心 $O$ 为圆心，以偏距 $e$ 为半径作圆（称为偏距圆），则从动件在反转运动中依次占据的位置必然都是偏距圆的切线，从动件的位移也应沿这些切线量取。这是与对心直动从动件不同的地方。

　　根据上述分析，该凸轮的轮廓曲线可按如下步骤作出：

　　a. 选取适当比例，以 $O$ 点为圆心、$r_0$ 为半径作基圆，以 $O$ 点为圆心、$e$ 为半径作偏距圆。导路线与基圆的交点 $A_0$ 是从动件尖顶的起始位置，点 $B_0$ 为从动件导路线与偏距圆的切点。

　　b. 自 $OA_0$ 开始沿 $-\omega$ 的方向取角度 $\Phi$、$\Phi'$、$\Phi_s'$，并将 $\Phi$ 和 $\Phi'$ 各分成若干等份，如 4 等份，在基圆上得 $A_1'$、$A_2'$、$A_3'$、$\cdots$、$A_7'$ 和 $A_8$ 点。同时，将位移线图中 $\Phi$ 和 $\Phi'$ 作相同等份。

　　c. 过 $A_1'$、$A_2'$、$A_3'$、$\cdots$、$A_7'$ 和 $A_8$ 点各点作偏距圆的切线 $B_1A_1'$、$B_2A_2'$、$\cdots$、$B_8A_8$，它们便是反转后从动件导路的各个位置。

　　d. 在位移线图上量取各个位移量，从基圆开始，在相应的切线上截取 $A_1A_1' = 11'$、$A_2A_2' = 22'$、$\cdots$、$A_7A_7' = 77'$，得反转后尖顶的一系列位置 $A_1$、$A_2$、$\cdots$、$A_8$。

　　e. 将 $A_0$、$A_1$、$A_2$、$\cdots$、$A_8$ 各点连成光滑的曲线，便得到所要求的凸轮轮廓。

③ 滚子直动从动件盘形凸轮　如果凸轮机构为滚子从动件，如图 5-11 所示，其凸轮轮廓线可按下述方法绘制：首先，把滚子中心看作尖顶从动件的尖顶，按前述的方法求出一条轮廓曲线 $\beta_0$；其次，以 $\beta_0$ 上各点为中心，以滚子半径为半径作一系列圆；最后，作这些圆的包络线 $\beta$，它便是滚子从动件凸轮的实际轮廓，而 $\beta_0$ 称为此凸轮的理论轮廓。由作图过程可知，滚子从动件凸轮的基圆半径和压力角 $\alpha$ 均应当在理论轮廓上度量。

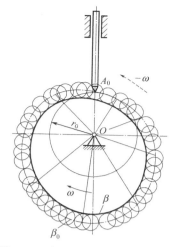

图 5-11　滚子直动从动件盘形凸轮

必须指出，滚子半径的大小对凸轮实际轮廓有很大影响。如图 5-12 所示，设凸轮理论轮廓外凸部分的曲率半径为 $\rho$，其相应位置实际轮廓线曲率半径为 $\rho'$，滚子半径为 $r_T$，则 $\rho'=\rho-r_T$。当理论轮廓最小曲率半径 $\rho_{\min}>r_T$ 时，实际轮廓为一平滑曲线 [图 5-12(a)]。当 $\rho_{\min}=r_T$ 时，则会在凸轮实际轮廓上产生尖点 [图 5-12(b)]，这种尖点极易磨损，磨损后就会改变原定的运动规律。当 $\rho_{\min}<r_T$ 时，实际轮廓线的曲率半径 $\rho'<0$ [图 5-12(c)]。这时，实际轮廓曲线出现自交，交叉点以上的部分在制造中将被切除，致使从动件不能按预期的运动规律运动，这种现象称为失真。

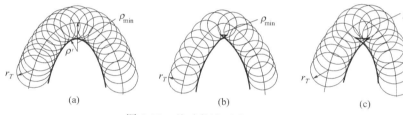

图 5-12　从动件滚子半径的选择

为了使凸轮轮廓在任何位置既不变尖，也不自交，滚子半径必须小于理论轮廓外凸部分的最小曲率半径 $\rho_{\min}$（理论轮廓的内凹部分对滚子半径的选择没有影响）。如果 $\rho_{\min}$ 过小，按上述条件选择的滚子半径太小而不能满足安装和强度要求，就应当把凸轮基圆尺寸加大，重新设计凸轮轮廓。

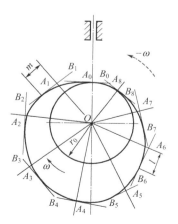

图 5-13　平底直动从动件盘形凸轮

④ 平底直动从动件盘形凸轮　当从动件的端部是平底时，凸轮实际轮廓曲线的求法与上述相似。如图 5-13 所示，首先把从动件导路中心线与从动件平底的交点 $A_0$ 视为尖顶从动件的顶点，按尖顶从动件盘形凸轮轮廓的绘制方法确定出 $A_0$ 点在从动件作反转运动时依次占据的位置 $A_1$、$A_2$、$A_3$、…。然后过这些点作出一系列代表从动件平底的直线，再作这些平底的包络线，便得到凸轮的实际轮廓曲线。由于平底上与实际轮廓曲线相切的点是随机构位置变化的，为了保证在所有位置平底都能与轮廓曲线相接触，平底左右两侧的宽度必须分别大于导路至左右最远切点的距离 $m$ 和 $l$。同时为了保证在所有位置从动件平底都能与凸

轮轮廓曲线相切，凸轮廓线必须是外凸的。

从作图过程不难看出，对于平底直动从动件，只要不改变导路的方向，无论导路对心或偏置，无论取哪一点为参考点，所得出的代表从动件平底的直线和凸轮实际轮廓曲线都是一样的。

**（2）摆动从动件盘形凸轮轮廓的绘制**

如图 5-14（a）所示为一尖顶摆动从动件盘形凸轮机构。设凸轮以等角速度 $\omega$ 逆时针回转，已知凸轮基圆半径 $r_0$，凸轮与摆动从动件的中心距为 $l_{OA}$，摆动从动件的长度为 $l_{AB}$，从动件运动线图如图 5-14（b）所示，要求绘出此凸轮的轮廓。

令整个凸轮机构以角速度 $-\omega$ 绕 $O$ 点回转，于是凸轮静止不动，而摆动从动件一方面随机架以等角速度 $-\omega$ 绕 $O$ 点回转，另一方面又绕 $A$ 点摆动。因此，尖顶摆动从动件盘形凸轮轮廓曲线可按以下步骤进行：

① 选取适当比例，根据给定的 $l_{OA}$ 定出 $O$ 点与 $A_0$ 的位置。以 $O$ 为圆心及 $r_0$ 为半径作基圆，与以 $A_0$ 为中心、$l_{AB}$ 为半径的圆弧交于点 $B_0$，它便是从动件尖顶的起始位置。$\psi_0$ 称为从动件的初位角。

② 将 $\psi-\varphi$ 线图的推程运动角和回程运动角分为若干等份（图中各分为 4 等份）。

③ 以 $O$ 为中心及 $OA_0$ 为半径画圆，沿 $-\omega$ 的方向取角度 $\Phi$、$\Phi'$、$\Phi'_s$，各分为与图 5-14（b）相对应的若干等分，得 $A_1$、$A_2$、$A_3$、…。这些点便是反转后从动件回转轴心的一系列位置。

④ 由图 5-14（b）求出从动件摆角 $\psi$ 在不同位置的数值。据此画出摆动从动件相对于机架的一系列位置 $A_1B_1$、$A_2B_2$、$A_3B_3$、…，即 $\angle OA_1B_1=\psi_0+\psi_1$、$\angle OA_2B_2=\psi_0+\psi_2$、…。

⑤ 以 $A_1$、$A_2$、$A_3$、…为圆心，$l_{AB}$ 为半径画圆弧截 $A_1B_1$ 于 $B_1$ 点，截 $A_2B_2$ 于 $B_2$ 点，截 $A_3B_3$ 于 $B_3$ 点，…。最后将 $B_0$、$B_1$、$B_2$、$B_3$、…点连成光滑曲线，便得到尖顶摆动从动件的凸轮轮廓。

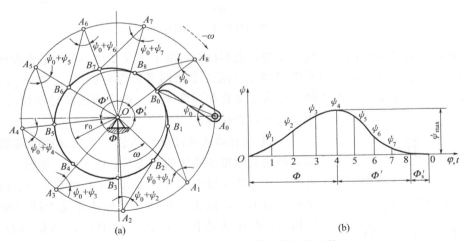

图 5-14 尖顶摆动从动件盘形凸轮机构

同前所述，如果采用滚子从动件，则上述凸轮轮廓即为理论轮廓，只要在理论轮廓上选一系列点作滚子圆，最后作它们的包络线，便可求出相应的实际轮廓。若是平底从动件，则由 $A_0$、$A_1$、$A_2$、…作基圆的切线，得从动件平底的起始位置，然后自起始位置按从动件摆角 $\psi$ 在不同位置时的数值，分别画出一系列平底，最后作这些平底的包络线，即得到凸轮实际轮廓。

# 思 考 题

5-1　如图所示为一偏置直动从动件盘形凸轮机构。已知凸轮是一个以 $C$ 为圆心的圆盘，试求轮廓上 $D$ 点与尖顶接触时的压力角，并作图表示。

5-2　在图示的对心尖顶直动从动件盘形凸轮机构中，已知凸轮为一偏心圆盘，圆盘半径为 $R$，由凸轮回转中心 $O$ 到圆盘圆心 $A$ 的距离为 $l_{OA}$，试求：

① 凸轮的基圆半径 $r_0$；

② 从动件的升程 $h$。

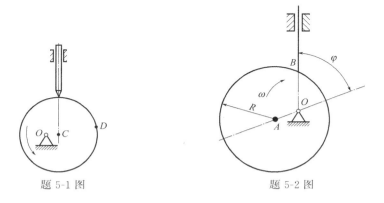

题 5-1 图　　　　　　　　　题 5-2 图

5-3　已知直动从动件升程 $h=30\text{mm}$，$\Phi=150°$，$\Phi_s=30°$，$\Phi'=120°$，$\Phi'_s=60°$，从动件在推程和回程均作简谐运动，试用作图法绘出其运动线图 $s$-$t$、$v$-$t$、$a$-$t$。

5-4　图示为直动从动件盘形凸轮机构的速度线图。①示意画出从动件的加速度线图；②判断哪些位置有冲击存在，是柔性冲击还是刚性冲击？③在图上的 $F$ 位置，从动件有无惯性力作用？有无冲击存在？

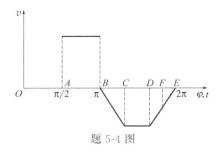

题 5-4 图

5-5　已知偏置直动滚子从动件盘形凸轮以等角速度顺时针方向转动，偏距 $e=10\text{mm}$，从动件在回转中心左侧，凸轮基圆半径 $r_0=60\text{mm}$，滚子半径 $r_T=10\text{mm}$，从动件升程及运动规律与题 5-3 相同，从动件推程回程均作简谐运动，试用图解法绘制出凸轮的轮廓。

5-6　设计一平底直动从动件盘形凸轮机构，已知凸轮以等角速度逆时针方向回转，凸轮的基圆半径 $r_0=40\text{mm}$，从动件的升程 $h=10\text{mm}$，$\Phi=110°$，$\Phi_s=40°$，$\Phi'=120°$，$\Phi'_s=90°$，从动件推程回程均作简谐运动，试绘制出凸轮轮廓。

# 第**6**章

# 齿轮机构

## 6.1　齿轮机构的特点和类型

　　齿轮机构是机械传动中应用最广的传动机构之一。它可用于传递运动和动力。其主要优点是：①能保证传动比恒定不变；②适用的载荷与速度范围很广；③结构紧凑；④效率高，一般效率 $\eta = 0.94 \sim 0.99$；⑤工作可靠且寿命长；⑥可实现平行轴、任意角相交轴和任意角交错轴之间的传动。其主要缺点是：①对制造及安装精度要求较高；②不适宜两远距离轴之间的传动。

　　齿轮机构类型很多。按照两齿轮轴线的相对位置，可将其分为平面齿轮机构和空间齿轮机构两大类。

### 6.1.1　平面齿轮机构

　　平面齿轮机构用于传递两平行轴之间的运动和动力。根据轮齿排列方向的不同，平面齿轮机构又可作如下分类。

　　**(1) 直齿圆柱齿轮机构**

　　直齿圆柱齿轮简称直齿轮，其轮齿的齿向与轴线平行。直齿圆柱齿轮机构又可分为以下三种。

　　① 外啮合齿轮机构　　由两个外齿轮相啮合，啮合的两齿轮转向相反，如图 6-1(a) 所示。

　　② 内啮合齿轮机构　　由一个内齿轮和一个外齿轮相啮合，啮合的两齿轮转向相同，如图 6-1(b) 所示。

　　③ 齿轮齿条机构　　齿数趋于无穷多的外齿轮演变成齿条，它与外齿轮啮合时，可将齿轮的转动转变为齿条的直线移动，或者将齿条的直线移动转变为齿轮的转动，如图 6-1(c) 所示。

(a) 外啮合齿轮机构　　　(b) 内啮合齿轮机构　　　(c) 齿轮齿条机构

图 6-1　直齿圆柱齿轮机构

**（2）斜齿圆柱齿轮机构**

斜齿圆柱齿轮简称斜齿轮。斜齿轮的轮齿对其轴线倾斜了一个角度（螺旋角），如图 6-2 所示。斜齿轮机构也可分为外啮合、内啮合及齿轮齿条啮合三种形式。斜齿轮机构运转平稳、噪声小，适用于中、高速传动。

**（3）人字齿轮机构**

人字齿轮可看作由螺旋角方向相反的两个斜齿轮对称组成，可制成整体的或拼合式的。人字齿轮机构如图 6-3 所示，适用于高速和重载传动，但制造成本较高，应用于特别重要的场合。

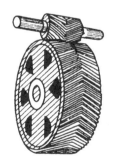

图 6-2　斜齿轮机构　　　　　　图 6-3　人字齿轮机构

## 6.1.2　空间齿轮机构

空间齿轮机构用于传递两相交轴或交错轴（既不平行也不相交）之间的运动和动力，常见的类型有三种。

**（1）锥齿轮机构**

锥齿轮机构用于两相交轴之间的传动。锥齿轮的轮齿排列在截圆锥体的表面上，如图 6-4（a）所示，有直齿、斜齿及曲齿之分。其中直齿锥齿轮的设计、制造和安装均较简便，故应用最为广泛，而斜齿锥齿轮则很少应用，曲齿锥齿轮由于传动平稳、承载能力较强，常用于高速重载的传动。

**（2）螺旋齿轮机构**

螺旋齿轮机构用于交错轴之间的一种斜齿圆柱齿轮传动，它是由两个互相啮合的螺旋（斜齿圆柱）齿轮组成的，如图 6-4（b）所示。由于螺旋齿轮机构承载能力较低，磨损严重，应用很少。

**（3）蜗杆蜗轮机构**

蜗杆蜗轮机构用于交错轴之间的传动，两轴的交错角通常为90°，如图6-4（c）所示。蜗杆蜗轮传动可获得很大的传动比，工作平稳，传动比准确，应用广泛。

(a) 锥齿轮机构      (b) 螺旋齿轮机构      (c) 蜗杆蜗轮机构

图 6-4 空间齿轮机构

直齿圆柱齿轮机构是齿轮机构中应用最广泛、最简单、最基本的一种类型。本章将以渐开线直齿圆柱齿轮机构为重点，就其啮合原理、几何尺寸计算等进行较为详细的阐述。在此基础上，亦对其他类型的齿轮机构作简要介绍。

# 6.2　渐开线及渐开线齿廓

### 6.2.1　渐开线的形成和性质

**（1）渐开线的形成**

当一条直线 $L$ 沿一圆周作纯滚动时，此直线上任一点 $K$ 的轨迹称为该圆的渐开线，如图 6-5 所示。该圆称为渐开线的基圆，其半径用 $r_b$ 表示，直线 $L$ 称为渐开线的发生线。

**（2）渐开线的性质**

根据渐开线形成过程，可知渐开线具有下列特性：

① 因发生线在基圆上作纯滚动，故发生线在基圆上滚过的长度等于基圆上被滚过的弧长，即 $\overline{NK} = \overset{\frown}{NC}$。

② 当发生线沿基圆作纯滚动时，切点 $N$ 为其速度瞬心，$K$ 点的速度垂直于 $NK$，且与渐开线上 $K$ 点的切线方向一致，所以发生线即渐开线在 $K$ 点的法线。又因 $NK$ 线始终切于基圆，所以渐开线上任一点的法线必与基圆相切。

③ 可以证明，发生线与基圆的切点 $N$ 为渐开线在 $K$ 点的曲率中心，而线段 $NK$ 为渐开线上 $K$ 点的曲率半径。显然，渐开线离基圆越远，其曲率半径越大，渐开线越平直。渐开线在基圆上起始点处的曲率半径为零。

④ 渐开线齿廓上任一点的法线（压力方向线）与该点速度方向线所夹的锐角 $\alpha_K$，称为该点的压力角。由图 6-5 可知

$$\cos\alpha_K = \frac{\overline{ON}}{\overline{OK}} = \frac{r_b}{r_K} \tag{6-1}$$

上式表明渐开线上各点的压力角 $\alpha_K$ 的大小随 $K$ 点的位置而异，$K$ 点距圆心越远，其压力角越大；反之，压力角越小。基圆上的压力角为零。

⑤ 渐开线的形状完全取决于基圆的大小（图 6-6）。大小相等的基圆其渐开线形状相同，大小不等的基圆其渐开线形状不同。基圆越大渐开线越平直，当基圆半径为无穷大时，渐开线就变成一条与发生线垂直的直线，它就是渐开线齿条的齿廓。

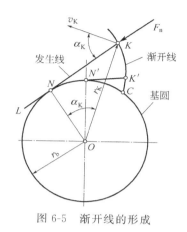

图 6-5　渐开线的形成

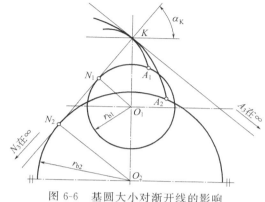

图 6-6　基圆大小对渐开线的影响

⑥ 基圆内无渐开线。

以上六点是研究渐开线齿轮啮合原理的出发点。

### 6.2.2　渐开线齿廓啮合的特点

**（1）能满足齿廓啮合基本定律和定传动比传动**

① 齿廓啮合基本定律　齿轮传动的基本要求之一是瞬时角速度之比（传动比）必须保持恒定，否则，当主动轮以等角速度回转时，从动轮的角速度为变量，从而产生惯性力。这种惯性力不仅影响齿轮的寿命，而且还引起机器的振动和噪声，影响其传动质量。为了阐明一对齿廓实现定角速比的条件，有必要先探讨角速比与齿廓间的一般规律。

如图 6-7 所示为一对啮合齿轮的齿廓 $E_1$ 和 $E_2$ 在 $K$ 点接触的情况。过 $K$ 点作两齿廓的公法线 $n$-$n$，它与连心线 $O_1O_2$ 的交点 $C$。根据瞬心的知识可知，$C$ 点也就是齿轮 1、2 的相对速度瞬心，且

$$\frac{\omega_1}{\omega_2} = \frac{O_2C}{O_1C} \qquad (6\text{-}2)$$

式(6-2)表明，要使两轮的角速度比恒定不变，则应使 $O_2C/O_1C$ 恒为常数。但因两轮的轴心为定点，即 $O_1O_2$ 为定长，故欲使齿轮传动保持定角速比，必须使 $C$ 点成为连心线上的一个固定点。

因此，两齿廓形状应满足如下条件：不论两齿廓在何位置接触，过接触点所作齿廓的公法线都必须与连心线交于一

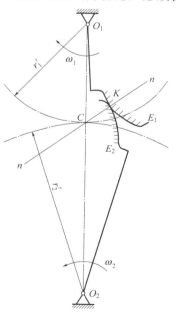

图 6-7　一对啮合齿轮的齿廓 $E_1$ 和 $E_2$ 在点 $K$ 处接触的情况

定点，这就是齿廓啮合基本定律。该定律是各种平面齿轮机构轮齿齿廓正确啮合的基本条件。

　　能满足齿廓啮合基本定律的一对齿廓均称为共轭齿廓，理论上共轭齿廓是很多的。齿廓曲线的选择除了应满足传动比要求外，还应考虑到加工和测量的方便，以及综合强度等因素。目前在机械制造业中用得最多的齿廓曲线是渐开线，故本章只讨论具有渐开线齿廓的齿轮。

　　上述定点 $C$ 称为节点，过节点 $C$ 所作的两个相切的圆称为节圆，以 $r_1'$、$r_2'$ 表示两个节圆的半径。由于节点的相对速度等于零，所以一对齿轮传动时，它的一对节圆在作纯滚动。又由图可知，一对外啮合齿轮的中心距恒等于其节圆半径之和，角速比恒等于其节圆半径的反比。

　　② 渐开线齿廓满足啮合基本定律和定传动比传动　　了解了渐开线的形成及性质后，就不难证明用渐开线作为齿廓曲线，是满足齿廓啮合基本定律并能保证定传动比传动的。

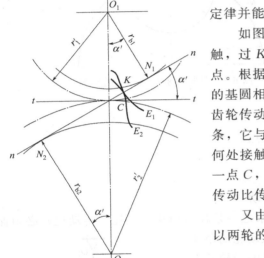

图 6-8　渐开线齿廓的啮合传动

　　如图 6-8 所示，渐开线齿廓 $E_1$ 和 $E_2$ 在任意点 $K$ 接触，过 $K$ 点作两齿廓的公法线 $n$-$n$ 与两轮连心线交于 $C$ 点。根据渐开线的性质可知，公法线 $n$-$n$ 必同时与两轮的基圆相切，即公法线 $n$-$n$ 为两轮基圆的一条内公切线。齿轮传动时基圆位置不变，同一方向的内公切线只有一条，它与连心线交点的位置是不变的。即无论两齿廓在何处接触，过接触点所作齿廓公法线均通过连心线上同一点 $C$，故渐开线齿廓是满足啮合基本定律并能保证定传动比传动的。

　　又由图 6-8 可知，$\triangle O_1 N_1 C$ 与 $\triangle O_2 N_2 C$ 相似，所以两轮的传动比还可写成

$$i_{12} = \frac{\omega_1}{\omega_2} = \frac{O_2 C}{O_1 C} = \frac{r_2'}{r_1'} = \frac{r_{b2}}{r_{b1}} \qquad (6\text{-}3)$$

式(6-3) 表明渐开线齿轮的传动比不仅与节圆的半径成反比，同时也与基圆的半径成反比。

**（2）渐开线齿廓啮合的啮合线是定直线**

　　两齿轮啮合时，其接触点的轨迹称为啮合线。由渐开线特性可知，两渐开线齿廓在任何位置接触时，过接触点所作两齿廓的公法线总是两基圆的内公切线 $N_1 N_2$。因此，对于渐开线齿廓啮合，其啮合线是直线 $N_1 N_2$。显然一对渐开线齿廓的啮合线、公法线及两基圆的内公切线三线重合。

**（3）渐开线齿廓啮合的啮合角不变**

　　两齿轮啮合的任一瞬时，过接触点的齿廓公法线与两轮节圆公切线所夹的锐角称为啮合角，用 $\alpha'$ 表示，如图 6-8 所示。显然，渐开线齿廓的啮合角为常数。啮合角不变表示齿廓间压力方向不变，若齿轮传递的力矩恒定，则轮齿之间、轴与轴承之间压力的大小和方向均不变，这对于齿轮传动的平稳性是十分有利的，也是渐开线齿轮传动的一大优点。

**（4）渐开线齿廓啮合具有可分性**

　　渐开线齿轮的传动比取决于两齿轮基圆半径的大小，当一对渐开线齿轮制成后，两齿轮

的基圆半径就确定了，即使安装后两齿轮中心距稍有变化，由于两齿轮基圆半径不变，所以传动比仍保持不变。渐开线齿轮这种不因中心距变化而改变传动比的特性称为渐开线齿廓的可分性。这一特性可补偿齿轮制造和安装方面的误差，是渐开线齿轮传动的一个重要优点，也是其得到广泛应用的原因之一。此外，根据渐开线齿轮的可分性还可以设计变位齿轮。

## 6.3　渐开线标准直齿齿轮各部分的名称和尺寸的计算

为了进一步研究齿轮的啮合原理和齿轮的设计问题，必须将齿轮各部分的名称、符号及其尺寸间的关系加以介绍。

### 6.3.1　外齿轮

**（1）齿轮各部分的名称**

如图 6-9 所示为直齿圆柱外齿轮齿圈的一部分，轮齿两侧具有相互对称的齿廓。渐开线齿轮齿廓的各部分名称及符号如下。

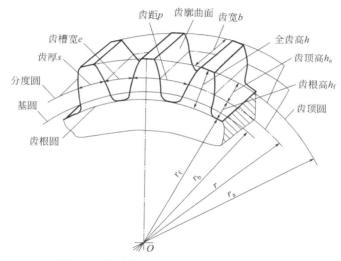

图 6-9　渐开线齿轮齿廓各部分名称及符号

① 齿顶圆、齿根圆　过齿轮各齿顶端的圆称为齿顶圆。其直径和半径分别以 $d_a$ 和 $r_a$ 表示。

齿轮上两相邻轮齿之间的空间称为齿槽，过齿轮各齿槽底部的圆称为齿根圆。其直径和半径分别以 $d_f$ 和 $r_f$ 表示。

② 齿槽宽、齿厚和齿距　在任意半径 $r_K$ 的圆周上，齿槽的弧长和轮齿的弧长分别称为该圆上的齿槽宽和齿厚，分别用 $e_K$ 和 $s_K$ 表示。沿该圆上相邻两齿的同侧齿廓之间的弧长称为该圆上的齿距，用 $p_K$ 表示，$p_K = s_K + e_K$。

③ 齿顶高、齿根高、全齿高　分度圆把轮齿分为两部分，介于分度圆与齿顶圆之间的部分称为齿顶，其径向高度称为齿顶高，用 $h_a$ 表示；介于分度圆与齿根圆之间的部分称为齿根，其径向高度称为齿根高，用 $h_f$ 表示；齿顶圆与齿根圆之间的径向高度称为全齿高，用 $h$ 表示，故有：$h = h_a + h_f$。

**（2）标准齿轮的主要参数**

① 齿数 $z$    在齿轮整个圆周上轮齿的总数称为齿轮的齿数，用 $z$ 表示。齿轮的大小和渐开线齿廓的形状均与齿数 $z$ 这个基本参数有关。

② 模数 $m$    在齿轮上任意圆周周长为 $\pi d_K = p_K z$，则

$$d_K = \frac{p_K}{\pi} z$$

在不同直径的圆周上，比值 $\frac{p_K}{\pi}$ 是不同的，而且含有无理数 $\pi$，对于齿轮的计算、制造和测量等颇为不便。为此，把齿轮某一圆周上的比值 $\frac{p_K}{\pi}$ 规定为标准值（整数或简单有理

图 6-10    不同模数的轮齿

数），并将该比值称为模数，用 $m$ 表示，单位为 mm。这个圆称为齿轮的分度圆，其直径和半径分别用 $d$ 和 $r$ 表示。分度圆上的齿厚、齿槽宽和齿距简称为齿厚、齿槽宽和齿距，分别用 $s$、$e$ 和 $p$ 表示，$p = s + e$。

故                $m = \dfrac{p}{\pi}$                （6-4）

$$d = mz \tag{6-5}$$

模数是决定齿轮尺寸的一个基本参数。齿数相同的齿轮，模数越大，其轮齿也越大（图 6-10），轮齿的抗弯能力也就越强，所以模数又是轮齿抗弯能力的重要标志。

我国常用的标准模数系列见表 6-1。

表 6-1    标准模数系列                                          mm

| 第一系列 | 1  1.25  1.5  2  2.5  3  4  5  6  8  10  12  16  20  25  32  40  50 |
|---|---|
| 第二系列 | 1.75  2.25  2.75  3.5  4.5  5.5  (6.5)  7  9  11  14  18  22  28  36  45 |

注：优先采用第一系列，括号内的尽量不用；本表适用于渐开线圆柱齿轮，对斜齿轮是指法向模数。

③ 分度圆压力角    由渐开线的性质可知，同一渐开线齿廓上各点的压力角是不同的。在标准齿轮齿廓上，通常所说的齿轮压力角是指分度圆上的压力角，用 $\alpha$ 表示，我国标准规定，分度圆上的压力角 $\alpha = 20°$。

至此可以给分度圆下一个完整的定义：分度圆就是齿轮上具有标准模数和压力角的圆。

④ 齿顶高系数和顶隙系数    轮齿的齿顶高和齿根高可用模数表示为

$$h_a = h_a^* m \tag{6-6}$$

$$h_f = (h_a^* + c^*) m \tag{6-7}$$

式中    $h_a^*$ 和 $c^*$——齿顶高系数和顶隙系数。我国标准规定其标准值为

$$h_a^* = 1, \quad c^* = 0.25$$

有时也采用非标准的短齿，其 $h_a^* = 0.8$，$c^* = 0.3$。

$c^* m$ 称为顶隙，用 $c$ 表示，为一对齿轮啮合时一齿轮齿顶圆与另一齿轮齿根圆之间的径向距离。顶隙可防止一对齿轮在传动过程中一齿轮的齿顶与另一齿轮的齿根发生顶撞，同时还能贮存润滑油，有利于齿轮啮合传动。

### （3）标准直齿圆柱齿轮的几何尺寸

标准齿轮是指 $m$、$\alpha$、$h_a^*$ 和 $c^*$ 均为标准值，具有标准的齿顶高和齿根高，而且分度圆齿厚等于齿槽宽（$s=e$）的齿轮。标准直齿圆柱齿轮的几何尺寸按表 6-2 进行计算。

表 6-2　标准直齿圆柱齿轮各部分尺寸的几何关系

| 名称 | 符号 | 公式 | |
|---|---|---|---|
| | | 外齿轮 | 内齿轮 |
| 分度圆直径 | $d$ | $d=mz$ | |
| 齿顶高 | $h_a$ | $h_a=h_a^* m$ | |
| 齿根高 | $h_f$ | $h_f=(h_a^*+c^*)m$ | |
| 齿全高 | $h$ | $h=(2h_a^*+c^*)m$ | |
| 齿顶圆直径 | $d_a$ | $d_a=(z+2h_a^*)m$ | $d_a=(z-2h_a^*)m$ |
| 齿根圆直径 | $d_f$ | $d_f=(z-2h_a^*-2c^*)m$ | $d_f=(z+2h_a^*+2c^*)m$ |
| 基圆直径 | $d_b$ | $d_b=d\cos\alpha$ | |
| 齿距 | $p$ | $p=\pi m$ | |
| 齿厚 | $s$ | $s=\pi m/2$ | |
| 齿槽宽 | $e$ | $e=\pi m/2$ | |
| 顶隙 | $c$ | $c=c^* m$ | |

## 6.3.2　内齿轮

图 6-11 所示为直齿圆柱内齿轮齿圈的一部分。内齿轮与外齿轮的不同点为：

① 内齿轮的轮齿是内凹的，其齿厚和齿槽宽分别对应于外齿轮的齿槽宽和齿厚。

② 内齿轮的分度圆大于齿顶圆，而齿根圆又大于分度圆，即齿根圆大于齿顶圆。

③ 为了使内齿轮齿顶的齿廓全部为渐开线，其齿顶圆必须大于基圆。

渐开线标准内齿圆柱齿轮的几何尺寸计算式见表 6-2。

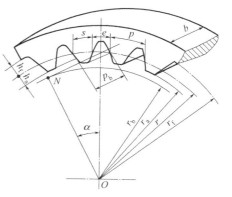

图 6-11　内齿轮各部分尺寸

## 6.3.3　齿条

① 由于齿条的齿廓是直线，所以齿廓上各点的法线是平行的，而且在传动时齿条是作平动的，齿廓上各点速度的大小和方向都一致，所以齿条齿廓上各点的压力角都相同，其大小等于齿廓的倾斜角，通称为齿形角，其标准值为 20°（图 6-12）。

② 与齿顶线（或齿根线）平行的各直线上的齿距都相等，且有 $p=\pi m$。其中齿厚与齿槽宽相等（$s=e$）的一条直线称为分度线（中线），它是确定齿条齿部尺寸的基准线。

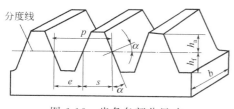

图 6-12　齿条各部分尺寸

**例 6-1**  已知一标准直齿圆柱齿轮，其齿数 $z=50$，模数 $m=2$mm，试计算该齿轮的分度圆、齿顶圆、齿根圆、基圆直径、分度圆齿厚和齿槽宽等几何尺寸。

**解**：已知该齿轮的齿数及模数，由表 6-2 所列公式可以计算齿轮的各部分尺寸。

分度圆直径 $\qquad\qquad d=mz=2\times50=100(\text{mm})$

齿顶圆直径 $\qquad\quad d_a=(z+2h_a^*)m=(50+2)\times2=104(\text{mm})$

齿根圆直径 $\quad d_f=(z-2h_a^*-2c^*)m=(50-2\times1-2\times0.25)\times2=95(\text{mm})$

基圆半径 $\qquad\qquad d_b=d\cos\alpha=100\times\cos20°=93.97(\text{mm})$

分度圆齿厚和齿槽宽 $\qquad s=e=\dfrac{p}{2}=\dfrac{\pi m}{2}=3.14(\text{mm})$

# 6.4　渐开线标准齿轮的啮合

## 6.4.1　正确啮合条件

如前所述，一对渐开线齿廓满足啮合的基本定律并能保证定传动比传动，但这并不是说

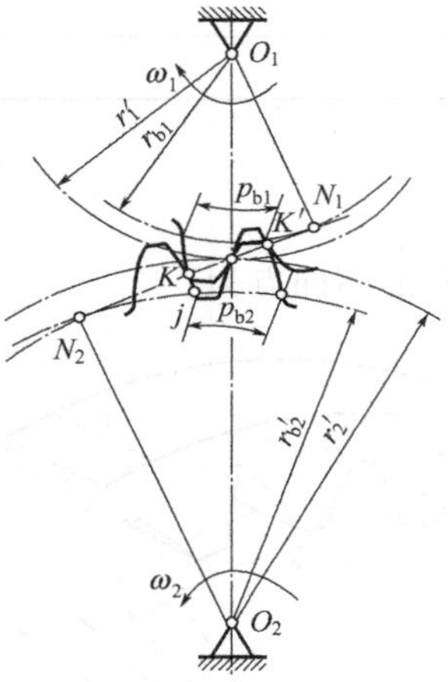

图 6-13　渐开线标准
齿轮正确啮合条件

任意的两个渐开线齿轮都能搭配起来并正确地传动。一对渐开线齿轮要正确啮合传动，应该具备什么条件呢？为了解决这一问题，按图 6-13 所示的一对齿轮进行分析。

齿轮传动时，每一对齿仅啮合一段时间便要分离，由后一对齿接替。如图 6-13 所示，当前一对齿在啮合线上 $K$ 点接触时，其后一对齿应在啮合线上另一点 $K'$ 接触，这样前一对齿分离，后一对齿才能不间断地接替传动。令 $K_1$ 和 $K_1'$ 表示轮 1 齿廓上的啮合点，$K_2$ 和 $K_2'$ 表示轮 2 齿廓上的啮合点。为了保证前、后两对齿能同时在啮合线上接触，轮 1 相邻两齿同侧齿廓沿法线的距离（法向齿距）$\overline{K_1K_1'}$ 应与轮 2 相邻两齿同侧齿廓沿法线的距离 $\overline{K_2K_2'}$ 相等，即

$$\overline{K_1K_1'}=\overline{K_2K_2'}$$

由渐开线的性质可知，齿轮的法向齿距与基圆齿距相等。因此，该条件又可表述为两轮的基圆齿距相等，即

$$p_{b1}=p_{b2}$$

又因 $p_{b1}=p_1\cos\alpha_1=\pi m_1\cos\alpha_1$，$p_{b2}=p_2\cos\alpha_2=\pi m_2\cos\alpha_2$。可得两齿轮正确啮合的条件为

$$m_1\cos\alpha_1=m_2\cos\alpha_2$$

由于模数 $m$ 和压力角 $\alpha$ 已经标准化，故上式成立的条件是

$$\left.\begin{array}{l}m_1=m_2\\\alpha_1=\alpha_2\end{array}\right\}\tag{6-8}$$

式(6-8)表明：渐开线齿轮的正确啮合条件是两轮的模数和压力角必须分别相等。

这样，一对齿轮的传动比可写成

$$i = \frac{\omega_1}{\omega_2} = \frac{d'_2}{d'_1} = \frac{d_{b2}}{d_{b1}} = \frac{d_2}{d_1} = \frac{z_2}{z_1} \tag{6-9}$$

### 6.4.2　齿轮传动的正确安装条件

**（1）齿侧间隙**

一对齿轮传动时，一轮节圆上的齿槽宽与另一轮节圆上的齿厚之差称为齿侧间隙。为了避免齿轮在正转和反转两个方向的传动中轮齿发生撞击，要求相啮合轮齿的齿侧间隙为零，即 $s'_1 = e'_2$，$s'_2 = e'_1$。

齿侧间隙会使传动中产生轮齿间的冲击和噪声，从而影响传动精度。但为了在相啮合的齿廓间形成润滑油膜，避免因轮齿受力变形、摩擦发热而膨胀所引起的挤轧现象，在实际传动中啮合轮齿间必须留有微量齿侧间隙，它由齿轮公差来保证。在机械设计中，正确安装的齿轮都按照无齿侧间隙的理想情况进行设计。

**（2）标准齿轮的安装**

对于一对模数、压力角分别相等的外啮合标准齿轮，其分度圆上的齿厚等于齿槽宽，即 $s_1 = e_1 = \pi m / 2 = s_2 = e_2$。若把两轮安装成其分度圆相切的状态，也就是两轮的节圆与分度圆重合（图 6-14），则 $s'_1 = s_1 = e_2 = e'_2$，所以能实现无侧隙啮合传动。标准齿轮的这种安装称为标准安装，此时啮合角 $\alpha'$ 等于分度圆压力角 $\alpha$，而中心距 $a$ 称为标准中心距，即

$$a = r'_1 + r'_2 = r_1 + r_2 = \frac{m}{2}(z_1 + z_2) \tag{6-10}$$

应当指出，分度圆和压力角是单个齿轮本身所具有的，而节圆和啮合角是两个齿轮相互啮合时才出现的。标准齿轮传动只有在分度圆与节圆重合时，压力角与啮合角才相等。

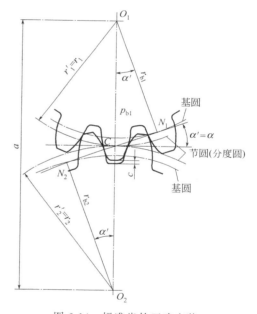

图 6-14　标准齿轮正确安装

### 6.4.3　渐开线齿轮机构连续传动的条件

如图 6-15 所示为一对渐开线齿轮啮合的过程。设轮 1 为主动，轮 2 为从动，它们的转动方向如图所示。在两轮轮齿开始进入啮合时，首先是主动轮 1 的齿根推动从动轮 2 的齿顶，所以轮齿进入啮合的起点为从动轮的齿顶圆与啮合线 $N_1N_2$ 的交点 $A$。随着啮合传动的进行，轮齿的啮合点的位置沿啮合线 $N_1N_2$ 向下移动，即主动轮轮齿上的啮合点逐渐向齿顶部分移动，而从动轮轮齿上的啮合点逐渐向齿根部分移动。当啮合进行到主动轮的齿顶圆与啮合线 $N_1N_2$ 的交点 $E$ 时，两轮齿即将脱离啮合。线段 $AE$ 为啮合点的实际轨迹，故称为实际啮合线段。

当两轮齿顶圆加大时，点 $A$ 和 $E$ 将分别趋近于点 $N_1$ 和 $N_2$，实际啮合线段将加长，但因基圆内无渐开线，所以啮合线 $N_1N_2$ 是理论上可能的最大啮合线段，称为理论啮合线段。

对于齿轮定传动比的连续传动，仅具备两轮基圆齿距相等的条件是不够的。若两轮基圆

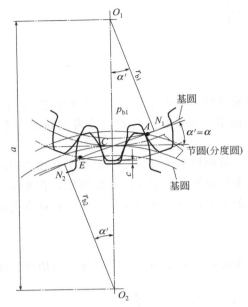

图 6-15　齿轮的啮合过程

齿距相等，而且 $\overline{AE} > p_b$，则当前一对轮齿在点 $E$ 脱离啮合时，后一对轮齿已经进入啮合，因此能保证齿轮作定传动比的连续传动。若 $\overline{AE} = p_b$，则表明始终只有一对轮齿处于啮合状态。若 $\overline{AE} < p_b$，则当前一对轮齿在点 $E$ 脱离啮合时，后一对轮齿尚未进入啮合，传动将中断，从而引起轮齿间的冲击，影响传动的平稳性。

由此可知，齿轮连续传动的条件是：两齿轮的实际啮合线的长度应大于或等于齿轮的法向齿距。通常我们把这个条件用 $\overline{AE}$ 与 $p_b$ 的比值表示，称为重合度，用 $\varepsilon$ 表示。因此，齿轮连续传动的条件是

$$\varepsilon = \frac{\overline{AE}}{p_b} \geqslant 1 \qquad (6\text{-}11)$$

重合度不仅反映一对齿轮能否实现连续传动，而且表明同时参加啮合的轮齿对数的多少。$\varepsilon = 1.4$，表示传动过程中有时 1 对齿接触，有时 2 对齿接触，其中 2 对齿接触的时间占 $40\%$。齿轮传动的重合度越大，表明同时参与啮合的轮齿对数越多，且多对齿啮合的时间越长，这对提高齿轮传动的承载能力和传动的平稳性都有十分重要的意义。

## 6.5　渐开线齿廓的切制原理

齿轮的加工方法很多，如铸造法、冲压法、热轧法、切削法等。其中最常用的方法是切削法。齿轮切削加工的工艺也是多种多样的，但就其原理来说可概括为仿形法和展成法两种。

### 6.5.1　仿形法

仿形法是在铣床上用轴向截面（包括刀具轴线的截面）形状与被切齿轮齿槽的形状完全相同的铣刀切制齿轮的方法。用仿形法加工齿轮时所采用的刀具有盘形铣刀 ［图 6-16(a)］

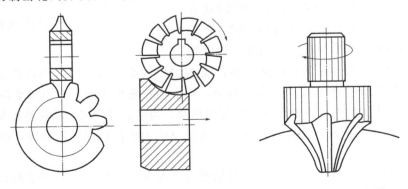

(a) 用盘形齿轮铣刀切制齿轮　　　　　　　(b) 用指状齿轮铣刀切制齿轮

图 6-16　仿形法加工齿轮

和指状铣刀［图 6-16（b）］等。切制时，铣刀绕本身轴线旋转，同时轮坯沿齿轮轴线方向直线移动。铣出一个齿槽后，分度头将轮坯转过 $2\pi/z$，再继续铣下一个齿槽，直到铣出所有的齿槽。

由于渐开线齿廓形状取决于基圆大小，而基圆直径 $d_b = mz\cos\alpha$，即模数 $m$、压力角 $\alpha$ 和齿数 $z$ 决定齿廓形状。所以当模数和压力角一定时，渐开线齿廓的形状将随齿轮的齿数变化。因此要想切出完全准确的齿廓，在加工模数及压力角相同而齿数不同的齿轮时，每一种齿数的齿轮就需要有一把铣刀，显然这在实际中是不可行的。所以，在工程上对于同一模数和压力角的齿轮，按齿数范围分为 8 组，每组用一把刀具来加工，每一号铣刀的齿形与其对应齿数范围中最少齿数的轮齿齿形相同。各号齿轮铣刀切制齿轮的齿数范围见表 6-3。

表 6-3　各号铣刀切制齿轮的齿数范围

| 铣刀号数 | 1 | 2 | 3 | 4 | 5 | 6 | 7 | 8 |
|---|---|---|---|---|---|---|---|---|
| 所切齿轮的齿数 | 12～13 | 14～16 | 17～20 | 21～25 | 26～34 | 35～54 | 55～134 | ≥135 |

仿形法加工齿轮的方法简单，不需要专用机床，但是生产率低、加工精度低，故只适合精度要求不高、单件或小批量生产。

### 6.5.2　展成法

展成法亦称包络法，是目前齿轮加工中最常用的一种方法。它是利用一对齿轮（或齿轮与齿条）互相啮合时其共轭齿廓互为包络线的原理来加工齿轮的。用展成法切齿的常用刀具有三种：齿轮插刀、齿条插刀及齿轮滚刀。

**（1）齿轮插刀**

图 6-17 所示为用齿轮插刀加工齿轮的情况。齿轮插刀的外形就像一个具有刀刃的外齿轮，只是刀具顶部比正常轮齿高出 $c^* m$，以便切出传动时的齿轮顶隙。插齿时，插刀沿轮坯轴线方向作往复切削运动，同时插刀与轮坯模仿一对齿轮以一定的角速比传动，直至全部齿槽切削完毕。

因齿轮插刀的齿廓是渐开线，所以插制的齿轮齿廓也是渐开线。根据正确啮合条件，被切齿轮的模数和压力角必定与插刀的模数和压力角相等，故用同一把刀具可加工出具有相同模数和压力角而齿数不同的齿轮。

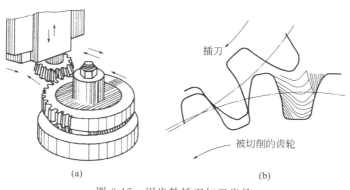

(a)　　　　　　　　　　　　　　　　(b)

图 6-17　用齿轮插刀加工齿轮

**（2）齿条插刀**

图 6-18 所示为齿条插刀加工齿轮的情况。当齿轮插刀的齿数增至无穷多时，其基圆半径变为无穷大，渐开线齿廓变成直线齿廓，齿轮插刀变为齿条插刀。用齿条插刀插齿是模仿齿轮与齿条的啮合过程，只是齿条插刀的顶部比传动用的齿条高出 $c^*m$ 的距离，以便切出传动时的顶隙部分。齿条的齿廓为一直线，不论在中线（齿厚与齿槽宽相等的直线）上，还是在与中线平行的其他任一直线上，它们都具有相同的齿距 $p（\pi m）$、相同的模数 $m$ 和相同的压力角 $\alpha$。

在切制标准齿轮时，轮坯径向进给直至刀具中线与轮坯分度圆相切并保持纯滚动。这样切成的齿轮，分度圆上的齿厚与齿槽宽相等，即 $s=e=\pi m/2$，且模数和压力角与刀具的模数和压力角分别相等。

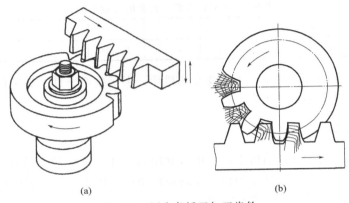

（a）                （b）

图 6-18  用齿条插刀加工齿轮

由于齿条插刀的齿廓为直线，比齿轮插刀制造容易、精度高，但由于齿条插刀长度有限，每次移动全长后要求复位，所以生产效率低。

**（3）齿轮滚刀**

不论用齿轮插刀或齿条插刀加工齿轮，其切削都不是连续的，生产效率低。因此，在生产中更广泛地采用能连续切削的齿轮滚刀来加工齿轮，生产效率高。图 6-19 所示为齿轮滚刀加工轮齿的情形。滚刀的形状类似螺旋，它在轮坯端面上的投影为一齿条，滚刀绕其轴线回转时就相当于齿条在连续不断地移动。当滚刀和轮坯分别绕各自轴线转动时，便按展成原

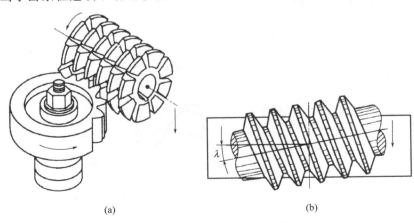

（a）                （b）

图 6-19  用齿轮滚刀加工齿轮

理切制出轮坯的渐开线齿廓。为了切制具有一定轴向宽度的齿轮，滚刀在回转的同时，还须沿轮坯轴线方向缓慢移动。滚切直齿轮时，为了使刀齿螺旋线方向与轮坯的齿向一致，安装滚刀时需使其轴线与轮坯端面间的夹角 $\lambda$ 等于滚刀的螺旋升角。

用展成法加工齿轮时，同一把刀具可加工出具有相同模数和压力角、齿数不同的齿轮，而且生产效率较高，所以在大批生产中多采用这种方法。

## 6.6 根切现象及最小齿数

### 6.6.1 渐开线齿廓的根切现象

用展成法加工齿轮时，有时会发现刀具的顶部切入了齿轮的根部，而将齿轮齿根的渐开线切掉一部分，如图 6-20 所示，这种现象称为根切。根切不仅使轮齿根部削弱，弯曲强度降低，而且使重合度减小，降低传动的平稳性，故应力求避免根切。

要避免产生根切，首先应了解产生根切的原因。在模数和传动比已经给定的情况下，小齿轮的齿数 $z_1$ 越少，大齿轮齿数 $z_2$ 以及齿数和（$z_1 + z_2$）也越少，齿轮机构的中心距、尺寸和质量也减小。因此，设计时希望把 $z_1$ 取得尽可能小。但是对于渐开线标准齿轮，其最小齿数是有限制的。以齿条刀具切削标准齿轮为例，若不考虑齿顶线与刀顶线间

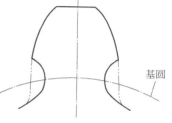

图 6-20 轮齿的根切

非渐开线圆角部分（这部分刀刃主要用于切出顶隙，它不能展成渐开线），则其相互关系如图 6-21(a) 所示。图中 $N_1$ 为啮合线的极限点。若刀具齿顶线超过 $N_1$ 点（图中虚线齿条所示），则由基圆之内无渐开线的性质可知，超过 $N_1$ 点的刀刃不仅不能展成渐开线齿廓，而且会将根部已加工出的渐开线切去一部分（图中虚线齿廓）发生根切现象。

### 6.6.2 渐开线标准齿轮不发生根切时的最少齿数

标准齿轮是否发生根切取决于其齿数 $z$ 的多少。如图 6-21(b) 所示，线段 $CO_1$ 表示某

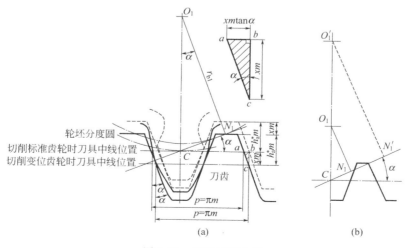

图 6-21 根切过程分析

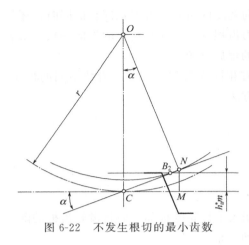

图 6-22  不发生根切的最小齿数

被切齿轮的分度圆直径，其 $N_1$ 点在齿顶线下方，故该齿轮必发生根切。当齿数增加时，分度圆半径增大，轮坯中心上移至 $O_1'$ 处，极限点也相应地沿啮合线上移至齿顶线上方 $N_1'$ 处，从而避免发生根切。反之，齿数越少，分度圆半径越小，轮坯中心越低，极限越往下移，根切越严重。为了不发生根切，则齿数 $z$ 不得少于某一最少的限度，这就是所谓最少齿数。

如图 6-22 所示，用标准齿条刀具切制标准齿轮时，刀具的中线与被切齿轮的分度圆相切。为了避免根切现象，刀具的齿顶线不得超过极限点 $N$，即

$$\overline{NM} \geqslant h_a^* m$$

因为 $\overline{NM} = \overline{CN}\sin\alpha = \overline{OC}\sin^2\alpha = \dfrac{mz}{2}\sin^2\alpha$，代入并整理得

$$z \geqslant \frac{2h_a^*}{\sin^2\alpha} \tag{6-12}$$

因此，切制标准齿轮时，为了保证无根切现象，则被切齿轮的最少齿数应为

$$z_{\min} = \frac{2h_a^*}{\sin^2\alpha} \tag{6-13}$$

用标准齿条形刀具切制标准齿轮时，因 $\alpha = 20°$ 及 $h_a^* = 1$，则不发生根切的最小齿数 $z_{\min} = 17$。

# 6.7  变位齿轮概念

### 6.7.1  变位齿轮的提出

标准齿轮具有互换性好、设计计算简单等优点，但也存在许多不足之处，主要有：

① 用展成法加工齿轮，当 $z < z_{\min}$ 时，标准齿轮将发生根切；受根切限制，齿数不得小于最小齿数。因此，在一定条件下限制了齿轮机构的尺寸和重量的减小。

② 标准齿轮不适合实际中心距 $a'$ 不等于标准中心距 $a$ 的场合。如外啮合时，若 $a' < a$ 时，无法安装；若 $a' > a$ 时，虽能安装，但重合度减小，而且又会出现过大的齿侧间隙，影响传动的平稳性。

③ 一对标准齿轮传动时，小齿轮渐开线齿廓曲率半径较小，齿根厚度较薄而参与啮合的次数多，故小齿轮的强度较低，齿根部分磨损也较严重，因此小齿轮容易损坏，同时也限制了大齿轮的承载能力。

为了改善和解决标准齿轮的这些不足，工程上广泛使用变位修正齿轮，有效地解决了这些问题。

### 6.7.2  齿轮的变位原理

如前所述，用标准齿条刀具加工标准齿轮时，若被切制齿轮的齿数少于最小齿数，则必

产生根切现象，如图 6-23 中双点画线所示。为了避免根切，可将刀具的安装位置远离轮坯中心 $O$ 一定距离 $xm$，使刀具齿顶线刚好通过啮合极限点 $N$（或点 $N$ 以下），如图中实线位置所示，则切制出的齿轮不再出现根切现象。这时，与齿轮分度圆相切并作纯滚动的已经不是刀具的中线，而是与之平行的另一条直线（通称节线）。这种用改变刀具与轮坯径向相对位置来切制齿轮的方法称为径向变位法。采用径向变位法切制的齿轮称为变位齿轮。

以刀具切削标准齿轮的位置为基准，刀具的移动距离 $xm$ 称为变位量，$x$ 称为变位系数，并规定刀具远离轮坯中心时 $x$ 为正值，反之为负值。对应于 $x>0$、$x=0$ 及 $x<0$ 的变位分别称为正变位、零变位和负变位，如图 6-24 所示。

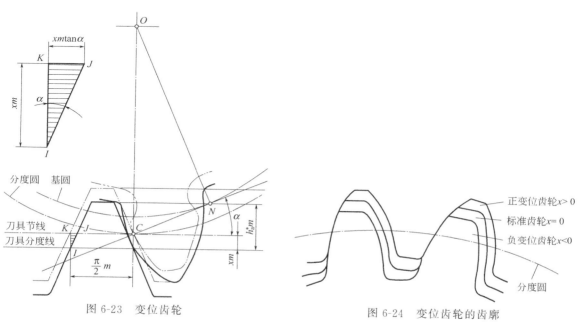

图 6-23　变位齿轮

图 6-24　变位齿轮的齿廓

### 6.7.3　避免根切的最小变位系数

对 $z<z_{\min}$ 的齿轮，为了避免根切，刀具必须作正变位切削。刀具的变位量应有一最小值，也就是变位系数 $x$ 应有一最小值。这个变位系数称为最小变位系数，用 $x_{\min}$ 来表示。它的值可由刀具齿顶线刚好通过极限点 $N$ 这个条件求出。

图 6-25 中，为了防止根切，刀具的顶线应移至 $N$ 点或 $N$ 点以下，因此有

$$xm \geqslant h_a^* m - \overline{NQ}$$

又因为

$$\overline{NQ} = \overline{CN}\sin\alpha = \frac{mz}{2}\sin^2\alpha$$

经整理可得

$$x \geqslant h_a^* - \frac{z}{2}\sin^2\alpha$$

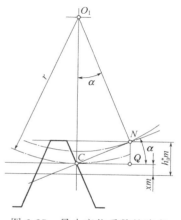

图 6-25　最小变位系数的确定

又由式(6-13)可知，$\dfrac{\sin^2\alpha}{2}=\dfrac{h_a^*}{z_{\min}}$，故上式变为

$$x\geqslant\frac{h_a^*(z_{\min}-z)}{z_{\min}}\qquad(6\text{-}14)$$

因此最小变位系数应为

$$x_{\min}=\frac{h_a^*(z_{\min}-z)}{z_{\min}}\qquad(6\text{-}15)$$

对于 $\alpha=20°$，$h_a^*=1$ 的标准齿条形刀具，被切齿轮的最少齿数 $z_{\min}=17$，故有

$$x_{\min}=\frac{17-z}{z}\qquad(6\text{-}16)$$

由式(6-16)可知，当齿轮的齿数 $z<z_{\min}$ 时，$x_{\min}$ 为正值，说明为了避免根切，齿轮应采用正变位，其变位系数需满足 $x\geqslant x_{\min}$；反之，当 $z>z_{\min}$ 时，$x_{\min}$ 为负值，说明该齿轮在 $x\geqslant x_{\min}$ 的条件下采用负变位也不会发生根切。

### 6.7.4　变位齿轮的几何尺寸

齿条刀具节线的齿距 $p$、模数 $m$ 和压力角 $\alpha$ 都和刀具中线上的齿距、模数、压力角相同，均为标准值。也就是说，齿轮变位前后，其齿距 $p$、模数 $m$ 和压力角 $\alpha$ 均为不变量，则分度圆和基圆均保持不变。

因基圆不变，故变位齿轮的齿廓曲线和相应的标准齿轮的齿廓曲线是由相同基圆展开的渐开线，只不过所截取的部位不同，如图6-24所示。

刀具变位后，因其节线上的齿槽宽和齿厚不等，故与节线作纯滚动的被切齿轮，其分度圆上的齿槽宽和齿厚也不等，齿顶高和齿根高也将发生变化。

#### (1) 齿厚和齿槽宽

如图6-23所示，当正变位时，由于刀具节线上的齿槽宽较中线上的齿槽宽增大了 $2xm\tan\alpha$，所以被切齿轮分度圆上的齿厚也增加了 $2xm\tan\alpha$，齿槽宽则减小了 $2xm\tan\alpha$。

因此，正变位齿轮分度圆齿厚和齿槽宽的计算公式分别为

$$s=\frac{\pi m}{2}+2xm\tan\alpha\qquad(6\text{-}17)$$

$$e=\frac{\pi m}{2}-2xm\tan\alpha\qquad(6\text{-}18)$$

若为负变位，则上式中的 $x$ 为负值。与标准齿轮比较，正变位时，齿厚增大；负变位时，齿厚减小。

#### (2) 齿顶高和齿根高

变位齿轮的齿根高 $h_f$ 等于刀具节线到其顶刃线之间的距离。对于正变位齿轮，如图6-23所示，刀具节线为距刀具分度线 $xm$ 的一条直线，因此正变位齿轮的齿根高比相应的标准齿轮减小了一段 $xm$，即

$$h_f=h_f^*m-xm=(h_a^*+c^*-x)m\qquad(6\text{-}19)$$

由于变位齿轮的分度圆与相应标准齿轮一样，故变位齿轮的齿顶高 $h_a$ 仅取决于轮坯顶圆的大小。而为了保证全齿高不变，即仍为 $h=(2h_a^*+c^*)m$，正变位齿轮的齿顶圆半径应比标准齿轮的齿顶圆半径增大 $xm$，相应的齿顶高为

$$h_a = h_a^* m + xm = (h_a^* + x)m \tag{6-20}$$

若切制齿轮时采用的是负变位，则情况恰与上述相反。

### 6.7.5　变位齿轮传动的类型

根据相互啮合两齿轮的总变位系数 $x_\Sigma = x_1 + x_2$ 的不同，变位齿轮可分为以下三种类型。

**（1）零传动（$x_\Sigma = 0$）**

① 渐开线标准齿轮传动　渐开线标准齿轮传动可视为变位系数为零的变位齿轮，由于两齿轮的变位系数 $x_1 = x_2 = 0$，为了避免根切，两齿轮齿数均需大于 $z_{min}$。这种齿轮的优、缺点前面已提及，故不重述。

② 等变位齿轮传动　两齿轮的变位系数为一正一负，且绝对值相等，即 $x_1 + x_2 = 0$。为了防止小齿轮根切和增加根部齿厚，小齿轮应采用正变位，而大齿轮采用负变位。为使两齿轮都不产生根切，必须使 $z_1 + z_2 \geqslant 2z_{min}$。

等变位齿轮传动的主要优点是：可以减小齿轮机构的尺寸和重量；相对提高了齿轮的承载能力；改善齿轮的磨损情况；因中心距仍为标准中心距，可以成对地替换标准齿轮及修复旧齿轮。

等变位齿轮传动的主要缺点是：必须成对设计、制造和使用；小齿轮为正变位，齿顶易变尖；重合度略有减小。

**（2）正传动（$x_\Sigma > 0$）**

正传动变位齿轮的中心距大于标准中心距，即 $a' > a$。当 $z_1 + z_2 < 2z_{min}$ 时，必须采用正传动，其他场合为了改善传动质量也可以采用正传动。

正传动的主要优点是：机构的尺寸和重量可以比等变位齿轮传动更小；提高了轮齿的强度；改善了齿轮的磨损情况。在 $a' > a$ 的场合，只能用正传动来凑中心距。

正传动的缺点是：必须成对设计、制造和使用；重合度减小；齿顶易变尖。

**（3）负传动（$x_\Sigma < 0$）**

负传动变位齿轮的中心距小于标准中心距，即 $a' < a$。负传动时，要求 $z_1 + z_2 > 2z_{min}$。

负传动的特点是：重合度略有增加；齿轮的强度降低；齿面磨损情况变坏；必须成对设计、制造和使用。在 $a' < a$ 的场合，可用它凑中心距。

# 6.8　渐开线斜齿轮机构

随着机器速度的提高、传递功率的增大，机器对齿轮传动的要求也不断提高，为满足这些要求，斜齿圆柱齿轮（简称斜齿轮）便从直齿圆柱齿轮演化发展而产生。

### 6.8.1　斜齿圆柱齿轮齿面的形成与啮合特点

前面讨论直齿轮时，仅对垂直于轮轴的一个截面加以研究，但实际齿轮齿廓侧面的形成如图 6-26(a) 所示，发生面 $S$ 在基圆柱上作纯滚动时，其上任一平行于母线的直线 $KK'$ 将展出一渐开线曲面，即为齿轮齿廓曲面，它与轮轴垂直面的交线即为渐开线。由此可知，渐开线直齿轮啮合时，两齿轮齿廓曲面的接触线与齿轮的轴线平行，齿廓进入和脱离接触都是沿齿宽突然发生的，所以直齿轮传动就比较容易产生冲击、振动和噪声。

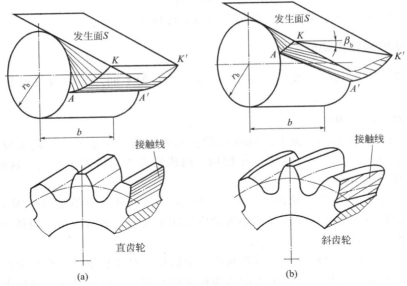

图 6-26　圆柱齿轮的形成

斜齿轮齿面的形成原理与直齿轮相似，不同的是形成渐开面的直线 $KK'$ 与母线不平行，而是偏斜了一个角度 $\beta_b$，如图 6-26(b) 所示。发生面 $S$ 在基圆柱上作纯滚动时，直线 $KK'$ 的轨迹即为斜齿轮齿廓曲面。显然，这个齿廓曲面与垂直于轴线的端面的交线（端面齿廓）仍然是渐开线。这些渐开线的初始点均在基圆柱的螺旋线 $AA'$ 上。该齿廓曲面与直径大于基圆柱的任意圆柱面的交线都是螺旋线。各螺旋线上任一点的切线与过该点的圆柱母线的夹角称为该圆柱上的螺旋角。各圆柱上的螺旋角是不相等的，因此定义其分度圆柱上的螺旋角为斜齿轮的螺旋角，用 $\beta$ 表示。在两齿廓啮合过程中，齿廓接触线的长度由零逐渐增大，从某一位置以后，又逐渐缩短，直至脱离接触。与直齿轮相比，斜齿轮工作更平稳，冲击、振动及噪声大为减小。

### 6.8.2　标准斜齿圆柱齿轮的基本参数及几何尺寸

**(1) 基本参数**

斜齿圆柱齿轮齿形有法面（垂直于轮齿螺旋线方向的平面）和端面（垂直于轴线的平面）之分，它的每一个基本参数也都可以分为法面参数和端面参数，分别用角标"n"和"t"来区别。为了计算斜齿轮的几何尺寸，必须掌握法面参数和端面参数间的换算关系。

① 模数 $m_n$ 和 $m_t$　如图 6-27 所示为斜齿轮分度圆的展开图。$\beta$ 为分度圆柱的螺旋角。由图可知，法面齿距 $p_n$ 和端面齿距 $p_t$ 的关系为

$$p_n = p_t \cos\beta$$

由于法面模数为 $m_n = p_n/\pi$，端面模数为 $m_t = p_t/\pi$，故有

$$m_n = m_t \cos\beta \tag{6-21}$$

② 压力角 $\alpha_n$ 和 $\alpha_t$　为了便于分析，我们采用斜齿条来说明。如图 6-28 所示为斜齿条法面（$AOC$ 平面）压力角 $\alpha_n$ 和端面（$AOB$ 平面）压力角 $\alpha_t$，由图可见

$$\tan\alpha_n = \frac{OC}{OA}, \tan\alpha_t = \frac{OB}{OA}$$

及

$$OC = OB\cos\beta$$

所以

$$\tan\alpha_n = \tan\alpha_t\cos\beta \tag{6-22}$$

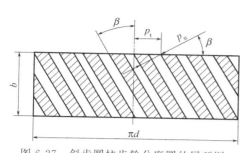

图 6-27 斜齿圆柱齿轮分度圆的展开图

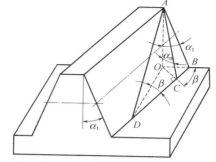

图 6-28 斜齿条法面压力角与端面压力角

③ 齿顶高系数 $h_{an}^*$ 和 $h_{at}^*$ 及顶隙系数 $c_n^*$ 和 $c_t^*$ 从法面或从端面来看，轮齿的齿顶高都是相同的，顶隙也是相同的，即

$$h_{an}^* m_n = h_{at}^* m_t, \quad c_n^* m_n = c_t^* m_t$$

因此有

$$\left.\begin{array}{l} h_{at}^* = h_{an}^*\cos\beta \\ c_t^* = c_n^*\cos\beta \end{array}\right\} \tag{6-23}$$

④ 螺旋角 分度圆柱上的螺旋角 $\beta$（简称螺旋角）表示轮齿的倾斜程度。$\beta$ 越大则轮齿越倾斜，传动的平稳性越好，但轴向力越大。通常在设计时取 $\beta = 8° \sim 20°$。

斜齿轮按轮齿的螺旋线方向分为右旋和左旋，如图 6-29 所示。人字齿轮可以看成是两个相反旋向斜齿轮的组合，其轴向力抵消，因此螺旋角取值范围达 $25° \sim 45°$。

制造斜齿圆柱齿轮时，常用滚刀或成形铣刀来切齿。这些刀具在切齿时是沿着螺旋齿间的方向进给的，刀具的齿形应等于齿轮的法向齿形；在计算强度

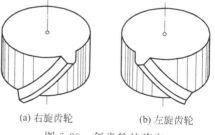

(a) 右旋齿轮　　　　(b) 左旋齿轮

图 6-29 斜齿轮的旋向

时，也需要研究最小截面——法向齿形，因此国家标准规定斜齿轮的法面参数取为标准值，设计、加工和测量时均以法面为基准。不过当计算斜齿轮端面上的几何尺寸（如分度圆直径 $d$、中心距 $a$ 等）时，都应按端面模数及端面压力角来计算。

**（2）几何尺寸计算**

一对斜齿轮传动在端面上相当于一对直齿轮传动，故可将直齿轮的几何尺寸计算公式用于斜齿轮的端面。渐开线标准斜齿圆柱齿轮几何尺寸计算公式见表 6-4。

表 6-4　渐开线标准斜齿圆柱齿轮几何尺寸计算公式（$h_{an}^* = 1$，$c_n^* = 0.25$，$\alpha_n = 20°$）

| 名称 | 代号 | 计算公式 |
|---|---|---|
| 端面模数 | $m_t$ | $m_t = \dfrac{m_n}{\cos\beta}$，$m_n$ 为标准值 |

| 名称 | 代号 | 计算公式 |
|---|---|---|
| 螺旋角 | $\beta$ | 一般取 $\beta = 8° \sim 20°$ |
| 分度圆直径 | $d$ | $d = m_t z = \dfrac{m_n z}{\cos\beta}$ |
| 齿顶高 | $h_a$ | $h_a = m_n$ |
| 齿根高 | $h_f$ | $h_f = 1.25 m_n$ |
| 全齿高 | $h$ | $h = h_a + h_f = 2.25 m_n$ |
| 顶隙 | $c$ | $c = h_f - h_a = 0.25 m_n$ |
| 齿顶圆直径 | $d_a$ | $d_a = d + 2h_a = d + 2m_n$ |
| 齿根圆直径 | $d_f$ | $d_f = d - 2h_f = d - 2.5 m_n$ |
| 中心距 | $a$ | $a = \dfrac{d_1 + d_2}{2} = \dfrac{m_t(z_1 + z_2)}{2} = \dfrac{m_n(z_1 + z_2)}{2\cos\beta}$ |

### 6.8.3　斜齿轮传动的正确啮合条件

斜齿轮在端面内的啮合相当于直齿轮的啮合，所以其端面正确啮合条件为

$$m_{t1} = m_{t2} \text{ 和 } \alpha_{t1} = \alpha_{t2}$$

此外，斜齿轮传动的螺旋角还必须相匹配，即 $\beta_1 = \pm\beta_2$。外啮合齿轮的螺旋角大小相等、方向相反，而内啮合时方向相同，故负号用于外啮合，正号用于内啮合。

因此，斜齿轮传动的正确啮合条件为

$$\left.\begin{array}{l} m_{n1} = m_{n2} \\ \alpha_{n1} = \alpha_{n2} \\ \beta_1 = \pm\beta_2 \end{array}\right\} \quad \text{或} \quad \left.\begin{array}{l} m_{t1} = m_{t2} \\ \alpha_{t1} = \alpha_{t2} \\ \beta_1 = \pm\beta_2 \end{array}\right\} \tag{6-24}$$

### 6.8.4　斜齿轮传动的重合度

图 6-30 所示分别为端面尺寸相同的直齿轮和斜齿轮在分度圆柱上啮合面的展开图。图中直线 $B_2 B_2'$ 和 $B_1 B_1'$ 之间的区域为轮齿的啮合区。对于直齿轮传动来说，轮齿在 $B_2 B_2$ 处开始进入啮合，到 $B_1 B_1'$ 处完全退出啮合，其重合度为 $\varepsilon_a$。对于斜齿轮传动来说，其轮齿也是在 $B_2 B_2'$ 处开始进入啮合，但到 $B_1 B_1'$ 处时，仅是轮齿的一端开始退出啮合，继续啮合一段 $\Delta L$ 后，全部退出啮合。如图 6-30 所示，斜齿轮传动的实际啮合线长，比直齿轮传动要多出一段 $\Delta L = b\tan\beta_b$。因此斜齿轮传动的重合度为

$$\varepsilon = \varepsilon_a + \frac{b\tan\beta}{p_t} \tag{6-25}$$

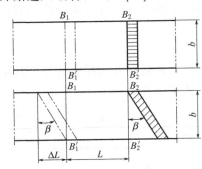

图 6-30　直齿轮和斜齿轮在
分度圆柱上啮合面展开图

式(6-25) 表明，斜齿轮传动的重合度随齿宽 $b$ 和螺旋角 $\beta$ 的增大而增大，可以达到很大的数值，这是斜齿轮传动平稳、承载能力较高的主要原因之一。

### 6.8.5 斜齿轮传动的当量齿数

用仿形法加工斜齿轮及进行强度计算时，必须知道斜齿轮法面上的齿形。这就需要研究具有 $z$ 个齿的斜齿轮，其法面的齿形应与多少个齿的直齿轮的齿形相同或者最接近。

如图 6-31 所示，过斜齿轮分度圆柱面上的 $C$ 点作法向截面，则此法面与斜齿轮分度圆的交线为一椭圆，其长半轴为 $a = \dfrac{d}{2\cos\beta}$，短半轴为 $b = \dfrac{d}{2}$，该椭圆在 $C$ 点的曲率半径为

$$\rho = \frac{a^2}{b} = \frac{d}{2\cos^2\beta}$$

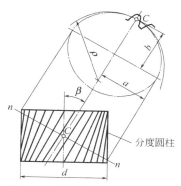

图 6-31　斜齿轮的当量圆柱齿轮

若以 $\rho$ 为分度圆半径，以斜齿轮法向模数 $m_n$ 为模数，取标准压力角 $\alpha_n$ 作一直齿轮，其齿形即可认为近似于斜齿轮的法向齿形。该直齿轮称为此斜齿轮的当量齿轮，其齿数称为当量齿数，用 $z_v$ 表示，故

$$z_v = \frac{2\rho}{m_n} = \frac{d}{m_n\cos^2\beta} = \frac{m_n z}{m_n\cos^3\beta} = \frac{z}{\cos^3\beta} \tag{6-26}$$

式中　$z$——斜齿轮的实际齿数。

正常齿标准斜齿轮不产生根切的最少齿数 $z_{min}$ 可由直齿轮最少齿数 $z_{vmin}$ 来确定，即

$$z_{min} = z_{vmin}\cos^3\beta \tag{6-27}$$

### 6.8.6 斜齿轮传动的主要优缺点

与直齿轮传动相比，斜齿轮有如下主要优点：

① 啮合性能比较好。斜齿轮的接触线是斜线，而且在传动时由轮齿的一端进入啮合，然后逐渐过渡到另一端，这不但减少了制造误差对传动精度的影响，而且使齿轮在开始啮合与脱离接触时都不会产生冲击，所以传动平稳、噪声小，适于高速传动。

② 重合度大。斜齿轮的重合度随螺旋角 $\beta$ 和齿宽 $b$ 的增加而增大，因此可以得到相当大的数值。这样可以减轻每对齿轮的载荷，从而相对地提高了齿轮的强度和寿命，并使传动平稳。

③ 由式(6-27) 可知，斜齿轮不发生根切的最小齿数较直齿轮不发生根切的最小齿数小，因此，采用斜齿轮传动可以得到更为紧凑的机构。

④ 可用加工直齿轮的机床和刀具加工斜齿轮齿廓，所以制造方便。

斜齿轮的主要缺点是：斜齿齿面受法向力 $F$ 时会产生轴向分力 $F_a$［图 6-32(a)］需要安装推力轴承，从而使结构复杂化。为了克服这一缺点，可以采用人字齿轮［图 6-32(b)］。人字齿轮可看作螺旋角大小相等、方向相反的两个斜齿轮合并而成，因轮齿左右对称而使两轴向力的作用相互抵消。人字

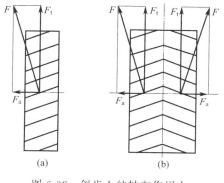

图 6-32　斜齿上的轴向作用力

齿轮的缺点是制造较困难、成本较高。

由上述可知，螺旋角 $\beta$ 的大小对斜齿轮传动性能影响很大。若 $\beta$ 太小，斜齿轮的优点不能充分体现；若 $\beta$ 太大，则会产生很大的轴向力。设计时一般取 $\beta=8°\sim20°$。

# 6.9　锥齿轮机构

### 6.9.1　锥齿轮概述

锥齿轮机构主要用来传递两相交轴之间的运动和动力，如图 6-33 所示。一对锥齿轮两轴之间的夹角 $\Sigma$ 可根据传动的需要来决定。但通常情况下，工程上多采用的是 $\Sigma=90°$ 的传动。一对锥齿轮传动相当于一对节圆锥的纯滚动。两节锥锥顶必须重合，锥距应相等，才能保证两节锥传动比一致。这样就增加了制造、安装的困难，并降低了锥齿轮传动的精度和承载能力，因此锥齿轮传动一般用于轻载、低速场合。

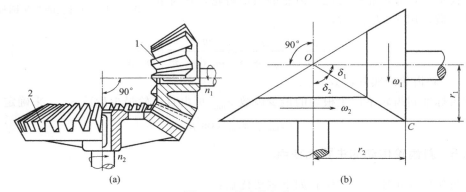

图 6-33　锥齿轮机构

锥齿轮的轮齿有直齿、斜齿及曲齿（圆弧齿）等多种形式。由于直齿锥齿轮的设计、制造和安装均较简便，故应用最为广泛，而且是研究其他类型锥齿轮的基础，所以本节仅讨论直齿锥齿轮。

### 6.9.2　直齿锥齿轮齿廓的形成

#### （1）直齿锥齿轮的理论齿廓

一对锥齿轮传动时，其锥顶相交于一点 $O$，显然在两轮的工作齿廓上，只有到锥顶 $O$ 为等距离的对应点才能相互啮合，故其共轭齿廓应该为球面曲线。这里只讨论球面渐开线齿廓。

如图 6-34 所示，一圆平面 $S$ 与一基圆锥相切于 $OP$，设该圆平面的半径 $R'$ 与基圆锥的锥距 $R$ 相等，同时圆心 $O$ 与锥顶重合。当圆平面沿基圆锥作纯滚动时，该平面的任意点 $B$，将在空间展出一条渐开线 $AB$。显然，该渐开线 $AB$ 是在以锥顶 $O$ 为中心，锥距 $R$ 为半径的球面上，即为一球面渐开线。所以锥齿轮大端的齿廓曲线，在理论

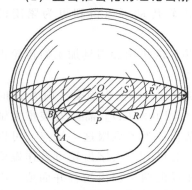

图 6-34　锥齿轮齿廓的形成

上应在以锥顶 $O$ 为圆心、锥距 $R$ 为半径的球面上。

**（2）背锥与当量齿数**

从理论上讲，锥齿轮的齿廓应为球面渐开线。但由于球面不能展开成平面，致使锥齿轮的设计制造有许多困难，因此采用下述的近似方法。

图 6-35 的上部为一对互相啮合的直齿锥齿轮在其轴平面上的投影。$\triangle OCA$ 和 $\triangle OCB$ 分别为两轮的分度圆锥。线段 $OC$ 称为外锥距。过大端上 $C$ 点作 $OC$ 的垂线与两轮的轴线分别交于 $O_1$ 和 $O_2$ 点。分别以 $OO_1$ 和 $OO_2$ 为轴线，以 $O_1C$ 和 $O_2C$ 为母线作两个圆锥 $O_1CA$ 和 $O_2CB$，该两圆锥称为对应圆锥齿轮的背锥。背锥与球面相切于大端分度圆 $CA$ 和 $CB$，并与分度圆锥直角相截。若在背锥上过 $C$、$A$ 和 $B$ 点沿背锥母线方向取齿顶高和齿根高，则由图可见，背锥面上的齿高部分与球面上的齿高部分非常接近，可以认为一对直齿锥齿轮的啮合近似于背锥面上的齿廓啮合。因圆锥面可展开成平面，故最终可以把球面渐开线简化成平面曲线来进行研究。

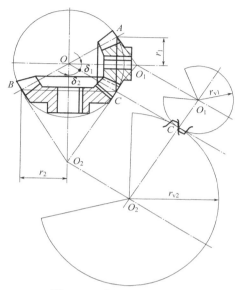

现将背锥 $O_1CA$ 和 $O_2CB$ 展开为两个平面扇形，如图 6-35 下部所示。以 $O_1C$ 和 $O_2C$ 为分度圆半径，以锥齿轮大端模数为模数，并取标准压力角，按照圆柱齿轮的作图法画出两扇形齿轮的

图 6-35　背锥与当量齿数

齿廓，该齿廓即为锥齿轮大端的近似齿廓，两扇形齿轮的齿数即为两锥齿轮的真实齿数。今将两扇形齿轮补足为完整的圆柱齿轮，则它们的齿数分别增加到 $z_{v1}$ 和 $z_{v2}$。$z_{v1}$ 和 $z_{v2}$ 分别称为该两锥齿轮的当量齿数，而补足轮齿的虚拟的两圆柱齿轮称为该两锥齿轮的当量圆柱齿轮。由图可知

$$r_{v1} = \frac{r_1}{\cos\delta_1} = \frac{mz_1}{2\cos\delta_1}, \quad r_{v1} = \frac{mz_{v1}}{2}$$

故

$$\left. \begin{aligned} z_{v1} &= \frac{z_1}{\cos\delta_1} \\ z_{v2} &= \frac{z_2}{\cos\delta_2} \end{aligned} \right\} \tag{6-28}$$

由于 $\cos\delta_1$ 及 $\cos\delta_2$ 恒小于 1，故 $z_{v1} > z_1$，$z_{v2} > z_2$，并且 $z_{v1}$、$z_{v2}$ 不一定是整数。

由于锥齿轮的齿形与其当量齿轮的齿形是十分相似的，所以对圆柱齿轮的某些研究，可以直接应用到锥齿轮上来。例如用仿形法加工锥齿轮时，可按当量齿数来选择铣刀的号数，在作锥齿轮齿根弯曲强度计算时，按当量齿数来查取齿形系数。另外，锥齿轮不产生根切的最少齿数 $z_{\min}$ 可由当量齿轮的最少齿数 $z_{v\min}$ 来确定，即

$$z_{\min} = z_{v\min}\cos\delta \tag{6-29}$$

### 6.9.3 直齿锥齿轮的啮合传动

#### (1) 基本参数的标准值

直齿锥齿轮的轮齿是均匀分布在锥面上的，它的齿形一端大，另一端小。为了测量和计算方便，锥齿轮的参数和尺寸均以大端为标准，即规定锥齿轮的大端模数 $m$ 为标准值（见表 6-5）、压力角 $\alpha = 20°$、齿顶高系数 $h_a^* = 1$、顶隙系数 $c^* = 0.2$。

表 6-5　锥齿轮的标准模数系列常用值　　　　　　　　　　mm

| | | | | | | | | |
|---|---|---|---|---|---|---|---|---|
| 0.1 | 0.35 | 0.9 | 1.75 | 3.25 | 5.5 | 10 | 20 | 36 |
| 0.12 | 0.4 | 1 | 2 | 3.5 | 6 | 11 | 22 | 40 |
| 0.15 | 0.5 | 1.125 | 2.25 | 3.75 | 6.5 | 12 | 25 | 45 |
| 0.2 | 0.6 | 1.25 | 2.5 | 4 | 7 | 14 | 28 | 50 |
| 0.25 | 0.7 | 1.375 | 2.75 | 4.5 | 8 | 16 | 30 | — |
| 0.3 | 0.8 | 1.5 | 3 | 5 | 9 | 18 | 32 | — |

#### (2) 正确啮合条件

因为一对直齿锥齿轮的啮合相当于一对当量圆柱齿轮的啮合，所以其正确啮合条件为两个当量圆柱齿轮的模数和压力角应分别相等，即两个锥齿轮大端的模数和压力角应分别相等。除此之外，两轮的外锥距也必须相等。

#### (3) 传动比

如图 6-36 所示，一对正确安装的标准直齿锥齿轮啮合时，两锥齿轮的分度圆直径分别为

$$d_1 = 2R\sin\delta_1, d_2 = 2R\sin\delta_2$$

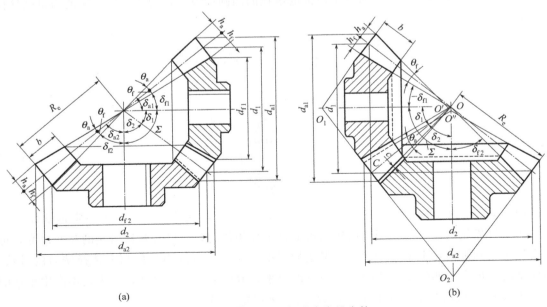

(a)　　　　　　　　　　　　　　　　　　(b)

图 6-36　$\sum = 90°$ 的标准直齿锥齿轮

故锥齿轮传动的传动比为

$$i_{12}=\frac{\omega_1}{\omega_2}=\frac{z_2}{z_1}=\frac{d_2}{d_1}=\frac{\sin\delta_2}{\sin\delta_1} \tag{6-30}$$

式中  $\delta_1$，$\delta_2$——小锥齿轮、大锥齿轮的分度圆锥角。

当两轴间的夹角 $\sum=90°$ 时，其传动比为

$$i_{12}=\frac{\omega_1}{\omega_2}=\frac{z_2}{z_1}=\frac{d_2}{d_1}=\frac{\sin\delta_2}{\sin\delta_1}=\cot\delta_1=\tan\delta_2 \tag{6-31}$$

因此，传动比一定时，两锥齿轮的节锥角也一定。

**（4）标准直齿锥齿轮的几何尺寸计算**

直齿锥齿轮又称为收缩齿锥齿轮，按顶隙不同可分为不等顶隙收缩齿［图 6-36（a）］和等顶隙收缩齿［图 6-36（b）］两种。不等顶隙锥齿轮的齿顶圆锥、齿根圆锥和分度圆锥具有同一锥顶点，所以它的顶隙也由大端到小端逐渐缩小，齿根圆角半径及齿顶厚也随之减小，这就削弱了轮齿的强度且润滑不良。等顶隙锥齿轮的齿根圆锥和分度圆锥共锥顶，但齿顶圆锥并不与分度圆锥共锥顶。这种齿轮能增加小端顶隙，改善润滑状况，同时还可降低小端齿高，提高小端轮齿的弯曲强度。

当轴交角 $\sum=90°$ 时，一对标准直齿锥齿轮各部分名称和几何尺寸计算公式见表 6-6。

**表 6-6  标准直齿锥齿轮各部分名称和几何尺寸计算公式**（$\sum=90°$，$\alpha=20°$）

| 名称 | 代号 | 计算公式 |
|---|---|---|
| 分度圆锥角 | $\delta$ | $\delta_2=\arctan\dfrac{z_2}{z_1}$ $\qquad$ $\delta_1=90°-\delta_2$ |
| 齿顶高 | $h_a$ | $h_a=h_a^* m$ |
| 齿根高 | $h_f$ | $h_f=h_f^* m=(h_a^*+c^*)m$ |
| 分度圆直径 | $d$ | $d=mz$ |
| 顶圆直径 | $d_a$ | $d_a=d+2h_a\cos\delta$ |
| 根圆直径 | $d_f$ | $d_f=d-2h_f\cos\delta$ |
| 齿顶角 | $\theta_a$ | 不等顶隙收缩齿 $\theta_a=\arctan\dfrac{h_a}{R}$ |
|  |  | 等顶隙收缩齿 $\theta_a=\theta_f$ |
| 齿根角 | $\theta_f$ | $\theta_f=\arctan\dfrac{h_f}{R}$ |
| 顶锥角 | $\delta_a$ | $\delta_a=\delta+\theta_a$ |
| 根锥角 | $\delta_f$ | $\delta_f=\delta-\theta_f$ |
| 锥距 | $R$ | $R=\dfrac{1}{2}\sqrt{d_1^2+d_2^2}=\dfrac{m}{2}\sqrt{z_1^2+z_2^2}$ |

# 思 考 题

6-1  分度圆与节圆有何区别？压力角与啮合角有何区别？

6-2 图示为同一基圆所形成的任意两条渐开线，试证明它们之间的公法线长度处处相等。

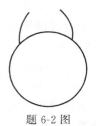

题 6-2 图

6-3 何谓重合度 $\varepsilon$？为什么必须使 $\varepsilon \geqslant 1$？如果 $\varepsilon < 1$ 传动将如何？

6-4 试与标准齿轮相比较，说明正变位直齿圆柱齿轮的下列参数：模数、压力角、分度圆直径、齿厚、齿槽宽、齿顶高、齿根高哪些不变，哪些发生了变化。

6-5 斜齿轮的端面模数和法面模数的关系如何？端面压力角和法面压力角的关系如何？哪一个模数应取标准值？

6-6 何谓斜齿轮的当量齿数？斜齿轮不发生根切的最小齿数是多少？

6-7 试述一对直齿圆柱齿轮、一对斜齿圆柱齿轮、一对直齿锥齿轮的正确啮合条件。

6-8 已知一对外啮合正常齿制标准齿轮 $m = 3\text{mm}$，$z_1 = 19$，$z_2 = 41$，试计算这对齿轮的分度圆直径、齿顶高、齿根高、顶隙、中心距、齿顶圆直径、齿根圆直径、基圆直径、齿距、齿厚和齿槽宽。

6-9 一对标准直齿圆柱齿轮外啮合中心距 $a = 150\text{mm}$，$i_{12} = 2$，$z_2 = 40$，求 $d_1$，$d_{a1}$，$d_{f1}$，$d_{b1}$，$d_2$。

6-10 一对标准直齿齿轮，大齿轮严重损坏，测量出小齿轮齿顶圆直径 $d_{a1} = 81\text{mm}$，齿数 $z_1 = 25$，中心距 $a = 112.5\text{mm}$，试计算大齿轮的齿数及分度圆、齿顶圆、齿根圆直径。

6-11 设计一对外啮合圆柱齿轮，已知：$z_1 = 21$，$z_2 = 32$，$m_n = 2\text{mm}$，实际中心距为 $55\text{mm}$，问：①该对齿轮能否采用标准直齿轮传动？②若采用标准斜齿轮传动来满足中心距要求，其分度圆螺旋角 $\beta$、分度圆直径 $d_1$、$d_2$ 和节圆直径 $d_1'$、$d_2'$ 各是多少？

# 第 **7** 章

# 间歇运动机构

在机器工作时，当主动件做连续运动时，常需要从动件产生周期性的运动和停歇，实现这种运动的机构称为间歇运动机构。它们广泛用于自动机床的进给机构、送料机构、刀架的转位机构、精纺机的成形机构等。

## 7.1 棘轮机构

### 7.1.1 棘轮机构的工作原理和类型

如图 7-1 所示，棘轮机构主要由棘轮、棘爪及机架组成。棘轮 2 与传动轴 4 固连在一起，驱动棘爪 3 铰接于摇杆 1 上，摇杆 1 空套在与棘轮 2 固连的从动轴上，并可绕其来回摆动。当摇杆 1 逆时针方向摆动时，与它相连的驱动棘爪 3 插入棘轮的齿槽内，推动棘轮转过一定的角度；当摇杆顺时针方向摆动时，驱动棘爪 3 便在棘轮齿背上滑过，同时，簧片 6 迫使制动棘爪 5 插入棘轮的齿间，阻止棘轮顺时针方向转动，故棘轮静止。因此，当摇杆往复摆动时，棘轮作单向的间歇运动。

按照结构特点，常用的棘轮机构有下列几大类。

**（1）双动式棘轮机构**

改变图 7-1 中原动件 1（摇杠）的结构形状得到的是双动式棘轮机构，当原动件 1（摇杠）往复摆动时，能使棘轮 2 沿单一方向转动。驱动棘爪 3 也可以制成直的或者带钩头的，如图 7-2 所示。

**（2）可变向棘轮机构**

可变向棘轮机构一般采用矩形齿，如图 7-3（a）所

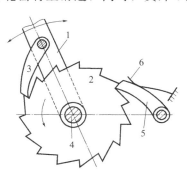

图 7-1　棘轮机构工作原理

1—摇杆；2—棘轮；3—驱动棘爪；4—传动轴；5—制动棘爪；6—簧片

示，其特点是当棘爪 1 在图示位置时，棘轮 2 沿逆时针方向间歇运动；当棘爪 1 翻转到虚线位置时，棘轮将沿顺时针方向作间歇运动。还有另一种可变向的棘轮机构，如图 7-3（b）所示，当棘爪 1 在图示位置时，棘轮 2 将沿逆时针方向作间歇运动。若将棘爪提起（销子拔出），并绕本身轴线转 180°后放下（销子插入），则可实现棘轮沿顺时针方向的间歇运动。若将棘爪提起并绕本身轴线转 90°后放下，架在壳体顶部的平台上，使棘轮与棘爪脱开，则当棘爪往复摆动时，棘轮静止不动。

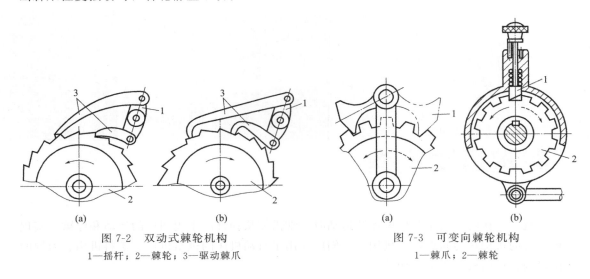

图 7-2  双动式棘轮机构
1—摇杆；2—棘轮；3—驱动棘爪

图 7-3  可变向棘轮机构
1—棘爪；2—棘轮

### （3）摩擦式棘轮机构

摩擦式棘轮机构是靠无棘齿的棘轮和棘爪之间的摩擦力来实现运动的。摩擦式棘轮机构用偏心扇形块代替棘爪，用摩擦轮代替棘轮。如图 7-4 所示，它由摩擦轮 3 和摇杆 1 及其铰接的驱动偏心楔块 2、止动楔块 4 和机架 5 等组成。当摇杆逆时针方向摆动时，通过驱动偏心楔块 2 与摩擦轮 3 之间的摩擦力，使摩擦轮逆时针方向转动。当摇杆顺时针方向摆动时，驱动偏心楔块 2 在摩擦轮 3 上滑过，而止动楔块 4 与摩擦轮 3 之间的摩擦力促使此楔块与摩擦轮卡紧，从而使摩擦轮静止，实现间歇运动。由于摩擦式棘轮机构是靠摩擦力来工作的，所以只有摩擦力足够大，才能保证运动的正常实现。

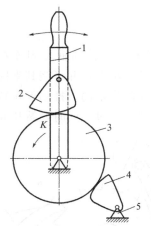

图 7-4  摩擦式棘轮机构
1—摇杆；2—驱动偏心楔块；3—摩擦轮；4—止动楔块；5—机架

### 7.1.2  棘轮机构的特点和应用

棘轮机构的特点是：结构简单、容易制造，棘轮的转角和动停时间可调，常用来实现超越、送进、输送和制动等工作要求。棘轮是在动棘爪的突然撞击下启动，在接触瞬间，理论上有刚性冲击。故棘轮机构只能用于低速的间歇运动场合。

### （1）超越

棘轮机构可以用来实现快速的超越运动，如图 7-5 所示为自行车后轮轴上的棘轮机构。

当脚蹬踏板的时候，经链轮 1 和链条 2 带动内圈具有棘齿的链轮 3 顺时针转动，再通过棘爪 4 的作用，使后轮轴 5 顺时针转动，从而驱动自行车前进。自行车前进时，如果令踏板不动，后轮轴 5 便会超越链轮 3 而转动，让棘爪 4 在棘轮齿背上滑过，从而实现不蹬踏板的自由滑行。

#### （2）送进和输送

图 7-3（a）所示的矩形齿棘轮机构，可用于图 7-6 所示牛头刨床工作台横向进给机构。棘轮机构 1 实现正反间歇转动，然后通过丝杠、螺母带动工作台 2 作横向间歇送进运动。

图 7-7 所示为铸造车间浇注自动线的砂型输送装置。由压缩空气为原动力的气缸带动摇杆摆动，通过齿式棘轮机构使自动线的输送带作间歇输送运动，输送带不动时，进行自动浇注。

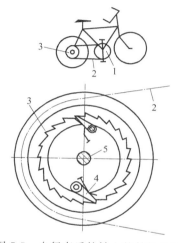

图 7-5　自行车后轮轴上的棘轮机构

1,3—链轮；2—链条；4—棘爪；5—后轮轴

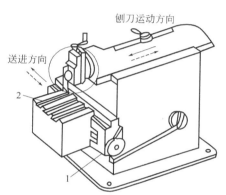

图 7-6　牛头刨床工作台横向进给机构

1—棘轮机构；2—工作台

#### （3）制动

图 7-8 所示为起重设备中的棘轮制动器。当提升重物时，棘轮逆时针转动，棘爪 2 在棘轮 1 齿背上滑过；当需使重物停在某一位置时，棘爪将及时插入棘轮的相应齿槽中，防止棘轮在重力 $W$ 作用下顺时针转动使重物下落，以实现制动。

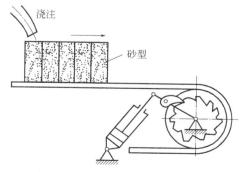

图 7-7　浇注自动线的砂型输送装置

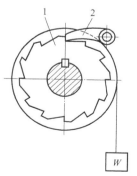

图 7-8　起重设备中的棘轮制动器

1—棘轮；2—棘爪

### 7.1.3 棘轮机构的结构要求和几何参数

**（1）棘轮机构的结构要求**

棘轮机构在结构上要求驱动力矩大、棘爪能顺利插入棘轮。如图 7-9 所示，棘爪为二力杆件，驱动力沿 $O_2A$ 方向，当其与向径 $O_1A$ 垂直时，驱动力矩最大。工作齿面与向径间的夹角 $\varphi$ 称为齿倾角。当齿倾角 $\varphi$ 大于摩擦角 $\rho$ 时，棘爪能顺利插入棘轮齿。当摩擦角 $\rho$ 为 6°～10°时，齿倾角 $\varphi$ 取 15°～20°为宜。

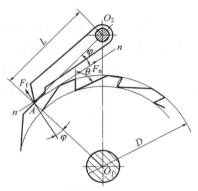

图 7-9　棘轮机构的几何参数

**（2）棘轮机构的几何参数**

① 棘轮齿数 $z$ 和棘爪数 $J$　棘轮齿数 $z$ 主要根据工作要求的转角选定。此外，还应当考虑载荷的大小，对于传递轻载的进给机构，齿数可取得多一些，但要求 $z \leqslant 250$；当传递载荷较大时，应考虑轮齿的强度及安全，齿数取得少一些，如某些起重机械的制动器取 $z = 8 \sim 30$。棘轮机构的驱动棘爪数通常取 $J = 1$。但在载荷较大、棘轮尺寸受限制、齿数较少时，可采用双棘爪驱动。

② 齿距 $p$ 和模数 $m$　棘轮齿顶圆上相邻两齿对应点间的弧长称为齿距，用 $p$ 表示。令 $m = p/\pi$，$m$ 称为模数，单位为 mm。模数已标准化，应按标准选用。

**（3）棘轮的齿形**

常见的轮齿齿形为不对称梯形，如图 7-9 所示。当棘轮承受载荷不大时，为便于加工可选用三角形齿形，如图 7-1 和图 7-2 所示。双向驱动用的棘轮机构，常选用对称梯形，如图 7-3 所示。

棘轮齿数 $z$ 和模数 $m$ 确定后，棘轮机构的主要几何尺寸可按表 7-1 中的公式计算。

表 7-1　棘轮机构的主要几何尺寸的计算公式

| 名称 | 符号 | 计算公式 | 名称 | 符号 | 计算公式 |
|---|---|---|---|---|---|
| 齿顶圆直径 | $d_a$ | $d_a = mz$ | 齿槽圆角半径 | $r$ | $r = 1.5m$ |
| 齿高 | $h$ | $h = 0.75m$ | 齿槽夹角 | $\theta$ | $\theta = 60°$或 $55°$ |
| 齿根圆直径 | $d_f$ | $d_f = d_a - 2h$ | 棘爪长度 | $L$ | $L = 2p$ |
| 齿距 | $p$ | $p = \pi m$ | | | $m \leqslant 2.5$ 时, $h_1 = h + (2 \sim 3)$ |
| 齿宽 | $b$ | 铸钢 $b = (1.5 \sim 4)m$<br>铸铁 $b = (1 \sim 2)m$ | 棘爪工作高度 | $h_1$ | $m = 3 \sim 5$ 时, $h_1 = (1.2 \sim 3)$<br>$m = 6 \sim 14$ 时, $h_1 = m$ |
| 齿顶厚 | $a$ | $a = m$ | 棘爪尖顶圆角半径 | $r_1$ | $r_1 = 2m$ |

# 7.2　槽轮机构

## 7.2.1　槽轮机构的工作原理和类型

如图 7-10 所示，槽轮机构由带圆销的主动拨盘 1、具有径向槽的从动槽轮 2 和机架等组成。拨盘 1 作匀速转动，通过其上的圆销与槽的啮合，推动从动槽轮作间歇转动。为了防止从动槽轮反转，拨盘与槽轮之间设有锁止弧。拨盘上的凸圆弧与槽轮的凹弧接触时，槽轮静止不动；当圆销进入径向槽时，槽轮转动一个角度，圆销脱离径向槽时，拨盘上的凸弧又将槽轮锁住。拨盘连续转动，重复上述过程，实现了槽轮单向间歇转动。

槽轮机构可分为外槽轮机构和内槽轮机构，分别如图 7-10(a)、(b) 所示。

另外，根据槽轮机构中圆销的数目，外槽轮机构又分为单圆销、双圆销和多圆销槽轮机构。单圆销外槽轮机构拨盘转一周，槽轮反向转动一次；双圆销外槽轮机构拨盘转一周，槽轮反向转动两次。内槽轮机构槽轮的转动方向与拨盘转向相同。

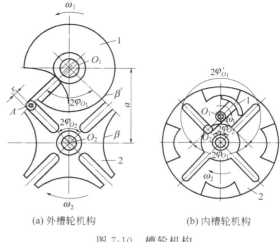

(a) 外槽轮机构　　　(b) 内槽轮机构

图 7-10　槽轮机构

1—主动拨盘；2—从动槽轮

### 7.2.2　槽轮机构的特点和应用

槽轮机构的特点是：结构简单、转位迅速、工作可靠、外形尺寸小、机械效率高且转动平稳，但槽轮转角不能调整，转速较高时有冲击，故槽轮机构一般用于转速较低又不需调节转角的间歇转动场合。

图 7-11 所示为六角车床刀架的转位槽轮机构。刀架 3 上可装六把刀具并与槽轮 2 固连，拨盘每转一周，驱使槽轮（即刀架）转 60°，从而将下一工序的刀具转换到工作位置。图 7-12 所示为电影放映机卷片槽轮机构，当拨盘 1 转一周时，槽轮 2 转 90°，影片移动一个画面，并停留一定时间（即放映一个画面）。拨盘继续转动，重复上述运动。利用人眼的视觉暂留特性，当每秒钟放映 24 幅画面时即可使人看到连续的画面。

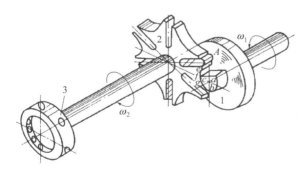

图 7-11　六角车床刀架转位槽轮机构

1—拨盘；2—槽轮；3—刀架

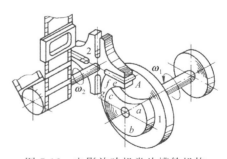

图 7-12　电影放映机卷片槽轮机构

1—拨盘；2—槽轮

### 7.2.3　槽轮机构的主要参数

槽轮机构的主要参数是槽轮的槽数 $z$ 和主动拨盘的圆销数 $K$。

在图 7-10(a) 所示的单圆销外槽轮机构中，为使槽轮在开始和终止转动时瞬时角速度为

0，以避免发生刚性冲击，要求此时槽轮径向槽中线与圆销中心的运动圆相切，即 $O_1A \perp O_2A$。由此可得

$$2\varphi_{O_1} = \pi - 2\varphi_{O_2} = \pi - \frac{2\pi}{z} \tag{7-1}$$

主动拨盘转动一周称为一个运动循环。运动系数是指槽轮机构在一个运动循环中，槽轮运动时间 $t_m$ 与主动拨盘运动时间 $t$ 的比值。因拨盘作等速转动，故运动系数也可用相应角度之比表达，即

$$\tau = \frac{t_m}{t} = \frac{2\varphi_{O_1}}{2\pi} = \frac{\pi - \frac{2\pi}{z}}{2\pi} = \frac{z-2}{2z} \tag{7-2}$$

由于运动系数 $\tau$ 必须大于 0，由式(7-2)可推知槽轮径向槽数应取 $z \geq 3$。但 $z = 3$ 时槽轮运动过程中角速度、角加速度变化很大，尤其在圆销进入和退出径向槽的瞬间，槽轮角加速度发生很大突变，引起的振动和冲击也就很大，因此很少选用 $z = 3$，一般选 $z = 4 \sim 8$。

由式(7-2)可知 $\tau = 0.5 - 1/z$，即单圆销外槽轮机构的运动系数总小于 0.5。若希望 $\tau > 0.5$，则应采用多圆销。设均匀分布的圆销数目为 $K$，则有

$$\tau = \frac{Kt_m}{t} = \frac{K(z-2)}{2z} \tag{7-3}$$

因运动系数应小于 1，所以由上式可得

$$K < \frac{2z}{z-2} \tag{7-4}$$

由此可知：$z = 3$ 时，$K$ 为 $1 \sim 5$；$z = 4$ 或 5 时，$K$ 为 $1 \sim 3$；$z \geq 6$ 时，$K$ 为 $1 \sim 2$。

对于图 7-10(b)所示的内槽轮机构，对应槽轮 2 的运动，杆 1 转过的角度为

$$2\varphi'_{O_1} = 2\pi - (\pi - 2\varphi_{O_2}) = \pi + 2\varphi_{O_2} = \pi + \frac{2\pi}{z} \tag{7-5}$$

所以其运动系数 $\tau$ 为

$$\tau = \frac{2\varphi'_{O_1}}{2\pi} = \frac{z+2}{2z} \tag{7-6}$$

由此可知，内槽轮机构的运动系数总大于 0.5。又因 $\tau$ 应小于 1，所以 $z > 2$，即内槽轮机构槽轮的径向槽数亦应有 $z \geq 3$。此外还可推知内槽轮机构永远只可用一个圆销。

### 7.2.4　槽轮机构的尺寸计算

设计槽轮机构时，首先根据工作要求选定槽轮机构的类型及槽轮槽数 $z$ 和拨盘圆销数 $K$，再按照受力情况和实际允许的空间安装尺寸，确定中心距 $a$ 和圆销半径 $r$。槽轮机构主要尺寸的计算公式见表 7-2。

表 7-2　槽轮机构主要尺寸的计算公式

| 名称 | 符号 | 计算公式 | 名称 | 符号 | 计算公式 |
|---|---|---|---|---|---|
| 圆销回转半径 | $R_1$ | $R_1 = a\sin(\pi/z)$ | 槽深 | $h$ | $h = R_2 - b$ |
| 圆销半径 | $r$ | $r \approx R_1/6$ | 锁止弧半径 | $R_x$ | $R_x = R_1 - r - e$ |
| 槽轮半径 | $R_2$ | $R_1 = a\cos(\pi/z)$ | | | |
| 槽底高 | $b$ | $b = a - (R_1 + r) - (3 \sim 5)$ | | | |

## 7.3 凸轮式间歇运动机构

图 7-13 所示为一种圆柱凸轮式间歇运动机构。这种机构的主动轮 1 为具有曲线沟槽的圆柱凸轮，从动件圆盘 2 的端面上均布有柱销 3。当主动轮 1 转动时，柱销依次进入沟槽，通过圆柱凸轮的形状保证了从动圆盘每转过一个销距，动、停各一次。这种机构常用于两相错轴间的分度运动。通常凸轮的槽数为 1，柱销数一般取 $z \geqslant 6$。

凸轮式间歇机构的优点是结构简单、运转可靠、传动平稳。从动件的运动规律取决于凸轮的轮廓形状，如果凸轮的轮廓曲线槽设计合理，就可以实现理想的预期运动，并且能获得良好的动力特性。转盘在停歇时的定位由凸轮的曲线槽完成，不需要附加定位装置，但对凸轮的加工精度要求较高。

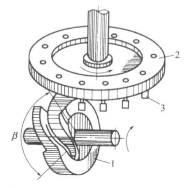

图 7-13 凸轮式间歇运动机构
1—主动轮；2—圆盘；3—柱销

## 7.4 不完全齿轮机构

如图 7-14 所示，不完全齿轮机构由具有一个或几个齿的不完全主动轮 1、具有正常轮齿和带锁止弧的从动轮 2 及机架组成。当主动轮 1 等速连续转动时，其轮齿与从动轮 2 的正常齿相啮合，从而驱动从动轮 2 转动；当轮 1 的锁止弧 $S_1$ 与轮 2 的锁止弧 $S_2$ 接触时，从动轮 2 停歇在确定的位置上不动，从而实现周期性的单向间歇运动。

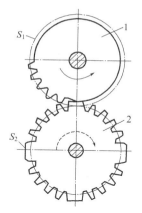

图 7-14 外啮合不完全齿轮机构
1—主动轮；2—从动轮

不完全齿轮机构有外啮合（图 7-14）和内啮合两种形式，一般常用外啮合。

不完全齿轮机构的特点是：工作可靠，结构简单，传递的力大，从动轮的运动时间和静止时间的比例不受机构结构的限制；但不完全齿轮机构的从动轮在转动开始和终止时，角速度有突变，冲击较大。

不完全齿轮机构一般只用于低速或轻载场合。如在自动机械和半自动机械中，用作工作台的间歇转位、间歇进给机构及计数装置，如蜂窝煤压制机工作台转盘的间歇转位机构等。

## 思 考 题

7-1 常用的间歇运动机构有哪几种？从结构上分别是如何实现间歇运动的？

7-2 为什么槽轮机构的运动系数不能大于 1？为什么内槽轮机构中拨盘圆销数目 $K$ 只能为 1？

7-3 棘轮机构、槽轮机构、凸轮间歇运动机构和不完全齿轮机构，在运动平稳性、加工难易和制造成本方面各具有哪些优缺点？各适用于什么场合？

# 第8章

# 轮系

一对齿轮啮合组成的齿轮机构是齿轮传动的最简单形式。在实际机械中，为了获得很大的传动比或者为了将输入轴的一种转速转换为输出轴的多种转速，只采用一对齿轮传动是不够的，常采用一系列相互啮合的齿轮来传递运动和动力。这种由一系列齿轮组成的传动系统称为轮系。

在机械中，轮系的应用十分广泛。利用轮系可以使一个主动轴带动多个从动轴转动，以实现分路传动或获得多种转速，也可以实现较远轴之间的运动和动力的传递，还可以获得较大的传动比或者实现运动的合成与分解。

## 8.1 轮系及其分类

根据轮系运动时各齿轮几何轴线的相对位置关系是否固定，可将轮系分为定轴轮系和周转轮系。

### 8.1.1 定轴轮系

如图 8-1 所示的轮系，传动时每个齿轮的几何轴线都是固定的，这种轮系称为定轴轮系。

### 8.1.2 周转轮系

如图 8-2 所示的轮系，齿轮 2 除了绕自身几何轴线 $O_2$ 转动外，当 H 杆转动时，$O_2$ 将绕齿轮 1 的几何轴线 $O_1$ 转动。这种至少有一个齿轮的几何轴线绕另一齿轮的几何轴线转动的轮系，称为周转轮系。

周转轮系根据其机构自由度不同，又可以分为两类。

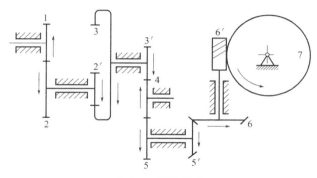

图 8-1　定轴轮系

**（1）差动轮系**

机构自由度为 2 的周转轮系称为差动轮系，如图 8-2（a）所示。在这种轮系中应有两个原动件，才能使机构有确定运动。

**（2）行星轮系**

机构自由度为 1 的周转轮系称为行星轮系，如图 8-2（b）、（c）所示。在这种轮系中，1 或 3 中有一个轮是固定不动的。

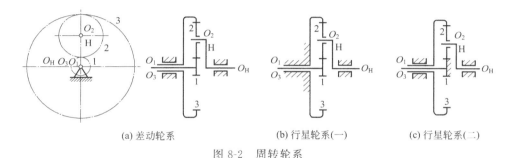

（a）差动轮系　　　　　　（b）行星轮系(一)　　　　　（c）行星轮系(二)

图 8-2　周转轮系

# 8.2　定轴轮系传动比的计算

在轮系中，输入轴与输出轴的角速度或者转速之比称为轮系的传动比，用 $i_{ab}$ 表示，下标 $a$、$b$ 为输入轴和输出轴的代号，即 $i_{ab}=\dfrac{\omega_a}{\omega_b}=\dfrac{n_a}{n_b}$。计算轮系传动比不仅要确定它的数值，而且要确定两轴的相对转动方向，这样才能完整表达输入轴与输出轴之间的关系。

定轴轮系传动比数值的计算，以图 8-1 所示轮系为例说明如下：令 $z_1$、$z_2$、$z_{2'}$、…表示各轮的齿数，$n_1$、$n_2$、$n_{2'}$、…表示各轮的转速。因同一轴上的齿轮转速相同，故 $n_2=n_{2'}$，$n_3=n_{3'}$，$n_5=n_{5'}$，$n_6=n_{6'}$。一对互相啮合齿轮的转速比等于其齿数反比，故各对啮合齿轮的传动比数值为

$$i_{12}=\frac{n_1}{n_2}=\frac{z_2}{z_1}；\quad i_{23}=\frac{n_2}{n_3}=\frac{n_{2'}}{n_3}=\frac{z_3}{z_{2'}}；\quad i_{34}=\frac{n_3}{n_4}=\frac{n_{3'}}{n_4}=\frac{z_4}{z_{3'}}；$$

$$i_{45}=\frac{n_4}{n_5}=\frac{z_5}{z_4}；\quad i_{56}=\frac{n_5}{n_6}=\frac{n_{5'}}{n_6}=\frac{z_6}{z_{5'}}；\quad i_{67}=\frac{n_6}{n_7}=\frac{n_{6'}}{n_7}=\frac{z_7}{z_{6'}}$$

设与轮 1 固连的轴为输入轴，与轮 7 固连的轴为输出轴，则输入轴与输出轴的传动比数值为

$$i_{17}=\frac{n_1}{n_7}=\frac{n_1}{n_2}\cdot\frac{n_2}{n_3}\cdot\frac{n_3}{n_4}\cdot\frac{n_4}{n_5}\cdot\frac{n_5}{n_6}\cdot\frac{n_6}{n_7}=i_{12}i_{23}i_{34}i_{45}i_{56}i_{67}=\frac{z_2z_3z_4z_5z_6z_7}{z_1z_{2'}z_{3'}z_4z_{5'}z_{6'}}$$

上式表明，定轴轮系传动比的数值等于组成该轮系的各对啮合齿轮传动比的连乘积，也等于各对啮合齿轮中所有从动轮齿数的连乘积与所有主动轮齿数的连乘积之比。以上结论可以推广到一般情况。设轮 1 为起始主动轮，轮 $K$ 为最末从动轮，则定轴轮系始末两轮传动比数值计算的一般公式为

$$i_{1K}=\frac{n_1}{n_K}=\frac{\text{轮 1 到轮 } K \text{ 间所有从动轮齿数的乘积}}{\text{轮 1 到轮 } K \text{ 间所有主动轮齿数的乘积}}=\frac{z_2z_3z_3\cdots z_K}{z_1z_{2'}z_{3'}\cdots z_{(K-1)'}} \tag{8-1}$$

定轴轮系各轮的相对转向可以通过逐对齿轮标注箭头的方法来确定（箭头方向表示在经过轴线的截面中，齿轮可见侧的圆周速度方向），即从已知（或假定已知）齿轮的转向开始，循着运动传递路线，逐对对啮合传动进行转向判断，并用画箭头法标出各齿轮的转向，直至确定出所要求齿轮的转向。不影响轮系传动比的大小，只起改变转向作用的齿轮称为惰轮，如图 8-1 所示轮系中齿轮 4。

主、从动轮的转向箭头方向的确定方法如下：

① 对于圆柱齿轮，外啮合时，两轮转向相反，转向箭头方向相反；内啮合时，两轮转向相同，转向箭头方向相同，如图 8-3 所示。

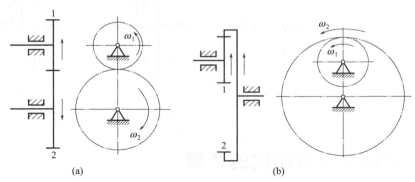

图 8-3　一对圆柱齿轮的转动方向

② 对于圆锥齿轮，转向箭头同时指向节点或同时背向节点，如图 8-4 所示。

③ 对于蜗轮蜗杆传动，蜗轮的转向不仅与蜗杆的转向有关，而且与其螺旋线方向有关。具体判断时，可把蜗杆看作螺杆，蜗轮看作螺母来考察其相对运动。如图 8-5 中的右旋蜗杆按图示方向转动时，可借助右手判断如下：拇指伸直，其余四指握拳，令四指弯曲方向与蜗杆转动方向一致，则拇指的指向（向左）即是蜗杆相对螺母前进的方向。按照相对运动原理，螺母相对螺杆的运动方向应与此相反，故蜗轮上的啮合点应向右运动，从而使蜗轮逆时针转动。同理，对于左旋蜗杆应采用左手定则进行判断。

当起始主动轮 1 和最末从动轮 $K$ 的轴线相平行时，两轮转向的同异可以用传动比的正负表达。当两轮转向相同时（$n_1$ 和 $n_K$ 同号），传动比为"＋"；当两轮转向相反时（$n_1$ 和 $n_K$ 异号），传动比为"－"。因此，平行轴间的定轴轮系传动比的计算公式为

$$i_{1K} = \frac{n_1}{n_K} = (\pm)\frac{z_2 z_3 z_4 \cdots z_K}{z_1 z_{2'} z_{3'} \cdots z_{(K-1)'}} \tag{8-2}$$

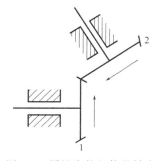

图 8-4　圆锥齿轮机构的转向

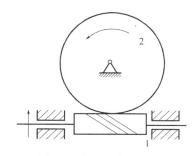

图 8-5　蜗杆机构的转向

**例 8-1**　如图 8-1 所示的轮系中，已知各轮齿数 $z_1 = 18$，$z_2 = 36$，$z_{2'} = 20$，$z_3 = 80$，$z_{3'} = 20$，$z_4 = 18$，$z_5 = 30$，$z_{5'} = 15$，$z_6 = 30$，$z_{6'} = 2$（右旋），$z_7 = 60$，$n_1 = 1440 \mathrm{r/min}$，其转向如图所示。求传动比 $i_{17}$、$i_{15}$、$i_{25}$ 以及蜗轮的转速和转向。

**解：**按画箭头规则，从轮 2 开始，顺次标出各对啮合齿轮的转动方向。由图可见，1、7 二轮轴线不平行，1、5 两轮转向相反，2、5 两轮转向相同，故由式（8-1）得

$$i_{17} = \frac{n_1}{n_7} = \frac{z_2 z_3 z_4 z_5 z_6 z_7}{z_1 z_{2'} z_{3'} z_4 z_{5'} z_{6'}} = \frac{36 \times 80 \times 18 \times 30 \times 30 \times 60}{18 \times 20 \times 20 \times 18 \times 15 \times 2} = 720(\uparrow, \circlearrowleft)$$

$$i_{15} = (-)\frac{z_2 z_3 z_4 z_5}{z_1 z_{2'} z_{3'} z_4} = (-)\frac{36 \times 80 \times 18 \times 30}{18 \times 20 \times 20 \times 18} = -12$$

$$i_{25} = (+)\frac{z_3 z_4 z_5}{z_{2'} z_{3'} z_4} = (+)\frac{80 \times 18 \times 30}{20 \times 20 \times 18} = +6$$

$$n_7 = \frac{n_1}{i_{17}} = \frac{1440}{720} = 2(\mathrm{r/min})$$

1、7 两轮轴线不平行，由画箭头判断，$n_7$ 为逆时针方向。

**例 8-2**　冲压式蜂窝煤成型机里面有圆柱齿轮 1 和 2、锥齿轮 $2'$ 和 3 构成的定轴轮系，如图 8-6 所示。已知各轮齿数分别为 $z_1 = 20$，$z_2 = 80$，$z_{2'} = 20$，$z_3 = 20$，$n_1 = 300 \mathrm{r/min}$。试求轮 3 的转速。

**解：**按画箭头规则依次标出齿轮 1、2、$2'$、3 的转向。如图 8-6 所示，由式（8-1）得

$$i_{13} = \frac{n_1}{n_3} = \frac{z_2 z_3}{z_1 z_{2'}} = \frac{80 \times 20}{20 \times 20} = 4$$

$$n_3 = \frac{n_1}{4} = \frac{300}{4} = 75(\mathrm{r/min})$$

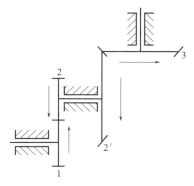

图 8-6　冲压式蜂窝煤成型
机里的定轴轮系

1、3 两轮的轴线不平行，所以传动比不能用"＋""－"来表示，由画箭头的方法判断齿轮 3 的转向向右。

# 8.3　周转轮系传动比的计算

### 8.3.1　周转轮系的组成

如图 8-7(a) 所示的周转轮系中，齿轮 1、3 的几何轴线是固定不动的，但是齿轮 2 松套在杆 H 的小轴上，它一方面绕自己的几何轴线 $O_2$ 转动（自转），另一方面又随杆 H 绕几何轴线 $O_H$ 转动（公转），其运动犹如行星，故称为行星轮。而轴线固定不动的齿轮 1、3 称为太阳轮（或中心轮）。支持行星轮作自转和公转的构件 H 称为行星架（或系杆）。在图 8-8 所示的周转轮系中，行星架 H 与太阳轮 1、3 的几何轴线必须重合，否则不能运动。

由上述可知，一个周转轮系必须具有一个行星架，一个或几个行星轮，以及与行星轮相啮合的太阳轮。工程上，行星架常以 H 表示。

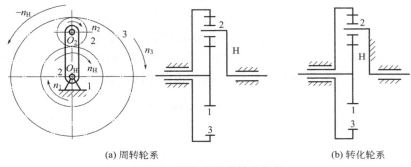

(a) 周转轮系　　　　　　　　　　　　　　(b) 转化轮系

图 8-7　周转轮系及转化轮系

### 8.3.2　周转轮系传动比的计算

在周转轮系中，由于各齿轮的几何轴线并非全部固定不动，所以其传动比不能直接用定轴轮系的传比式(8-1) 来进行计算。根据相对运动原理，如果对图 8-7（a）的周转轮系整体加一个与行星架 H 大小相等转向相反的公共转速"$-n_H$"，各构件间的相对运动并不改变，此时，行星架 H "静止不动"。这样原来的周转轮系就转化为假想的定轴轮系，如图 8-7（b）所示，该定轴轮系称为原来周转轮系的转化轮系。在转化轮系中，各构件相对行星架 H 的转速，分别用 $n_1^H$、$n_2^H$、$n_3^H$ 等表示，它们与原周转轮系中各构件的转速关系见表 8-1。

表 8-1　轮系中各构件的转速关系

| 构件 | 原来各构件的转速 | 转化轮系中各构件的转速 |
|---|---|---|
| 太阳轮 1 | $n_1$ | $n_1^H = n_1 - n_H$ |
| 行星轮 2 | $n_2$ | $n_2^H = n_2 - n_H$ |
| 太阳轮 3 | $n_3$ | $n_3^H = n_3 - n_H$ |
| 行星架 H | $n_H$ | $n_H^H = n_H - n_H = 0$ |

转化轮系传动比用 $i_{13}^H$ 表示。由定轴轮系的传动比式(8-1) 可得

$$i_{13}^H = \frac{n_1^H}{n_3^H} = \frac{n_1 - n_H}{n_3 - n_H}$$

推广到一般情况，设 $n_G$、$n_K$ 分别为平面周转轮系中任意两齿轮 G、K 的转速，将上式写成通式，可得传动比的基本公式为

$$n_{GK}^H = \frac{n_G^H}{n_K^H} = \frac{n_G - n_H}{n_K - n_H} = (\pm) \frac{\text{转化轮系从 } G \text{ 到 } K \text{ 所有从动轮齿数的乘积}}{\text{转化轮系从 } G \text{ 到 } K \text{ 所有主动轮齿数的乘积}} \tag{8-3}$$

### 8.3.3 计算时的注意事项

① 注意 $i_{GK}^H \neq i_{GK}$，其中 $i_{GK}^H = \frac{n_G^H}{n_K^H}$ 是转化轮系的传动比；$i_{GK} = \frac{n_G}{n_K}$ 是周转轮系的传动比。

② 式(8-2) 齿数比前的符号，只适用于平行轴周转轮系。

③ 对非平行轴周转轮系，若所列传动比 $i_{GK}^H$ 中两齿轮 G、K 的轴线与行星架 H 轴线相互平行，则仍可用式(8-3) 进行求解，齿数比前的符号应在其转化轮系中用画箭头的方法来确定。若所列传动比中两齿轮 G、K 的轴线与行星架 H 轴线不相互平行，则不能用式(8-3) 进行求解。

④ 计算时，尤其要注意各转速 $n_G$、$n_K$、$n_H$ 间的符号关系。一般可事先假设某一个转向为正向，若其他转向相同，以正值代入；相反以负值代入。

**例 8-3** 图 8-8 所示的周转轮系中，均为标准齿轮，标准安装，已知齿轮 1、3 的齿数为 $z_1 = 40$，$z_3 = 80$，轮 1 转速 $n_1 = 1200$r/min，转向为顺时针方向。试求：①行星架 H 的转速，$n_H$ 及转向；②标准齿轮 2 的齿数 $z_2$；③行星轮 2 的转速 $n_2$ 及转向。

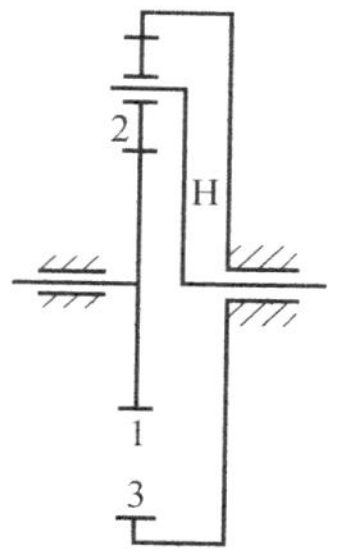

**解：**①设 $n_1$ 顺时针转向为正。由式(8-3) 得到

$$i_{13}^H = \frac{n_1^H}{n_3^H} = \frac{n_1 - n_H}{n_3 - n_H} = -\frac{z_2 z_3}{z_1 z_2} = -\frac{z_3}{z_1}$$

将 $z_1 = 40$，$z_3 = 80$，$n_1 = 1200$r/min，$n_3 = 0$ 代入上式得

$$\frac{n_1 - n_H}{n_3 - n_H} = \frac{1200 - n_H}{0 - n_H} = -\frac{80}{40}$$

$$n_H = 400(\text{r/min})$$

图 8-8 周转轮系

$n_H$ 为正值说明其转向与 $n_1$ 相同。

② 根据两个太阳轮 1、3 的轴线与行星架的轴线必须重合，可得各标准齿轮分度圆半径的关系式为

$$r_3 = r_1 + 2r_2$$

因为 $r_1 = mz_1/2$，$r_2 = mz_2/2$，$r_3 = mz_3/2$，代入上式简化，得

$$z_3 = z_1 + 2z_2$$

$$z_2 = \frac{z_3 - z_1}{2} = \frac{80 - 40}{2} = 20$$

③

$$i_{12}^H = \frac{n_1 - n_H}{n_2 - n_H} = -\frac{z_2}{z_1}$$

将 $z_1 = 40$，$z_2 = 20$，$n_1 = 1200$r/min，$n_H = 400$r/min 代入上式得

$$\frac{n_1 - n_H}{n_2 - n_H} = \frac{1200 - 400}{n_2 - 400} = -\frac{20}{40}$$

$$n_2 = -1200(\text{r/min})$$

$n_2$ 结果为负值，说明其转向与 $n_1$ 相反。

**例 8-4** 在图 8-9 所示的行星轮系中，已知各齿轮齿数为 $z_1=27$，$z_2=17$，$z_3=61$，齿轮 1 的转速 $n_1=6000\text{r/min}$，求传动比 $i_{1H}$、行星架 H 的转速 $n_H$。

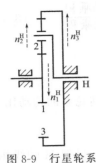

图 8-9 行星轮系

**解：**将行星架视为固定，假定齿轮 1 的转向，画出转化轮系中各轮的转向如图 8-9 中虚线箭头所示。由式（8-3）得

$$i_{13}^H=\frac{n_1^H}{n_3^H}=\frac{n_1-n_H}{n_3-n_H}=(-)\frac{z_2z_3}{z_1z_2}$$

图中 1、3 两轮虚线箭头反向，故取"—"。由此得

$$\frac{n_1-n_H}{0-n_H}=(-)\frac{61}{27}$$

解得

$$i_{1H}=\frac{n_1}{n_H}=1+\frac{61}{27}\approx 3.26$$

$$n_H=\frac{n_1}{i_{1H}}=\frac{6000}{3.26}\approx 1840(\text{r/min})$$

$i_{1H}$ 为正，$n_H$ 转向与 $n_1$ 相同。

利用式(8-3)还可以计算行星轮 2 的转速 $n_2$

$$i_{12}^H=\frac{n_1^H}{n_2^H}=\frac{n_1-n_H}{n_2-n_H}=(-)\frac{z_2}{z_1}$$

代入已知数值

$$\frac{6000-1840}{n_2-1840}=(-)\frac{17}{27}$$

解得

$$n_2\approx -4767\text{r/min}$$

负号表示 $n_2$ 的转向与 $n_1$ 相反。

**例 8-5** 在图 8-10 所示直齿轮组成的差动轮系中，已知 $z_1=60$，$z_2=40$，$z_{2'}=z_3=20$，若 $n_1$ 和 $n_3$ 均为 120r/min，但转向相反（如图中实线箭头所示），求 $n_H$ 的大小和方向。

**解：**将行星架视为固定，假定齿轮转向，画出转化轮系中各轮的转向如图 8-10 虚线箭头所示。由式(8-3)得

$$i_{13}^H=\frac{n_1^H}{n_3^H}=\frac{n_1-n_H}{n_3-n_H}=(+)\frac{z_2z_3}{z_1z_{2'}}$$

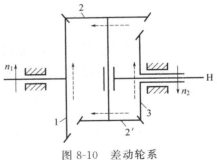

图 8-10 差动轮系

设实线箭头朝上为正，则 $n_1=120\text{r/min}$，$n_3=-120\text{r/min}$，代入上式得

$$\frac{120-n_H}{-120-n_H}=(+)\frac{40}{60}$$

解得 $n_H=600\text{r/min}$，$n_H$ 的转向与 $n_1$ 相同，箭头朝上。

本例中行星齿轮 2-2′ 的轴线和齿轮 1（或齿轮 3）及行星架 H 的轴线不平行，所以不能用式(8-3)来计算 $n_2$。

图 8-10 标注两种箭头，实线箭头表示齿轮真实转向，对应于 $n_1$、$n_3$、…；虚线箭头表示转化轮系中的齿轮转向，对应于 $n_1^H$、$n_2^H$、$n_3^H$。运用式(8-3)时，$i_{13}^H$ 的正负取决于 $n_1^H$

和 $n_3^H$，即取决于虚线箭头。而代入 $n_1$、$n_3$ 数值时又必须根据实线箭头判定其正负。

# 8.4 复合轮系传动比的计算

在机械中，经常用到由几个基本周转轮系或定轴轮系和周转轮系组合而成的复合轮系。由于整个复合轮系不可能转化成一个定轴轮系，所以不能只用一个公式来求解。计算复合轮系时，首先将复合轮系中的定轴轮系部分和周转轮系部分区分开来分别计算，然后联立解出所有传动比。因此，复合轮系传动比计算的方法和步骤如下。

**（1）分清轮系**

分清轮系就是要分清复合轮系中哪些部分属于定轴轮系，哪些部分属于周转轮系。其关键在于找出各个基本周转轮系。找基本周转轮系的一般方法是：先找出行星轮，即找出那些几何轴线绕另一齿轮的几何轴线转动的齿轮，支持行星轮的那个构件就是行星架，几何轴线与行星架的回转轴线相重合，且直接与行星轮相啮合的定轴齿轮就是中心轮。这些行星轮、行星架、中心轮构成一个基本周转轮系。区分出各个基本周转轮系以后，剩下的就是定轴轮系。

**（2）找关联**

找出定轴轮系与周转轮系之间的关联关系。

**（3）分别计算**

定轴轮系部分按定轴轮系的传动比方法计算，而周转轮系部分按周转轮系传动比计算，分别列出它们的计算式。

**（4）联立求解**

通过定轴轮系与周转轮系的关联关系，将计算式联立求解。

下面结合具体例题来说明复合轮系传动比的计算。

**例 8-6** 在图 8-11 所示的电动卷扬机减速器中，已知各轮齿数为 $z_1 = 24$，$z_2 = 52$，$z_{2'} = 21$，$z_3 = 78$，$z_{3'} = 18$，$z_4 = 30$，$z_5 = 78$，求 $i_{1H}$。

**解：** 在该轮系中，齿轮 2、2′ 同轴（双联齿轮），其几何轴线是绕着齿轮 1 和 3 的轴线转动，所以是行星轮；支持它运动的构件（卷筒 H）就是行星架；和行星轮相啮合的齿轮 1 和 3 是两个中心轮。这两个中心轮都能转动，所以齿轮 1、2-2′、3 和行星架 H 组成一个差动轮系。剩下的齿轮 3′、4、5 是一个定轴轮系。其中齿轮 5 和卷筒 H 是同一构件。齿轮 3-3′ 分别属于周转轮系和定轴轮系，两齿轮转速相同。

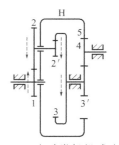

图 8-11 电动卷扬机减速器

在差动轮系中

$$i_{13}^H = \frac{n_1^H}{n_3^H} = \frac{n_1 - n_H}{n_3 - n_H} = (-)\frac{52 \times 78}{24 \times 21} \tag{8-4}$$

在定轴轮系中

$$i_{3'5} = \frac{n_{3'}}{n_5} = (-)\frac{z_5}{z_{3'}} = (-)\frac{78}{18} = -\frac{13}{3} \tag{8-5}$$

由式（8-5）得

$$n_3 = -\frac{13}{3}n_5 = -\frac{13}{3}n_H$$

代入式(8-4)

$$\frac{n_1 - n_H}{-\frac{13}{3}n_H - n_H} = -\frac{169}{21}$$

得 $\qquad\qquad i_{1H} = 43.9$

**例 8-7** 如图 8-12 所示的轮系中，已知各轮齿数为 $z_1 = 20$，$z_2 = 40$，$z_{2'} = 20$，$z_3 = 30$，$z_4 = 80$，求 $i_{1H}$。

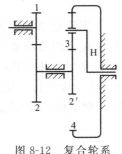

图 8-12 复合轮系

**解：** 本题中齿轮 3 的几何轴线绕着齿轮 $2'$ 的轴线转动是行星轮，支承行星轮的构件是行星架 H，而与行星轮 3 相啮合的齿轮 $2'$、4 则是中心轮。所以齿轮 $2'$、3、4 组成周转轮系，1、2 组成定轴轮系。齿轮 2 与 $2'$ 同轴，转速相同。

周转轮系中假想把行星架相对固定，得到该周转轮系的转化轮系。转化轮系的传动比为

$$i_{2'4}^H = \frac{n_2 - n_H}{n_4 - n_H} = -\frac{z_4}{z_{2'}} = -\frac{80}{20} = -4$$

$n_4 = 0$，因此，化简之后的 $i_{2H} = \frac{n_2}{n_H} = 5$，由齿轮 1 和齿轮 2 所组成的定轴轮系得知

$$i_{12} = \frac{n_1}{n_2} = -\frac{z_2}{z_1} = -\frac{40}{20} = -2$$

因此求得 $\qquad i_{1H} = i_{12} \cdot i_{2H} = \frac{n_1 \times n_2}{n_2 \times n_H} = (-2) \times 5 = -10$

# 8.5 轮系的应用

轮系广泛应用在各种机械中，它的主要功用如下。

### 8.5.1 相距较远的两轴之间的传动

主动轴和从动轴间的距离较远时，如果仅用一对齿轮来传动，如图 8-13 中双点画线所示，齿轮的尺寸就很大，既占空间又费材料，而且制造、安装不方便。若改用轮系来传动，如图中点画线所示，便无上述缺点。

### 8.5.2 获得较大的传动比

当两轴之间需要很大的传动比时，固然可以用多级齿轮组成的定轴轮系来实现，但由于轴和齿轮的增多，会导致结构复杂。若采用行星轮系，则需要很少几个齿轮，就可获得很大的传动比。

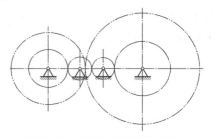

图 8-13 相距较远的两轴传动

如图 8-14 所示行星轮系，当 $z_1=100$，$z_2=101$，$z_{2'}=100$，$z_3=99$ 时，其传动比 $i_{H1}$ 可达到 10000。其计算如下：

由式（8-3）得

$$i_{13}^H=\frac{n_1^H}{n_3^H}=\frac{n_1-n_H}{n_3-n_H}=(+)\frac{z_2z_3}{z_1z_{2'}}$$

代入已知数值 $\qquad \frac{n_1-n_H}{0-n_H}=(+)\frac{101\times99}{100\times100}$

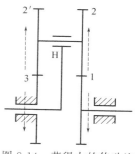

图 8-14 获得大的传动比

解得 $\qquad\qquad i_{1H}=\frac{1}{10000}$

或 $\qquad\qquad i_{H1}=10000$

应当指出，这种类型的行星齿轮传动，传动比越大，机械效率越低，故不宜用于传递大功率，只适用于作辅助的减速机构。如将它用作增速传动，甚至可能发生自锁。

### 8.5.3 实现变速传动

主动轴转速不变时，利用轮系可使从动轴获得多种工作转速。汽车、机床、起重设备等都需要这种变速传动。

图 8-15 所示为汽车变速箱。图中轴 Ⅰ 为动力输入轴，轴 Ⅱ 为输出轴，4、6 为滑移齿轮，$A$、$B$ 为牙嵌式离合器。该变速箱可使输出轴得到四种转速。

第一挡：齿轮 5、6 相啮合而 3、4 和离合器 $A$、$B$ 均脱离。

第二挡：齿轮 3、4 相啮合而 5、6 和离合器 $A$、$B$ 均脱离。

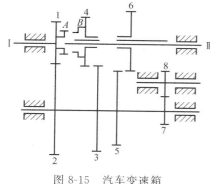

图 8-15 汽车变速箱

第三挡：离合器 $A$、$B$ 相嵌合而齿轮 5、6 和 3、4 均脱离。

倒退挡：齿轮 6、8 相啮合而 3、4 和 5、6 以及离合器 $A$、$B$ 均脱离。此时，由于惰轮 8 的作用，输出轴 Ⅱ 反转。

### 8.5.4 运动的合成与分解

运动的合成是将两个输入运动合为一个输出运动，运动的分解是将一个输入运动分解为两个输出运动。运动的合成和分解都可以用差动轮系来实现。

用作运动合成的轮系如图 8-16 所示，其中 $z_1=z_3$。由式（8-3）得

$$i_{13}^H=\frac{n_1^H}{n_3^H}=\frac{n_1-n_H}{n_3-n_H}=(-)\frac{z_3}{z_1}=-1$$

解得 $\qquad\qquad 2n_H=n_1+n_3$

这种轮系可用作加（减）法机构。当齿轮 1 及齿轮 3 的轴分别输入被加数和加数的相应转角时，行星架 H 转角的两倍就是它们的和。这种合成作用在机床、计算机构和补偿装置中得到广泛应用。

图 8-17 所示汽车后桥差速器可作为差动轮系分解运动的实例。当汽车拐弯时，它能将

发动机传给齿轮 5 的运动，以不同转速分别传递给左右两轮。

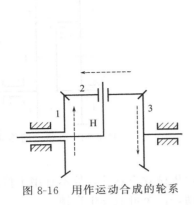

图 8-16　用作运动合成的轮系

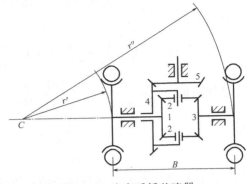

图 8-17　汽车后桥差速器

当汽车在平坦道路上直线行驶时，左右两轮滚过的距离相等，所以转速也相同。这时齿轮 1、2、3 和 4 如同一个固联的整体，一起转动。当汽车向左转弯时，为使车轮和地面间不发生滑动以减少轮胎磨损，就要求右轮比左轮转得快些。这时齿轮 1 和齿轮 3 之间便发生相对转动，齿轮 2 除随齿轮 4 绕后车轮轴线公转外，还绕着自己的轴线自转，由齿轮 1、2、3 和 4（即行星架 H）组成的差动轮系便发挥作用。这个差动轮系和图 8-16 所示的机构完全相同，故有

$$2n_4 = n_1 + n_3 \tag{8-6}$$

又由图 8-17 可见，当车身绕瞬时回转中心 C 转动时，左右两轮走过的弧长与它们至 C 点的距离成反比，即

$$\frac{n_1}{n_3} = \frac{r'}{r''} = \frac{r'}{r'+B} \tag{8-7}$$

当发动机传递的转速 $n_4$、转矩 $B$ 和转弯半径 $r'$ 为已知时，即可由以上两式算出左右两轮的转速 $n_1$ 和 $n_3$。

差动轮系可分解运动的特性，在汽车、飞机等动力传动中得到广泛应用。

# 思　考　题

8-1　计算周转轮系传动比时，从动轮（从动行星架）的转向为什么不能用画箭头的方法确定？

8-2　什么叫做惰轮？惰轮在轮系中有什么作用？

8-3　在图示双级蜗轮传动中，已知右旋蜗杆 1 的转向如图所示，试判断蜗轮 2 和蜗轮 3 的转向，用箭头表示。

8-4　在图示轮系中，已知 $z_1=15$，$z_2=25$，$z_{2'}=15$，$z_3=30$，$z_{3'}=15$，$z_4=30$，$z_{4'}=2$（右旋），$z_5=60$，$z_{5'}=20$（$m=4\text{mm}$），若 $n_1=500\text{r/min}$，求齿条 6 线速度 $v$ 的大小和方向。

8-5　已知题 8-5 图所示周转轮系各齿轮齿数

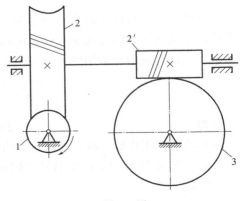

题 8-3 图

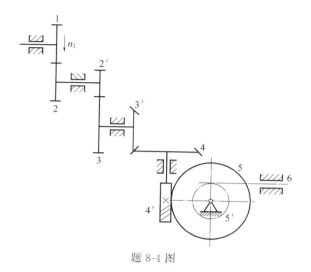

题 8-4 图

$z_1 = 24$，$z_2 = 48$，$z_{2'} = 30$，$z_3 = 102$，齿轮 1 的转速大小 $n_1 = 300$r/min，方向如图中箭头所示。求行星架转速 $n_H$ 的大小和方向。

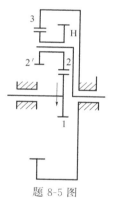

题 8-5 图

8-6 如图所示的轮系中，已知各齿轮的齿数 $z_1 = 24$，$z_2 = 33$，$z_{2'} = 21$，$z_3 = 78$，$z_{3'} = 18$，$z_4 = 30$，$z_5 = 78$，转速 $n_1 = 1500$r/min。试求转速 $n_5$。

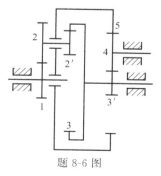

题 8-6 图

8-7 在图示轮系中，已知蜗杆 1 为单头左旋蜗杆，蜗轮 2 的齿数 $z_2 = 50$，蜗杆 $2'$ 为双头左旋蜗杆，蜗轮 3 的齿数 $z_3 = 60$，其余各轮齿数为：$z_{3'} = z_{4'} = 40$，$z_4 = z_5 = 30$。试求该

轮系的传动比 $i_{1H}$，并说明轴 1 与轴 H 转向是否相同。

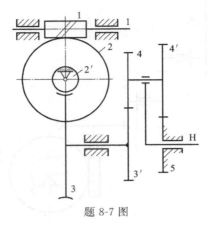

题 8-7 图

8-8　图中，已知 $z_1 = 17$，$z_2 = 20$，$z_3 = 85$，$z_4 = 18$，$z_5 = 24$，$z_6 = 21$，$z_7 = 75$。

（1）$n_1 = 1001\text{r/min}$，$n_4 = 1000\text{r/min}$ 时，$n_P = ?$

（2）$n_1 = n_4$ 时，$n_P = ?$

（3）$n_1 = 1000\text{r/min}$，$n_4 = 1001\text{r/min}$ 时，$n_P = ?$

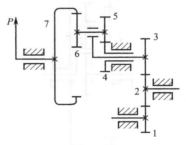

题 8-8 图

# 第 $9$ 章

# 回转体的平衡

## 9.1  回转体平衡的目的、分类及内容

### 9.1.1  平衡的目的

机械中有许多构件是绕固定轴线回转的，这类作回转运动的构件称为回转体（回转件或称转子）。每个回转体都可看作是由若干质量组成的。从理论力学可知，一偏离回转中心距离为 $r$ 的质量 $m$，当以角速度 $\omega$ 转动时，所产生的惯性力为

$$F = mr\omega^2$$

(9-1)

如果回转体的结构不对称、制造不精确或材质不均匀，整个回转体在转动时便产生惯性力系的不平衡，惯性力系的合力（主矢量）和合力偶矩（主矩）不等于零。它们将在机构各运动副中引起动压力，并传到机架上。其大小和方向随着机械运转的循环而产生周期性的变化，不仅在轴承中引起附加的动压力，而且使整个机械产生振动。这种机械振动会引起机械工作精度和可靠性降低、零件材料的疲劳损坏以及噪声，甚至周围的设备和厂房建筑也会受到影响和破坏。此外，附加的动压力还会减少轴承寿命，降低机械效率。近代高速重型和精密机械的发展，使上述问题显得更加突出。因此，调整回转体的质量分布，使回转体工作时惯性力达到平衡，以消除附加动压力，尽可能减轻有害的机械振动，以改善机器工作性能和延长使用寿命，这就是研究回转体平衡的目的。

### 9.1.2  平衡的分类

在机械中，由于各构件的结构及运动形式的不同，其所产生的惯性力和平衡方法也不同。机械平衡可以分为转子的平衡和机构的平衡两种。

**(1) 转子的平衡**

绕固定轴转动的构件又称为转子，其惯性力和惯性力矩的平衡问题称为转子的平衡。转子的不平衡惯性力可通过在其上增加或除去一部分质量的方法加以平衡。其实质是通过调节转子自身质心的位置来达到消除或减少惯性力的目的。

根据转子工作转速的不同，转子的平衡又分为以下两类。

① 刚性转子的平衡　刚性转子是指工作转速低于一阶临界转速、其旋转轴线挠曲变形可以忽略不计的转子，即转子工作速度低于 $(0.6\sim0.75)n_{c1}$（$n_{c1}$ 为转子的第一阶共振转速）。

刚性转子的平衡可以通过重新调整转子上质量的分布，使其质心位于旋转轴线的方法来实现。平衡后的转子在回转时，各惯性力形成一个平衡力系，从而抵消了运动副中产生的附加动压力。

如果只要求其惯性力平衡，则称为转子的静平衡；如果同时要求惯性力和惯性力矩的平衡，则称为转子的动平衡。

在机械工业中，如精密机床主轴、电动机转子、发动机曲轴、一般汽轮机转子和各种回转式泵的叶轮等都需要进行平衡。

② 挠性转子的平衡　挠性转子是指工作转速高于一阶临界转速、其旋转轴线挠曲变形不可忽略的转子，即转子工作速度高于 $(0.6\sim0.75)n_{c1}$。由于挠性转子在运转过程中会产生较大的弯曲变形，且由此产生的离心惯性力也随之明显增大，所以挠性转子平衡问题的难度将会大大增加。

**(2) 机构的平衡**

对于存在往复运动或平面复合运动的构件，其产生的惯性力和惯性力矩无法在该构件上平衡，但所有构件上的惯性力和惯性力矩可合成为一个通过机构质心并作用于机架上的总惯性力和惯性力矩。因此，这类平衡问题必须就整个机构加以平衡，即设法使各运动构件总惯性力和总惯性力矩在机架上得到完全或部分平衡，以消除或降低其不良影响。这类平衡称为机构的平衡或机械在机架上的平衡。

本章讨论的对象主要为刚性回转体，即用于一般机械中的回转体。至于高速大型汽轮机和发电机转子等挠性回转体和机构的平衡原理和方法请参阅其他有关专著。

### 9.1.3　平衡的内容

**(1) 平衡设计**

在机械的设计阶段，除了要保证其满足工作要求及制造工艺要求外，还要在结构上采取措施消除或减少产生有害振动的不平衡惯性力，即进行平衡设计。

**(2) 平衡试验**

经过平衡设计的机械，虽然理论上已达到平衡，但由于制造不精确、材料不均匀及安装不准确等非设计方面的原因，实际制造出来后往往还会有不平衡现象。这种不平衡在设计阶段是无法确定和消除的，需要通过试验的方法加以平衡。

## 9.2　刚性转子的平衡计算

在转子的设计阶段，尤其是在对高速转子及精密转子进行结构设计时，必须对其进行平衡计算，以检查其惯性力和惯性力矩是否平衡。若不平衡，则需要在结构上采取措施消除不平衡惯性力的影响，这一过程称为转子的平衡设计。

对于绕固定轴线转动的刚性回转体，若已知组成该回转体的各质量的大小和位置，则可用数学和力学方法分析回转体达到平衡的条件，并求出所需平衡质量的大小和位置。现根据组成回转体各质量的不同分布，分两种情况进行分析。

### 9.2.1　质量分布在同一回转面内——静平衡设计

对于轴向尺寸（径宽比 $D/b \geqslant 5$）很小的回转体，如叶轮、飞轮、砂轮、盘形凸轮等，可近似地认为其不平衡质量分布在同一回转面内。在这种情况下，若转子的质心不在回转轴线上，当其转动时，其偏心质量就会产生离心惯性力，从而在运动副中引起附加动压力，这种不平衡现象称为主不平衡。为了消除惯性力的不利影响，设计时需要首先根据转子结构定出偏心质量的大小和方位，然后计算出为平衡偏心质量需添加的平衡质量的大小及方位，最后在转子设计图上加上该平衡质量，以便使设计出来的转子在理论上达到静平衡。这一过程称为转子的静平衡设计。下面介绍静平衡设计的方法。

如图 9-1 所示为一盘形转子，已知分布于同一回转平面内的偏心质量为 $m_1$、$m_2$ 和 $m_3$，从回转中心到各偏心质量中心的向径为 $r_1$、$r_2$ 和 $r_3$。当转子以等角速度 $\omega$ 转动时，各偏心质量所产生的离心惯性力分别为 $F_1$、$F_2$、$F_3$。

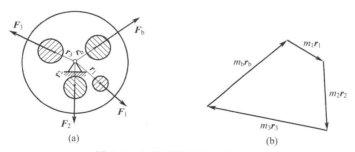

(a)　　　　　　　　　　　　(b)

图 9-1　盘形转子的静平衡设计

为了平衡惯性力 $F_1$、$F_2$、$F_3$，就必须在此平面内增加一个平衡质量 $m_b$，从回转中心到这一平衡质量的向径为 $r_b$，它所产生的离心惯性力为 $F_b$。要求平衡时，$F_b$、$F_1$、$F_2$ 和 $F_3$ 所形成的合力 $F$ 应为零，即

$$F = F_1 + F_2 + F_3 + F_b = 0 \tag{9-2}$$

即

$$m\omega^2 e = m_1\omega^2 r_1 + m_2\omega^2 r_2 + m_3\omega^2 r_3 + m_b\omega^2 r_b$$

消去 $\omega^2$ 后可得

$$me = m_1 r_1 + m_2 r_2 + m_3 r_3 + m_b r_b = 0 \tag{9-3}$$

式中　$m$，$e$——转子的总质量和总质心的向径；

$\quad\quad m_i$，$r_i$——转子各个偏心质量及其质心的向径；

$\quad\quad m_b$，$r_b$——所增加的平衡质量及其质心的向径。

式 (9-3) 中，质量与向径的乘积称为质径积。它表示在同一转速下转子上各离心惯性力的相对大小和方位。式 (9-3) 表明转子平衡后，其总质心将与回转轴线相重合，即 $e=0$。

在转子的设计阶段，由于式 (9-3) 中的 $m_i$、$r_i$ 均为已知，因此由式 (9-3) 即可求出为了使转子静平衡所需增加的平衡质量的质径积 $m_b r_b$ 的大小及方位。具体方法如下：

由式(9-3)可得

$$m_b r_b = -m_1 r_1 - m_2 r_2 - m_3 r_3 \tag{9-4}$$

将式(9-4)向 $x$，$y$ 轴投影，可得

$$\left.\begin{array}{l} (m_b r_b)_x = -\sum m_i r_i \cos\theta_i \\ (m_b r_b)_y = -\sum m_i r_i \sin\theta_i \end{array}\right\} \tag{9-5}$$

则所加平衡质量的质径积大小为

$$m_b r_b = \sqrt{(m_b r_b)_x^2 + (m_b r_b)_y^2} \tag{9-6}$$

而其相位角为

$$\theta_b = \arctan \frac{(m_b r_b)_y}{(m_b r_b)_x} \tag{9-7}$$

需要说明的是，$\theta_b$ 所在象限要根据式中分子、分母正负号来确定。

当求出平衡质量的质径积 $m_b r_b$ 后，就可以根据转子结构的特点来选定 $r_b$，所需的平衡质量大小也就随之确定了，安装方向即为矢量图上所指的方向。为了使设计出来的转子质量不致过大，一般应尽可能将 $r_b$ 选大些，这样可使 $m_b$ 小些。

若转子的实际结构不允许在向径 $r_b$ 的方向上安装平衡质量，也可以在向径 $r_b$ 的相反方向上去掉一部分质量来使转子达到平衡。若在所需平衡的回转面内实际结构不允许安装或减少平衡质量，则可在另外两个回转平面内分别安装平衡质量，使转子得以平衡。

由上述分析可得出如下结论：

① 静平衡的条件为分布于转子上的各个偏心质量的离心惯性力的合力为零或质径积的矢量和为零。

② 对于静不平衡的转子，无论它有多少个偏心质量，都只需要适当地增加一个平衡质量即可获得平衡。即对于静不平衡的转子，需加平衡质量的最少数目为1。

### 9.2.2　质量分布不在同一回转平面内——动平衡设计

轴向尺寸较大（径宽比 $D/b < 5$）的回转体，如多缸发动机曲轴、电动机转子、汽轮机转子和机床主轴等，其质量的分布不能近似地认为是位于同一回转面内，而应看作分布于垂直于轴线的许多互相平行的回转面内。这类回转体转动时所产生的离心力系不再是平面汇交力系，而是空间力系。因此单靠在某一回转面内加一平衡质量的静平衡方法并不能消除这类回转体转动时的不平衡。例如在图 9-2 所示的转子中，设不平衡质量 $m_1$、$m_2$ 分布于相距 $l$ 的两个回转面内，且 $m_1 = m_2$，$r_1 = -r_2$。该回转体的质心虽落在回转轴上，而且 $m_1 r_1 + m_2 r_2 = 0$，满足静平衡条件，但因 $m_1$ 和 $m_2$ 不在同一回转面内，当回转体转动时，在包含 $m_1$ 和 $m_2$ 回转轴的平面内存在一个由离心力 $F_1$ 和 $F_2$ 组成的力偶，该力偶的方向随回转体的转动而周期性变化，故回转体仍处于动不平衡状态。因此，对轴向尺寸较大的转子，必须使各质量产生的离心力的合力和合力偶都等于零，才能达到平衡。

在图 9-3 中，设转子上的偏心质量 $m_1$、$m_2$ 和 $m_3$ 分别分布在三个不同的回转平面 1、2、3 内，其质心的向径分别为 $r_1$、$r_2$、$r_3$。当转子以等角速度 $\omega$

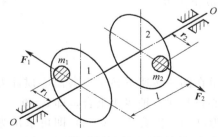

图 9-2　静平衡但动不平衡的转子

转动时，平面 1 内的偏心质量 $m_1$ 所产生的离心惯性力的大小为 $\boldsymbol{F}_1 = m_1 \omega^2 \boldsymbol{r}_1$。如果在转子的两端选定两个垂直于转子轴线的平面 $T'$ 和 $T''$，并设 $T'$ 与 $T''$ 相距 $l$，平面 1 到平面 $T'$、$T''$ 的距离分别为 $l'_1$、$l''_2$，则 $\boldsymbol{F}_1$ 可用分解到平面 $T'$ 和 $T''$ 中的力 $\boldsymbol{F}'_1$ 和 $\boldsymbol{F}''_1$ 来代替。由理论力学的知识可知

$$\boldsymbol{F}'_1 = \frac{l''_1}{l} \boldsymbol{F}_1, \quad \boldsymbol{F}''_1 = \frac{l'_1}{l} \boldsymbol{F}_1$$

式中 $\boldsymbol{F}'_1$，$\boldsymbol{F}''_1$——平面 $T'$ 和 $T''$ 中向径为 $\boldsymbol{r}_1$ 的偏心质量 $m'_1$ 和 $m''_1$ 所产生的离心惯性力。

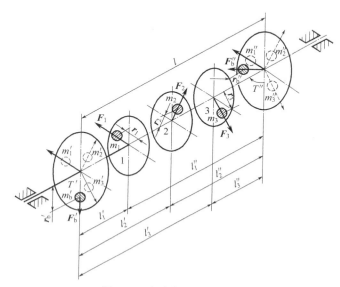

图 9-3 动平衡设计示意图

由此可得

$$\boldsymbol{F}'_1 = m'_1 \omega^2 \boldsymbol{r}_1 = \frac{l''_1}{l} m_1 \omega^2 \boldsymbol{r}_1$$

$$\boldsymbol{F}''_1 = m''_1 \omega^2 \boldsymbol{r}_1 = \frac{l'_1}{l} m_1 \omega^2 \boldsymbol{r}_1$$

即

$$m'_1 = \frac{l''_1}{l} m_1, \quad m''_1 = \frac{l'_1}{l} m_1$$

同理得

$$\left. \begin{array}{l} m'_2 = \dfrac{l''_2}{l} m_2, \quad m''_2 = \dfrac{l'_2}{l} m_2 \\[2mm] m'_3 = \dfrac{l''_3}{l} m_3, \quad m''_3 = \dfrac{l'_3}{l} m_3 \end{array} \right\} \tag{9-8}$$

以上分析表明：原分布在平面 1、2、3 上的偏心质量 $m_1$、$m_2$ 和 $m_3$，完全可以用平面 $T'$ 和 $T''$ 上的 $m'_1$ 和 $m''_1$、$m'_2$ 和 $m''_2$、$m'_3$ 和 $m''_3$ 所代替，它们的不平衡效果是一样的。经过这样的处理后，刚性转子的动平衡设计问题就可以用静平衡设计的方法来解决了。

至于两个平衡平面 $T'$ 和 $T''$ 内需加平衡质量的大小和方位的确定，则与前述静平衡设计

的方法完全相同，此处不再赘述。

由上述分析可得出如下结论：

① 动平衡的条件是：当转子转动时，转子上分布在不同平面内的各个质量所产生的空间离心惯性力系的合力及合力矩均为零。

② 对于动不平衡的转子，无论它有多少个偏心质量，都只需要在任选的两个平衡平面 $T'$ 和 $T''$ 内各增加或减少一个合适的平衡质量即可使转子获得动平衡，即对于动不平衡的转子，需加平衡质量的最少数目为 2。因此，动平衡又称为双面平衡，而静平衡则称为单面平衡。

③ 由于动平衡同时满足静平衡条件，所以经过动平衡的转子一定静平衡；反之，经过静平衡的转子则不一定是动平衡的。

因此，在进行动平衡设计时，首先需要根据转子的结构特点，在转子上选定两个适于安装平衡质量的平面作为平衡平面或校正平面；然后进行动平衡计算，以确定为平衡各偏心质量所产生的惯性力和惯性力矩而在两个平衡平面内增加的平衡质量的质径积大小和方向；最后选定向径，并将平衡质量加到转子相应的方位上，这样设计出来的转子在理论上就完全平衡了。

## 9.3  回转体的平衡试验

经过前述平衡设计的刚性转子在理论上是完全平衡的，但是由于制造和装配误差及材质不均匀等原因，实际生产出来的转子在运转时还会出现不平衡现象，仍然达不到预期的平衡。由于这种不平衡现象在设计阶段是无法确定和消除的，因此在生产过程中还需用试验的方法加以平衡。根据质量分布的特点，平衡试验法可分为静平衡试验法和动平衡试验法两种。

### 9.3.1  静平衡试验法

由前述可知，静不平衡的回转体，其质心偏离回转轴。利用静平衡架，找出不平衡质径积的大小和方向，并由此确定平衡质量的大小和位置，使质心移到回转轴线上而达到平衡。这种方法称为静平衡试验法。

对于圆盘形回转体，设圆盘直径为 $D$，其宽度为 $b$，当 $D/b \geqslant 5$ 时，这类回转体通常经静平衡试验校正后，可不必进行动平衡。

图 9-4(a) 所示为导轨式静平衡架。架上两根互相平行的钢制刀口形（也可做成圆柱形或棱柱形）导轨被安装在同一水平面内。试验时将回转体的轴放在导轨上。若回转体质心不在包含回转轴线的铅垂面内，则由于重力对回转轴线的静力矩作用，回转体将在导轨上发生滚动。待到滚动停止时，质心 $S$ 即处在最低位置，由此便可确定质心的偏移方向。然后用橡皮泥在质心相反方向加一适当的平衡质量，并逐步调整其大小或径向位置，直到该回转体在任意位置都能保持静止。这时所加的平衡质量与其向径的乘积即为该回转体达到静平衡需加的质径积。根据该回转体的结构情况，也可在质心偏移方向去掉同等大小的质径积来实现静平衡。

导轨式静平衡架简单可靠，其精度也能满足一般生产需要，缺点是它不能用于平衡两端轴径不等的回转体。

图 9-4(b) 所示为圆盘式静平衡架。待平衡回转体的轴放置在分别由两个圆盘组成的支承上，圆盘可绕其几何轴线转动，故回转体也可以自由转动。它的试验程序与上述相同。这类平衡架一端的支承高度可调，以便平衡两端轴颈不等的回转体。因圆盘中心的滚动轴承容易弄脏，致使摩擦阻力矩增大，故其精度略低于导轨式平衡架。

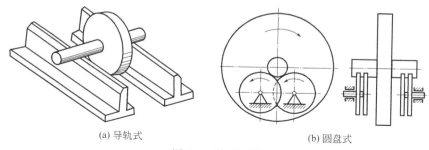

(a) 导轨式　　　　　　　　(b) 圆盘式

图 9-4　静平衡架

### 9.3.2　动平衡试验法

由动平衡原理可知，轴向尺寸较大的回转体，必须分别在任意两个校正平面内各加一个适当的质量，才能使回转体达到平衡。令回转体在动平衡试验机上运转，然后在两个选定的平面上分别找出所需平衡质径积的大小和方位，从而使回转体达到动平衡的方法称为动平衡试验法。

$D/b<5$（也有工厂在转速 $n<1000\mathrm{r/min}$ 时，取 $D/b<1$）的回转体或有特殊要求的重要回转体，一般都要进行动平衡。

动平衡试验机的支承是浮动的。当待平衡回转体在试验机上回转时，两端的浮动支承便产生机械振动。传感器把机械振动变换为电信号，即可在仪表上读出两个校正平面应加质径积的大小和相位。动平衡机的具体构造和操作方法可参看有关文献和产品说明书。

应当说明，任何转子，即使经过平衡试验也不可能达到完全平衡。实际应用中，过高的平衡要求既无必要，又徒增成本。因此，对不同工作条件的转子需要规定不同的许用不平衡量。

图 9-5 介绍一种软支承式电测动平衡试验机的工作原理。该机由电动机 1 通过带轮和万向联轴器 2 驱动安放在弹性支承架 3 上的试件 4。支承架使试件在某一近似的平面内（一般在水平面内）做微振动。如试件有不平衡量存在，则由此而产生的振动信号便由传感器 5 和 6 检测出。以上两传感器的输出电信号通过解算电路 7 进行处理，以消除两平衡校正面间的相互影响。然后经放大器 8 将信号放大。最后由电表 9 指示出不平衡质径积的大小。同时，由一对等传动比的齿轮 10 带动的基准信号发生器 11 产生与试件转速同步的信号，并与放大器 8 输

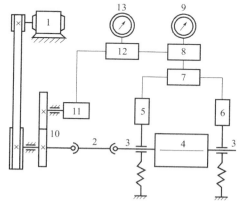

图 9-5　软支承式电测动平衡试验机原理

1—电动机；2—万向联轴器；3—弹性支承架；4—试件；
5,6—传感器；7—解算电路；8—放大器；
9,13—电表；10—齿轮；11—基
准信号发生器；12—鉴相器

出的信号一起输入鉴相器 12，经处理后在电表 13 上指示出不平衡质径积的相位。

电测动平衡机按照使用的技术手段和方法不同，有多种形式，以上仅是一种较为典型的机种。

需要指出的是，上述转子平衡试验都是在专用的平衡机上进行的。而对于一些尺寸很大的转子，如大型汽轮发电机的转子，要在平衡机上进行平衡是很困难的。此外，有些高速转子，虽然在出厂前已经进行过平衡试验且达到了良好的平衡精度，但由于运输、安装以及在长期运行过程中平衡条件发生变化等原因，仍会造成不平衡。在这些情况下，通常可进行现场平衡。所谓现场平衡，是指对旋转机械或部件在其运行状态或工作条件下的振动情况进行检测和分析，推断其在平衡平面上的等效不平衡量的大小和方位，以便采取措施减小由于不平衡所引起的振动。准确测定振动的幅值和相位是现场平衡的主要任务，有关这方面的内容可参阅有关资料，此处不再赘述。

# 思 考 题

9-1 为什么说经过静平衡的转子不一定是动平衡的，而经过动平衡的转子必定是静平衡的？

9-2 待平衡转子在静平衡架上滚动至停止时，其质心理论上应处于最低位置。但实际上由于存在滚动摩擦力，质心不一定到达最低位置，因而导致试验误差。用什么方法进行静平衡试验可以消除该项误差？

9-3 静平衡与动平衡的关系是什么？要求进行动平衡的回转体，如果只进行静平衡能否减轻不平衡质量造成的不良影响？

9-4 造成机械不平衡的原因可能有哪些？

9-5 图示盘形回转件上存在三个偏置质量，已知 $m_1=10kg$，$m_2=15kg$，$m_3=10kg$，$r_1=50mm$，$r_2=100mm$，$r_3=70mm$，设所有不平衡质量分布在同一回转平面内，应在什么方位、加多大的平衡质径积才能达到平衡？

9-6 图示回转件上存在空间分布的两个不平衡质量。已知 $m_A=500g$，$m_B=1000g$，$r_A=r_B=10mm$，转速 $n=3000r/min$。①求左右支承反力的大小和方向；②若在 $A$ 面加一平衡质径积 $m_j r_j$ 进行静平衡，求 $m_j r_j$ 的大小和方向；③求静平衡之后左、右支承反力的大小和方向；④静平衡后支承反力是增大还是减小？

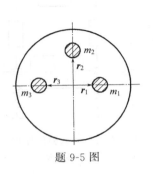

题 9-5 图

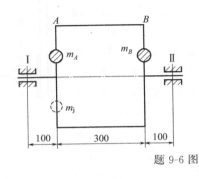 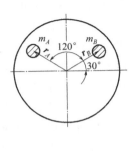

题 9-6 图

# 第3篇

# 机械传动机构设计

# 第10章

# 带传动和链传动

带传动和链传动都是通过中间挠性件（带或者链）传递运动和动力，适用于两轴中心距较大的场合。与应用广泛的齿轮传动相比，它们结构相对简单，成本低廉。因此，带传动和链传动都是常用的传动。

## 10.1 带传动概述

### 10.1.1 带传动的工作原理

带传动是工程上应用很广的一种机械传动。它由主动带轮 1、从动带轮 2 和紧套在两带轮上的环形传动带 3 组成，如图 10-1 所示。根据工作原理不同，它可以分为摩擦式带传动和啮合式带传动两种。如图 10-1(a) 所示为摩擦式带传动，工作时，它依靠传动带和带轮接触面间产生的摩擦力来传递运动和动力。如图 10-1(b) 所示为啮合式带传动，工作时，它依靠传动带内侧凸齿和带轮轮齿间的啮合来传递运动和动力，由于传动带与带轮间没有相对滑动，故又称为同步带传动。本章仅介绍摩擦式带传动。

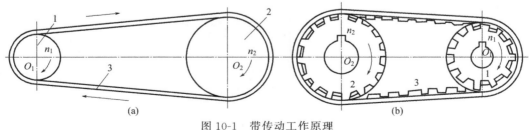

图 10-1　带传动工作原理

1—主动带轮；2—从动带轮；3—环形传动带

### 10.1.2 摩擦式带传动的类型

在摩擦式带传动中，根据带横截面形状不同，它可分为如下四种类型：

① 平带传动 如图 10-2(a) 所示，平带的横截面形状为矩形，其工作面为内表面，已经标准化。平带传动主要用于两带轮轴线平行、转向相同、距离较远的情况。

② V 带传动 如图 10-2(b) 所示，V 带的横截面形状为梯形，已标准化。V 带分普通 V 带、窄 V 带、宽 V 带等多种类型，其中普通 V 带应用最广，近年来窄 V 带也得到广泛的应用。V 带传动是把 V 带紧套在 V 带轮上的梯形轮槽内，使 V 带的两个侧面与 V 带轮槽的两侧面楔紧，从而产生摩擦力来传递运动和动力，故 V 带的工作面是两个侧面。由力学知识可知，在相同的预紧力 $F_0$ 作用下，V 带产生的摩擦力要比平带产生的摩擦力大得多。因此，V 带传递功率大，传动能力强，结构紧凑，用途最广。本章仅介绍普通 V 带传动。

③ 圆带传动 如图 10-2(c) 所示，圆带的横截面形状为圆形。工作时，由于圆带与带轮间的摩擦力较小，故传递功率小，圆带传动只适用低速、轻载的机械，如缝纫机、磁带盘等传动机构。

④ 多楔带传动 如图 10-2(d) 所示，多楔带是在平带基体上由若干根 V 带组成的传动带。它兼有平带和 V 带的优点，柔性好、摩擦力大、能传递较大的功率，并解决了多根 V 带受力不均匀的问题。它主要用于传递功率大，且要求结构紧凑的场合。

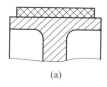  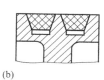  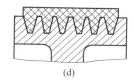

| (a) | (b) | (c) | (d) |

图 10-2 带的横截面形状

### 10.1.3 V 带的结构、标准及张紧装置

V 带由抗拉体、顶胶、底胶和包布组成，如图 10-3 所示。抗拉体是承受负载拉力的主体，其上下的顶胶和底胶分别承受弯曲时的拉伸和压缩，外壳用橡胶帆布包围成形。抗拉体由帘布或线绳组成，绳芯结构柔软易弯，有利于提高寿命。抗拉体的材料可采用化学纤维或棉织物，前者的承载能力较强。

如图 10-4 所示，当带受纵向弯曲时，带的外部受到拉伸，内部受到压缩，而在带中保持原长度不变的周线称为节线；由全部节线构成的面称为节面。带的节面宽度称为节宽 ($b_p$)，当带受纵向弯曲时，该宽度保持不变。

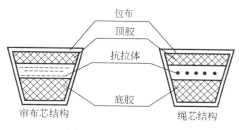

图 10-3 V 带的结构

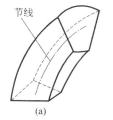 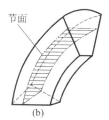

图 10-4 V 带的节线和节面

普通 V 带和窄 V 带已标准化，按截面尺寸的不同，普通 V 带有七种型号，窄 V 带有四种型号，见表 10-1。

表 10-1  V 带截面尺寸

| 类型 | | 节宽 $b_p$/mm | 顶宽 $b$/mm | 高度 $h$/mm | 单位长度质量 $q$/(kg/m) |
|---|---|---|---|---|---|
| 普通 V 带 | 窄 V 带 | | | | |
| Y | | 5.3 | 6.0 | 4.0 | 0.04 |
| Z | (SPZ) | 8.5<br>8 | 10<br>10 | 6.0<br>8 | 0.06<br>0.07 |
| A | (SPA) | 11.0<br>11 | 13.0<br>13 | 8.0<br>10 | 0.1<br>0.12 |
| B | (SPB) | 14.0<br>14 | 17.0<br>17 | 11.0<br>14 | 0.17<br>0.2 |
| C | (SPC) | 19.0<br>19 | 22.0<br>22 | 14.0<br>18 | 0.30<br>0.37 |
| D | | 27.0 | 32.0 | 19.0 | 0.60 |
| E | | 32 | 38.0 | 23.0 | 0.87 |

与普通 V 带相比，当顶宽相同时，窄 V 带的高度较大，摩擦面较大，且用合成纤维绳或钢丝绳作抗拉体，故承载能力可提高 1.5～2.5 倍，适用于传递动力大而又要求传动结构紧凑的场合。

带传动主要用于两轴平行而且回转方向相同的场合，这种传动称为开口传动。如图 10-5 所示，当带的张紧力为规定值时，两带轮轴线间的距离 $a$ 称为中心距。带被张紧时，带与带轮接触弧所对的中心角称为包角。包角是带传动的一个重要参数。设 $d_1$、$d_2$ 分别为小轮、大轮的直径，$L$ 为带长，则带轮的包角

$$\alpha = \pi \pm 2\theta$$

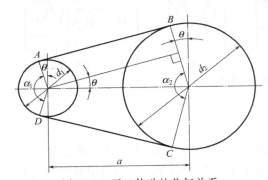

图 10-5  开口传动的几何关系

因 $\theta$ 角较小，以 $\theta = \sin\theta = \dfrac{d_2 - d_1}{2a}$ 代入上式得

$$\alpha = \pi \pm \frac{d_2 - d_1}{a}\text{rad}$$

或

$$\alpha = 180° \pm \frac{d_2 - d_1}{a} \times 57.3°$$

式中 "+" 号适用于大轮包角 $\alpha_2$，"-" 号适用于小轮包角 $\alpha_1$。

带长

$$L = 2\overline{AB} + BC + AD = 2a\cos\theta + \frac{\pi}{2}(d_1 + d_2) + \theta(d_2 - d_1)$$

以 $\cos\theta \approx 1 - \dfrac{1}{2}\theta^2$ 及 $\theta \approx \dfrac{d_2 - d_1}{2a}$ 代入上式得

$$L \approx 2a + \frac{\pi}{2}(d_1 + d_2) + \frac{(d_2 - d_1)^2}{4a}$$

已知带长时，由上式可得中心距

$$a \approx \frac{1}{8}\{2L - \pi(d_1 + d_2) + \sqrt{[2L - \pi(d_1 + d_2)]^2 - 8(d_2 - d_1)^2}\}$$

带传动不仅安装时必须把带张紧在带轮上，而且当带工作一段时间之后，发生永久伸长松弛时，还应将带重新张紧。

带传动常用的张紧方法是调节中心距。如用调节螺钉 1 使装有带轮的电动机沿滑轨 2 移动，如图 10-6(a) 所示，或用螺杆及调节螺母 1 使电动机绕小轴 2 摆动，如图 10-6(b) 所示。前者适用于水平或倾斜不大的布置，后者适用于垂直或接近垂直的布置形式。当中心距不能调节时，可采用具有张紧轮的装置，如图 10-6(c) 所示，它靠悬重 1 将张紧轮 2 压在带上，以保持带的张紧。

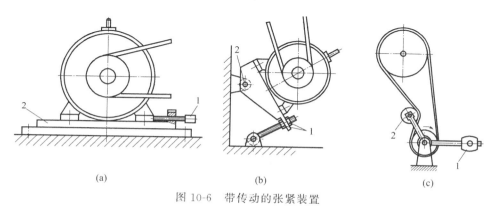

图 10-6　带传动的张紧装置

### 10. 1. 4　带传动的工作特点和适用范围

① 带是挠性件，具有良好的弹性，故能吸振、缓冲，传动平稳，噪声小。
② 过载时，带会在小带轮上打滑，可以防止机械因过载而损坏，起到安全保护作用。
③ 结构简单，制造、安装、维护方便，成本低廉，适用于两轴中心距较大的场合。
④ 传动比不够准确，外廓尺寸较大，需用张紧装置，不适用于高温和有化学腐蚀物质的场合。
⑤ 带的寿命较短，传动效率低。

综上所述，带传动主要适用于功率 $P \leqslant 50\mathrm{kW}$；带速 $v = 5 \sim 25\mathrm{m/s}$；特种高速带 $v$ 可达 $60\mathrm{m/s}$；传动比 $i \leqslant 5$，最大可达 10；要求传动平稳，但传动比不要求准确的机械中。

## 10. 2　带传动的受力分析和应力分析

### 10. 2. 1　带传动的受力分析

带传动安装时，带张紧地套在两带轮上，使带受到拉力的作用，这种拉力称为预紧力，用 $F_0$ 表示。若带传动处于静止，带上下两边所受的拉力相等，均等于 $F_0$，如图 10-7(a) 所示。

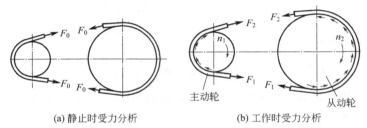

(a) 静止时受力分析　　　　(b) 工作时受力分析

图 10-7　带传动的受力分析

带传动工作时，设主动轮 1 以转速 $n_1$ 转动，带与带轮接触面间便产生摩擦力。正是这种摩擦力的作用，使带绕入主动轮 1 的一边被拉紧，称为紧边，其拉力由 $F_0$ 增大到 $F_1$；使带绕入从动轮 2 的一边被放松，称为松边，其拉力由 $F_0$ 减小到 $F_2$，如图 10-7（b）所示。如果近似地认为带工作时的总长度不变，则紧边拉力的增加量应等于松边拉力的减少量，即

$$F_1 - F_0 = F_0 - F_2$$

或

$$F_1 + F_2 = 2F_0 \tag{10-1}$$

带传动工作时，紧边与松边的拉力差值是带传动中起着传递功率作用的拉力，此拉力称为带传动的有效拉力，用 $F$ 表示，它等于带与带轮接触面上各点摩擦力的总和，故有

$$F = F_1 - F_2 \tag{10-2}$$

此时，带所能传递的功率为

$$P = \frac{Fv}{1000}(\mathrm{kW}) \tag{10-3}$$

## 10.2.2　带传动的最大有效拉力及其影响因素

若带所需传递的圆周力超过带与带轮轮面间的极限摩擦力总和时，带与带轮将发生显著地相对滑动，这种现象称为打滑。也就是带在即将打滑时，带与带轮接触面间摩擦力达到最大，即带传动的有效拉力达到最大值。经常出现打滑将使带的磨损加剧、传动效率降低，致使传动失效。

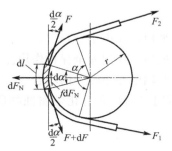

图 10-8　带的受力分析

现以平带传动为例，分析带在即将打滑时紧边拉力 $F_1$ 与松边拉力 $F_2$ 的关系。如图 10-8 所示，在平带上截取一微弧段 $\mathrm{d}l$，对应的包角为 $\mathrm{d}\alpha$。设微弧段两端的拉力分别为 $F$ 和 $F + \mathrm{d}F$，带轮给微弧段的正压力为 $\mathrm{d}F_N$，带与轮面间的极限摩擦力为 $f\mathrm{d}F_N$。若不考虑带的离心力，由法向和切向各力的平衡得

$$\mathrm{d}F_N = F\sin\frac{\mathrm{d}\alpha}{2} + (F + \mathrm{d}F)\sin\frac{\mathrm{d}\alpha}{2}$$

$$f\mathrm{d}F_N = (F + \mathrm{d}F)\cos\frac{\mathrm{d}\alpha}{2} - F\cos\frac{\mathrm{d}\alpha}{2}$$

因 $\mathrm{d}\alpha$ 很小，可取 $\sin\dfrac{\mathrm{d}\alpha}{2} \approx \dfrac{\mathrm{d}\alpha}{2}$，$\cos\dfrac{\mathrm{d}\alpha}{2} \approx 1$，并略去二阶微量 $\mathrm{d}F \cdot \dfrac{\mathrm{d}\alpha}{2}$，将以上两式化简得

$$dF_N = F d\alpha$$

$$f dF_N = dF$$

由上两式得

$$\frac{dF}{F} = f d\alpha$$

$$\int_{F_2}^{F_1} \frac{dF}{F} = \int_0^\alpha f d\alpha$$

$$\ln \frac{F_1}{F_2} = f\alpha$$

此时紧边拉力 $F_1$ 与松边拉力 $F_2$ 之间的关系，可用欧拉公式表示，即

$$\frac{F_1}{F_2} = e^{f\alpha} \tag{10-4}$$

式中　$f$——带与轮面间的摩擦系数；

　　　　$\alpha$——带轮的包角，rad；

　　　　$e$——自然对数的底，$e \approx 2.718$。

上式是挠性体摩擦的基本公式。

由式（10-1）、式（10-2）、式（10-4）可得，带传动的最大有效拉力为

$$\left.\begin{array}{l} F_1 = F \dfrac{e^{f\alpha}}{e^{f\alpha} - 1} \\[2mm] F_2 = F \dfrac{1}{e^{f\alpha} - 1} \\[2mm] F = F_1 - F_2 = F_1 \left(1 - \dfrac{1}{e^{f\alpha}}\right) \end{array}\right\} \tag{10-5}$$

由式（10-5）可知，带传动的最大有效拉力 $F$ 与下面几个因素有关：

① 预紧力 $F_0$　带传动的最大有效拉力 $F$ 与预紧力 $F_0$ 成正比，即预紧力 $F_0$ 越大，带传动的最大有效拉力 $F$ 也越大。但 $F_0$ 过大时，将使带的磨损加剧，以致过快松弛，缩短带的使用寿命。若 $F_0$ 过小时，则带所能传递的功率 $P$ 减小，运转时容易发生跳动和打滑的现象。

② 主动带轮上的包角 $\alpha_1$　带传动的最大有效拉力 $F$ 与主动带轮上的包角 $\alpha_1$ 也成正比，即随着包角 $\alpha_1$ 的增大而增大。为了保证带具有一定的传动能力，在设计中一般要求主动带轮上的包角 $\alpha_1 \geqslant 120°$。

③ 当量摩擦系数 $f$　同理可知，带传动的最大有效拉力 $F$ 随着当量摩擦系数的增大而增大。这是因为其他条件不变时，当量摩擦系数 $f$ 越大，摩擦力就越大，传动能力也就越强。

增大包角或（和）增大摩擦系数，都可提高带传动所能传递的圆周力。因小轮包角 $\alpha_1$ 小于大轮包角 $\alpha_2$，故计算带传动所能传递的圆周力时，上式中应取 $\alpha_1$。

V 带传动与平带传动的初拉力相等（即带压向带轮的压力同为 $F_Q$，如图 10-9 所示）时，它们的法向力 $F_N$ 则不相同。平带的极限摩擦力为 $F_N f = F_Q f$，而 V 带的极限摩擦力为

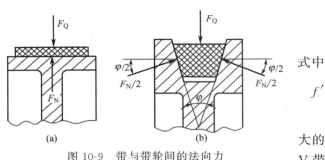

图 10-9 带与带轮间的法向力

$$F_N f = \frac{F_Q}{\sin \dfrac{\varphi}{2}} f = F_Q f'$$

式中　　　　$\varphi$——V 带轮轮槽角；

　　　　$f' = f / \sin \dfrac{\varphi}{2}$——当量摩擦系数。

显然，在相同条件下，V 带能传递较大的功率。或者说，在传递相同功率时，V 带传动的结构较为紧凑。

引用当量摩擦系数的概念，以 $f'$ 代替 $f$，即可将式（10-4）和式（10-5）应用于 V 带传动。

### 10.2.3　带传动的应力分析

带在工作过程中，其横截面上将存在三种应力。

**（1）拉应力**

带工作时，由于紧边与松边的拉力不同，其横截面上的拉应力也不相同。由材料力学可知，紧边拉应力 $\sigma_1$ 与松边拉应力 $\sigma_2$ 分别为

$$\sigma_1 = \frac{F_1}{A}$$

$$\sigma_2 = \frac{F_2}{A} \tag{10-6}$$

式中　$A$——带的横截面面积，$m^2$。

**（2）离心拉应力**

带工作时，带绕过带轮作圆周运动而产生离心力，离心力将使带受拉，在横截面上产生离心拉应力，其大小为

$$\sigma_c = \frac{qv^2}{A} \tag{10-7}$$

式中　$q$——带的单位长度的质量，kg/m（各种普通 V 带的单位长度质量见表 10-1）。

由式（10-7）可知，带速 $v$ 越高，离心拉应力 $\sigma_c$ 越大，降低了带的使用寿命；反之，由式（10-3）可知，若带的传递功率不变，带速 $v$ 越低，则带的有效拉力越大，使所需的 V 带根数增多。因此，在设计中一般要求带速 $v$ 应控制在 5～25m/s 的范围内。

**（3）弯曲应力**

带绕过带轮时，由于带的弯曲变形而产生弯曲应力，一般主、从带轮的基准直径不同，带在两带轮上产生的弯曲应力也不相同。由材料力学可知，其弯曲应力分别为

$$\left. \begin{array}{l} \sigma_{b1} = \dfrac{2yE}{d_1} \\[3mm] \sigma_{b2} = \dfrac{2yE}{d_2} \end{array} \right\} \tag{10-8}$$

式中　$E$——带材料的拉压弹性模量，MPa；

　　　$y$——带的中性层到最外层的距离，mm；

$d_1$，$d_2$——主动带轮（即小带轮）、从动带轮（即大带轮）的基准直径，mm。

由式（10-8）可知，带越厚、带轮基准直径越小，带的弯曲应力就越大。所以，在设计时，一般要求小带轮的基准直径 $d_1$ 大于或等于该型号带所规定的带轮最小基准直径 $d_{min}$（见表 10-2），即 $d_1 \geqslant d_{min}$。

表 10-2　V 带轮最小基准直径

| 带型 | Y | Z | SPZ | A | SPA | B | SPB | C | SPC | D | E |
|---|---|---|---|---|---|---|---|---|---|---|---|
| $d_{min}$/mm | 20 | 50 | 63 | 75 | 90 | 125 | 140 | 200 | 224 | 355 | 500 |
| 基准直径系列 | 20　22.4　25　28　31.5　40　45　50　56　63　71　75　80　85　90　95　100　106　112　118　125　132　140　150　160　170　180　200　212　224　236　250　265　280　300　315　355　375　400　425　450　475　500　530　560　600　630　670　710　750　800　900　1000　1120　1250 等 | | | | | | | | | | |

综上所述，带工作时，其横截面上的应力是不同的，沿着带轮的转动方向，绕在主动带轮上的带横截面拉应力由 $\sigma_1$ 逐渐降到 $\sigma_2$；绕在从动带轮上的带横截面拉应力由 $\sigma_2$ 逐渐地增大到 $\sigma_1$，其应力分布情况参见图 10-10。由图可知，带的紧边绕入小带轮处横截面上的应力为最大，其值为

$$\sigma_{max} = \sigma_1 + \sigma_{b1} + \sigma_c \tag{10-9}$$

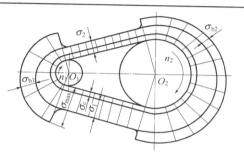

图 10-10　带传动的应力分析

# 10.3　带传动的弹性滑动

带是弹性元件，在拉力作用下会产生弹性伸长，其弹性伸长量随拉力大小而变化。工作时，由于 $F_1 > F_2$，因此紧边产生的弹性伸长量大于松边弹性伸长量。如图 10-11 所示，带绕入主动带轮时，带上的 B 点和轮上的 A 点相重合且速度相等。主动带轮以圆周速度 $v_1$ 由 A 点转到 $A_1$ 点时，带所受的拉力由 $F_1$ 逐渐降到 $F_2$，带的弹性伸长量也逐渐减少，从而使带沿带轮表面逐渐向后收缩而产生相对滑动，这种由于拉力差和带的弹性变形而引起的相对滑动称为弹性滑动。正由于存在弹性滑动，使带上的 B 点滞后于主动带轮上的 A 点而运动到 $B_1$ 点，使带速 $v$ 小于主动带轮圆周速度 $v_1$。同理，弹性滑动也发生在从动带轮上，但情况恰恰相反，即从动带轮上的 C 点转到 $C_1$ 点时，由于拉力逐渐增大，带将逐渐伸长，使带沿带轮表面逐渐向前滑动一微小距离 $C_1D_1$，使带速 $v$ 大于从动带轮圆周速度 $v_2$。

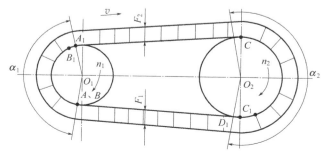

图 10-11　带传动的弹性滑动

　　弹性滑动和打滑是两个截然不同的概念。当传递的外载荷增大时，所需的有效拉力 $F$ 也随着增加，当 $F$ 达到一定数值时，带与带轮接触面间的摩擦力总和达到极限值。若外载荷再继续增大，带将在主动带轮上发生全面滑动，这种现象称为打滑。打滑使从动带轮转速急剧下降，带的磨损严重加剧，是带传动的一种失效形式，在工作中应予以避免。打滑是指由过载引起的全面滑动，应当避免。弹性滑动是由紧、松边拉力差引起的，只要传递圆周力，出现紧边和松边，就一定会发生弹性滑动，所以弹性滑动是不可避免的。

　　设 $d_1$、$d_2$ 为主、从动轮的直径（mm），$n_1$、$n_2$ 为主、从动轮的转速（r/min），则两轮的圆周速度分别为

$$v_1 = \frac{\pi d_1 n_1}{60 \times 1000} \quad \text{m/s}, \quad v_2 = \frac{\pi d_2 n_2}{60 \times 1000} \quad \text{m/s}$$

　　由于弹性滑动是摩擦式带传动中不可避免的现象，它使从动带轮的圆周速度 $v_2$ 小于主动带轮的圆周速度 $v_1$，从而产生速度损失。从动带轮圆周速度的降低程度可用滑动率 $\varepsilon$ 表示，即

$$\varepsilon = \frac{v_1 - v_2}{v_1} = \frac{d_1 n_1 - d_2 n_2}{d_1 n_1}$$

因此，从动带轮实际转速为

$$n_2 = \frac{n_1 d_1 (1 - \varepsilon)}{d_2}$$

带传动的实际传动比为

$$i = \frac{n_1}{n_2} = \frac{d_2}{d_1 (1 - \varepsilon)} \tag{10-10}$$

　　在一般传动中，由于带的滑动率 $\varepsilon$ 很小，其值为 $1\% \sim 2\%$，故一般计算时可忽略不计，而取传动比为

$$i = \frac{n_1}{n_2} \approx \frac{d_2}{d_1} \tag{10-11}$$

# 10.4　带传动的失效形式、设计准则和许用功率

### 10.4.1　带传动的主要失效形式

　　根据带的受力分析和应力分析可知，带传动的主要失效形式有以下三种：

　　① 带工作时，若所需的有效拉力 $F$ 超过了带与带轮接触面间摩擦力的极限值，带将在主动带轮上打滑，使带不能传递动力而发生失效。

　　② 带工作时其横截面上的应力是交变应力，当这种交变应力的循环次数超过一定数值后，会发生疲劳破坏，导致带传动失效。

　　③ 带工作时，存在弹性滑动和打滑的现象，使带产生磨损，一旦磨损过度，将导致带传动失效。

### 10.4.2　V带传动的设计准则和基本额定功率

　　由于带传动的主要失效形式是带在主动带轮上打滑、带的疲劳破坏和过度磨损，因此带

传动的设计准则是：在保证带传动不打滑的条件下，使带具有一定的疲劳强度和使用寿命。

为了方便设计，将在特定条件下单根 V 带不打滑又具有一定的疲劳强度和寿命时所能传递的功率称为单根 V 带的基本额定功率，用 $P_0$ 表示，常用型号的单根普通 V 带 $P_0$ 值见表 10-3。其中特定条件是指：载荷平稳，两带轮上的包角 $\alpha_1 = \alpha_2 = 180°$，带长为特定基准长度，带为一定材质和结构等。

**表 10-3 特定条件时单根普通 V 带基本额定功率 $P_0$** kW

| 型号 | 小带轮基准直径/mm | 小带轮转速 $n_1/(\text{r/min})$ | | | | | | | | | | |
|---|---|---|---|---|---|---|---|---|---|---|---|---|
| | | 200 | 400 | 800 | 950 | 1200 | 1450 | 1600 | 1800 | 2000 | 2400 | 2800 |
| Z | 50 | 0.04 | 0.06 | 0.10 | 0.12 | 0.14 | 0.16 | 0.17 | 0.19 | 0.20 | 0.22 | 0.26 |
| | 56 | 0.04 | 0.06 | 0.12 | 0.14 | 0.17 | 0.19 | 0.20 | 0.23 | 0.25 | 0.30 | 0.33 |
| | 63 | 0.05 | 0.08 | 0.15 | 0.18 | 0.22 | 0.25 | 0.27 | 0.30 | 0.32 | 0.37 | 0.41 |
| | 71 | 0.06 | 0.09 | 0.20 | 0.23 | 0.27 | 0.30 | 0.33 | 0.36 | 0.39 | 0.46 | 0.50 |
| | 80 | 0.10 | 0.14 | 0.22 | 0.26 | 0.30 | 0.35 | 0.39 | 0.42 | 0.44 | 0.50 | 0.56 |
| | 90 | 0.10 | 0.14 | 0.24 | 0.28 | 0.33 | 0.36 | 0.40 | 0.44 | 0.48 | 0.54 | 0.60 |
| A | 75 | 0.15 | 0.26 | 0.45 | 0.51 | 0.60 | 0.68 | 0.73 | 0.79 | 0.84 | 0.92 | 1.00 |
| | 90 | 0.22 | 0.39 | 0.68 | 0.77 | 0.93 | 1.07 | 1.15 | 1.25 | 1.34 | 1.50 | 1.64 |
| | 100 | 0.26 | 0.47 | 0.83 | 0.95 | 1.14 | 1.32 | 1.42 | 1.58 | 1.66 | 1.87 | 2.05 |
| | 112 | 0.31 | 0.56 | 1.00 | 1.15 | 1.39 | 1.61 | 1.74 | 1.89 | 2.04 | 2.30 | 2.51 |
| | 125 | 0.37 | 0.67 | 1.19 | 1.37 | 1.66 | 1.92 | 2.07 | 2.26 | 2.44 | 2.74 | 2.98 |
| | 140 | 0.43 | 0.78 | 1.41 | 1.62 | 1.96 | 2.28 | 2.45 | 2.66 | 2.87 | 3.22 | 3.48 |
| | 160 | 0.51 | 0.94 | 1.69 | 1.95 | 2.36 | 2.73 | 2.54 | 2.98 | 3.42 | 3.80 | 4.06 |
| | 180 | 0.59 | 1.09 | 1.97 | 2.27 | 2.74 | 3.16 | 3.40 | 3.67 | 3.93 | 4.32 | 4.54 |
| B | 125 | 0.48 | 0.84 | 1.44 | 1.64 | 1.93 | 2.19 | 2.33 | 2.50 | 2.64 | 2.85 | 2.96 |
| | 140 | 0.59 | 1.05 | 1.82 | 2.08 | 2.47 | 2.82 | 3.00 | 3.23 | 3.42 | 3.70 | 3.85 |
| | 160 | 0.74 | 1.32 | 2.32 | 2.66 | 3.17 | 3.62 | 3.86 | 4.15 | 4.40 | 4.75 | 4.89 |
| | 180 | 0.88 | 1.59 | 2.81 | 3.22 | 3.85 | 4.39 | 4.68 | 5.02 | 5.30 | 5.67 | 5.76 |
| | 200 | 1.02 | 1.85 | 3.30 | 3.77 | 4.50 | 5.13 | 5.46 | 5.83 | 6.13 | 6.47 | 6.43 |
| | 224 | 1.19 | 2.17 | 3.86 | 4.42 | 5.26 | 5.97 | 6.33 | 6.73 | 7.02 | 7.25 | 6.95 |
| | 250 | 1.37 | 2.50 | 4.46 | 5.10 | 6.04 | 6.82 | 7.20 | 7.63 | 7.87 | 7.89 | 7.14 |
| | 280 | 1.58 | 2.89 | 5.13 | 5.85 | 6.90 | 7.76 | 8.13 | 8.46 | 8.60 | 8.22 | 6.80 |
| C | 200 | 1.39 | 2.41 | 4.07 | 4.58 | 5.29 | 5.84 | 6.07 | 6.28 | 6.34 | 6.02 | |
| | 224 | 1.70 | 2.99 | 5.12 | 5.78 | 6.71 | 7.45 | 7.75 | 8.00 | 8.06 | 7.57 | 5.01 |
| | 250 | 2.03 | 3.62 | 6.23 | 7.04 | 8.21 | 9.08 | 9.38 | 9.63 | 9.62 | 8.75 | 6.08 |
| | 280 | 2.42 | 4.32 | 7.52 | 8.49 | 9.81 | 10.72 | 11.06 | 11.22 | 11.04 | 9.50 | 6.56 |
| | 315 | 2.84 | 5.14 | 8.92 | 10.05 | 11.53 | 12.46 | 12.72 | 12.67 | 12.14 | 9.43 | 6.13 |
| | 355 | 3.36 | 6.05 | 10.46 | 11.73 | 13.31 | 14.12 | 14.19 | 13.73 | 12.59 | 7.98 | 4.16 |
| | 400 | 3.91 | 7.06 | 12.10 | 13.48 | 15.04 | 15.53 | 15.24 | 14.08 | 11.95 | 4.34 | |
| | 450 | 4.51 | 8.20 | 13.80 | 15.23 | 16.59 | 16.47 | 15.57 | 13.29 | 9.64 | | |

实际上，大多数 V 带的工作条件与上述特定条件不同，故需要对 $P_0$ 值进行修正，将单根 V 带在实际工作条件下所能传递的功率称为许用功率，记为 $[P_0]$。其计算式为

$$[P_0] = (P_0 + \Delta P_0) K_\alpha K_L \tag{10-12}$$

式中 $\Delta P_0$——单根 V 带的基本额定功率增量，kW（考虑 $P_0$ 是按 $\alpha_1 = \alpha_2 = 180°$，即 $d_1 =$

$d_2$ 的条件计算的，而当传动比不等于 1 时，V 带在大带轮上的弯曲应力较小，在相同寿命条件下，可增大传递的功率，其值见表 10-4）；

$K_\alpha$——包角修正系数（考虑包角 $\alpha_1 \neq 180°$ 时对传动能力的影响，其 $K_\alpha$ 值见表 10-5）；

$K_L$——带长修正系数（考虑到实际带长不等于特定基准长度时对传动能力的影响，$K_L$ 值参见表 10-6）。

在 V 带轮上，与所配用 V 带的节面宽度 $b_p$ 相对应的带轮直径称为基准直径 $d$。V 带在规定的张紧力下，位于带轮基准直径上的周线长度称为基准长度 $L_d$。V 带长度系列见表 10-6。

**表 10-4  单根普通 V 带的基本额定功率增量 $\Delta P_0$**  　　　　kW

| 型号 | 传动比 $i$ | 小带轮转速 $n_1$(r/min) | | | | | | | | | |
| | | 400 | 730 | 800 | 980 | 1200 | 1460 | 1600 | 2000 | 2400 | 2800 |
|---|---|---|---|---|---|---|---|---|---|---|---|
| Z | 1.35~1.51 | 0.01 | 0.01 | 0.01 | 0.02 | 0.02 | 0.02 | 0.02 | 0.03 | 0.03 | 0.04 |
| | 1.52~1.99 | 0.01 | 0.01 | 0.02 | 0.02 | 0.02 | 0.02 | 0.03 | 0.03 | 0.04 | 0.04 |
| | ≥2 | 0.01 | 0.02 | 0.02 | 0.02 | 0.03 | 0.03 | 0.03 | 0.04 | 0.04 | 0.04 |
| A | 1.35~1.51 | 0.04 | 0.07 | 0.08 | 0.08 | 0.11 | 0.13 | 0.15 | 0.19 | 0.23 | 0.26 |
| | 1.52~1.99 | 0.04 | 0.08 | 0.09 | 0.10 | 0.13 | 0.15 | 0.17 | 0.22 | 0.26 | 0.30 |
| | ≥2 | 0.05 | 0.09 | 0.10 | 0.11 | 0.15 | 0.17 | 0.19 | 0.24 | 0.29 | 0.34 |
| B | 1.35~1.51 | 0.10 | 0.17 | 0.20 | 0.23 | 0.30 | 0.36 | 0.39 | 0.49 | 0.59 | 0.69 |
| | 1.52~1.99 | 0.11 | 0.20 | 0.23 | 0.26 | 0.34 | 0.40 | 0.45 | 0.56 | 0.62 | 0.79 |
| | ≥2 | 0.13 | 0.22 | 0.25 | 0.30 | 0.38 | 0.46 | 0.51 | 0.63 | 0.76 | 0.89 |
| C | 1.35~1.51 | 0.27 | 0.48 | 0.55 | 0.65 | 0.82 | 0.99 | 1.10 | 1.37 | 1.65 | 1.92 |
| | 1.52~1.99 | 0.31 | 0.55 | 0.63 | 0.74 | 0.94 | 1.14 | 1.25 | 1.57 | 1.88 | 2.19 |
| | ≥2 | 0.35 | 0.62 | 0.71 | 0.83 | 1.06 | 1.27 | 1.41 | 1.76 | 2.12 | 2.47 |

**表 10-5  包角修正系数 $K_\alpha$**

| 包角 $\alpha_1$ | 180° | 170° | 160° | 150° | 140° | 130° | 120° | 110° | 100° | 90° |
|---|---|---|---|---|---|---|---|---|---|---|
| $K_\alpha$ | 1.00 | 0.98 | 0.95 | 0.92 | 0.89 | 0.86 | 0.82 | 0.78 | 0.74 | 0.69 |

**表 10-6  V 带基准长度 $L_d$ 和带长修正系数 $K_L$**

| 基准长度 $L_d$/mm | 普通 V 带 | | | | | 窄 V 带 | | | |
| | Y | Z | A | B | C | SPZ | SPA | SPB | SPC |
|---|---|---|---|---|---|---|---|---|---|
| 400 | 0.96 | 0.87 | | | | | | | |
| 450 | 1.00 | 0.89 | | | | | | | |
| 500 | 1.02 | 0.91 | | | | | | | |
| 560 | | 0.94 | | | | | | | |
| 630 | | 0.96 | 0.81 | | | 0.82 | | | |
| 710 | | 0.99 | 0.83 | | | 0.84 | | | |
| 800 | | 1.00 | 0.85 | | | 0.86 | 0.81 | | |
| 900 | | 1.03 | 0.87 | 0.82 | | 0.88 | 0.83 | | |
| 1000 | | 1.06 | 0.89 | 0.84 | | 0.90 | 0.85 | | |
| 1120 | | 1.08 | 0.91 | 0.86 | | 0.93 | 0.87 | | |
| 1250 | | 1.11 | 0.93 | 0.88 | | 0.94 | 0.89 | 0.82 | |

续表

| 基准长度 $L_d$/mm | 普通 V 带 | | | | | 窄 V 带 | | | |
|---|---|---|---|---|---|---|---|---|---|
| | Y | Z | A | B | C | SPZ | SPA | SPB | SPC |
| 1400 | | 1.14 | 0.96 | 0.90 | | 0.96 | 0.91 | 0.84 | |
| 1600 | | 1.16 | 0.99 | 0.92 | 0.83 | 1.00 | 0.93 | 0.86 | |
| 1800 | | 1.18 | 1.01 | 0.95 | 0.86 | 1.01 | 0.95 | 0.88 | |
| 2000 | | | 1.03 | 0.98 | 0.88 | 1.02 | 0.96 | 0.90 | 0.81 |
| 2240 | | | 1.06 | 1.00 | 0.91 | 1.05 | 0.98 | 0.92 | 0.83 |
| 2500 | | | 1.11 | 1.03 | 0.93 | 1.07 | 1.00 | 0.94 | 0.86 |
| 2800 | | | 1.13 | 1.05 | 0.95 | 1.09 | 1.02 | 0.96 | 0.88 |
| 3150 | | | 1.17 | 1.07 | 0.97 | 1.11 | 1.04 | 0.98 | 0.90 |
| 3550 | | | 1.19 | 1.09 | 0.99 | 1.13 | 1.06 | 1.00 | 0.92 |
| 4000 | | | | 1.13 | 1.02 | | 1.08 | 1.02 | 0.94 |
| 4500 | | | | 1.15 | 1.04 | | 1.09 | 1.04 | 0.96 |
| 5000 | | | | 1.18 | 1.07 | | | 1.06 | 0.98 |

### 10.4.3　确定计算功率 $P_c$

计算功率 $P_c$ 是根据传递的功率 $P$，并考虑到载荷性质和每天工作时间等因素的影响而确定的，即

$$P_c = K_A P \tag{10-13}$$

式中　$P$——所需传递的额定功率（如电动机的额定功率），kW；

　　　$K_A$——工作系数，见表 10-7。

表 10-7　工作系数 $K_A$

| 载荷性质 | 工作机 | 原动机 | | | | | |
|---|---|---|---|---|---|---|---|
| | | 电动机（交流启动、三角启动、直流并励）、四缸以上的内燃机 | | | 电动机（联机交流启动、直流复励或串励）、四缸以下的内燃机 | | |
| | | 每天工作的小时数/h | | | | | |
| | | <10 | 10~16 | >16 | <10 | 10~16 | >16 |
| 载荷变动很小 | 液体搅拌机、通风机和鼓风机(≤7.5kW)、离心式水泵和压缩机、轻负荷输送机 | 1.0 | 1.1 | 1.2 | 1.1 | 1.2 | 1.3 |
| 载荷变动小 | 带式输送机(不均匀负荷)、通风机(>7.5kW)、旋转式水泵和压缩机(非离心式)、发电机、金属切削机床、印刷机、旋转筛、锯木机和木工机械 | 1.1 | 1.2 | 1.3 | 1.2 | 1.3 | 1.4 |
| 载荷变动较大 | 制砖机、斗式提升机、往复式水泵和压缩机、起重机、磨粉机、冲剪机床、橡胶机械、振动筛、纺织机械、重载机 | 1.2 | 1.3 | 1.4 | 1.4 | 1.5 | 1.6 |

续表

| 载荷性质 | 工作机 | 原动机 | | | | | |
|---|---|---|---|---|---|---|---|
| | | 电动机(交流启动、三角启动、直流并励)、四缸以上的内燃机 | | | 电动机(联机交流启动、直流复励或串励)、四缸以下的内燃机 | | |
| | | 每天工作的小时数/h | | | | | |
| | | <10 | 10~16 | >16 | <10 | 10~16 | >16 |
| 载荷变动很大 | 破碎机(旋转式、颚式等)、磨碎机(球磨、棒磨、管磨) | 1.3 | 1.4 | 1.5 | 1.5 | 1.6 | 1.8 |

# 10.5  V 带传动的设计计算

### 10.5.1  选择 V 带型号

根据计算功率 $P_c$ 和小带轮的转速 $n_1$，由图 10-12、图 10-13 选定 V 带型号。

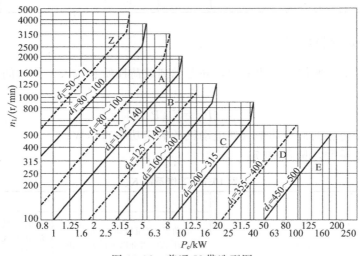

图 10-12  普通 V 带选型图

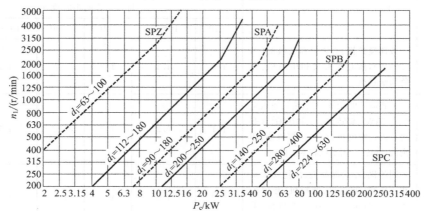

图 10-13  窄 V 带选型图

### 10.5.2 带轮直径和带速

**（1）初选小带轮基准直径 $d_1$**

小带轮基准直径越小，V 带的弯曲应力越大，会降低带的使用寿命；反之，若小带轮基准直径过大，则带传动的整体外廓尺寸增大，使结构不紧凑，故设计时小带轮基准直径 $d_1$ 应根据图 10-12 中的推荐值 $d_1$，并参考表 10-2 中的基准直径系列来选取，并使 $d_1 \geqslant d_{\min}$。

**（2）验算带速 $v$**

$$v = \frac{\pi d_1 n_1}{60 \times 1000} \mathrm{m/s} \tag{10-14}$$

一般应使带速 $v$ 控制在 $5 \sim 25\mathrm{m/s}$ 的范围内，若 $v$ 过大，则离心力大，降低带的使用寿命；反之若 $v$ 过小，传递功率不变时，则所需的 V 带的根数增多。

**（3）计算并确定大带轮基准直径 $d_2$**

$$d_2 = \frac{n_1}{n_2}(1-\varepsilon)d_1 \tag{10-15}$$

由上式计算出来的 $d_2$ 值，最后应取整为表 10-2 中的基准直径系列值。

### 10.5.3 带长和中心距

① 若中心距未给定，可先根据结构需要初定中心距 $a_0$。中心距过大，则传动结构尺寸大，且 V 带易颤动；中心距过小，小带轮包角 $\alpha_1$ 减小，降低传动能力，且带的绕转次数增多，降低带的使用寿命。因此中心距通常按下式初选，即

$$0.7(d_1+d_2) < a_0 < 2(d_1+d_2) \tag{10-16}$$

② 计算带长 $L_0$。$a_0$ 取定后，根据带传动的几何关系，按下式计算带长 $L_0$，即

$$L_0 = 2a_0 + \frac{\pi}{2}(d_1+d_2) + \frac{(d_2-d_1)^2}{4a_0} \tag{10-17}$$

③ 确定带的基准长度 $L_d$。根据 $L_0$ 和 V 带型号，由表 10-6 选取相应带的基准长度 $L_d$。

④ 确定实际中心距 $a_0$。根据选取的基准长度 $L_d$，按下式近似计算

$$a \approx a_0 + \frac{L_d - L_0}{2} \tag{10-18}$$

为了便于带的安装与张紧，中心距应留有调整的余量，中心距的变动范围为

$$a - 0.015L_d < a < a + 0.03L_d$$

### 10.5.4 验算小带轮包角

验算小带轮（即主动带轮）上的包角 $\alpha_1$

$$\alpha_1 = 180° - \frac{d_2-d_1}{a} \times 57.3° \tag{10-19}$$

一般要求 $\alpha_1 \geqslant 120°$，否则应采用加大中心距或减小传动比及加张紧轮等方式来增大 $\alpha_1$ 值。

### 10.5.5 V 带的根数

V 带的根数 $Z$ 可按下式计算，即

$$Z=\frac{P_c}{[P_0]}=\frac{P_c}{(P_0+\Delta P)K_aK_L} \tag{10-20}$$

计算出的 $Z$ 值最后应圆整为整数，为了使每根 V 带所受的载荷比较均匀，V 带的根数不能过多，一般取 $Z=3\sim6$ 根为宜，最多不超过 8 根，否则应改选带的型号并重新计算。

### 10.5.6 初拉力

在 V 带传动中，若预紧力 $F_0$ 过小，则产生的摩擦力小，易出现打滑；反之，预紧力 $F_0$ 过大，则降低带的使用寿命，增大对轴的压力。单根 V 带的预紧力可按下式计算，即

$$F_0=\frac{500P_c}{zv}\left(\frac{2.5}{K_a}-1\right)+qv^2 \text{N} \tag{10-21}$$

式中各符号的意义、单位同前文。

### 10.5.7 作用在轴上的力

带对轴的压力 $F_Q$ 是设计带轮所在的轴与轴承的依据。为了简化计算，可近似按两边的预紧力 $F_0$ 的合力来计算，如图 10-14 所示。

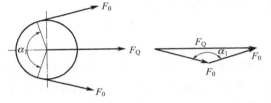

图 10-14 作用在轴上的力

$$F_Q=2ZF_0\sin\frac{\alpha_1}{2} \tag{10-22}$$

**实训** 设计一通风机用的 V 带传动。选用异步电动机驱动，已知电动机转速 $n_1=1460$r/min，通风机转速 $n_2=640$r/min，通风机输入功率 $P=9$kW，两班制工作。

**解：** ① 求计算功率 $P_c$ 查表 10-7 得 $K_A=1.2$，故

$$P_c=K_AP=1.2\times9=10.8(\text{kW})$$

② 选 V 带型号 可用普通 V 带或窄 V 带，现以普通 V 带为例。

根据 $P_c=10.8$kW，$n_1=1460$r/min，由图 10-12 查出此坐标点位于 A 型与 B 型交界处，现暂按选用 B 型计算。

③ 求大、小带轮基准直径 $d_2$、$d_1$ 查表 10-2，$d_1$ 应不小于 125，现取 $d_1=140$mm，由式(10-15) 得

$$d_2=\frac{n_1}{n_2}(1-\varepsilon)d_1=\frac{1460}{640}\times(1-0.02)\times140=313(\text{mm})$$

由表 10-2 取 $d_2=315$mm（虽使 $n_2$ 略有减小，但其误差小于 5%，故允许）。

④ 验算带速 $v$ 由式(10-14) 得

$$v=\frac{\pi d_1 n_1}{60\times1000}=\frac{140\times1460\pi}{60\times1000}=10.7(\text{m/s})$$

带速在 $5\sim25$m/s 范围内，合适。

⑤ 求 V 带基准长度 $L_d$ 和中心距 $a$ 初步选取中心距

$$a_0=1.5(d_1+d_2)=1.5\times(140+315)=682.5(\text{mm})$$

取 $a_0=700$mm，符合 $0.7(d_1+d_2)<a_0<2(d_1+d_2)$

由式(10-17) 得带长

$$L_0 = 2a_0 + \frac{\pi}{2}(d_2 + d_1) + \frac{(d_2 - d_1)^2}{4a_0}$$

$$= 2 \times 700 + \frac{\pi(140 + 315)}{2} + \frac{(315 - 140)^2}{4 \times 700} = 2126 \text{(mm)}$$

查表 10-6，对 B 型带选用 $L_d = 2240\text{mm}$。再由式（10-18）计算实际中心距

$$a \approx a_0 + \frac{L_d - L_0}{2} = 700 + \frac{2240 - 2126}{2} = 757 \text{(mm)}$$

⑥ 验算小带轮包角 $\alpha_1$　由包角公式得

$$\alpha_1 = 180° - \frac{d_2 - d_1}{a} \times 57.3° = 180° - \frac{315 - 140}{757} \times 57.3° = 167° > 120°$$

合适。

⑦ 求 V 带根数 $Z$　由式（10-20）得

$$Z = \frac{P_c}{(P_0 + \Delta P_0)K_a K_L}$$

令 $n_1 = 1460\text{r/min}$，$d_1 = 140\text{mm}$，查表 10-3 得

$$P_0 = 2.82\text{kW}$$

由式（10-10）得传动比

$$i = \frac{d_2}{d_1(1 - \varepsilon)} = \frac{315}{140 \times (1 - 0.02)} = 2.3$$

查表 10-4 得

$$\Delta P_0 = 0.46\text{kW}$$

由 $\alpha_1 = 167°$ 查表 10-5 得 $K_a = 0.97$，查表 10-6 得 $K_L = 1$，由此可得

$$Z = \frac{10.8}{(2.82 + 0.46) \times 0.97 \times 1} = 3.39$$

取 4 根。

⑧ 求作用在带轮轴上的压力 $F_Q$　查表 10-1 得 $q = 0.17\text{kg/m}$，故由式（10-21）得单根 V 带的初拉力

$$F_0 = \frac{500P_c}{zv}\left(\frac{2.5}{K_a} - 1\right) + qv^2 = \left[\frac{500 \times 10.8}{4 \times 10.7} \times \left(\frac{2.5}{0.97} - 1\right) + 0.17 \times 10.7^2\right]\text{N} = 218\text{N}$$

作用在轴上的压力

$$F_Q = 2ZF_0\sin\frac{\alpha_1}{2} = 2 \times 4 \times 218 \times \sin\frac{167°}{2}\text{N} = 1733\text{N}$$

⑨ 带轮结构设计（略）。

# 10.6　链传动概述

### 10.6.1　链传动的类型

在工程上，链传动是一种应用较广的机械传动。它是由主动链轮 1、从动链轮 2 和绕在链轮上的链条 3 所组成，如图 10-15 所示。工作时，依靠挠性件链条与链轮轮齿的啮合来传递运动和动力。

根据用途不同，链传动可分为传动链、起重链和输送链 3 种。传动链主要用在一般机械中传递运动和动力，用途最广；起重链主要用在起重机械中提升重物；输送链主要用在运输机械中移动重物。本章仅介绍传动链。

在传动链中，根据结构不同，可分为两种类型：滚子链（图 10-15）和齿形链（图 10-16）。齿形链工作时传动平稳，噪声和振动很小，又称无声链，但它结构复杂、质量大、价格贵、拆装困难，除特别的工作环境要求使用外，目前应用较少。而滚子链的结构简单、成本较低、应用范围很广，所以本章仅介绍滚子传动链的结构及设计。

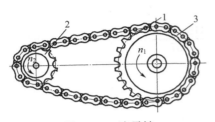

图 10-15　滚子链

1—主动链轮；2—从动链轮；3—链条

图 10-16　齿形链

1—齿形链；2—链轮

### 10.6.2　链传动的工作特点和适用范围

链传动具有以下特点：

① 由于链传动是啮合传动，故没有弹性滑动和打滑的现象，能保证准确的平均传动比。

② 链传动所需的预紧力较小，故对轴的压力较小，轴承磨损较小，传动效率较高。

③ 与 V 带传动相比，链传动能在高温、多粉尘、多油污、湿度大等恶劣环境下工作。

④ 与齿轮传动相比，链传动的制造和安装精度要求较低，中心距较大时其传动结构简单。

⑤ 工作时，瞬时传动比不恒定会产生动载荷，故传动平稳性较差，工作时有冲击、振动和噪声。

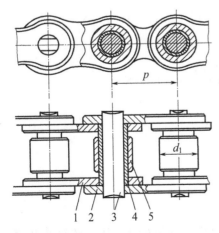

图 10-17　单排滚子链

1—内链板；2—外链板；3—销轴；

4—套筒；5—滚子

正由于链传动具有上述特点，链传动主要用于两轴线平行、中心距较大、同向转动、对瞬时传动比和传动平稳性无严格要求及工作条件恶劣的环境下使用。它被广泛地应用于矿山、冶金、石油化工和农业等机械设备中。

一般链传动的适用范围为：传动功率 $P \leqslant 100\mathrm{kW}$，链速 $v \leqslant 15\mathrm{m/s}$，传动比 $i \leqslant 8$，中心距 $a \leqslant 5 \sim 6\mathrm{m}$，传动效率 $\eta = 0.95 \sim 0.98$。

### 10.6.3　链条

#### (1) 滚子链的结构

如图 10-17 所示为单排滚子链的链结构，它由内链板 1、外链板 2、销轴 3、套筒 4 和滚子 5 所组成。其中，内链板与套筒之间、外链板与销轴之间分别用过盈配合固联。滚子与套筒之间、套筒与销轴之间均为间隙配合，这样形成一个铰链，使内、外链板可以相对转动。滚子是活套在套筒上的，工作时，滚子沿链轮齿廓滚动，这样就可以减轻齿廓的磨损。在内、外链板间应留有少许间隙，以便润滑油渗入套筒与销轴的摩擦面间。为了减轻链条重量和保持链条各横截面的强度大致相等，内、外链板通常制成"8"字形。一般链条各元件由碳钢或合金钢制成，并进行热处理以提高其强度和耐磨性。

在链条中，相邻两销轴中心之间的距离称为链的节距，用 $p$ 表示（图 10-17），它是链条的主要参数之一。一般链条的节距 $p$ 越大，链条的几何尺寸越大，承载能力越高。

组成环形链时，滚子链的接头形式如图 10-18 所示。当链节数为偶数时，内链节与外链节首尾相接，可以用开口销［图 10-18(a)］或弹簧卡［图 10-18(b)］，将销轴锁紧；当链节数为奇数时，需要用一个过渡链板连接，如图 10-18(c) 所示。工作时，过渡链板将受到附加弯曲应力作用，应尽量避免采用。因此在进行链传动的设计时，链节数最好取为偶数。

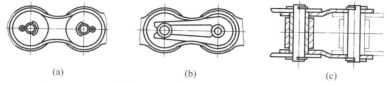

(a)　　　　　　　(b)　　　　　　　(c)

图 10-18　滚子链的接头形式

**（2）滚子链的标准**

滚子链的结构、基本参数和尺寸都已标准化，现摘录部分于表 10-8 中。

根据国家标准 GB/T 1243—2006《传动用短节距精密滚子链、套筒链、附件和链轮》的规定，滚子链分 A、B 两个系列。A 系列用于高速、重载和重要传动，B 系列用于一般传动。滚子链有单排和多排。当传动功率较大时，可选用双排链（图 10-19）或多排链，但排数不宜过多，最多为 6 排，以免各排受力不均匀。

滚子链的标记方法是：链号、排数、链长节数、国家标准编号。例如，A 系列、节距为 19.05mm、单排、88 节的滚子链，其标记为 12A—1×88　GB/T 1243—2006。

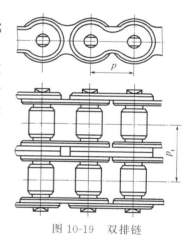

图 10-19　双排链

**表 10-8　A 系列滚子链的主要参数**

| 链号 | 节距 $p$/mm | 排距 $p_t$/mm | 滚子外径 $d_1$/mm | 极限载荷 $Q$（单排）/N | 每米长质量 $q$（单排）/(kg/m) |
| --- | --- | --- | --- | --- | --- |
| 08A | 12.70 | 14.38 | 7.95 | 13900 | 0.65 |
| 10A | 15.875 | 18.11 | 10.16 | 21800 | 1.00 |
| 12A | 19.05 | 22.78 | 11.91 | 31300 | 1.50 |
| 16A | 25.40 | 29.29 | 15.88 | 55600 | 2.60 |
| 20A | 31.75 | 35.76 | 19.05 | 87000 | 3.80 |
| 24A | 38.10 | 45.44 | 22.23 | 125000 | 5.06 |
| 28A | 44.45 | 48.87 | 25.40 | 170000 | 7.50 |

续表

| 链号 | 节距<br>$p$/mm | 排距<br>$p_t$/mm | 滚子外径<br>$d_1$/mm | 极限载荷<br>$Q$(单排)/N | 每米长质量<br>$q$(单排)/(kg/m) |
|---|---|---|---|---|---|
| 32A | 50.80 | 58.55 | 28.58 | 223000 | 10.10 |
| 40A | 63.50 | 71.55 | 39.68 | 347000 | 16.10 |
| 48A | 76.20 | 87.83 | 47.63 | 500000 | 22.60 |

注：1. 本表摘自 GB/T 1243—2006，表中链号与相应的国际标准链号一致，链号乘以 25.4/16 即为节距值（mm）。后缀 A 表示 A 系列。

2. 使用过渡链节时，其极限级荷按表列数值 80% 计算。

### 10.6.4 链轮

国家标准仅规定了滚子链链轮齿槽的齿面圆弧半径 $r_e$、齿沟圆弧半径 $r_i$ 和齿沟角 $\alpha$（图 10-20）的最大和最小值。各种链轮的实际端面齿形均应在最大和最小齿槽形状之间。这样的规定使链轮齿廓曲线设计有很大的灵活性。但齿形应保证链节能平稳自如地进入和退出啮合，并便于加工。符合上述要求的端面齿形曲线有多种，最常用的是"三圆弧一直线"齿形。

图 10-20（b）所示的端面齿形由三段圆弧（$\overparen{aa}$、$\overparen{ab}$、$\overparen{cd}$）和一段直线（$\overline{bc}$）组成。这种"三圆弧一直线"齿形基本上符合上述齿槽形状范围，且具有较好的啮合性能，并便于加工。

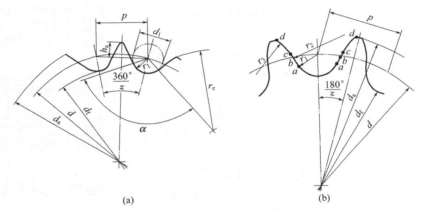

图 10-20　滚子链链轮端面齿形

链轮轴面齿形两侧呈圆弧状（图 10-21），以便于链节进入和退出啮合。

链轮上被链条节距等分的圆称为分度圆，其直径用 $d$ 表示（图 10-20）。若已知节距 $p$

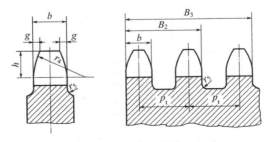

图 10-21　滚子链链轮轴面齿形

和齿数 $z$ 时，链轮主要尺寸的计算式为

$$
\left.
\begin{aligned}
\text{分度圆直径} \quad & d = \frac{p}{\sin\dfrac{180°}{z}} \\
\text{齿顶圆直径} \quad & d_{amax} = d + 1.25p - d_1 \\
& d_{amin} = d + \left(1 - \frac{1.6}{z}\right)p - d_1 \\
\text{齿根圆直径} \quad & d_f = d - d_1 (d_1 \text{ 为滚子直径})
\end{aligned}
\right\}
\tag{10-23}
$$

如选用三圆弧一直线齿形，则 $d_a = p\left(0.54 + \cot\dfrac{180°}{z}\right)$。

齿形用标准刀具加工时，在链轮工作图上不必绘制端面齿形，但须绘出链轮轴面齿形，以便车削链轮毛坯。轴面齿形的具体尺寸见有关设计手册。

链轮齿应有足够的接触强度和耐磨性，故齿面多经热处理。小链轮的啮合次数比大链轮多，所受冲击力也大，故所用材料一般优于大链轮。常用的链轮材料有碳素钢（如 Q235、Q275、45、ZG310-570 等）、灰铸铁（如 HT200）等。重要的链轮可采用合金钢。

链轮的结构如图 10-22 所示。小直径链轮可制成实心式[图 10-22(a)]；中等直径的链轮可制成孔板式 [图 10-22(b)]；直径较大的链轮可设计成组合式 [图 10-22(c)]，若轮齿因磨损而失效，可更换齿圈。

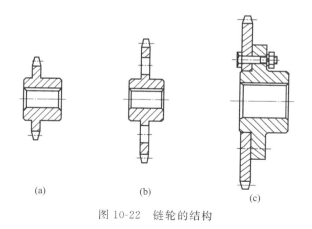

(a)          (b)          (c)

图 10-22　链轮的结构

# 10.7　链传动的运动特性和受力分析

### 10.7.1　链传动的运动特性

由链轮和链条的结构可知，链条进入链轮后形成折线，因此链传动实质上相当于一对多边形轮之间的传动，如图 10-23 所示。设 $z_1$、$z_2$ 为两链轮的齿数，$p$ 为节距（mm），$n_1$、$n_2$ 为两链轮的转速（r/min），则链条线速度（简称链速）为

$$
v = \frac{zpn_1}{60 \times 1000} = \frac{z_2 pn_2}{60 \times 1000}
\tag{10-24}
$$

传动比为

$$i = \frac{n_1}{n_2} = \frac{z_2}{z_1} \tag{10-25}$$

以上两式求得的链速和传动比都是平均值。实际上，由于多边形效应，瞬时链速和瞬时传动比都是变化的。

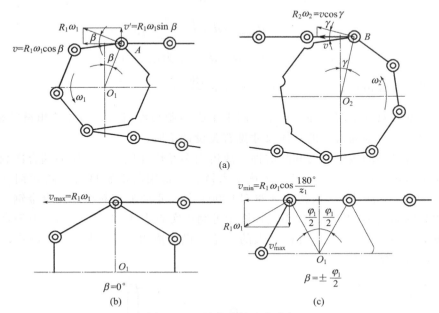

图 10-23 链传动的速度分析

为便于说明，假定主动边总是处于水平位置，如图 10-23 所示。当主动轮以角速度 $\omega_1$ 回转时，相啮合的滚子中心 $A$ 的圆周速度为 $R_1\omega_1$，可分解为链条前进方向的两个分速度。

水平方向分速度 $\qquad\qquad v = R_1\omega_1\cos\beta \tag{10-26}$

垂直方向分速度 $\qquad\qquad v' = R_1\omega_1\sin\beta \tag{10-27}$

式中 $R_1$——小链轮分度圆半径；

$\qquad \beta$——滚子中心 $A$ 的相位角（即纵坐标轴与 $A$ 点和轮心连线的夹角）。

在主动轮上，每个链节对应的中心角为 $\varphi = \dfrac{360^\circ}{z_1}$，从第一个滚子进入啮合到第二个滚子进入啮合，相应的 $\beta$ 角由 $+\dfrac{\varphi}{2}$ 变化到 $-\dfrac{\varphi}{2}$ [图 10-23(c)]。所以，当滚子进入啮合时链速最小 $\left(v = R_1\omega_1\cos\dfrac{180^\circ}{z_1}\right)$，随着链轮的转动，$\beta$ 逐渐变小，当 $\beta = 0^\circ$ 时 [图 10-23(b)]，$v$ 达到最大值 $R_1\omega_1$，此后 $\beta$ 值又逐渐增大，直至链速减到最小值，此时第二个滚子进入啮合，又重复上述过程。齿数越少，则 $\varphi$ 值越大，$v$ 的变化就越大。随着 $\beta$ 角的变化，链条在垂直方向的分速度也作周期性变化，导致链条抖动。

在从动轮上，滚子中心 $B$ 的圆周速度为 $R_2\omega_2$，而其水平速度为 $v = R_2\omega_2\cos\gamma$，故

$$\omega_2 = \frac{v}{R_2\cos\gamma} = \frac{R_1\omega_1\cos\beta}{R_2\cos\gamma} \tag{10-28}$$

式中 $\gamma$——滚子中心 $B$ 的相位角。

瞬时传动比

$$i=\frac{\omega_1}{\omega_2}=\frac{R_2\cos\gamma}{R_1\cos\beta} \tag{10-29}$$

是周期变化的，只有当 $z_1=z_2$，且传动的中心距为链结的整数倍时，才能使瞬时传动比保持恒定。

为了改善链传动的运动不均匀性，可选用较小的链节距，增加链轮齿数和限制链轮转速。

### 10.7.2 链传动的受力分析

安装链传动时，只需不大的张紧力，主要是使链松边的垂度不致过大，否则会产生显著振动、跳齿和脱链，如图 10-24 所示。若不考虑传动中的动载荷，作用在链上的力有：圆周力（即有效拉力） $F$，离心拉力 $F_c$ 和悬垂拉力 $F_y$。

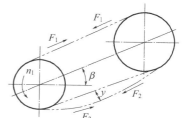

图 10-24 作用在链上的力

紧边拉力    $F_1=F+F_c+F_y$    N

松边拉力    $F_2=F_c+F_y$    N

离心拉力    $F_c=qv^2$    N

式中    $q$——链的每米长质量，kg/m，见表 10-8；

        $v$——链速，m/s。

悬垂拉力可利用求悬索拉力的方法近似求得

$$F_y=K_yqga \quad N$$

式中    $a$——链传动的中心距，m；

        $g$——重力加速度，$g=9.81\text{m/s}^2$；

        $K_y$——下垂量 $y=0.02a$ 时的垂度系数，其值与中心连线和水平线的夹角 $\beta$ 有关。垂直布置时 $F_y=1$；水平布置时 $F_y=6$；倾斜布置时，$K_y=1.2$（当 $\beta=75°$），$K_y=2.8$（当 $\beta=60°$），$K_y=5$（当 $\beta=30°$）。

链作用在轴上的压力 $F_Q$ 可近似取为

$$F_Q=(1.2\sim1.3)F$$

有冲击和振动时取最大值。

**例 10-1**    一单排滚子链传动，已知：链轮齿数 $z_1=17$，$z_2=25$，采用 08A 链条（节距 $p=12.7\text{mm}$），中心距 $a=40p(\text{m})$，水平布置，传递功率 $P=1.5\text{kW}$，载荷平稳；小轮主动，其转速 $n_1=150\text{r/min}$。求：①离心拉力 $F_c$；②悬垂拉力 $F_y$；③链的紧边拉力和松边拉力。

**解：**① 离心拉力    链速

$$v=\frac{z_1n_1p}{60\times1000}=\frac{17\times150\times12.7}{60\times1000}=0.54(\text{m/s})$$

由表 10-8 查得 08A 链条每米长质量 $q=0.65\text{kg/m}$，故离心拉力

$$F_c=qv^2=0.65\times0.54^2=0.19(\text{N})$$

因链速很低，$F_c$ 值很小，可略去不计。

② 悬垂拉力    水平布置时垂度系数 $K_y=6$，故悬垂拉力

$$F_y = K_y qga = 6 \times 0.65 \times 9.81 \times 40 \times \frac{12.7}{1000} = 19(\text{N})$$

③ 紧边拉力和松边拉力

圆周力
$$F = \frac{1000P}{v} = \frac{1000 \times 1.5}{0.54} = 2778(\text{N})$$

紧边拉力
$$F_1 = F + F_y = (2778 + 19) = 2797\text{N}(\text{已略去 } F_c)$$

松边拉力
$$F_2 = F_y = 19\text{N}(\text{已略去 } F_c)$$

# 10.8 滚子链传动的设计计算

在正常安装和润滑情况下,根据链传动的运动特点,其主要失效形式有以下几种。

① 链条的疲劳破坏 链条在工作时,周而复始地由松边到紧边不断运动着,因而它的各个元件都是在交变应力作用下工作,经过一定的循环次数后,链条各零件将发生疲劳破坏,其中链板的疲劳破坏是链传动的主要失效形式之一。

② 链条铰链的磨损 在工作过程中,由于铰链的销轴和套筒间承受较大的压力,传动时彼此间又产生相对转动而发生磨损,当润滑密封不良时,其磨损加剧。铰链磨损后链节变长,在工作中易出现跳齿或脱链的现象。磨损是开式链传动的主要失效形式。

③ 冲击疲劳破坏 若链传动频繁地启动、制动及反转,滚子、套筒和销轴间将引起重复冲击载荷,当这种应力的循环次数超过一定数值后,滚子、套筒和销轴间将发生冲击疲劳破坏。

④ 链条铰链的胶合 当润滑不良、速度过高或载荷过大时,链节啮入时受到的冲击能量增大,销轴与套筒间润滑油膜破坏,使两者的工作表面在很高温度和压力下直接接触,从而导致胶合。因此,胶合在一定程度上限制了链传动的极限转速。

⑤ 链条的静力拉断 在低速($v < 0.6\text{m/s}$)、重载或过载的传动中,若载荷超过链条的静力强度,链条就会被拉断。

## 10.8.1 功率曲线图

链传动有多种失效形式。在一定的使用寿命下,从一种失效形式出发,可得出一个极限功率表达式。为了清楚,常用线图来表示。如图 10-25 所示的极限功率曲线中,1 是在正常润滑条件下,铰链磨损限定的极限功率;2 是链板疲劳强度限定的极限功率;3 是套筒、滚子冲击疲劳强度限定的极限功率;4 是铰链胶合限定的极限功率。图中阴影部分为实际使用的区域。若润滑密封不良及工况恶劣时,磨损将很严重,其极限功率大幅度下降,如图中虚线所示。

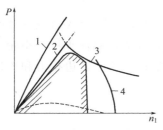

图 10-25 极限功率曲线

图 10-26 所示为单排 A 系列滚子链所能传递的功率。它是在特定条件下制定的,即:①两轮共面;②小轮齿数 $z_1 = 19$;③链长 $L_p = 120$ 节距;④载荷平稳;⑤按推荐的方式润滑;⑥工作寿命为 15000h;⑦链条因磨损而引起的相对伸长量不超过 3%。

若润滑不良或不能采用推荐的润滑方式时,应将图 10-26 中链传动所能传递的功率 $P_0$

值降低。当链速为 $v \leqslant 1.5 \text{m/s}$ 时，降低到 $50\%$；当链速为 $1.5 \text{m/s} < v \leqslant 7 \text{m/s}$ 时，降低到 $25\%$；当链速为 $v > 7 \text{m/s}$ 而又润滑不当时，传动不可靠。

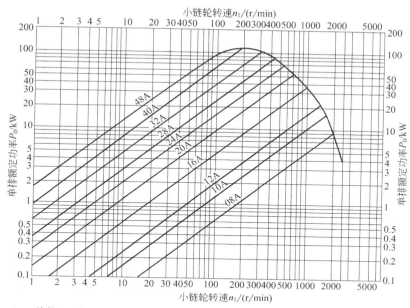

图 10-26　单排 A 系列滚子链的功率曲线图（小链轮齿数 $z_1 = 19$，链长 $L_p = 120$ 节距）

### 10.8.2　链传动的设计

#### （1）链轮齿数

为使链传动的运动平稳，小链轮齿数不宜过少。对于滚子链，可按传动比由表 10-9 选取 $z_1$。然后按传动比确定大链轮齿数 $z_2 = i z_1$。

表 **10-9**　小链轮齿数 $z_1$

| 传动比 $i$ | $1 \sim 2$ | $2 \sim 3$ | $3 \sim 4$ | $4 \sim 5$ | $5 \sim 6$ | $> 6$ |
| --- | --- | --- | --- | --- | --- | --- |
| $z_i$ | $31 \sim 27$ | $27 \sim 25$ | $25 \sim 23$ | $23 \sim 21$ | $21 \sim 17$ | 17 |

若链条的铰链发生磨损，将使链条节距变长、链轮节圆 $d'$ 向齿顶移动，如图 10-27 所示。节距增长量 $\Delta p$ 与节圆外移量 $\Delta d'$ 的关系，可由式(10-23) 导出：

$$\Delta d' = \frac{\Delta p}{\sin \dfrac{180°}{z_1}}$$

由此可知 $\Delta p$ 一定时，齿数越多节圆外移量 $\Delta d'$ 就越大，也越容易发生跳齿和脱链现象。所以大链轮齿数不宜过多，一般应使 $z_2 \leqslant 120$。

一般链条节数为偶数，而链轮齿数最好选取奇数，这样可使磨损较均匀。

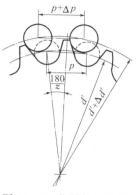

图 10-27　节圆外移量与
链节距增长量的关系

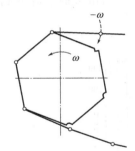

图 10-28　啮合瞬间的冲击

**（2）链节距**

链节距越大，其承载能力越高。但应注意：当链节以一定的相对速度与链轮齿啮合的瞬间，将产生冲击和动载荷。如图 10-28 所示，根据相对运动原理，把链轮看作静止的，链节就以角速度 $-\omega$ 进入轮齿而产生冲击。根据分析，节距越大、链轮转速越高时冲击也越大。因此，设计时应尽可能选用小节距的链，高速重载时可选用小节距多排链。

**（3）中心距和链的节数**

若链传动中心距过小，则小链轮上的包角也小，同时啮合的链轮齿数也减少；若中心距过大，则易使链条抖动。一般可取中心距 $a=(30\sim50)p$，最大中心距 $a_{\max}\leqslant80p$。

链条长度用链的节数 $L_p$ 表示。按带传动求带长的公式可导出

$$L_p=2\frac{a}{p}+\frac{z_1+z_2}{2}+\frac{p}{a}\left(\frac{z_2-z_1}{2\pi}\right)^2 \tag{10-30}$$

由此算出的链的节数，须圆整为整数，最好取为偶数。

运用上式可得由节数 $L_p$ 求中心距 $a$ 的公式：

$$a=\frac{p}{4}\left[L_p-\frac{z_1+z_2}{2}+\sqrt{\left(L_p-\frac{z_1+z_2}{2}\right)^2-8\left(\frac{z_2-z_1}{2\pi}\right)^2}\right] \tag{10-31}$$

为使松边有合适的垂度，实际中心距应比计算出的中心距小 $\Delta a$，$\Delta a=(0.002\sim0.004)a$，中心距可调时取大值。

为了便于安装链条和调节链的张紧程度，一般中心距设计成可以调节的或安装张紧轮。

### 10.8.3　链传动的计算

实际工作条件与特定条件不同时，应对 $P_0$ 加以修正。故实际工作条件下链条所能传递的功率，即许用功率 $[P_0]$ 可表示为

$$[P_0]=P_0K_zK_m \tag{10-32}$$

式中　$K_z$——小链轮齿数 $z_1\neq19$ 时的修正系数，见表 10-10；

　　　$K_m$——多排链系数，见表 10-11。

表 10-10　修正系数 $K_z$

| 链传动工作在图中位置 | 工况点在功率曲线顶点左侧时（链板疲劳） | 工况点在功率曲线顶点右侧时（冲击疲劳） |
| --- | --- | --- |
| 小链轮齿数系数 $K_z$ | $\left(\dfrac{z_1}{19}\right)^{1.08}$ | $\left(\dfrac{z_1}{19}\right)^{1.5}$ |

表 10-11　多排链系数 $K_m$

| 排数 | 1 | 2 | 3 | 4 | 5 | 6 |
| --- | --- | --- | --- | --- | --- | --- |
| $K_m$ | 1.0 | 1.7 | 2.5 | 3.3 | 4.0 | 4.6 |

设计链传动时应使

$$P_c \leqslant [P_0] = P_0 K_z K_m \\ \left. \frac{P_c}{K_z K_m} \leqslant P_0 \right\} \qquad (10\text{-}33)$$

式中　计算功率 $P_c = K_A P_0$，此处 $K_A$——工作情况系数，见表 10-12；

　　　　$P_0$——名义功率，kW。

表 10-12　工作情况系数 $K_A$

| 载荷种类 | 原动机 | |
|---|---|---|
| | 电动机或汽轮机 | 内燃机 |
| 载荷平稳 | 1.0 | 1.1 |
| 中等冲击 | 1.4 | 1.5 |
| 较大冲击 | 1.8 | 1.9 |

由此可选定链的牌号，例如，当小轮转速 $n_1 = 400 \text{r/min}$，而 $\dfrac{P_c}{K_z K_m} = 5 \text{kW}$ 时，由图 10-26 可选用的链号为 12A。

当 $v \leqslant 0.6 \text{m/s}$ 时，主要失效形式为链条的过载拉断，设计时必须验算静力强度的安全系数

$$\frac{Q}{K_A F_1} \geqslant S \qquad (10\text{-}34)$$

式中　$Q$——链的极限载荷，见表 10-8；

　　　　$F_1$——紧边拉力；

　　　　$S$——安全系数，$S = 4 \sim 8$。

**例 10-2**　用 $P = 5.5 \text{kW}$，$n_1 = 1450 \text{r/min}$ 的电动机，通过链传动驱动一液体搅拌器，载荷平稳，传动比 $i = 3.2$，试设计此链传动。

**解：** ① 链轮齿数　由表 10-9 选 $z_1 = 23$。

大链轮齿数　　　　　　　　$z_2 = i z_1 = 3.2 \times 23 = 73.6$，取 $z_2 = 73$

实际传动比　　　　　　　　$i = \dfrac{73}{23} = 3.17$

误差远小于 $\pm 5\%$，故允许。

② 链条节数　初定中心距 $a_0 = 40p$。由式(10-30) 可得

$$L_p = 2 \frac{a_0}{p} + \frac{z_1 + z_2}{2} + \frac{p}{a_0} \left( \frac{z_2 - z_1}{2\pi} \right)^2$$

$$= 2 \times \frac{40p}{p} + \frac{23 + 73}{2} + \frac{p}{40p} \left( \frac{73 - 23}{2\pi} \right)^2 \approx 130 \text{（节）}$$

取链节数 $L_p = 130$。

③ 计算功率　由表 10-12 查得 $K_A = 1.0$，故

$$P_c = K_A P = 1.0 \times 5.5 = 5.5 \text{（kW）}$$

④ 链条节距　由式(10-33) 得

$$P_0 = \frac{P_c}{K_z K_m}$$

估计此链传动工作于图 10-26 所示曲线顶点的左侧（即可能出现链板疲劳破坏），由表 10-10 得

$$K_z = \left(\frac{z_1}{19}\right)^{1.08} = \left(\frac{23}{19}\right)^{1.08} = 1.23$$

采用单排链，$K_m = 1.0$，故

$$P_0 = \frac{5.5}{1.23 \times 1.0} = 4.95 (\text{kW})$$

⑤ 实际中心距　将中心距设计成可调节的，不必计算实际中心距。可取

$$a \approx a_0 = 40p = 40 \times 12.7 = 508 (\text{mm})$$

由图 10-26 查得当 $n_1 = 1450\text{r/min}$ 时，08A 链条能传递的功率为 6.1kW（＞4.95kW），故采用 08A 链条，节距 $p = 12.7\text{mm}$。

⑥ 计算链速　由式(10-24) 得

$$v = \frac{z_1 p n_1}{60 \times 1000} = \frac{23 \times 12.7 \times 1450}{60 \times 1000} = 7.06 (\text{m/s})$$

符合原来的假定。

⑦ 作用在轴上的压力　如前所述 $F_Q = (1.2 \sim 1.3)F$，取 $F_Q = 1.3F$。

$$F = 1000 \times \frac{P_c}{v} = 1000 \times \frac{5.5}{7.06} = 779 (\text{N})$$

$$F_Q = 1.3 \times 779 = 1013 (\text{N})$$

⑧ 链轮主要尺寸（略）。

# 10.9　链传动的布置形式、润滑与张紧

### 10.9.1　链传动的布置形式

链传动的两轴应平行，两链轮应位于同一平面内；一般宜采用水平或接近水平的布置，并使松边在下面，可参看表 10-13。

表 10-13　链传动的布置形式

| 传动参数 | 正确布置 | 不正确布置 | 说明 |
|---|---|---|---|
| $i = 2 \sim 3$<br>$a = (30 \sim 50)p$ | | — | 两轮轴线在同一水平面上，紧边在上、在下均不影响工作 |
| $i > 2$<br>$a < 30p$ | | | 两轮轴线不在同一水平面上，松边应在下面，否则松边下垂量增大后，链条易与链轮卡死 |

续表

| 传动参数 | 正确布置 | 不正确布置 | 说明 |
|---|---|---|---|
| $i<1.5$<br>$a>60p$ | | | 两轮轴线在同一水平面,松边应在下面,否则下垂量增大后,松边会与紧边相碰,需经常调整中心距 |
| $i,a$ 为任意值 | | | 两轮轴线在同一铅垂面内,下垂量增大会减少下链轮有效啮合齿数,降低传动能力,为此应采用:①中心距可调;②设张紧装置;③上下两轮错开,使两轮轴线不在同一铅垂面内 |

### 10.9.2 链传动的润滑

链传动的润滑至关重要。合宜的润滑能显著降低链条铰链的磨损,延长使用寿命。

采用何种润滑方式可由链号、链速查图 10-29 决定。图 10-29 中,链传动的润滑方式分为四种:1 区为人工定期用油壶或油刷给油;2 区用油杯通过油管向松边内外链板间隙处滴油〔图 10-30(a)〕;3 区为油浴润滑〔图 10-30(b)〕,或用甩油盘甩起,以进行飞溅润滑〔图 10-30(c)〕;4 区用油泵经油管向链条连续供油,循环油可起润滑和冷却的作用〔图 10-30(d)〕。封闭于壳体内的链传动,可以防尘、减轻噪声及保护人身安全。

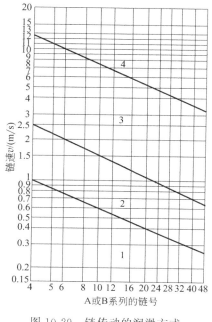

图 10-29 链传动的润滑方式

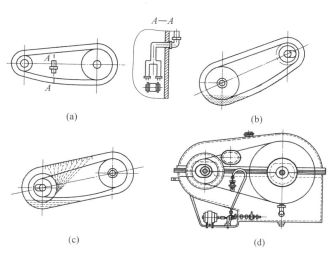

图 10-30 链传动的润滑图示

润滑油的选用与链条节距和环境温度有关，环境温度高，则润滑油黏度大，见表 10-14。

表 10-14 链传动润滑油的选用

| 润滑方式 | 环境温度/℃ | 节距 p/mm | | | |
| --- | --- | --- | --- | --- | --- |
| | | 9.525～15.875 | 19.05～25.4 | 31.75 | 38.1～76.2 |
| 人工定期润滑、滴油润滑、油浴或飞溅润滑 | −10～0 | L-AN46 | L-AN68 | | L-AN100 |
| | 0～40 | L-AN68 | L-AN100 | | SC30 |
| | 40～50 | L-AN100 | SC40 | | SC40 |
| | 50～60 | SC40 | SC40 | | 工业齿轮油(冬季用 90 号 GL-4 齿轮油) |
| 油泵压力喷油润滑 | −10～0 | L-AN46 | | | L-AN68 |
| | 0～40 | L-AN68 | | | L-AN100 |
| | 40～50 | L-AN100 | | | SC40 |
| | 50～60 | SC40 | | | SC40 |

### 10.9.3 链传动的张紧

链传动运行一段时间后因链条的磨损，链节距变长，使松边垂度增大，从而引起较强的振动，严重时将出现跳齿和脱链的现象，最后导致链传动的失效。目前常用的张紧方法有如下几种：

① 通过调整两链轮中心距来张紧链条。
② 采用张紧轮装置，张紧轮常设在链条的松边的内、外侧，如图 10-31 所示。
③ 拆除 1～2 个链节，缩短链长，使链条张紧。

图 10-31 张紧轮的布置

# 思 考 题

10-1 与平带传动相比，V 带传动在工业中应用更为广泛，为什么？

10-2 带传动是一种具有中间挠性件的摩擦传动，传动所需的摩擦力由什么决定？能产生的最大摩擦力怎样确定？

10-3　带传动工作时，带与大、小带轮接触面间的摩擦力是否相等，为什么？正常工作时的摩擦力与打滑时的摩擦力是否相等，为什么？

10-4　打滑发生在哪个带轮上，为什么？

10-5　打滑和弹性滑动有什么区别？

10-6　链传动有哪些主要特点？适用于什么场合？

10-7　链传动的主要失效形式有哪些？

# 第11章

# 齿轮传动

第6章讨论了齿轮机构的啮合原理、尺寸计算与齿轮的加工原理等，本章着重论述与齿轮承载能力和结构设计有关的内容，主要有齿轮的主要失效形式与材料的选择、齿轮传动的受力分析、齿轮的强度设计准则与设计方法等。

## 11.1 齿轮的主要失效形式及设计准则

### 11.1.1 齿轮传动的形式

在齿轮传动设计中常将齿轮传动分成不同类型，下面介绍两种常见的分类方法。

**（1）根据工作条件分类**

① 闭式传动　是指将传动齿轮安装在润滑和密封条件良好的箱体内的传动，一般重要的齿轮传动都采用闭式传动。

② 开式传动　是指将传动齿轮暴露在外的传动。由于工作时易落入灰尘，且润滑不良，轮齿齿面极容易被磨损，故此传动只适用于简单的机械设备和低速的场合。

**（2）根据齿轮的齿面硬度分类**

① 软齿面传动　若两啮合齿轮的齿面硬度小于或等于350HBS（或38HRC），此种齿轮传动称为软齿面传动。

② 硬齿面传动　若两啮合齿轮的齿面硬度均大于350HBS（或38HRC），此种齿轮传动称为硬齿面传动。

### 11.1.2 齿轮的主要失效形式

一般来说，齿轮传动的失效主要是轮齿的失效，主要失效形式有如下五种。

**（1）轮齿折断**

一般情况下，轮齿的折断可分为疲劳折断和过载折断两种情况。

齿轮在传递动力时，齿根部位将产生较大的弯曲应力，此应力随着时间的变化而变化。对于单向转动的齿轮，此应力为脉动循环应力；对于双向转动的齿轮，此应力为对称循环应力。当弯曲应力超过齿根的弯曲疲劳极限时，在载荷的多次重复作用下，齿根部位将产生疲劳裂纹，随着工作的继续，裂纹逐渐扩展，直至轮齿被折断，此种情况属于疲劳折断。过载折断则是由于短期严重过载或受到很大的冲击，使齿根弯曲应力超过强度极限而引起的脆性断裂。实践表明，轮齿折断常出现在轮齿较脆的情况，如齿轮经整体淬火、齿面硬度很高的钢制齿轮和铸铁齿轮。对于宽度较小的直齿轮，轮齿一般沿整个齿宽折断；对于斜齿轮、人字齿轮和宽度较大的直齿轮，多发生轮齿的局部折断，如图 11-1 所示。

轮齿的折断是一种灾难性的失效，一旦发生断齿，传动就彻底失效。目前防止轮齿折断的措施有：采用合适的齿轮材料和热处理方法，使齿芯材料具有足够的韧性；增大齿根过渡圆角半径和消除加工刀痕，以减小齿根的应力集中；提高轴及支承的刚度，使载荷沿齿宽分布均匀；选择合适的模数和采用正变位齿轮，以增大齿根的厚度等。

**（2）疲劳点蚀**

轮齿在啮合时，齿面实际上只是小面积接触。工作表面上任一点所产生的接触应力是由零（该点未进入啮合时）增加到一最大值（该点啮合时），也就是接触应力按脉动循环变化，当接触应力超过齿面材料的接触疲劳极限时，在载荷的多次重复作用下，齿面表层将产生微小的疲劳裂纹。随着工作的继续，疲劳裂纹将逐渐扩展，致使金属微粒剥落，形成凹坑，这种现象称为疲劳点蚀，如图 11-2 所示。当齿面点蚀严重时，轮齿的工作表面遭到破坏，啮合情况恶化，造成传动不平稳并产生噪声，使齿轮不能正常地工作。实践表明，点蚀常出现在闭式软齿面传动的轮齿节线附近。对于开式齿轮传动，由于磨损较快，很少出现点蚀。

防止疲劳点蚀的措施有：提高齿面硬度及接触精度，降低齿面的粗糙度，提高润滑油黏度等。

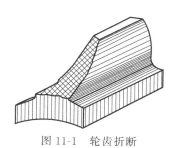

图 11-1　轮齿折断　　　　　　图 11-2　疲劳点蚀

**（3）齿面磨损**

齿面磨损通常分为两种情况：一种是运转初期，相啮合的齿面间所发生的磨合磨损，也称跑合磨损，它的危害程度不大，反而起到抛光作用；另一种是由于灰尘、金属屑等硬颗粒进入齿面啮合处所引起的磨粒磨损，如图 11-3 所示。磨粒磨损是开式齿轮传动的主要失效形式之一。磨损过大时，齿厚明显变薄，齿侧间隙大大地增加，一方面降低了轮齿的抗弯强度，严重时引起轮齿折断；另一方面产生冲击和噪声，使工作情况恶化，传动不平稳。

防止齿面磨损的措施有：采用闭式传动，提高齿面硬度，降低齿面粗糙度，采用良好的润滑方式等。

### （4）齿面胶合

在高速重载的齿轮传动中，若润滑不良或齿面压力过大，会引起油膜破裂，致使齿面金属直接接触，在局部接触区产生高温熔化或软化而引起相互黏结，当两轮齿相互滑动时，较软的齿面沿滑动方向被撕成沟纹，这种现象称为胶合，如图11-4所示。产生胶合后，同样破坏了齿轮的工作表面，致使啮合情况恶化，传动不平稳，产生噪声，严重时导致齿轮传动失效。

图 11-3　磨粒磨损　　　　图 11-4　齿面胶合

防止齿面胶合的措施有：提高齿面的硬度；降低齿面的粗糙度；采用抗胶合能力强的齿轮副材料；采用抗胶合性能好的润滑油等。

### （5）齿面塑性变形

在低速、重载且启动频繁的齿轮传动中，较软的齿面在过大的应力作用下，轮齿材料会

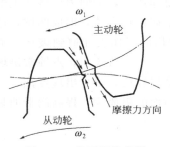

图 11-5　齿面塑性变形

由于屈服而产生塑性流动，如图11-5所示，从而形成齿面局部的塑性变形，破坏了轮齿的工作齿廓，严重地影响了传动的平稳性。

防止塑性变形的措施有：提高齿面的硬度；避免频繁启动和过载等。

由上述分析可知，开式齿轮传动的主要失效形式是齿面磨损和轮齿折断；而闭式软齿面齿轮传动的主要失效形式是齿面点蚀和胶合；闭式硬齿面齿轮传动的主要失效形式是轮齿折断。

## 11.1.3　齿轮的材料和热处理

由齿轮的失效形式分析可以看出，对齿轮材料的基本要求是：轮齿必须具有一定的抗弯强度；齿面具有一定的硬度和耐磨性；轮齿的芯部应有一定的韧性，以具备足够的抗冲击能力；容易加工、热处理变形小等。

目前，工程上常用的齿轮材料是锻钢，其次是铸钢和铸铁，在某些情况下也可以采用有色金属和非金属材料。

### （1）锻钢

钢材经过锻造以后，改善了其内部纤维组织，其力学性能比轧制钢材好。除尺寸过大或结构形状复杂只宜铸造外，一般用锻钢制造齿轮。制造齿轮的锻钢可分为以下两类：

① 经热处理后切制的齿轮所用的锻钢　这类齿轮常用的材料有45钢、40Cr、35SiMn等，经调质或正火处理后再进行切削加工。为了便于切齿，一般要求齿轮的齿面硬度≤350HBS。另考虑小齿轮参加啮合次数较多，其齿面硬度比大齿轮高30～50HBS（或更高一些）。两齿轮的传动比越大，两齿轮齿面硬度差就越大。此类齿轮材料制造简便、经济、

生产率高、承载能力一般，适用于强度、速度及精度都要求不高的一般齿轮。

② 需进行精加工的齿轮所用的锻钢　这类齿轮常用 Q245R、20CrMnTi（表面渗碳淬火）和 45 钢、40Cr（表面或整体淬火）等钢制造，其齿面硬度为 45～65HRC。由于齿面硬度高，一般要切齿后经热处理再磨齿。这类齿轮材料承载能力强，但制造工艺较复杂，多用于高速、重载和要求结构紧凑的场合。

**（2）铸钢**

当齿轮的齿顶圆直径大于 500mm 时，因锻造加工较困难，可采用铸钢毛坯。常用铸钢材料为 ZG310-570、ZG340-640 等。

**（3）铸铁**

铸铁的抗弯强度及耐冲击性能都较差，但由于其耐磨性、铸造性能好，价格低廉，因此主要用于开式、低速轻载的齿轮传动中。对于齿轮传动结构尺寸不受限制的场合，有时也用其代替铸钢。常用的铸铁有 HT250、HT300、QT500-5 等。

**（4）非金属材料**

对于高速、轻载及精度要求不高的齿轮传动，为了减少噪声，可采用特制的尼龙、塑料等材料来制造齿轮。

常用齿轮材料、热处理及其主要力学性能见表 11-1。

表 11-1　常用齿轮材料、热处理及其主要力学性能

| 材料牌号 | 热处理方式 | 材料力学性能/MPa | | 硬度 | 应用场合 |
|---|---|---|---|---|---|
| | | 接触疲劳极限 | 弯曲疲劳极限 | | |
| 45 钢 | 正火 | 350～400 | 280～340 | 156～217HBS | 一般传动 |
| | 调质 | 550～620 | 410～480 | 197～286HBS | |
| | 表面淬火 | 1120～1150 | 680～700 | 40～50HRC | 小型闭式传动,重载有冲击 |
| 40MnB | 调质 | 680～760 | 580～610 | 241～286HBS | 中低速、中载齿轮 |
| 40Cr | 调质 | 650～750 | 560～620 | 217～286HBS | 一般传动 |
| | 表面淬火 | 1150～1210 | 700～740 | 48～55HRC | 重载、有冲击 |
| 20Cr | 渗碳、淬火 | 1500 | 850 | 56～62HRC | 冲击载荷 |
| 20CrMnTi | 渗碳、淬火 | 1500 | 850 | 56～62HRC | |
| 38CrMnAlA | 调质 | 710～790 | 600～640 | 255～321HBS | 无冲击载荷 |
| ZG310-570 | 正火 | 280～330 | 210～250 | 163～197HBS | 低速重载 |
| ZG340-640 | 正火 | 310～340 | 240～270 | 179～207HBS | 中速、中载 |
| HT300 | 时效 | 330～390 | 100～150 | 187～255HBS | 低速中载、无冲击 |

# 11.2　齿轮传动的精度及选择

齿轮在加工过程中，刀具和机床本身的误差，以及轮坯和刀具在机床上的安装误差等原因，使齿轮在加工过程中不可避免地产生一定的误差。若误差太大，则会降低精度，使齿轮

在工作中的准确性、平稳性降低，承载能力下降。但对精度要求过高，无疑将增加制造的难度和成本。因此应根据齿轮的实际工作情况，对加工精度提出适当的要求。

### 11.2.1 精度等级

我国在 GB/T 10095—2008《圆柱齿轮 精度制》中，将齿轮精度分为 13 个等级，按精度高低依次为 0～12 级。其中，1、2 级是待发展级；3、4、5 级为高精度级；6、7、8 级为中等精度级；9、10、11、12 级为低精度级。一般齿轮传动常用的精度等级为 6～9 级。

### 11.2.2 公差组

齿轮的精度指标由四部分组成，即三组公差等级和齿侧间隙。

① 第Ⅰ公差组（传动的准确性） 要求齿轮在传动时，从动轮在转一圈范围内，其转角误差的最大值不超过许用值。理论上，主、从动轮的转角是按传动比准确传递，但由于加工误差，使齿轮的转角产生误差。相啮合齿轮在一转范围内实际转角与理论转角不一致，从而影响齿轮传递的速度和分度的准确性。精密仪表和机床分度机构的齿轮对这组精度要求较高。

② 第Ⅱ公差组（传动的平稳性） 要求瞬时传动比的变化不超过允许的限度。当齿形或齿距存在制造误差时，瞬时传动比不为常数，使转速发生波动，从而引起振动、冲击和噪声。高速传动齿轮对于这组精度要求较高。

③ 第Ⅲ公差组（载荷分布的均匀性） 要求工作齿面接触良好，载荷分布均匀。当载荷分布不均匀，传递较大转矩时，易引起早期损坏。低速重载齿轮对这组精度要求较高。

考虑到齿轮制造、安装误差，工作时轮齿受载变形、热膨胀等因素的影响及为了齿廓间储存润滑油，在一对相啮合轮齿的齿槽与齿厚间应留有适当的齿侧间隙。齿侧间隙的大小通常是由齿厚公差（上、下极限偏差）来保证。GB/T 10095—2008 规定了 14 种齿厚极限偏差，以偏差数值大小为序，依次用字母 C、D、E、F、G、H、J、K、L、M、N、P、R、S 表示。其中 D 为基准（偏差为零），C 为正偏差，E～S 为负偏差。

在高速、高温、重载条件下工作的传动齿轮，应有较大的侧隙；对于一般齿轮传动，应有中等大小的侧隙；对于经常正反转、转速不高的齿轮传动，应有较小的侧隙。

### 11.2.3 精度等级选择

选择齿轮的精度时，应以传动用途、传递功率、使用条件、齿轮的圆周速度和经济、技术要求等作为依据。对于一般齿轮传动，首先应根据齿轮的圆周速度选择第Ⅱ公差组，第Ⅰ公差组的精度等级可在低于第Ⅱ公差组两级和高于一级的范围内选取；第Ⅲ公差组精度等级不能低于第Ⅱ公差组的精度等级。

圆柱齿轮第Ⅱ公差组的精度等级与齿轮圆周速度的关系见表 11-2。

**表 11-2 圆柱齿轮第Ⅱ公差组精度等级与齿轮圆周速度的关系**

| 轮齿形式 | 硬度/HBS | 第Ⅱ公差组精度等级 | | | | | |
| --- | --- | --- | --- | --- | --- | --- | --- |
| | | 5 | 6 | 7 | 8 | 9 | 10 |
| | | 圆周速度/(m/s) | | | | | |
| 直齿 | ≤350 | >15 | ≤18 | ≤12 | ≤6 | ≤4 | ≤1 |
| | >350 | | ≤15 | ≤10 | ≤5 | ≤3 | ≤1 |

续表

| 轮齿形式 | 硬度/HBS | 第Ⅱ公差组精度等级 | | | | | |
|---|---|---|---|---|---|---|---|
| | | 5 | 6 | 7 | 8 | 9 | 10 |
| | | 圆周速度/(m/s) | | | | | |
| 非直齿 | ≤350 | >30 | ≤36 | ≤25 | ≤12 | ≤8 | ≤2 |
| | >350 | | ≤30 | ≤20 | ≤9 | ≤6 | ≤1.5 |

### 11.2.4 齿轮精度等级和侧隙标注

为了便于齿轮的测量和加工，在齿轮零件工作图的参数表栏中必须标明齿轮的精度等级和齿厚偏差的字母代号。

圆柱齿轮精度等级和侧隙的标注方法如下：

标注示例：8-7-7GM　GB/T 10095—2008

"8、7、7"依次表示Ⅰ、Ⅱ、Ⅲ公差组的精度等级，G、M 分别表示齿厚上、下偏差代号。

当 3 个公差组的精度等级均为 8 级时，可表示为：8-GM　GB/T 10095—2008。

圆锥齿轮精度等级的标注同圆柱齿轮，其侧隙由最小法向侧隙种类和法向侧隙公差种类共同表达。

## 11.3　标准直齿轮传动的受力分析及计算载荷

### 11.3.1　标准直齿轮传动的受力分析

进行轮齿的受力分析是齿轮强度计算的前提，也是轴和轴承设计的基础。

一对外啮合标准直齿轮传动，在工作中一般齿轮传动采用润滑油（或脂）进行润滑，故两啮合轮齿间的摩擦力通常很小，可以忽略不计。由力学可知，此时主动轮齿作用在从动轮齿上的力为一法向力 $F_{n2}$，其反作用力 $F_{n1}$ 也是法向力，沿着啮合线 $N_1N_2$ 方向（图 11-6）。为了便于分析，通常将 $F_{n1}$ 分解为两个相互垂直的分力，即圆周力 $F_{t1}$ 和径向力 $F_{r1}$，它们的大小分别为

$$\left.\begin{array}{l} F_{t1} = \dfrac{2T_1}{d_1} = F_{t2} \\[2mm] F_{r1} = F_{t1}\tan\alpha = F_{r2} \\[2mm] F_{n1} = \dfrac{F_{t1}}{\cos\alpha} = F_{n2} \end{array}\right\} \qquad (11\text{-}1)$$

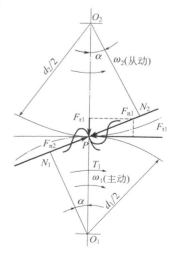

式中　$T_1$——小齿轮传递的名义转矩，N·mm，其大小为

　　　　$T_1 = 9.55 \times 10^6 P_1/n_1$；

　　$d_1$——小齿轮的分度圆直径，mm；

　　$\alpha$——啮合角，对于标准齿轮 $\alpha = 20°$。

根据作用力与反作用力的关系，作用在主动轮和从动轮上

图 11-6　轮齿的受力分析

的同名力大小相等、方向相反，即 $F_{r1} = -F_{r2}$、$F_{t1} = -F_{t2}$。主动轮所受圆周力 $F_{t1}$ 的方向与该轮啮合点的圆周速度方向相反，从动轮所受圆周力 $F_{t2}$ 的方向与该轮啮合点的圆周速度方向相同。径向力 $F_{r1}$、$F_{r2}$ 的方向分别由啮合点指向各自的轮心。

### 11.3.2　计算载荷

上面提到的 $F_n$、$F_t$ 和 $F_r$ 等均为名义载荷。理论上，$F_n$ 应沿齿宽均匀分布，但由于轴和轴承的变形、传动装置的制造和安装误差等原因，载荷沿齿宽的分布并不是均匀的，即出现载荷集中现象。如图 11-7 所示，齿轮位置对轴承不对称时，由于轴的弯曲变形，齿轮将相互倾斜，这时轮齿左端载荷增大〔图 11-7(b)〕。轴和轴承的刚度越小、齿宽 $b$ 越宽，载荷集中越严重。此外，由于各种原动机和工作机的特性不同、齿轮制造误差以及轮齿变形等原因，还会引起附加动载荷。精度越低、圆周速度越高，附加动载荷就越大。因此，计算齿轮强度时，通常用计算载荷 $KF_n$ 代替名义载荷 $F_n$，以考虑载荷集中和附加动载荷的影响。$K$ 为载荷系数，其值可由表 11-3 查取。

$$F_{nc} = KF_n \tag{11-2}$$

式中　$K$——载荷系数（表 11-3）；

　　　$F_n$——受力分析中计算出的名义载荷。

表 11-3　载荷系数 K

| 原动机工作情况 | 工作机载荷特性 | | |
|---|---|---|---|
| | 平稳或较平稳 | 中等冲击 | 严重冲击 |
| 工作平稳(如电动机、汽轮机等) | 1.0～1.2 | 1.2～1.6 | 1.6～1.8 |
| 轻度冲击(如多缸内燃机) | 1.2～1.6 | 1.6～1.8 | 1.9～2.1 |
| 中等冲击(如单缸内燃机) | 1.6～1.8 | 1.8～2.0 | 2.2～2.4 |

注：斜齿、圆周速度低、精度高、齿宽系数小时取小值，直齿、圆周速度高、精度低、齿宽系数大时取大值。齿轮在两轴承之间对称布置时取小值，齿轮在两轴承之间不对称布置及悬臂布置时取大值。

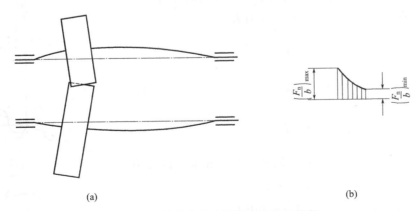

(a)　　　　　　　　　　　　　　　　(b)

图 11-7　轴的弯曲变形引起的齿向偏载

# 11.4 直齿轮传动的强度计算

### 11.4.1 齿面接触疲劳强度

#### （1）接触应力的计算理论

齿面疲劳点蚀破坏与齿面间的接触应力大小有关。接触应力是由弹性力学中的赫兹公式进行求解。如图 11-8 所示，当两个轴线平行的圆柱体相互接触并受压时，其接触面积为一狭长矩形，最大接触应力发生在接触区中线上，其值为

$$\sigma_H = \sqrt{\frac{F_n}{\pi b} \cdot \frac{\rho}{\frac{1-\mu_1^2}{E_1} + \frac{1-\mu_2^2}{E_2}}} \tag{11-3}$$

式中  $\sigma_H$ ——最大接触应力；

   $\rho$ ——综合曲率半径，$\rho = \dfrac{1}{\rho_1} \pm \dfrac{1}{\rho_2}$，正号用于外接触，负号用于内接触；

   $b$ ——接触长度；

   $F_n$ ——作用在圆柱体上的载荷；

$E_1$，$E_2$ ——两圆柱体材料的弹性模量；

$\mu_1$，$\mu_2$ ——两圆柱体材料的泊松比，对于钢或铁 $\mu_1 = \mu_2 = 0.3$。

#### （2）齿面接触应力计算的力学模型

齿轮在工作时，齿轮的啮合点是变化的，而渐开线齿廓上各点的曲率不相同。因此按式（11-3）计算齿面的接触应力时，需要确定究竟要对齿轮啮合点的哪一点的应力进行分析。实践表明，点蚀通常首先在靠近节点附近的齿根端的表面出现，原因是节点附近一般只有一对轮齿啮合，且节点附近滑动速度小，不易形成油膜。因此，在工程上为计算方便，接触疲劳强度计算通常以节点为计算点。如图 11-9 所示，两个互相啮合的渐开线轮齿在节点接触，为了应用式（11-3）进行计算，用一对圆柱体代替它（图 11-9 中的虚线圆），两圆柱体的半

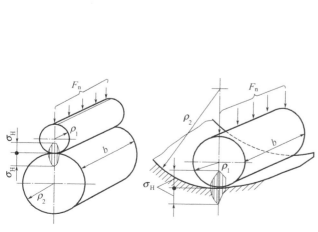

图 11-8　两圆柱体的接触应力

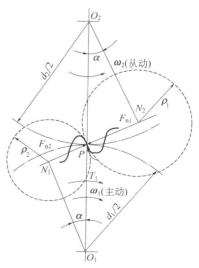

图 11-9　齿面接触应力计算的力学模型

径 $\rho_1$、$\rho_2$ 分别等于两齿廓在节点的曲率半径 $N_1P$、$N_2P$。

**（3）齿面接触强度计算**

为了防止齿面疲劳点蚀，要求 $\sigma_H \leqslant [\sigma_H]$。由力学模型可知，对于标准直齿圆柱齿轮，其齿轮节点处的齿廓曲率半径为

$$\rho_1 = N_1P = \frac{d_1}{2}\sin\alpha, \quad \rho_2 = N_2P = \frac{d_2}{2}\sin\alpha$$

令 $u = d_2/d_1 = z_2/z_1$，可得

$$\frac{1}{\rho_1} \pm \frac{1}{\rho_2} = \frac{\rho_2 \pm \rho_1}{\rho_1\rho_2} = \frac{2(d_2 \pm d_1)}{d_1 d_2 \sin\alpha} = \frac{u \pm 1}{u} \cdot \frac{2}{d_1 \sin\alpha}$$

令 $Z_E = \sqrt{\dfrac{1}{\pi\left(\dfrac{1-\mu_1^2}{E_1} + \dfrac{1-\mu_2^2}{E_2}\right)}}$，称为弹性系数，其值与齿轮的材料有关，可查表 11-4。

表 11-4 弹性系数 $Z_E$

|  | 灰铸铁 | 球墨铸铁 | 铸钢 | 锻钢 | 夹布胶木 |
|---|---|---|---|---|---|
| 锻钢 | 162.0 | 181.4 | 188.9 | 189.8 | 56.4 |
| 铸钢 | 161.4 | 180.5 | 188.0 | — | — |
| 球墨铸铁 | 156.6 | 173.9 | — | — | — |
| 灰铸铁 | 143.7 | — | — | — | — |

将 $1/\rho$、$b$ 及 $F_{nc} = KF_n = \dfrac{KF_t}{\cos\alpha} = \dfrac{2KT_1}{d_1\cos\alpha}$ 代入式（11-3），得

$$\sigma_H = \sqrt{\frac{1}{\pi\left[\left(\dfrac{1-\mu_1^2}{E_1}\right) + \left(\dfrac{1-\mu_2^2}{E_2}\right)\right]}} \cdot \sqrt{\frac{2}{\sin\alpha\cos\alpha}} \cdot \sqrt{\frac{2KT_1}{bd_1^2}\frac{u \pm 1}{u}}$$

$$= Z_E \cdot \sqrt{\frac{2}{\sin\alpha\cos\alpha}} \cdot \sqrt{\frac{2KT_1}{bd_1^2}\frac{u \pm 1}{u}} \leqslant [\sigma_H] \tag{11-4}$$

令 $Z_H = \sqrt{\dfrac{2}{\sin\alpha \cdot \cos\alpha}}$，称为区域系数，对于标准齿轮，$Z_H = 2.5$，代入（11-4）得到

$$\sigma_H = Z_H Z_E \sqrt{\frac{2KT_1}{bd_1}\frac{u \pm 1}{u}} \leqslant [\sigma_H] \tag{11-5}$$

令 $\phi_d = \dfrac{b}{d_1}$ 为齿宽系数，代入上式，可得齿面接触疲劳强度的设计公式

$$d_1 \geqslant \sqrt[3]{\frac{2KT_1}{\phi_d}\frac{u \pm 1}{u}\left(\frac{Z_E Z_H}{[\sigma_H]}\right)^2} \text{ mm} \tag{11-6}$$

式中　　$u$——齿数比，其值为 $u = z_2/z_1$；

　　　　$b$——轮齿的宽度，一般取 $b$ 为大齿轮的宽度 $b_2$，mm，为了便于安装和调整，通常小齿轮的宽度为 $b_1 = b_2 + (5\sim10)$ mm，且 $b_1$，$b_2$ 常取为整数；

　　$\sigma_H$，$[\sigma_H]$——齿轮的齿面接触应力和材料的许用接触应力，MPa。

**（4）注意事项**

应用式(11-5) 和式(11-6) 时，"＋"号用于外啮合，"－"号用于内啮合。两相啮合的齿轮其齿面接触应力是相等的，即 $\sigma_{H1}=\sigma_{H2}$；但由于两齿轮的材料齿面硬度一般不同，故其许用接触应力不相等，即 $[\sigma_{H1}] \neq [\sigma_{H2}]$；由于两个齿轮中有一个齿轮产生疲劳点蚀，则判定传动失效，所以在应用式(11-5)、式(11-6) 进行设计时，$[\sigma_H]$ 应取 $[\sigma_{H1}]$、$[\sigma_{H2}]$ 两者中较小的。

### 11.4.2　齿根弯曲疲劳强度

**（1）齿根弯曲应力计算的力学模型**

计算弯曲强度时，假定全部载荷仅由一对轮齿承担。显然，当载荷作用于齿顶时，齿根所受的弯曲力矩最大。当轮齿在齿顶啮合时相邻的一对轮齿也处于啮合状态（因重合度恒大于1），载荷理应由两对轮齿分担。但考虑到加工和安装的误差，对一般精度的齿轮按一对轮齿承担全部载荷计算较为安全。

计算时将轮齿看作悬臂梁，如图 11-10 所示。其危险截面可用 30°切线法确定，即作与轮齿对称中心线成 30°夹角并与齿根圆角相切的斜线，认为两切点连线是危险截面位置（轮齿折断的实际情况与此基本相符）。危险截面处齿厚为 $s_F$。

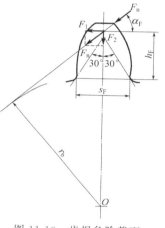

图 11-10　齿根危险截面

**（2）齿根弯曲强度计算**

法向力 $F_n$ 与轮齿对称中心线的垂线的夹角为 $\alpha_F$，$F_n$ 可分解为 $F_1=F_n\cos\alpha_F$ 和 $F_2=F_n\sin\alpha_F$ 两个分力，$F_1$ 使齿根产生弯曲应力，$F_2$ 则产生压缩应力。因后者较小故通常略去不计。齿根危险截面的弯曲力矩为

$$M=KF_n h_F\cos\alpha_F$$

式中　$K$——载荷系数；

$h_F$——弯曲力臂。

危险截面的弯曲截面系数为

$$W=\frac{bs_F^2}{6}$$

故危险截面的弯曲应力为

$$\sigma_F=\frac{M}{W}=\frac{6KF_n h_F\cos\alpha_F}{bs_F^2}=\frac{6KF_t h_F\cos\alpha_F}{bs_F^2\cos\alpha}=\frac{KF_t}{bm}\cdot\frac{6\left(\dfrac{h_F}{m}\right)\cos\alpha_F}{\left(\dfrac{s_F}{m}\right)^2\cos\alpha}$$

令

$$Y_{Fa}=\frac{6\left(\dfrac{h_F}{m}\right)\cos\alpha_F}{\left(\dfrac{s_F}{m}\right)^2\cos\alpha} \tag{11-7}$$

$Y_{Fa}$ 称为齿形系数。因 $h_F$ 和 $s_F$ 均与模数成正比，故 $Y_{Fa}$ 只与齿形中的尺寸比例有关而与模数无关，见图 11-11。考虑在齿根部有应力集中，引入应力集中系数 $Y_{Sa}$，见图 11-12。由此可得轮齿弯曲强度的验算公式

$$\sigma_F = \frac{2KT_1 Y_{Fa} Y_{Sa}}{bd_1 m} = \frac{2KT_1 Y_{Fa} Y_{Sa}}{bm^2 z_1} \leqslant [\sigma_F] \tag{11-8}$$

以 $b = \phi_d d_1$ 代入上式得

$$m \geqslant \sqrt[3]{\frac{2KT_1}{\phi_d z_1^2} \frac{Y_{Fa} Y_{Sa}}{[\sigma_F]}} \quad \text{mm} \tag{11-9}$$

许用弯曲应力

$$[\sigma_F] = \frac{\sigma_{FE}}{S_F} \text{MPa}$$

式中　$\sigma_{FE}$——试验轮齿失效概率为 $1/100$ 时的齿根弯曲疲劳极限值，见表 11-1，若轮齿两面工作时，应将表中的数值乘以 0.7；

　　　$S_F$——安全系数，见表 11-5。

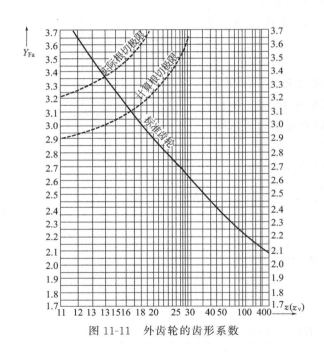

图 11-11　外齿轮的齿形系数

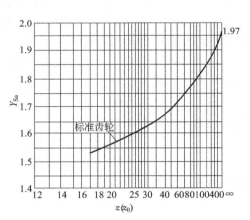

图 11-12　外齿轮应力集中系数

用式(11-8) 验算弯曲强度时，应该对大、小齿轮分别进行验算；用式(11-9) 计算 $m$ 时，应比较 $\dfrac{Y_{Fa1} Y_{Sa1}}{[\sigma_{F1}]}$ 与 $\dfrac{Y_{Fa2} Y_{Sa2}}{[\sigma_{F2}]}$，以大值代入公式求 $m$。注意：算得的 $m$ 值除了应是最小值，还应圆整为标准模数值。传递动力的齿轮，其模数不宜小于 1.5mm。选定模数后，齿轮实际的分度圆直径应由 $d = mz$ 算出。对于开式传动，为考虑齿面磨损，可将算得的 $m$ 值加大 $10\% \sim 15\%$。

表 11-5　最小安全系数 $S_{Hmin}$、$S_{Fmin}$ 的参考值

| 使用要求 | $S_{Hmin}$ | $S_{Fmin}$ |
|---|---|---|
| 高可靠率(失效概率≤1/10000) | 1.5 | 2.0 |
| 较高可靠度(失效概率≤1/1000) | 1.25 | 1.6 |
| 一般可靠度(失效概率≤1/100) | 1.0 | 1.25 |

注：对于一般工业用齿轮传动，可用一般可靠度。

### 11.4.3　设计圆柱齿轮时的材料和参数选取

**(1) 材料**

转矩不大时，可试选用碳素结构钢，若计算出的齿轮直径太大，则可选用合金结构钢。轮齿进行表面热处理可提高接触疲劳强度，因而使装置较紧凑，但表面热处理后轮齿会变形，要进行磨齿。表面渗氮齿形变化小，不用磨齿，但氮化层较薄。尺寸较大的齿轮可用铸钢，但生产批量小时以锻造较经济。转矩小时，也可选用铸铁。要减小传动噪声，其中一个甚至两个可选用夹布塑料。

**(2) 主要参数**

① 齿数比 $u$　$u=z_2/z_1$ 由传动比 $i=n_1/n_2$ 而定，为避免大齿轮齿数过多，导致径向尺寸过大，一般应使 $i \leqslant 7$。

② 齿数 $z$　标准齿轮的齿数应不小于 17，一般可取 $z_1 > 17$。齿数多，有利于增加传动的重合度，使传动平稳，但当分度圆直径一定时，增加齿数会使模数减小，有可能造成轮齿弯曲强度不够。

设计时，最好使 $a$ 值为整数，因中心距 $a=m(z_1+z_2)/2$，当模数 $m$ 值确定后，调整 $z_1$、$z_2$ 值，可达此目的。调整 $z_1$、$z_2$ 值后，应保证满足接触强度和弯曲强度，并使 $u$ 值与所要求的 $i$ 值的误差不超过 ±3%～5%。

③ 齿宽系数 $\phi_d$ 及齿宽 $b$　$\phi_d$ 取得大，可使齿轮径向尺寸减小，但将使其轴向尺寸增大，导致载荷沿齿向分布不均。$\phi_d$ 的取值可参考表 11-6。

表 11-6　齿宽系数 $\phi_d$

| 齿轮相对于轴承的位置 | 齿面硬度 | |
|---|---|---|
| | 软齿面 | 硬齿面 |
| 对称布置 | 0.8～1.4 | 0.4～0.9 |
| 非对称布置 | 0.2～1.2 | 0.3～0.6 |
| 悬臂布置 | 0.3～0.4 | 0.2～0.25 |

注：轴及其支座刚性较大时取大值，反之取小值。

齿宽可由 $b=\phi_d/d_1$ 算得，$b$ 值应加以圆整，作为大齿轮的齿宽 $b_2$，而使小齿轮的齿宽 $b_1=b_2+(5\sim10)$mm，以保证轮齿有足够的啮合宽度。

**例 11-1**　某两级直齿圆柱齿轮减速器用电动机驱动，单向运转，载荷有中等冲击。高速级传动比 $i=3.7$，高速轴转速 $n_1=745$r/min，传动功率 $P=17$kW，采用软齿面，试计算此高速级传动。

**解：** ① 选择材料及确定许用应力　小齿轮用 40MnB 调质，齿面硬度 241～286HBS，$\sigma_{Hlim1}=730$MPa，$\sigma_{FE1}=600$MPa（表 11-1），大齿轮用 ZG35SiMn 调质，齿面硬度为

$241\sim269\mathrm{HBS}$，$\sigma_{\mathrm{Hlim2}}=620\mathrm{MPa}$，$\sigma_{\mathrm{FE2}}=510\mathrm{MPa}$（表 11-1）。由表 11-5，取 $S_{\mathrm{H}}=1.1$，$S_{\mathrm{F}}=1.25$，则

$$[\sigma_{\mathrm{H1}}]=\frac{\sigma_{\mathrm{Hlim1}}}{S_{\mathrm{H}}}=\frac{730}{1.1}=664(\mathrm{MPa})$$

$$[\sigma_{\mathrm{H2}}]=\frac{620}{1.1}=564(\mathrm{MPa})$$

$$[\sigma_{\mathrm{F1}}]=\frac{\sigma_{\mathrm{FE1}}}{S_{\mathrm{F}}}=\frac{600}{1.25}=480(\mathrm{MPa})$$

$$[\sigma_{\mathrm{F2}}]=\frac{510}{1.25}=408(\mathrm{MPa})$$

② 按齿面接触强度设计　设齿轮按 8 级精度制造。取载荷系数 $K=1.5$（表 11-3），齿宽系数 $\phi_{\mathrm{d}}=0.8$（表 11-6），小齿轮上的转矩

$$T_1=9.55\times10^6\times\frac{P}{n_1}=9.55\times10^6\times\frac{17}{745}=2.18\times10^5(\mathrm{N\cdot mm})$$

取 $Z_{\mathrm{E}}=188$（表 11-4）

$$d_1\geqslant\sqrt[3]{\frac{2KT_1}{\phi_{\mathrm{d}}}\frac{u+1}{u}\left(\frac{Z_{\mathrm{E}}Z_{\mathrm{H}}}{[\sigma_{\mathrm{H}}]}\right)^2}=\sqrt[3]{\frac{2\times1.5\times2.18\times10^5}{0.8}\times\frac{3.7+1}{3.7}\times\left(\frac{188\times2.5}{564}\right)^2}=89.7(\mathrm{mm})$$

齿数取 $z_1=32$，则 $z_2=3.7\times32\approx118$。故实际传动比 $i=118/32=3.69$

模数
$$m=\frac{d_1}{z_1}=\frac{89.7}{32}=2.8(\mathrm{mm})$$

齿宽　　　　$b=\phi_{\mathrm{d}}d_1=0.8\times89.7=71.8(\mathrm{mm})$，取 $b_2=75\mathrm{mm}$，$b_1=80\mathrm{mm}$

按表 6-1 取 $m=3\mathrm{mm}$，实际的 $d_1=z\times m=32\times3=96(\mathrm{mm})$，$d_2=118\times3=354(\mathrm{mm})$

中心距
$$a=\frac{d_1+d_2}{2}=\frac{96+354}{2}=225(\mathrm{mm})$$

③ 验算齿轮弯曲强度　齿形系数 $Y_{\mathrm{Fa1}}=2.56$（图 11-11），$Y_{\mathrm{Sa1}}=1.63$（图 11-12）$Y_{\mathrm{Fa2}}=2.13$，$Y_{\mathrm{Sa2}}=1.81$

由式(11-8)得

$$\sigma_{\mathrm{F1}}=\frac{2KT_1Y_{\mathrm{Fa}}Y_{\mathrm{Sa}}}{bm^2z_1}=\frac{2\times1.5\times2.18\times10^5\times2.56\times1.63}{75\times3^2\times32}=124(\mathrm{MPa})\leqslant[\sigma_{\mathrm{F1}}]=480\mathrm{MPa}$$

$$\sigma_{\mathrm{F2}}=\sigma_{\mathrm{F1}}\frac{Y_{\mathrm{Fa2}}Y_{\mathrm{Sa2}}}{Y_{\mathrm{Fa1}}Y_{\mathrm{Sa1}}}=124\times\frac{2.13\times1.81}{2.56\times1.63}=115(\mathrm{MPa})\leqslant[\sigma_{\mathrm{F2}}]=408\mathrm{MPa}$$

安全。

④ 齿轮的圆周速度

$$v=\frac{\pi d_1n_1}{60\times1000}=\frac{3.14\times96\times745}{60000}\mathrm{m/s}=3.74\mathrm{m/s}$$

对照表 11-2 可知选用 8 级精度是合宜的。

其他计算从略。

# 11.5　斜齿轮传动

斜齿圆柱齿轮传动的强度计算方法与直齿轮基本相同，只是由于斜齿轮齿形的特点，其

轮齿受力情况及应力分析等方面不同于直齿轮。因此在进行强度计算时，除了要掌握共同性外，还应特别地注意其特殊性，如斜齿轮螺旋角，端面、轴面重合度等对轮齿强度的影响。

### 11.5.1　轮齿的受力分析

图 11-13 所示的标准斜齿圆柱齿轮，其受力分析与标准直齿圆柱齿轮传动基本相同，若不计摩擦，作用在齿面间的法向力 $F_n$ 可以分解为 3 个分力，即圆周力 $F_t$、径向力 $F_r$ 和轴向力 $F_a$。各力的大小为

$$
\left.
\begin{aligned}
F_{t1} &= \frac{2T_1}{d_1} = F_{t2} \\[1mm]
F_{r1} &= \frac{F_{t1}\tan\alpha_n}{\cos\beta} = F_{r2} \\[1mm]
F_{a1} &= F_{t1}\tan\beta = F_{a2}
\end{aligned}
\right\}
\tag{11-10}
$$

式中　$\beta$——标准斜齿轮的螺旋角，一般 $\beta = 8° \sim 20°$；

$\alpha_n$——法面压力角，对于标准斜齿轮，规定 $\alpha_n = 20°$；

其他符号的含义、单位及其确定方法与直齿圆柱齿轮传动相同。

各分力方向如下：圆周力 $F_t$ 的方向在主动轮上与运动方向相反，在从动轮上与运动方向相同；径向力 $F_r$ 的方向对两轮都是指向各自的轴心；轴向力 $F_a$ 的方向可由轮齿的工作面受压来决定，其法向压力在轴向的分量，即为所受轴向力 $F_a$ 的方向。对于主动轮，其工作面是转动方向的前面；对于从动轮，轮齿的工作面是转动方向的后面，见图 11-14。$\beta$ 为螺旋角，$\beta$ 取得大，则重合度增大，使传动平稳，但轴向力也增加，因而增加轴承的负载。一般取 $\beta = 8° \sim 20°$。

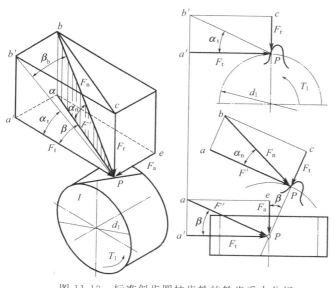

图 11-13　标准斜齿圆柱齿轮的轮齿受力分析

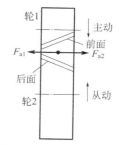

图 11-14　轴向力的方向

### 11.5.2　轮齿的强度计算

斜齿圆柱齿轮传动的强度计算是按轮齿的法面进行分析的，其基本原理与直齿圆柱齿轮

传动相似。但是斜齿圆柱齿轮传动的重合度较大，同时相啮合的轮齿较多，轮齿的接触线是倾斜的，而且在法面内斜齿轮的当量齿轮的分度圆半径也较大，因此斜齿轮的接触应力和弯曲应力均比直齿轮有所降低。关于斜齿轮强度问题的详细讨论，可参阅机械类机械设计教材。下面直接写出经简化处理的斜齿轮强度计算公式。

一对钢制标准斜齿轮传动的齿面接触应力及强度条件为

$$\sigma_H = Z_E Z_H Z_\beta \sqrt{\frac{2KT_1}{bd_1^2} \cdot \frac{u \pm 1}{u}} \leqslant [\sigma_H] \tag{11-11}$$

$$d_1 \geqslant \sqrt[3]{\frac{2KT_1}{\phi_d} \cdot \frac{u \pm 1}{u} \left(\frac{Z_E Z_H Z_\beta}{[\sigma_H]}\right)^2} \text{ mm} \tag{11-12}$$

式中　$Z_E$——材料弹性系数，由表 11-4 查取；

$Z_H$——节点区域系数，标准齿轮的 $Z_H = 2.5$；

$Z_\beta$——螺旋角系数，$Z_\beta = \sqrt{\cos\beta}$。

齿根弯曲疲劳强度条件为

$$\sigma_F = \frac{2KT_1}{bd_1 m_n} Y_{Fa} Y_{Sa} \leqslant [\sigma_F] \quad \text{MPa} \tag{11-13}$$

$$m_n \geqslant \sqrt[3]{\frac{2KT_1}{\phi_d z_1^2} \cdot \frac{Y_{Fa} Y_{Sa}}{[\sigma_F]} \cos^2\beta} \text{ mm} \tag{11-14}$$

式中　$Y_{Fa}$——齿形系数，由当量齿数 $z_v = \dfrac{z}{\cos^3\beta}$，查图 11-11；

$Y_{Sa}$——应力集中系数，由 $z_v$ 查图 11-12。

**例 11-2**　某一斜齿圆柱齿轮减速器传递的功率 $P = 40\text{kW}$，传动比 $i = 3.3$，主轴转速 $n_1 = 1470\text{r/min}$，用电动机驱动，长期工作，双向传动，载荷有中等冲击，要求结构紧凑，试计算此齿轮传动。

**解：**① 选择材料及确定许用应力　因要求结构紧凑故采用硬齿面的组合：小齿轮用 20CrMnTi 渗碳淬火，齿面硬度为 56～62HRC，$\sigma_{Hlim1} = 1500\text{MPa}$，$\sigma_{FE} = 850\text{MPa}$；大齿轮用 20Cr 渗碳淬火，齿面硬度为 56～62HRC，$\sigma_{Hlim1} = 1500\text{MPa}$，$\sigma_{FE} = 850\text{MPa}$（表 11-1）。取 $S_F = 1.25$，$S_H = 1$（表 11-5）；取 $Z_H = 2.5$，$Z_E = 189.8$（表 11-4）。

$$[\sigma_{F1}] = [\sigma_{F2}] = \frac{0.7\sigma_{FE1}}{S_F} = \frac{0.7 \times 850}{1.25} = 476(\text{MPa})$$

$$[\sigma_{H1}] = [\sigma_{H2}] = \frac{\sigma_{Hlim1}}{S_H} = \frac{1500}{1} = 1500(\text{MPa})$$

② 按轮齿弯曲强度设计计算　齿轮按 8 级精度制造。取载荷系数 $K = 1.3$（表 11-3），齿宽系数 $\phi_d = 0.8$（表 11-6）。

小齿轮上的转矩　$T_1 = 9.55 \times 10^6 \times \dfrac{P}{n_1} = 9.55 \times 10^6 \times \dfrac{40}{1470} = 2.6 \times 10^5 (\text{N} \cdot \text{mm})$

初选螺旋角　　　　　　　　　$\beta = 15°$

齿数取 $z_1 = 19$，则 $z_2 = 3.3 \times 19 \approx 63$，取 $z_2 = 63$。实际传动比 $i = 63/19 = 3.32$。

齿形系数　　　$z_{v1} = \dfrac{19}{\cos^3 15°} = 21.08, z_{v2} = \dfrac{63}{\cos^3 15°} = 69.9$。

查图 11-11 得 $Y_{Fa1}=2.88$，$Y_{Fa2}=2.27$。由图 11-12 得 $Y_{Sa1}=1.57$，$Y_{Sa2}=1.75$。

因 $\dfrac{Y_{Fa1}Y_{Sa1}}{[\sigma_{F1}]}=\dfrac{2.88\times1.57}{476}=0.0095>\dfrac{Y_{Fa2}Y_{Sa2}}{[\sigma_{F2}]}=\dfrac{2.27\times1.75}{476}=0.0083$

故应对小齿轮进行弯曲强度计算。

法向模数 $m_n\geqslant\sqrt[3]{\dfrac{2KT_1}{\phi_d z_1^2}\times\dfrac{Y_{Fa1}Y_{Sa1}}{[\sigma_{F1}]}\cos^2\beta}=\sqrt[3]{\dfrac{2\times1.3\times2.6\times10^5}{0.8\times19^2}\times0.0095\times\cos^215°}$

$$=2.75(mm)$$

由表 6-1 取 $m_n=3mm$。

中心距 $a=\dfrac{m_n(z_1+z_2)}{2\cos\beta}=\dfrac{3\times(19+63)}{2\cos15°}=127.34(mm)$

取 $a=130mm$

确定螺旋角 $\beta=\arccos\dfrac{m_n(z_1+z_2)}{2a}=\arccos\dfrac{57+189}{2\times130}=18°53'16''$

齿轮分度圆直径 $d_1=m_n z_1/\cos\beta=3\times19/\cos18°53'16''=60.249(mm)$

齿宽 $b=\phi_d d_1=0.8\times60.249=48.2(mm)$

取 $b_2=50mm$，$b_1=55mm$

③ 验算齿面接触强度 将各参数代入式(11-11)

$\sigma_H=Z_E Z_H Z_\beta\sqrt{\dfrac{2KT_1}{bd_1^2}\times\dfrac{u\pm1}{u}}=189.8\times2.5\times\sqrt{\cos18°53'16''}\sqrt{\dfrac{2\times1.3\times2.6\times10^5}{50\times60.249^2}\times\dfrac{4.32}{3.32}}$

$$=917MPa<[\sigma_{H1}]=1500MPa$$

安全。

④ 齿轮的圆周速度

$$v=\frac{\pi d_1 n_1}{60\times1000}=\frac{\pi\times60.249\times1470}{60000}m/s=4.6(m/s)$$

按表 11-2，选 8 级制造是合宜的。

# 11.6 直齿圆锥齿轮传动

## 11.6.1 轮齿的受力分析

图 11-15 表示直齿圆锥齿轮轮齿受力情况。直齿圆锥齿轮的受力分析与直齿圆柱齿轮基本相同，若不计摩擦，工作时作用在直齿圆锥齿轮齿面上的力为一法向力 $F_n$。为了便于分析和计算，假设该法向力 $F_n$ 集中作用在齿宽中点的分度圆处，其直径用 $d_{m1}$ 表示，法向力 $F_n$ 可分解为三个分力，方向如图 11-15 所示，大小为

$$\left.\begin{aligned}
F_{t1}&=\frac{2T_1}{d_{m1}}=F_{t2}\\
F_{r1}&=F'\cos\delta_1=F_{t1}\tan\alpha\cos\delta_1=F_{a2}\\
F_{a1}&=F'\sin\delta_1=F_{t1}\tan\alpha\sin\delta_1=F_{r2}
\end{aligned}\right\}\qquad(11\text{-}15)$$

式中 $d_{m1}$——小齿轮齿宽中点的分度圆直径。

由图 11-15 中几何关系可得

$$d_{m1} = d_1 - b\sin\delta_1$$

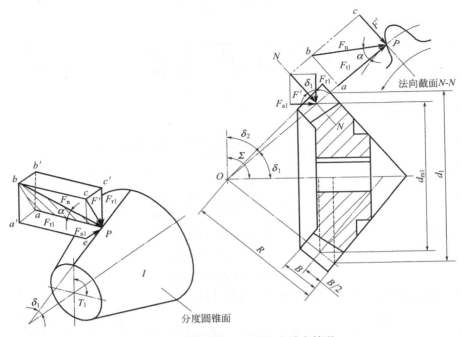

图 11-15　直齿圆锥齿轮轮齿受力情况

圆周力 $F_t$ 的方向在主动轮上与运动方向相反，在从动轮上与运动方向相同。径向力 $F_r$ 的方向对两轮都是垂直指向齿轮轴线。轴向力 $F_a$ 的方向对两个齿轮都是由小端指向大端。当 $\delta_1 + \delta_2 = 90°$ 时

$$\sin\delta_1 = \cos\delta_2$$
$$\cos\delta_1 = \sin\delta_2$$

小齿轮上的径向力和轴向力在数值上分别等于大齿轮上的轴向力和径向力，但其方向相反（图 11-16）。

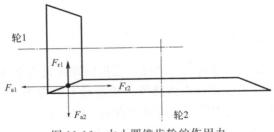

图 11-16　大小圆锥齿轮的作用力

### 11.6.2　强度计算

**（1）接触疲劳强度计算**

可以近似认为，一对直齿圆锥齿轮传动和位于齿宽中点的一对当量圆柱齿轮传动（图 11-17）的强度相等。由此可得轴交角为 90°的一对钢制直齿圆锥齿轮的齿面接触强度验算公式

$$\sigma_{\mathrm{H}} = Z_{\mathrm{E}} Z_{\mathrm{H}} \sqrt{\frac{K F_{\mathrm{t1}}}{b d_{\mathrm{mv1}}} \frac{u_{\mathrm{v}} + 1}{u_{\mathrm{v}}}} \leqslant [\sigma_{\mathrm{H}}]$$

式中 $d_{\mathrm{mv1}}$——小齿轮在平均直径处的当量齿轮直径；

$\quad\quad u_{\mathrm{v}}$——大小当量齿轮齿数比。

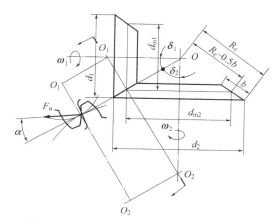

图 11-17 直齿圆锥齿轮的当量轮齿分析图

由上式可知，当传动比和传递的圆周力一定时，增大当量齿轮直径或齿宽 $b$ 可使接触应力减小。将有关当量齿轮的几何关系式代入上式，可得接触强度校核公式

$$\sigma_{\mathrm{H}} = Z_{\mathrm{E}} Z_{\mathrm{H}} \sqrt{\frac{K F_{\mathrm{t1}}}{b d_1 (1 - 0.5 \phi_{\mathrm{R}})} \frac{\sqrt{u^2 + 1}}{u}} \leqslant [\sigma_{\mathrm{H}}] \tag{11-16}$$

式中 $\phi_{\mathrm{R}}$——齿宽系数，$\phi_{\mathrm{R}} = \dfrac{b}{R_{\mathrm{e}}}$，$b$ 为齿宽；

$\quad\quad R_{\mathrm{e}}$——锥距（图 11-17）。

一般取 $\phi_{\mathrm{R}} = 0.25 \sim 0.3$，$u = \dfrac{z_2}{z_1}$，对一级直齿圆锥齿轮传动，取 $u \leqslant 5$。

由上式可得圆锥齿轮接触疲劳强度设计公式

$$d_1 \geqslant \sqrt[3]{\frac{4 K T_1}{\phi_{\mathrm{R}} u (1 - 0.5 \phi_{\mathrm{R}})^2} \left(\frac{Z_{\mathrm{E}} Z_{\mathrm{H}}}{[\sigma_{\mathrm{H}}]}\right)^2} \tag{11-17}$$

**（2）弯曲疲劳强度计算**

$$\sigma_{\mathrm{F}} = \frac{K F_{\mathrm{t1}}}{b m_{\mathrm{m}}} Y_{\mathrm{Fa}} Y_{\mathrm{Sa}} = \frac{K F_{\mathrm{t1}} Y_{\mathrm{Fa}} Y_{\mathrm{Sa}}}{b m (1 - 0.5 \phi_{\mathrm{R}})} \leqslant [\sigma_{\mathrm{F}}] \tag{11-18}$$

$$m \geqslant \sqrt[3]{\frac{4 K T_1}{\phi_{\mathrm{R}} z_1^2 (1 - 0.5 \phi_{\mathrm{R}})^2 \sqrt{u^2 + 1}} \frac{Y_{\mathrm{Fa}} Y_{\mathrm{Sa}}}{[\sigma_{\mathrm{H}}]}} \, \mathrm{mm} \tag{11-19}$$

式中 $m$——大端模数；

$\quad\quad Y_{\mathrm{Fa}}$——齿形系数，按当量齿数 $z_{\mathrm{v}} = \dfrac{z}{\cos\delta}$ 由图 11-11 查取；

$\quad\quad Y_{\mathrm{Sa}}$——齿根应力集中系数，按 $z_{\mathrm{v}} = \dfrac{z}{\cos\delta}$ 由图 11-12 查取。

# 思 考 题

11-1　齿轮传动的主要失效形式有哪些？闭式和开式传动的失效形式有哪些不同？

11-2　齿轮传动的设计准则是什么？

11-3　什么是软齿面和硬齿面齿轮？为什么选择小齿轮齿面硬度要比大齿轮齿面硬度高？

11-4　齿轮承载能力计算时，为何不直接用名义载荷而用计算载荷？

11-5　直齿圆柱齿轮传动的圆周力和径向力大小如何计算？方向怎样判别？

11-6　为什么齿面点蚀常发生在闭式齿轮传动中，而在开式齿轮传动中却很少出现？能否说开式齿轮传动的抗点蚀能力比闭式传动高？

11-7　齿面点蚀为何都发生在齿根近节线处？

11-8　在进行接触强度计算时，为什么要用 $[\sigma_H]$ 中的小值代入公式计算？

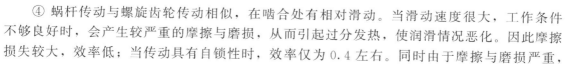

# 第**12**章

# 蜗杆传动

## 12.1 蜗杆传动的特点和类型

### 12.1.1 蜗杆传动的特点

蜗杆传动是在空间交错两轴间传递运动和动力的一种传动机构，如图 12-1 所示，由蜗杆和蜗轮组成，两轴线交错的夹角可为任意值，常用于交错角为 90°的两轴间传递运动和动力。传动中一般蜗杆是主动件，蜗轮是从动件。这种传动由于具有下述特点，故广泛用于各种机器和仪器中。

① 当使用单头蜗杆（相当于单线螺纹）时，蜗杆每旋转一周，蜗轮只转过一个齿距，因而能实现大的传动比。在动力传动中，一般传动比 $i=5\sim80$；在分度机构或手动机构的传动中，传动比可达 300；若只传递运动，传动比可达 1000。由于传动比大，零件数目又少，因而结构很紧凑。

② 在蜗杆传动中，由于蜗杆齿是连续不断的螺旋齿，它和蜗轮齿是逐渐进入啮合及逐渐退出啮合的，同时啮合的齿对又较多，故冲击载荷小，传动平稳，噪声低。

③ 当蜗杆的螺旋线升角小于啮合面的当量摩擦角时，蜗杆传动便具有自锁性。

图 12-1 蜗杆传动

④ 蜗杆传动与螺旋齿轮传动相似，在啮合处有相对滑动。当滑动速度很大，工作条件不够良好时，会产生较严重的摩擦与磨损，从而引起过分发热，使润滑情况恶化。因此摩擦损失较大，效率低；当传动具有自锁性时，效率仅为 0.4 左右。同时由于摩擦与磨损严重，

常需耗用有色金属制造蜗轮（或轮圈），以便与钢制蜗杆配对组成减摩性良好的滑动摩擦副，成本较高。

蜗杆传动通常用于减速装置，但也有个别机器用作增速装置。

### 12.1.2　蜗杆传动的类型

根据蜗杆形状的不同，蜗杆传动可分为圆柱蜗杆传动（如图 12-1 所示）、环面蜗杆传动（如图 12-2 所示）和锥蜗杆传动（如图 12-3 所示）三种类型。

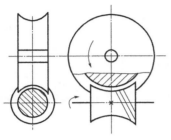

图 12-2　环面蜗杆传动

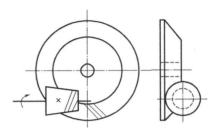

图 12-3　锥蜗杆传动

圆柱蜗杆传动按其螺旋面的形状又分为阿基米德蜗杆（ZA 蜗杆）和渐开线蜗杆（ZI 蜗杆）等。

车削阿基米德蜗杆与加工梯形螺纹类似。车刀切削刃夹角 $2\alpha = 40°$，加工时切削刃的平面通过蜗杆轴线（如图 12-4 所示）。因此切出的齿形，在包含轴线的截面内为侧边呈直线的齿条；而在垂直于蜗杆轴线的截面内为阿基米德螺旋线。

渐开线蜗杆的齿形，在垂直于蜗杆轴线的截面内为渐开线，在包含蜗杆轴线的截面内为凸廓曲线。这种蜗杆可以像圆柱齿轮那样用滚刀铣切，适用于成批生产。

和螺纹一样，蜗杆有左、右旋之分，常用的是右旋蜗杆。

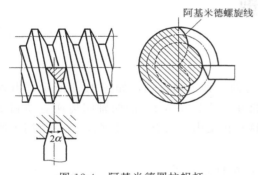

图 12-4　阿基米德圆柱蜗杆

对于一般动力传动，常按照 7 级精度（适用于蜗杆圆周速度 $v_1 < 7.5\text{m/s}$）、8 级精度（$v_1 < 3\text{m/s}$）和 9 级精度（$v_1 < 1.5\text{m/s}$）制造。

## 12.2　圆柱蜗杆传动的主要参数、几何尺寸计算及结构

如图 12-5 所示，通过蜗杆轴线并垂直于蜗轮轴线的平面，称为中间平面（主平面）。由于蜗轮是用与蜗杆形状相仿的滚刀（为了保证轮齿啮合时的顶隙，滚刀外径稍大于蜗杆顶圆直径），按展成法切制轮齿，所以在中间平面内蜗轮与蜗杆的啮合就相当于渐开线齿轮与齿条的啮合。故在设计蜗杆传动时，均取中间平面上的参数（如模数、压力角等）和尺寸（如齿顶圆、分度圆等）为基准，并沿用齿轮传动的计算关系。

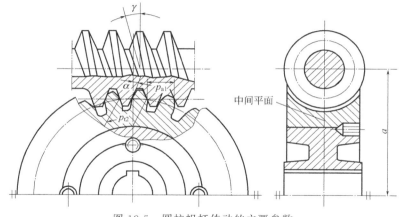

图 12-5　圆柱蜗杆传动的主要参数

### 12.2.1　圆柱蜗杆传动的主要参数及其选择

圆柱蜗杆传动的主要参数有模数、压力角、蜗杆头数、蜗轮齿数及蜗杆的直径等。进行蜗杆传动的设计时，首先要正确地选择参数。

**（1）模数 $m$ 和压力角 $\alpha$**

和齿轮传动一样，蜗杆传动的几何尺寸也以模数为主要计算参数。蜗杆和蜗轮啮合时，在中间平面上，蜗杆的轴向模数、压力角应与蜗轮的端面模数、压力角分别相等，即

$$m_{a1} = m_{t2} = m$$

$$\alpha_{a1} = \alpha_{t2}$$

圆柱蜗杆的轴向压力角为标准值（20°），其轴向模数 $m$ 的也为标准值，见表 12-2。相应于切削刀具，ZA 蜗杆取轴向压力角为标准值，ZI 蜗杆取法向压力角为标准值。蜗杆轴向压力角与法向压力角的关系为

$$\tan\alpha_a = \frac{\tan\alpha_n}{\cos\gamma}$$

式中　$\gamma$——导程角。

**（2）蜗杆的分度圆直径 $d_1$**

在蜗杆传动中，为了保证蜗杆与配对蜗轮的正确啮合，常用与蜗杆具有同样尺寸的蜗轮滚刀来加工与其配对的蜗轮。这样，只要有一种尺寸的蜗杆，就得有一种对应的蜗轮滚刀。同一模数，可以有很多不同直径的蜗杆，因而对每一模数就要配备很多蜗轮滚刀。显然，这样很不经济。为了限制蜗轮滚刀的数目及便于滚刀的标准化，就对每一标准模数规定了一定数量的蜗杆分度圆直径，其

$$q = \frac{d_1}{m} \tag{12-1}$$

$q$ 称为蜗杆的直径系数。$d_1$ 与 $q$ 已有标准值，常用的标准模数 $m$ 和蜗杆分度圆直径 $d_1$ 及直径系数 $q$ 见表 12-1。如果采用非标准滚刀或飞刀切制蜗轮，$d_1$ 与 $q$ 值可不受标准的限制。

**（3）蜗杆头数**

蜗杆头数可根据要求的传动比和效率来选定。

表 12-1　圆柱蜗杆的基本尺寸和参数及其与蜗轮参数的匹配

| 中心距 a /mm | 模数 m /mm | 蜗杆分度圆直径 $d_1$/mm | $m^2 d_1$ /mm³ | 蜗杆头数 $z_1$ | 蜗杆直径系数 q | 蜗杆分度圆导程角 γ | 蜗轮齿数 $z_2$ | 变位系数 $x_2$ |
|---|---|---|---|---|---|---|---|---|
| 40 | 1 | 18 | 18 | 1 | 18.00 | 3°10′47″ | 62 | 0 |
| 50 |  |  |  |  |  |  | 82 | 0 |
| 40 | 1.25 | 20 | 31.25 | 1 | 16.00 | 3°34′35″ | 49 | −0.500 |
| 50 |  | 22.4 | 35 |  | 17.92 | 3°11′38″ | 62 | +0.040 |
| 63 |  |  |  |  |  |  | 82 | +0.440 |
| 50 | 1.6 | 20 | 51.2 | 1 | 12.50 | 4°34′26″ | 51 | −0.500 |
|  |  |  |  | 2 |  | 9°05′25″ |  |  |
|  |  |  |  | 4 |  | 17°44′41″ |  |  |
| 63 |  | 28 | 71.68 | 1 | 17.50 | 3°16′14″ | 61 | +0.125 |
| 80 |  |  |  |  |  |  | 82 | +0.250 |
| 40 | 2 | 22.4 | 89.6 | 1 | 11.20 | 5°06′08″ | 29 | −0.100 |
| (50) |  |  |  | 2 |  | 10°07′29″ | (39) | (+0.100) |
| (63) |  |  |  | 4 |  | 19°39′14″ | (53) | (+0.400) |
|  |  |  |  | 6 |  | 28°10′43″ |  |  |
| 80 |  | 35.5 | 142 | 1 | 17.75 | 3°13′28″ | 62 | +0.125 |
| 100 |  |  |  |  |  |  | 82 |  |
| 50 | 2.5 | 28 | 175 | 1 | 11.20 | 5°06′08″ | 29 | −0.100 |
| (63) |  |  |  | 2 |  | 10°07′29″ | (39) | (+0.100) |
| (80) |  |  |  | 4 |  | 19°39′14″ | (53) | (−0.100) |
|  |  |  |  | 6 |  | 28°10′43″ |  |  |
| 100 |  | 45 | 281.25 | 1 | 18.00 | 3°10′47″ | 62 | 0 |
| 63 | 3.15 | 35.5 | 352.25 | 1 | 11.27 | 5°04′15″ | 29 | −0.1349 |
| (80) |  |  |  | 2 |  | 10°03′48″ | (39) | (+0.2619) |
| (100) |  |  |  | 4 |  | 19°32′29″ | (53) | (−0.3889) |
|  |  |  |  | 6 |  | 28°01′50″ |  |  |
| 125 |  | 56 | 555.66 | 1 | 17.778 | 3°13′10″ | 62 | −0.2063 |

注：1. 本表中导程角 γ 小于 3°30′的圆柱蜗杆均为自锁蜗杆；
　　2. 括号中的参数不适用于蜗杆头数 $z_1$＝6 时。

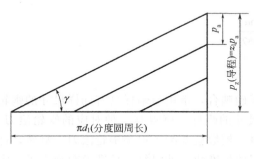

图 12-6　导程角与导程的关系

单头蜗杆传动的传动比可以较大，但效率较低，如要提高效率，应增加蜗杆的头数。但蜗杆头数过多，导程角过大，又会给加工带来困难。所以，通常蜗杆头数取 1、2、4、6。

**（4）导程角**

蜗杆的直径系数和蜗杆头数，选定之后蜗杆分度圆柱上的导程角也就确定了。由图 12-6 可知

$$\tan\gamma = \frac{p_z}{\pi d_1} = \frac{z_1 p_a}{\pi d_1} = \frac{z_1 m}{d_1} = \frac{z_1}{q} \quad (12\text{-}2)$$

式中　$p_a$ 为蜗杆轴向齿距。

**（5）传动比 $i$ 和齿数比 $u$**

传动比

$$i = \frac{n_1}{n_2}$$

式中　$n_1$，$n_2$——蜗杆和蜗轮的转速，r/min。

齿数比

$$u = \frac{z_2}{z_1}$$

式中　$z_2$——蜗轮的齿数。

当蜗杆为主动时

$$i=\frac{n_1}{n_2}=\frac{z_2}{z_1}=u \tag{12-3}$$

**（6）蜗轮齿数 $z_2$**

蜗轮齿数主要根据传动比来确定。应注意：为了避免用蜗轮滚刀切制蜗轮时产生根切与干涉，理论上应使 $z_{2min} \geqslant 17$。但当 $z_2 < 26$ 时，啮合区要显著减小，将影响传动的平稳性，而在 $z_{2min} \geqslant 30$ 时，则可始终保持有两对以上的齿啮合，所以通常规定 $z_2$ 大于 28。对于动力传动一般不大于 80。若 $z_2$ 过多，会使结构尺寸过大，蜗杆长度也随之增加，致使蜗杆刚度和啮合精度下降。推荐值见表 12-2（具体选择时可考虑表 12-1 中的匹配关系），当设计非标准或分度传动时，$z_2$ 的选择可不受限制。

表 12-2　蜗杆头数与蜗轮齿数的推荐值

| $i=z_2/z_1$ | $z_1$ | $z_2$ | $i=z_2/z_1$ | $z_1$ | $z_2$ |
|---|---|---|---|---|---|
| ≈5 | 6 | 29 | 14～30 | 2 | 29～61 |
| 7～15 | 4 | 31 | 29～82 | 1 | 29～82 |

**（7）蜗杆传动的标准中心距 $a$**

蜗杆传动的标准中心距为

$$a=\frac{1}{2}(d_1+d_2)=\frac{1}{2}(q+z_2)m \tag{12-4}$$

标准普通圆柱蜗杆传动的基本尺寸和参数列于表 12-1。设计圆柱蜗杆减速装置时，在按接触强度或弯曲强度确定了中心距 $a$ 或 $m^2 d_1$ 后，一般应按表 12-1 的数据确定蜗杆与蜗轮的尺寸和参数，并按表值予以匹配。如可自行加工蜗轮滚刀或减速器箱体时，也可不按表 12-1 选配参数。

## 12.2.2　圆柱蜗杆传动的几何尺寸计算

圆柱蜗杆传动的基本几何尺寸及其计算公式如图 12-7 及表 12-3、表 12-4 所示。

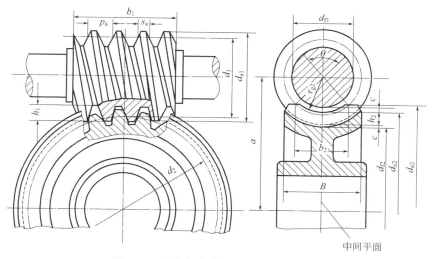

图 12-7　圆柱蜗杆传动的基本几何尺寸

表 12-3　普通圆柱蜗杆传动基本几何尺寸计算公式

| 名称 | 代号 | 计算公式 | 说明 |
|---|---|---|---|
| 中心距 | $a$ | $a=\dfrac{d_1+d_2}{2}=0.5m(q+z_2)$ | 按规定选取 |
| 蜗杆头数 | $z_1$ | | 按规定选取 |
| 蜗轮齿数 | $z_2$ | $z_2=iz_1$ | 按传动比确定 |
| 齿形角 | $\alpha$ | $\alpha_a=20°$ 或 $\alpha_n=20°$ | 按蜗杆类型确定 |
| 模数 | $m$ | $m=m_a=\dfrac{m_n}{\cos\gamma}$ | 按规定选取 |
| 传动比 | $i$ | $i=\dfrac{n_1}{n_2}$ | 蜗杆为主动,按规定选取 |
| 齿数比 | $u$ | $u=\dfrac{z_2}{z_1}$,当蜗杆为主动时,$i=u$ | |
| 蜗杆直径系数 | $q$ | $q=\dfrac{d_1}{m}$ | |
| 蜗杆轴向齿距 | $p_a$ | $p_a=\pi m$ | |
| 蜗杆导程 | $p_z$ | $p_z=\pi mz_1$ | |
| 蜗杆分度圆直径 | $d_1$ | $d_1=mq$ | 按规定选取 |
| 蜗杆齿顶圆直径 | $d_{a1}$ | $d_{a1}=d_1+2h_{a1}=d_1+2h_a^*m$ | |
| 蜗杆齿根圆直径 | $d_{f1}$ | $d_{f1}=d_1-2h_{f1}=d_1-2(h_a^*m+c^*)$ | |
| 蜗杆分度圆导程角 | $\gamma$ | $\tan\gamma=\dfrac{mz_1}{d_1}=\dfrac{z_1}{q}$ | |
| 蜗轮分度圆直径 | $d_{a2}$ | $d_{a2}=d_2+2h_{a2}$ | |
| 蜗轮齿根圆直径 | $d_{f2}$ | $d_{f2}=d_2-2h_{f2}$ | |

表 12-4　蜗轮宽度 $B$、顶圆直径 $d_{e2}$ 及蜗杆齿轮 $b_1$ 的计算公式

| $z_1$ | $B$ | $d_{e2}$ | $x_2/\text{mm}$ | $b_1$ | |
|---|---|---|---|---|---|
| 1 | | $\leqslant d_{a2}+2m$ | 0 | $\geqslant(11+0.06z_2)m$ | 当变位系数 $x_2$ 为中间值时,$b_1$ 取 $x_2$ 邻近两公式所求值的较大者。 |
| | $\leqslant 0.75d_{a1}$ | | $-0.5$ | $\geqslant(8+0.06z_2)m$ | |
| 2 | | $\leqslant d_{a2}+1.5m$ | $-1.0$ | $\geqslant(10.5+z_1)m$ | 经磨削的蜗杆,按左式所求的 $b_1$ 应再增加下列值: |
| | | | $0.5$ | $\geqslant(11+0.1z_2)m$ | 当 $m<10\text{mm}$ 时,增加 25mm; |
| | | | $1.0$ | $\geqslant(12+0.1z_2)m$ | 当 $m=10\sim16\text{mm}$ 时,增加 35~40mm; |
| 4 | $\leqslant 0.67d_{a1}$ | $\leqslant d_{a2}+m$ | 0 | $\geqslant(12.5+0.09z_2)m$ | 当 $m>16\text{mm}$ 时,增加 50mm |
| | | | $-0.5$ | $\geqslant(9.5+0.09z_2)m$ | |
| | | | $-1.0$ | $\geqslant(10.5+z_1)m$ | |
| | | | $0.5$ | $\geqslant(12.5+0.1z_2)m$ | |
| | | | $1.0$ | $\geqslant(13+0.1z_2)m$ | |

### 12.2.3　蜗杆和蜗轮的结构

蜗杆螺旋部分的直径不大,所以绝大多数和轴制成一体,称为蜗杆轴,结构形式见图 12-8,其中图(a)所示的结构无退刀槽,加工螺旋部分时只能用铣制的办法;图(b)所示的结构则有退刀槽,螺旋部分可以车制,也可以铣制,但这种结构的刚度比前一种差。当蜗杆螺旋部分的直径较大时,可以将蜗杆与轴分开制作。

常用的蜗轮结构形式有以下几种。

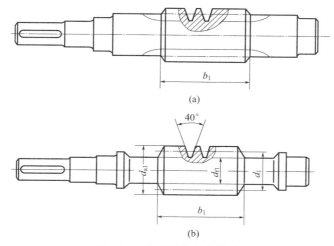

图 12-8 蜗杆轴的结构形式

**（1）齿圈式**

如图 12-9（a）所示，这种结构由青铜齿圈及铸铁轮芯组成。齿圈与轮芯多用 H7/r6 配合，并加装 4～6 个紧定螺钉（或用螺钉拧紧后将头部锯掉），以增强连接的可靠性。螺钉直径取作（1.2～1.5）$m$，$m$ 为蜗轮的模数。螺钉拧入深度为（0.3～0.4）$B$，$B$ 为蜗轮宽度。为了便于钻孔，应将螺孔中心线由配合缝向材料较硬的轮芯部分偏移 2～3mm。这种结构多用于尺寸不太大或工作温度变化较小的地方，以免热胀冷缩影响配合的质量。

**（2）螺栓连接式**

如图 12-9（b）所示，可用普通螺栓连接，或用铰制孔用螺栓连接，螺栓的尺寸和数目可参考蜗轮的结构尺寸取定，然后做适当的校核。这种结构装拆比较方便，多用于尺寸较大或容易磨损的蜗轮。

**（3）整体浇铸式**

如图 12-9（c）所示，主要用于铸铁蜗轮或尺寸很小的青铜蜗轮。

**（4）拼铸式**

如图 12-9（d）所示，这是在铸铁轮芯上加铸青铜齿圈，然后切齿。只用于成批制造的蜗轮。

蜗轮的几何尺寸可按表 12-3、表 12-4 中的计算公式及图 12-7、图 12-9 所示的结构尺寸来确定；轮芯部分的结构尺寸可参考齿轮的结构尺寸。

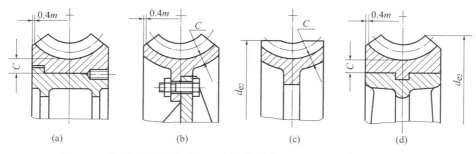

图 12-9 蜗轮的结构形式（$m$ 为蜗轮模数，$m$ 和 $C$ 的单位均为 mm）

# 12.3　蜗杆传动的失效形式、设计准则和受力分析

### 12.3.1　蜗杆传动的失效形式、设计准则及常用材料

和齿轮传动一样，蜗杆传动的失效形式也有点蚀（齿面接触疲劳破坏）、齿根折断、齿面胶合及过度磨损等。由于材料和结构上的原因，蜗杆螺旋齿部分的强度总是高于蜗轮轮齿的强度，所以失效经常发生在蜗轮轮齿上。因此，一般只对蜗轮轮齿进行承载能力计算。由于蜗杆与蜗轮齿面间有较大的相对滑动，从而增加了产生胶合和磨损失效的可能性，尤其在某些条件下（润滑不良），蜗杆传动因齿面胶合而失效的可能性更大。因此，蜗杆传动的承载能力往往受到抗胶合能力的限制。

开式传动中多发生齿面磨损和轮齿折断，因此应以保证齿根弯曲疲劳强度作为开式传动的主要设计准则。

在闭式传动中，蜗杆副多因齿面胶合或点蚀而失效。因此，通常是按齿面接触疲劳强度进行设计，而按齿根弯曲疲劳强度进行校核。此外，闭式蜗杆传动，由于散热较为困难，还应做热平衡核算。

由上述蜗杆传动的失效形式可知，蜗杆、蜗轮的材料不仅要求具有足够的强度，更重要的是要具有良好的磨合和耐磨性能。

蜗杆一般是用碳钢或合金钢制成。高速重载蜗杆常用 15Cr 或 20Cr，并经渗碳淬火；也可采用 40 钢、45 钢或 40Cr 并经淬火。这样可以提高表面硬度，增加耐磨性。通常要求蜗杆淬火后的硬度为 40 钢～55 HRC，经氮化处理后的硬度为 55～62 HRC。一般不太重要的低速中载的蜗杆，可采用 40 钢或 45 钢，并经调质处理，其硬度为 220～300 HBS。

常用的蜗轮材料为铸造锡青铜（$ZCuSn_{10}P_1$，$ZCuSn_5Pb_5Zn_5$）、铸造铝铁青铜（$ZCuAl_{10}Fe_3$）及灰铸铁（HT150、HT200）等。锡青铜耐磨性最好，但价格较高，用于滑动速度 $v_s \geqslant 3m/s$ 的重要传动；铝铁青铜的磨性较锡青铜差一些，但价格便宜，一般用于滑动速度 $v_s \leqslant 4m/s$ 的传动；如果滑动速度不高（$v_s < 2m/s$），对效率要求也不高时，可采用灰铸铁。为了防止变形，常对蜗轮进行时效处理。

### 12.3.2　蜗杆传动的受力分析

蜗杆传动的受力分析和斜齿圆柱齿轮传动相似。在进行蜗杆传动的受力分析时，通常不考虑摩擦力的影响。

如图 12-10 所示，是以右旋蜗杆为主动件并沿图示的方向旋转时，蜗杆螺旋面上的受力分析。设 $F_n$ 为集中作用于节点 $P$ 处的法向载荷，它作用于法向截面 $Pabc$ 内 [图 12-10(a)]。$F_n$ 可分解为三个互相垂直的分力，即圆周力 $F_t$、径向力 $F_r$ 和轴向力 $F_a$。显然，在蜗杆与蜗轮间，相互作用着 $F_{t1}$ 与 $F_{a2}$、$F_{r1}$ 与 $F_{r2}$ 和 $F_{a1}$ 与 $F_{t2}$ 这三对大小相等、方向相反的力 [图 12-10(c)]。

在确定各力方向时，尤其需要注意所受轴向力方向的确定。因为轴向力的方向是由螺旋线旋向和蜗杆的转向来决定的。如图 12-10(a) 所示，该蜗杆为右旋蜗杆，当其为主动件沿图示方向（由左端视之为逆时针方向）回转时，蜗杆齿的右侧为工作面 [推动蜗轮沿图 12-10(c) 所示方向转动]，故蜗杆所受的轴向力 $F_{a1}$（即蜗轮齿给它的阻力和轴向分力）必然指向左端

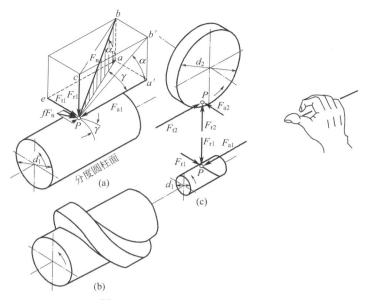

图 12-10 蜗杆传动的受力分析

［图 12-10（c）下部］。如果该蜗杆的转向相反，则蜗杆齿的左侧为工作面［推动蜗轮沿图 12-10（c）所示方向的反向转动］，故此时蜗杆所受的轴向力必指向右端。至于蜗杆所受圆周力 $F_{t1}$ 的方向，总是与它的转向相反；径向力的方向则总是指向轴心的。关于蜗轮上各力的方向，可由图 12-10（c）所示的关系定出。

当不计摩擦力的影响时，各力的大小可按下列各式计算，各力的单位均为 N。

$$F_{t1}=F_{a2}=\frac{2T_1}{d_1} \tag{12-5}$$

$$F_{a1}=F_{t2}=\frac{2T_2}{d_2} \tag{12-6}$$

$$F_{r1}=F_{r2}=F_{t2}\tan\alpha \tag{12-7}$$

$$F_n=\frac{F_{a1}}{\cos\alpha_n\cos\gamma}=\frac{F_{t2}}{\cos\alpha_n\cos\gamma}=\frac{2T_2}{d_2\cos\alpha_n\cos\gamma} \tag{12-8}$$

式中　$T_1$，$T_2$——蜗杆及蜗轮上的公称转矩，N·mm；

　　　$d_1$，$d_2$——蜗杆及蜗轮的分度圆直径，mm。

★判断方法：右（左）旋蜗杆所受轴向力的方向也可以用右（左）手法则确定。所谓右（左）手法则，是指用右（左）手握拳时，以四指所示的方向表示蜗杆回转方向，则拇指伸直所指的方向就表示蜗杆所受轴向力 $F_{a1}$ 的方向。

## 12.4　蜗杆传动的效率与润滑、热平衡计算及散热措施

### 12.4.1　蜗杆传动的效率

与齿轮传动类似，闭式蜗杆传动的效率包括三部分：轮齿啮合的效率 $\eta_1$，轴承效率 $\eta_2$

以及考虑搅动润滑油阻力的效率 $\eta_3$。其中，$\eta_2 \cdot \eta_3 = 0.95 \sim 0.97$。$\eta_1$ 可根据螺旋传动的效率公式求得。

蜗杆主动时，蜗杆传动的总效率为

$$\eta = \eta_1 \cdot \eta_2 \cdot \eta_3 = (0.95 \sim 0.96) \frac{\tan\gamma}{\tan(\gamma + \rho')} \tag{12-9}$$

式中　$\gamma$——蜗杆导程角；

$\rho'$——当量摩擦角，$\rho' = \arctan f'$，当量摩擦系数 $f'$ 主要与蜗杆副材料、表面状况以及滑动速度等有关。

由式（12-9）可知，增大导程角 $\gamma$ 可提高效率，故常采用多头蜗杆。但导程角过大，会引起蜗杆加工困难，而且导程角 $\gamma > 28°$ 时，效率提高很少。

$\gamma \leqslant \rho'$ 时，蜗杆传动具有自锁性，但效率很低（$\eta < 50\%$）。必须注意，在振动条件下 $\rho'$ 值的波动可能很大，因此不宜单靠蜗杆传动的自锁作用来实现制动。在重要场合应另加制动装置。

估计蜗杆传动的总效率时，可由表 12-5 选取。

**表 12-5　蜗杆传动总效率 $\eta$ 的概值**

| $z_1$ | $\eta$ | |
|:---:|:---:|:---:|
| | 闭式传动 | 开式传动 |
| 1 | 0.7~0.75 | |
| 2 | 0.75~0.82 | 0.6~0.7 |
| 4 | 0.87~0.92 | |

### 12.4.2　蜗杆传动的润滑

蜗杆传动的润滑是值得注意的问题。如果润滑不良，传动效率将显著降低，并且会使轮齿早期发生胶合或磨损。所以往往采用黏度大的矿物油进行良好的润滑，在润滑油中还常加入添加剂，使其提高抗胶合能力。

蜗杆传动所采用的润滑油、润滑方法及润滑装置与齿轮传动的基本相同。

**（1）润滑油**

润滑油的种类很多，需根据蜗杆、蜗轮配对材料和运转条件合理选用。在钢蜗杆配青铜蜗轮时，常用的润滑油见表 12-6。

**表 12-6　蜗杆传动常用的润滑油**

| CKE 轻负荷蜗轮蜗杆油 | 220 | 320 | 460 | 680 |
|:---:|:---:|:---:|:---:|:---:|
| 运动黏度/(mm²/s) | 198~242 | 288~352 | 414~506 | 612~748 |
| 黏度指数,不小于 | 90 | | | |
| 闪点(开口)/℃,不小于 | 180 | | | |
| 倾点/℃,不高于 | -6 | | | |

**（2）润滑油黏度及给油方法**

润滑油黏度及给油方法，一般根据相对润滑速度及载荷类型进行选择。对于闭式传动，润滑油黏度荐用值及给油方法见表 12-7；对于开式传动，则采用黏度较高的齿轮油或润滑脂。

表 12-7　蜗杆传动的润滑油黏度荐用值及给油方法

| 蜗杆传动的相对润滑速度 | 0~1 | 0~2.5 | 0~5 | >5~10 | >10~15 | >15~25 | >25 |
|---|---|---|---|---|---|---|---|
| 载荷类型 | 重 | 重 | 中 | (不限) | (不限) | (不限) | (不限) |
| 运动黏度/(mm²/s) | 900 | 500 | 350 | 220 | 150 | 100 | 80 |
| 给油方法 | 油池润滑 | | | 喷油润滑或油池润滑 | 喷油润滑时的喷油压力/MPa | | |
| | | | | | 0.7 | 2 | 3 |

　　用油池润滑，常采用蜗杆下置式，由蜗杆带油润滑。但当蜗杆线速度 $v_1 > 4 \text{m/s}$ 时，为减小搅油损失常将蜗杆置于蜗轮之上，形成上置式传动，由蜗轮带油润滑。如果采用喷油润滑，喷油嘴要对准蜗轮啮入端。蜗杆正反转时，两边都要装有喷油嘴，而且要控制一定的油压。

**（3）润滑油量**

　　对闭式蜗杆传动采用油池润滑时，在搅油损耗不致过大的情况下，应有适当的油量。这样不仅有利于动压油膜的形成，而且有助于散热。对于蜗杆下置式或蜗杆侧置式的传动，浸油深度应为蜗杆的一个齿高；对于蜗杆上置式的传动，浸油深度约为蜗轮外径的 1/3。

### 12.4.3　蜗杆传动的热平衡计算及散热措施

　　由于蜗杆传动效率低、发热量大，若不及时散热，会引起箱体内油温升高、润滑失效，导致轮齿磨损加剧，甚至出现胶合。因此对连续工作的闭式蜗杆传动要进行热平衡计算。

　　在闭式传动中，热量通过箱壳散逸，要求箱体内的油温 $t$（℃）和周围空气温度 $t_0$（℃）之差不超过允许值

$$\Delta t = \frac{1000 P_1 (1-\eta)}{\alpha_t A} \leqslant [\Delta t] \tag{12-10}$$

式中　$\Delta t$——温度差，$\Delta t = (t - t_0)$；

　　　$P_1$——蜗杆传递功率，kW；

　　　$\eta$——传动效率；

　　　$\alpha_t$——表面传热系数，根据箱体周围通风条件，一般取 $\alpha_t = 10 \sim 17 \text{W}/(\text{m}^2 \cdot ℃)$；

　　　$A$——散热面积，$\text{m}^2$，指箱体外壁与空气接触而内壁被油飞溅到的箱壳面积（对于箱体上的散热片，其散热面积按 50%计算）；

　　$[\Delta t]$——温差允许值，一般为 $60 \sim 70$℃，并应使油温 $t(= t_0 + \Delta t)$ 小于 90℃。

　　如果超过温差允许值或散热面积不足时，则必须采取措施，以提高散热能力。通常采取下述措施：

　　① 加散热片以增大散热面积合理设计箱体结构，铸出或焊上散热片，如图 12-11 所示；

　　② 在蜗杆轴端加装风扇，如图 12-11 和图 12-12(a) 所示，以加速空气的流通；

　　③ 在传动箱内装循环冷却管路，如图 12-12(b)、(c) 所示，或在箱体油池内装设蛇形冷却水管 [图 12-12(b)]，或用循环油冷却 [图 12-12(c)]。

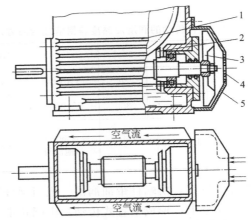

图 12-11 加散热片和风扇的蜗杆传动

1—散热片；2—溅油轮；3—风扇；4—过滤网；5—集气罩

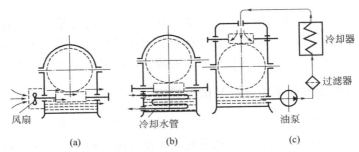

图 12-12 蜗杆传动的散热方法

# 思 考 题

12-1 蜗杆传动的主要特点是什么？它适用于哪些场合？为什么要进行热平衡计算？若热平衡计算不合要求时怎么办？

12-2 试比较蜗杆传动与齿轮传动几何尺寸计算的异同。

12-3 为什么蜗杆传动效率较低？

12-4 蜗杆传动与齿轮传动相比，在失效形式方面有何异同？为什么？

12-5 采用组合结构蜗轮时，在两种材料的结合面上安装螺钉的作用是什么？若两种材料的硬度不同，钻螺钉孔时应向硬度较高的一边偏移 $2\sim3$mm，为什么？

12-6 安装蜗杆传动时，蜗杆的轴向定位和蜗轮的轴向定位是否都要很准确？为什么？

12-7 如何恰当地选择蜗杆传动的传动比 $i_{12}$、蜗杆头数 $z_1$ 和蜗轮齿数 $z_2$？简述其理由。

12-8 试阐述蜗杆传动的直径系数 $q$ 为标准值的实际意义。

12-9 采用什么措施可以节约蜗轮所用的铜材？

12-10 蜗杆传动中，蜗杆所受的圆周力 $F_{t1}$ 与蜗轮所受的圆周力 $F_{t2}$ 是否相等？

12-11 蜗杆传动中，蜗杆所受的轴向力 $F_{a1}$ 与蜗轮所受的轴向力 $F_{a2}$ 是否相等？

第**4**篇
**轴系零、部件**

# 第13章

# 轴

　　轴是机器中的重要零件之一，用来支持旋转的机械零件（如齿轮、带轮等），使转动零件具有确定的位置，并传递运动和动力。

　　随着轴在机器中所处的工作条件不同，轴的材料、结构要求、失效形式及设计准则也各不尽相同。对于一般的轴，其设计主要包括选择材料、结构设计和强度计算等方面的内容。

　　本章将介绍轴的常用材料，并讨论轴的结构设计及强度计算方法。

## 13.1　概述

### 13.1.1　轴的用途及分类

　　根据承受载荷的不同，轴可分为转轴、传动轴和芯轴三种。各类轴的受载情况及特点见表 13-1。转轴既传递转矩又承受弯矩，如齿轮减速器中的轴；传动轴只传递转矩而不承受弯矩或弯矩很小，如汽车的传动轴；芯轴则只承受弯矩而不传递转矩，如铁路车辆的轴和自行车的前轴。按轴线的形状，轴还可分为曲轴和直轴。曲轴常用于往复式机械中，可以将旋转运动改变为往复式直线运动。直轴又可分为光轴和阶梯轴。详见表 13-1。

　　轴一般都制成实心的。在那些由于机器结构要求而需在轴中装设其他零件或者减轻轴的重量（如大型水轮机轴）或满足工作要求（如需在轴中心穿过其他零件或润滑油）的情况下，则可用空心轴。空心轴内径与外径的比值通常为 0.5～0.6，以保证轴的刚度及扭转稳定性。

　　另外，还用一些特殊用途的轴，如钢丝挠性轴（表 13-1），这种轴是由几层紧贴在一起的钢丝层构成的，可以把转矩和旋转运动灵活地传到任何位置，具有良好的挠性。它可不受限制地把回转运动传到任何空间位置，常用于机械式远距离控制机构、仪表传动及手持电动小型机具（如振捣器设备）等。

表 13-1 轴的类型及特点

| 类型 | | 图例 | 受载简图 | 特点 |
|---|---|---|---|---|
| 根据承受载荷分类 | 芯轴 固定芯轴 | 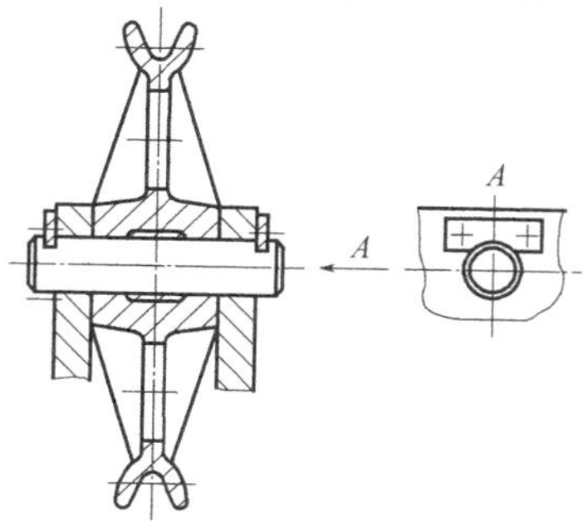 | 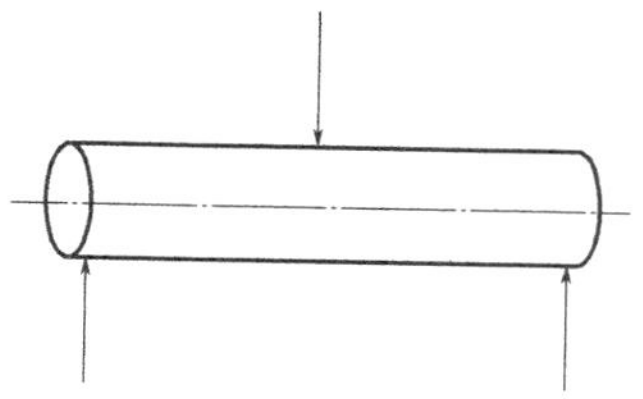 | 只承受弯矩,不承受转矩;起支承作用 |
| | 芯轴 转动芯轴 | 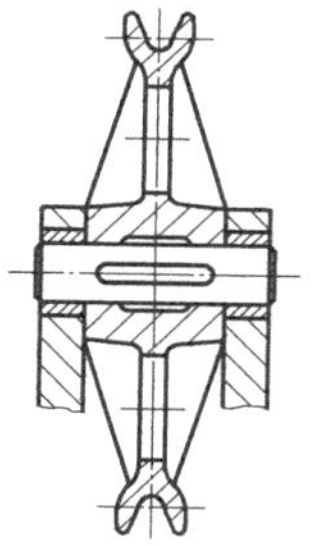 | 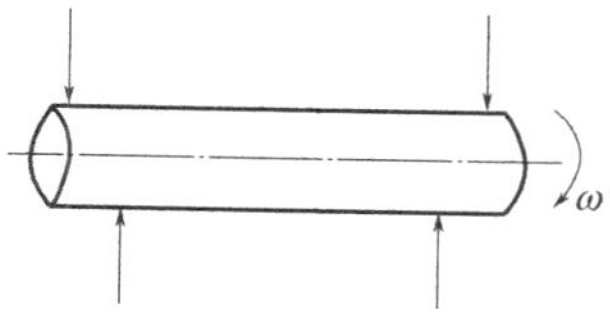 | |
| | 传动轴 | 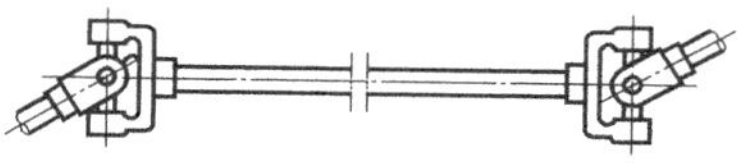 | 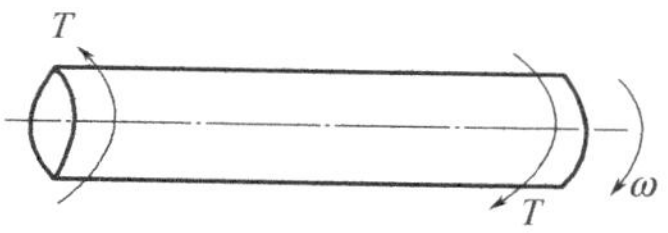 | 主要承受转矩,不承受弯矩或承受很小弯矩;仅起传递动力的作用 |
| | 转轴 | 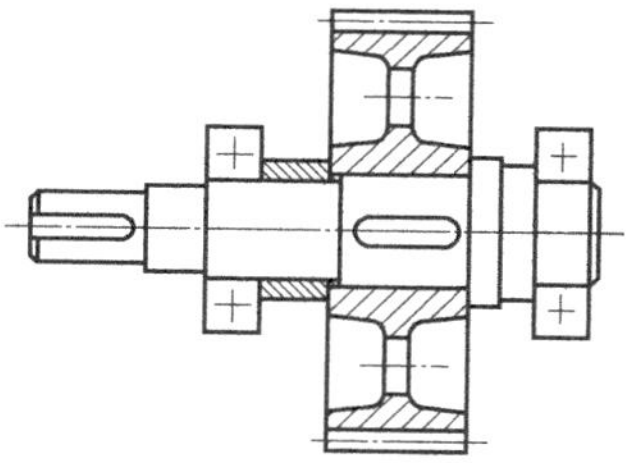 | 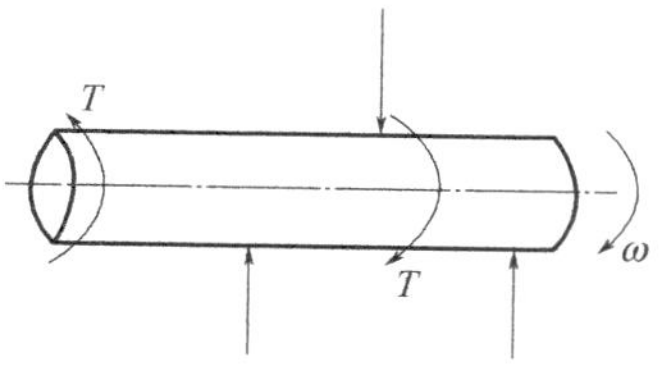 | 既承受弯矩又承受转矩,是机器中最常用的一种轴 |
| 根据轴线的形状分类 | 直轴 光轴 |  | 分别见芯轴和传动轴 | 光轴形状简单,加工容易,应力集中源少,但轴上的零件不易装配及定位,主要用于芯轴和传动轴 |
| | 直轴 阶梯轴 | 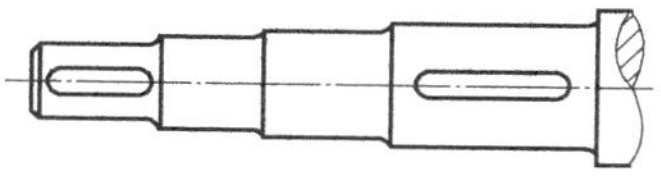 | 见转轴 | 阶梯轴则正好与光轴相反,常用于转轴 |
| | 曲轴 | 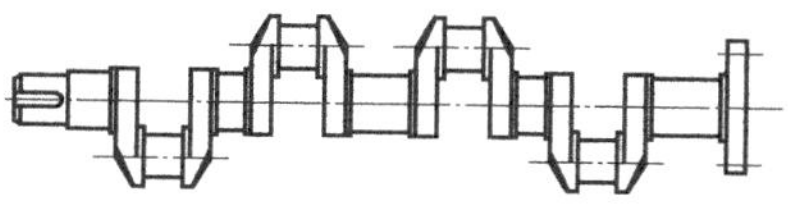 | 略 | 常用于往复式机械中,可以将旋转运动转变为往复直线运动,或作相反的运动变换 |

续表

| 类型 | | 图例 | 受载简图 | 特点 |
|---|---|---|---|---|
| 根据特殊用途分类 | 钢丝挠性轴 | 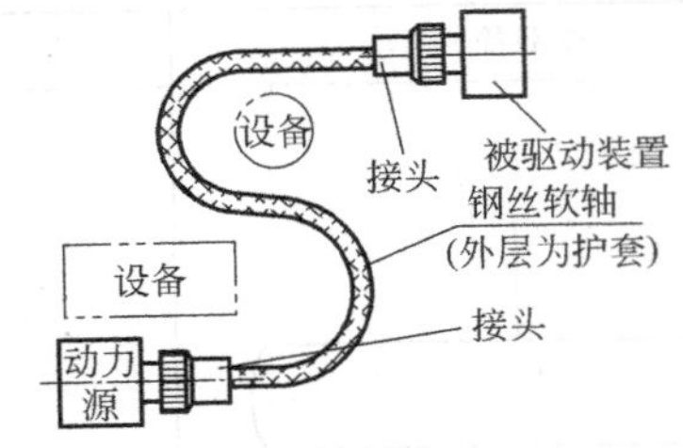 设备<br>接头<br>被驱动装置<br>钢丝软轴<br>（外层为护套）<br>设备<br>动力源<br>接头<br>钢丝软轴的应用 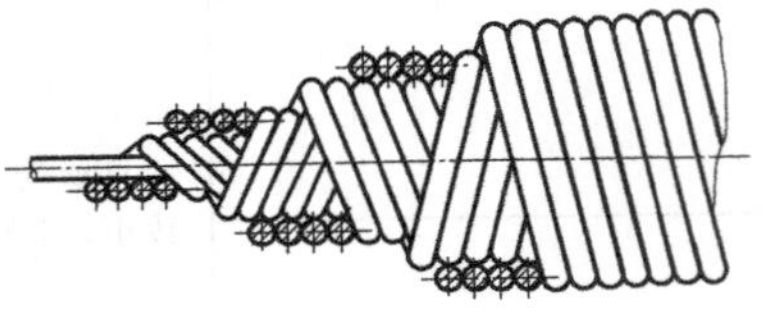<br><br>钢丝软轴的绕制 | 略 | 由多组钢丝分层卷绕而成的，具有良好的挠性，可以把回转运动灵活地传到不开敞的空间位置 |

本章将以机器中最为常见的实心阶梯转轴为典型，讨论轴的有关设计问题。

### 13.1.2　轴设计的主要内容

轴的设计也和其他零件的设计相似，包括结构设计和工作能力计算两方面的内容。

轴的结构设计是根据轴上零件的安装、定位以及轴的制造工艺等方面的要求，合理地确定轴的结构形式和尺寸。轴的结构设计不合理，会影响轴的工作能力和轴上零件的工作可靠性，还会增加轴的制造成本和轴上零件装配的困难等。因此，轴的结构设计是轴设计中的重要内容。

轴的工作能力计算指的是轴的强度、刚度和振动稳定性等方面的计算。多数情况下，轴的工作能力主要取决于轴的强度。这时只需对轴进行强度计算，以防止断裂或塑性变形。而对刚度要求高的轴（如车床主轴）和受力大的细长轴，还应进行刚度计算，以防止工作时产生过大的弹性变形。对高速运转的轴，还应进行振动稳定性计算，以防止发生共振而破裂。本章将只讨论轴的强度计算，轴的刚度和稳定性计算请查阅相关专著或手册。

### 13.1.3　轴的材料

轴的材料主要是碳素钢和合金钢。钢轴的毛坯多数用轧制圆钢和锻件，有的则直接用圆钢。

由于碳素钢比合金钢价廉，对应力集中的敏感性较低，同时也可以用热处理或化学热处理的办法提高其耐磨性和抗疲劳强度，故采用碳素钢制造轴尤为广泛，其中最常用的是45钢。

合金钢比碳素钢具有更高的力学性能和更好的淬火性能。因此，在传递大动力，并要求减小尺寸与质量，提高轴颈的耐磨性，以及处于高温或低温条件下工作的轴，常采用合金钢。

必须指出：在一般工作温度下（低于200℃），各种碳素钢和合金钢的弹性模量均相差不多，因此在选择钢的种类和决定钢的热处理方法时，所根据的是强度与耐磨性，而不是轴的弯曲或扭转刚度。但也应当注意，在既定条件下，有时也可选择强度较低的钢材，而用适当增大轴的截面面积的办法来提高轴的刚度。

各种热处理（如高频淬火、渗碳、氮化、氰化等）以及表面强化处理（如喷丸、滚压等），对提高轴的抗疲劳强度都有着显著的效果。

高强度铸铁和球墨铸铁容易做成复杂的形状，且具有价廉、良好的吸振性和耐磨性以及对应力集中的敏感性较低等优点，可用于制造外形复杂的轴。

表 13-2 中列出了轴的常用材料及其主要力学性能。

表 13-2　轴的常用材料及其主要力学性能

| 材料牌号 | 热处理 | 毛坯直径/mm | 硬度（HB） | 抗拉强度极限 $\sigma_b$/MPa | 屈服强度极限 $\sigma_s$/MPa | 弯曲疲劳极限 $\sigma_{-1}$/MPa | 剪切疲劳极限 $\tau_{-1}$/MPa | 许用弯曲应力 $[\sigma_{-1}]$/MPa | $\psi_b$ | $\psi_\tau$ | 备注 |
|---|---|---|---|---|---|---|---|---|---|---|---|
| Q235A | 热轧或锻后空冷 | ≤100 | | 400~420 | 225 | 170 | 105 | 40 | 0.2 | 0.1 | 用于不重要及受载荷不大的轴 |
| | | >100~250 | | 370~390 | 215 | | | | | | |
| 45 钢 | 正火 | ≤100 | 170~217 | 590 | 295 | 255 | 140 | 55 | 0.2 | 0.1 | 应用最广泛 |
| | 回火 | >100~250 | 162~217 | 570 | 285 | 245 | 135 | | | | |
| | 调质 | ≤200 | 217~255 | 640 | 355 | 275 | 155 | 60 | | | |
| 40Cr | 调质 | ≤100 | 241~286 | 735 | 540 | 355 | 200 | 70 | 0.25 | 0.15 | 用于载荷较大，而无很大冲击的重要轴 |
| | | >100~300 | | 685 | 490 | 335 | 185 | | | | |
| 40CrNi | 调质 | ≤100 | 270~300 | 900 | 735 | 430 | 260 | 75 | 0.25 | 0.15 | 用于很重要的轴 |
| | | >100~300 | 240~270 | 785 | 570 | 370 | 210 | | | | |
| 20Cr | 渗氮淬火回火 | ≤60 | 渗氮 56~62 HRC | 640 | 390 | 305 | 160 | 60 | 0.25 | 0.15 | 用于要求强度及韧性均较高的轴 |
| 3Cr13 | 调质 | ≤100 | ≥241 | 835 | 635 | 395 | 230 | 75 | | | 用于腐蚀条件下的轴 |
| QT600-3 | | | 190~270 | 600 | 370 | 215 | 185 | | | | 用于制造复杂外形的轴 |
| QT800-2 | | | 245~335 | 800 | 480 | 290 | 250 | | | | |

注：1. 表中所列疲劳极限 $\sigma_{-1}$ 值是按下列关系式计算的，供设计时参考。碳钢：$\sigma_{-1} \approx 0.43\sigma_b$；合金钢：$\sigma_{-1} \approx 0.2(\sigma_b + \sigma_s) + 100$；不锈钢：$\sigma_{-1} \approx 0.27(\sigma_b + \sigma_s)$；$\tau_{-1} = 0.156(\sigma_b + \sigma_s)$；球墨铸铁：$\sigma_{-1} \approx 0.36\sigma_b$，$\tau_{-1} \approx 0.31\sigma_b$。
2. 1Cr18Ni9Ti 可选用，但不推荐。

# 13.2　轴的结构设计

轴的结构设计包括确定轴的合理外形和全部结构尺寸。

轴的结构主要取决于以下因素：轴在机器中的安装位置及形式；轴上安装的零件的类型、尺寸、数量以及和轴连接的方法；载荷的性质、大小、方向及分布情况；轴的加工工艺等。由于影响轴的结构的因素较多，且其结构形式又要随着具体情况的不同而异，所以轴没有标准的结构形式。设计时，必须针对不同情况进行具体的分析。但是，不论何种具体条件，轴的结构都应满足：轴和装在轴上的零件要有准确的工作位置；轴上的零件应便于装拆和调整；轴应具有良好的制造工艺性等。下面讨论轴的结构设计中要解决的几个主要问题。

### 13.2.1　拟定轴上零件的装配方案

拟定轴上零件的装配方案是进行轴的结构设计的前提，它决定着轴的基本形式。所谓装配方案，就是预定出轴上主要零件的装配方向、顺序和相互关系。如图 13-1 所示，图中的装配方案是：滚动轴承、齿轮、套筒、轴承端盖、半联轴器依次从轴的右端向左安装，左端只装轴端挡圈。这样就对各轴段的粗细顺序做了初步安排。拟定装配方案时，一般应考虑几个方案，进行分析比较选择。

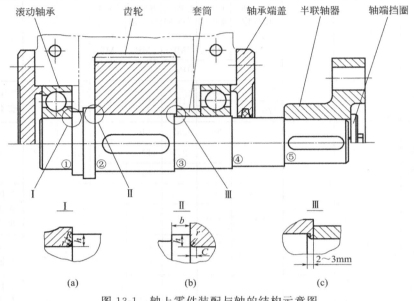

图 13-1　轴上零件装配与轴的结构示意图

### 13.2.2　轴上零件的定位

为了防止轴上零件受力时发生沿轴向或周向的相对运动，轴上零件除了有游动或空转的要求外，都必须进行轴向和周向定位，以保证其准确的工作位置。

**(1) 零件的轴向定位**

轴上零件的轴向定位是以轴肩、轴环、套筒、轴端挡圈、轴承端盖（图 13-1）和圆螺母等来保证的。

轴肩分为定位轴肩（如图 13-1 中所示的轴肩①、②、⑤）和非定位轴肩（轴肩③、④）两类。利用轴肩定位是最方便可靠的方法，但采用轴肩就必然会使轴的直径加大，而且轴肩处将因截面突变而引起应力集中。另外，轴肩过多时也不利于加工。因此，轴肩定位多用于轴向力较大的场合。定位轴肩的高度 $h$ 一般取为 $h = (0.07 \sim 0.1)d$，$d$ 为与零件相配合处的轴的直径。滚动轴承的定位轴肩，如图 13-1 所示，图中的轴肩①高度必须低于轴承内圈端面的高度，以便拆卸轴承，轴肩的高度可查手册中轴承的安装尺寸。为了使零件能靠紧轴肩而得到准确可靠的定位，轴肩处的过渡圆角半径 $r$ 必须小于与之相配的零件毂孔端部的圆角半径 $R$ 或倒角尺寸 $C$ [如图 13-1(a)、(b) 所示]。轴和零件上的倒角和圆角半径尺寸的推荐值见表 13-3。非定位轴肩是为了加工和装配方便而设置的，其高度没有严格的规定，一般取为 $1 \sim 2\text{mm}$。

表 13-3　　零件倒角 *C* 与圆角半径 *R* 的推荐值

mm

| 直径 *d* | >6~10 | | >10~18 | >18~30 | >30~50 | | >50~80 | >80~120 | >120~180 |
|---|---|---|---|---|---|---|---|---|---|
| *C* 或 *R* | 0.5 | 0.6 | 0.8 | 1.0 | 1.2 | 1.6 | 2.0 | 2.5 | 3.0 |

　　轴环〔如图 13-1(b) 所示〕的功用与轴肩相同，轴环宽度 $b \geqslant 1.4h$。

　　套筒定位如图 13-1 所示，结构简单，定位可靠，轴上不需开槽、钻孔和切制螺纹，因而不影响轴的疲劳强度，一般用于轴上两个零件之间的定位。如两零件的间距较大时，不宜采用套筒定位，以免增大套筒的质量及材料用量。因套筒与轴的配合较松，如轴的转速很高时，也不宜采用套筒定位。

　　轴端挡圈适用于固定轴端零件，可以承受较大的轴向力。轴端挡圈可采用单螺钉固定（如图 13-1 所示），为了防止轴端挡圈转动造成螺钉松脱，可加圆柱销锁定轴端挡圈〔如图 13-2(a) 所示〕，也可采用双螺钉加止动垫片防松〔如图 13-2(b) 所示〕等固定方法。

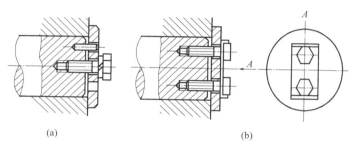

(a)　　　　　　　　　　　　(b)

图 13-2　轴端挡圈定位

　　圆螺母定位（如图 13-3 所示）可承受大的轴向力，但轴上螺纹处有较大的应力集中，会降低轴的疲劳强度，故一般用于固定轴端的零件，有双圆螺母〔如图 13-3(a) 所示〕和圆螺母与止动垫圈〔如图 13-3(b) 所示〕两种形式。当轴上两零件间距离较大不宜使用套筒定位时，也常采用圆螺母定位。

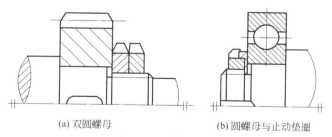

(a) 双圆螺母　　　　　　　　(b) 圆螺母与止动垫圈

图 13-3　圆螺母定位

　　轴承端盖用螺钉或榫槽与箱体连接而使滚动轴承的外圈得到轴向定位。在一般情况下，整个轴的轴向定位也常利用轴承端盖来实现（如图 13-1 所示）。

　　利用弹性挡圈（如图 13-4 所示）、紧定螺钉（如图 13-5 所示）及锁紧挡圈（如图 13-6 所示）等进行轴向定位，只适用于零件上的轴向力不大之处。紧定螺钉和锁紧挡圈常用于光轴上零件的定位。此外，对

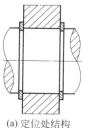
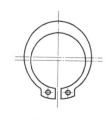

(a) 定位处结构　　　　　　(b) 轴用弹性挡圈

图 13-4　弹性挡圈定位

于承受冲击载荷和同心度要求较高的轴端零件，也可采用圆锥面定位（如图 13-7 所示）。

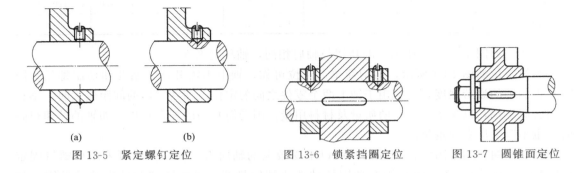

图 13-5　紧定螺钉定位　　　图 13-6　锁紧挡圈定位　　　图 13-7　圆锥面定位

各种轴上零件轴向固定方法及应用详细参见表 13-4。

表 13-4　轴上零件的轴向固定方法及应用

| 轴向固定方法及结构简图 | 特点和应用 | 设计注意要点 |
|---|---|---|
| 轴肩与轴环 | 简单可靠,不需附加零件,能承受较大轴向力。广泛应用于各种轴上零件的固定<br><br>该方法会使轴颈增大,阶梯处产生应力集中,且阶梯过多将不利于加工 | 为保证零件与定位面紧靠,轴上过渡圆角半径 $r$ 应小于零件圆角半径 $R$ 或倒角 $C$,即 $r<C<a$、$r<R<a$<br><br>一般取定位高度 $a=(0.07\sim0.1)d$,轴环宽度 $b=1.4a$ |
| 套筒 | 简单可靠,简化了轴的结构且不削弱轴的强度,常用于轴上两个近距零件间的相对固定,不宜用于高转速轴 | 套筒内径与轴的配合较松,套筒结构、尺寸可视需要灵活设计 |
| 轴端挡圈 | 工作可靠,能承受较大轴向力,应用广泛 | 只用于轴端<br>应采用止动垫片等防松措施 |
| 锥面 | 装拆方便,且可兼作周向固定,宜用于高速、冲击及对中性要求高的场合 | 只用于轴端<br>常与轴端挡圈联合使用,实现零件的双向固定 |

| 轴向固定方法及结构简图 | 特点和应用 | 设计注意要点 |
|---|---|---|
| **圆螺母** 圆螺母(GB/T 812—88) 止动垫圈(GB/T 858—88) (b) (a) | 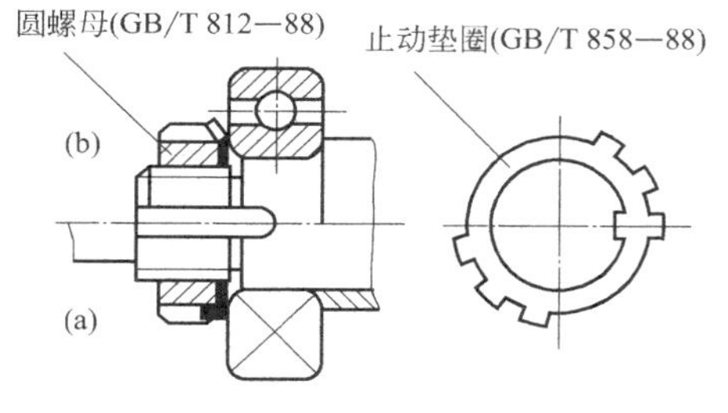 固定可靠,可承受较大轴向力,能实现轴上零件的间隙调整 常用于轴上两零件间距较大处[图(a)所示],亦可用于轴端[图(b)所示] | 为减小对轴强度的削弱,常用细牙螺纹 为防松,须加止动垫圈或使用双螺母 |
| **弹性挡圈** 弹性挡圈(GB/T 894—2017) (a) (b) | 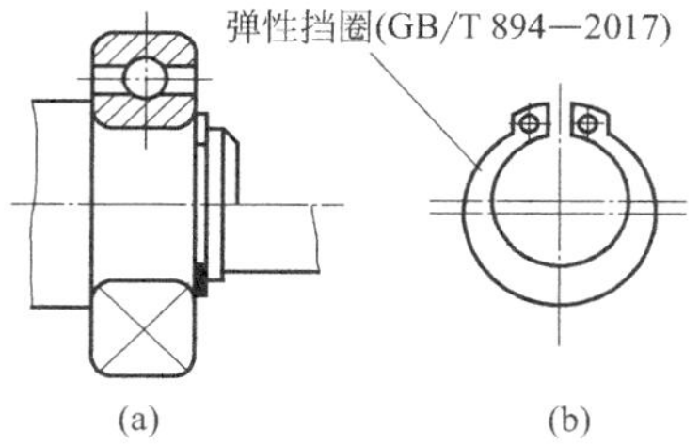 结构紧凑、简单,装拆方便,但受力较小,且轴上切槽将引起应力集中 常用于轴承的固定 | 轴上车槽尺寸见 GB 894—2017 |
| **紧定螺钉与锁紧挡圈** 紧定螺钉(GB/T 71—2018) 锁紧挡圈(GB/T 884—86) | 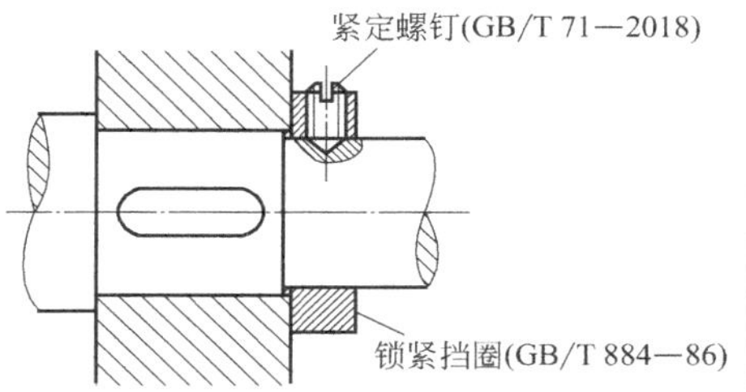 结构简单,但受力较小,且不适于高速场合 | |

**(2) 零件的周向定位**

周向定位的目的是限制轴上零件与轴发生相对转动。常用的周向定位零件有键、花键、销、紧定螺钉以及过盈配合等,其中紧定螺钉只用在传力不大之处。

### 13.2.3 各轴段直径和长度的确定

零件在轴上的定位和装拆方案确定后,轴的形状便大体确定。各轴段所需的直径与轴上的载荷大小有关。初步确定轴的直径时,通常还不知道支反力的作用点,不能决定弯矩的大小与分布情况,因而还不能按轴所受的具体载荷及其引起的应力来确定轴的直径。但在进行轴的结构设计前,通常已能求得轴所受的扭矩。因此,可按轴所受的扭矩初步估算轴所需的直径(见13.3节)。将初步求出的直径作为承受扭矩的轴段的最小直径 $d_{min}$,然后再按轴上零件的装配方案和定位要求,从 $d_{min}$ 处起逐一确定各段轴的直径。在实际设计中,轴的直径亦可凭设计者的经验取定,或参考同类机器用类比的方法确定。

有配合要求的轴段,应尽量采用标准直径。安装标准件(如滚动轴承、联轴器、密封圈等)部位的轴径,应取为相应的标准值及所选配合的公差。

为了使齿轮、轴承等有配合要求的零件装拆方便,并减少配合表面的擦伤,在配合轴段前应采用较小的直径（如图13-1所示中轴肩③、④右侧的直径）。为了使与轴做过盈配合的零件易于装配，相配轴段的压入端应制出锥度（如图13-8所示），或在同一轴段的两个部位上采用不同的尺寸公差（如图13-9所示）。

图 13-8　轴的装配锥度　　　　　图 13-9　采用不同的尺寸公差

确定各轴段长度时，应尽可能使结构紧凑，同时还要保证零件所需的装配或调整空间。轴的各段长度主要是根据各零件与轴配合部分的轴向尺寸和相邻零件间必要的空隙来确定的。为了保证轴向定位可靠，与齿轮和联轴器等零件相配合部分的轴段长度一般应比轮毂长度短 2～3mm［如图13-1(c)所示］。

### 13.2.4　提高轴的强度的常用措施

轴和轴上零件的结构、工艺以及轴上零件的安装布置等对轴的强度有很大的影响，所以应在这些方面进行充分考虑，以提高轴的承载能力，减小轴的尺寸和机器的质量，降低制造成本。

**(1) 合理布置轴上零件以减小轴的载荷**

为了减小轴所承受的弯矩，传动件应尽量靠近轴承，并尽可能不采用悬臂的支承形式，力求缩短支承跨距及悬臂长度等。

当转矩由一个传动件输入，而由几个传动件输出时，为了减小轴上的扭矩，应将输入件放在中间，而不要置于一端。如图13-10所示，输入转矩为 $T_1 = T_2 + T_3 + T_4$，轴上各轮按图13-10(a) 的布置方式，轴所受最大扭矩为 $T_2 + T_3 + T_4$，如改为图13-10(b) 的布置方式，最大扭矩仅为 $T_3 + T_4$。

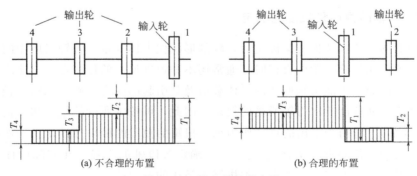

图 13-10　轴上零件的布置

**(2) 改进轴上零件的结构以减小轴的载荷**

通过改进轴上零件的结构也可减小轴上的载荷。如图13-11所示起重卷筒的两种安装方案中，图 13-11(a) 的方案是大齿轮和卷筒连在一起，转矩经大齿轮直接传给卷筒，卷筒轴只受弯矩而不受扭矩；而图 13-11(b) 的方案是大齿轮将转矩通过轴传到卷筒，因而卷筒轴既受弯矩又受扭矩。在同样的载荷 F 作用下，图 13-11(a) 中轴的直径显然可比图 13-11(b) 中的轴径小。

**（3）改进轴的结构以减小应力集中的影响**

轴通常是在变应力条件下工作的，轴的截面尺寸发生突变处要产生应力集中，轴的疲劳损坏往往在此处发生。为了提高轴的疲劳强度，应尽量减少应力集中源和降低应力集中的程度。为此，轴肩处应采用较大的过渡圆角半径 r 来降低应力集中。但对定位轴肩，还必须保证零件得到可靠的定位。当靠轴肩定位的零件的圆角半径很小时（如滚动轴承内圈的圆角），为了增大轴肩处的圆角半径，可采用内凹圆角〔如图 13-12(a) 所示〕或加装隔离环〔如图 13-12(b) 所示〕。

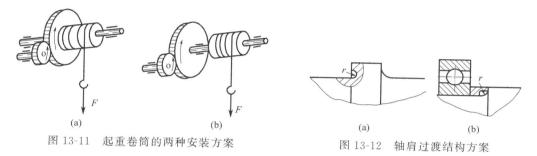

| (a) | (b) |
| --- | --- |

图 13-11　起重卷筒的两种安装方案　　图 13-12　轴肩过渡结构方案

当轴与轮毂为过盈配合时，配合边缘处会产生较大的应力集中〔如图 13-13(a) 所示〕。为了减小应力集中，可在轮毂上或轴上开减载槽〔如图 13-13(b)、(c) 所示〕，或者加大配合部分的直径〔如图 13-13(d) 所示〕。由于配合的过盈量愈大，引起的应力集中也愈严重，因而在设计中应合理选择零件与轴的配合。

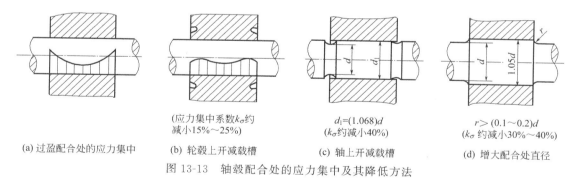

(a) 过盈配合处的应力集中　　(b) 轮毂上开减载槽 (应力集中系数 $k_\sigma$ 约减小15%～25%)　　(c) 轴上开减载槽 $d_1=(1.068)d$ ($k_\sigma$ 约减小40%)　　(d) 增大配合处直径 $r > (0.1～0.2)d$ ($k_\sigma$ 约减小30%～40%)

图 13-13　轴毂配合处的应力集中及其降低方法

用盘铣刀加工的键槽比用键槽铣刀加工的键槽在过渡处对轴的截面削弱平缓，因而应力集中较小。渐开线花键比矩形花键在齿根处的应力集中小，在做轴的结构设计时应加以考虑。此外，由于切制螺纹处的应力集中较大，故应尽可能避免在轴上受载较大的区段切制螺纹。

**（4）改进轴的表面质量以提高轴的疲劳强度**

轴的表面粗糙度和表面强化处理方法也会对轴的疲劳强度产生影响。轴的表面愈粗糙，疲劳强度愈低。因此，应合理减小轴的表面及圆角处的加工粗糙度值。当采用对应力集中甚为敏感的高强度材料制作轴时，表面质量尤应予以注意。

表面强化处理的方法有：表面高频淬火等热处理；表面渗碳、氰化、氮化等化学热处理；碾压、喷丸等强化处理。通过碾压、喷丸进行表面强化处理时，可使轴的表层产生预压应力，从而提高轴的抗疲劳能力。

### 13.2.5　轴的结构工艺性

轴的结构工艺性是指轴的结构形式应便于加工和装配轴上的零件，并且生产率高，成本低。一般地说，轴的结构越简单，工艺性越好。因此，在满足使用要求的前提下，轴的结构形式应尽量简化。

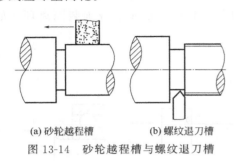

(a) 砂轮越程槽　　(b) 螺纹退刀槽

图 13-14　砂轮越程槽与螺纹退刀槽

**（1）加工工艺性**

① 轴的直径变化应尽可能少，并应尽量限制轴的最大直径与各轴段的直径差，这样既能节省材料，又可减少切削量。

② 轴上有磨削与切螺纹处，要留砂轮越程槽和螺纹退刀槽，如图 13-14 所示，以保证完整加工。

③ 轴上有多个键槽时，应将它们开在同一直线上，如图 13-15 所示，以免加工键槽时多次装夹。

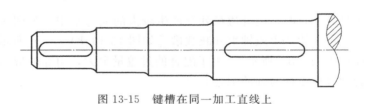

图 13-15　键槽在同一加工直线上

④ 如有可能，应使轴上各过渡圆角、倒角、键槽、越程槽、退刀槽及中心孔等尺寸分别相同，并符合标准和规定，以利于加工和检验。

⑤ 轴上配合轴段直径应取标准值；与滚动轴承配合的轴径应按照滚动轴承内径尺寸选取；轴上的螺纹部分直径应符合螺纹标准等。

**（2）装配工艺**

① 为便于轴上零件的装配，使其能顺利通过相邻轴段而到达轴上的确定位置，常采用直径从两端向中间逐渐增大的阶梯轴。轴上的各轴肩，除用作轴上零件轴向固定的可按表 13-4 确定轴肩高度，其余仅为便于安装而设置的轴肩，其轴肩高度常可取 0.5～3mm。

② 轴端应倒角，为了便于装配零件并去掉毛刺，轴端应制出 45° 的倒角。

③ 固定滚动轴承的轴肩高度应小于轴承内圈厚度，以便拆卸（参见图 13-1）。

④ 通过上面的讨论也可进一步说明，轴上零件的装配方案对轴的结构形式起着决定性的作用。为了强调同时拟定不同的装配方案进行分析对比与选择的重要性，现以圆锥-圆柱齿轮减速器（如图 13-16 所示）输出轴的两种装配方案（如图 13-17 所示）为例进行对比。显而易见，图 13-17(b) 中的轴向定位套筒长，质量大。相比之下，可知图 13-17(a) 中的装配方案较为合理。

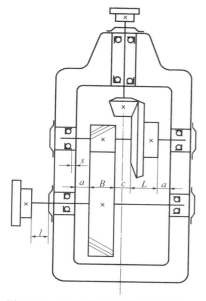

图 13-16 圆锥-圆柱齿轮减速器简图

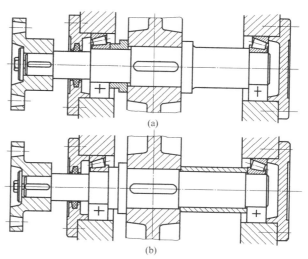

图 13-17 输出轴的两种装配方案

# 13.3 轴的设计计算

### 13.3.1 轴的基本直径的估算

转轴设计，一般是先按轴所传递的转矩估算出轴上受扭转轴段的最小直径，并以其作为基本参考尺寸进行轴的结构设计。

由材料力学可知，实心圆截面轴的扭转强度条件为

$$\tau_T = \frac{T}{W_T} = \frac{9.55 \times 10^6 \dfrac{P}{n}}{0.2 d^3} \leqslant [\tau_T] \tag{13-1}$$

由此可得轴的基本直径的估算式

$$d \geqslant \sqrt[3]{\frac{9.55 \times 10^6 P}{0.2 [\tau_T] n}} = C \sqrt[3]{\frac{P}{n}} \tag{13-2}$$

式中   $d$——轴的估算基本直径，mm；

   $\tau_T$——轴的扭切应力，MPa；

   $T$——轴传递的转矩，N·mm；

   $P$——轴传递的功率，kW；

   $n$——轴的转速，r/min；

  $W_T$——轴的抗扭截面系数，mm；

  $[\tau_T]$——许用扭切应力（已考虑弯矩对轴的影响）；

   $C$——计算常数，取决于轴的材料及受载情况，见表 13-5。

表 13-5　轴常用材料的 $C$ 值

| 轴的材料 | Q235、20 钢 | | | 35 钢 | | 45 钢 | | 40Cr、35SiMn | |
|---|---|---|---|---|---|---|---|---|---|
| $C$ | 160 | 148 | 135 | 125 | 118 | 112 | 107 | 102 | 98 |

注：当轴所受弯矩较小或只受转矩时，$C$ 取小值；否则取较大值。

另外，当按式（13-2）求得直径的轴段上开有键槽时，应适当增大轴径，然后将轴径圆整，或取标准值，见表 13-6。

表 13-6　键槽修正值

| 轴的直径 $d$/mm | <30 | 30~100 | >100 |
|---|---|---|---|
| 有一个键槽时的增加值/% | 7 | 5 | 3 |
| 有两个相隔 180°键槽时的增加值/% | 15 | 10 | 7 |

### 13.3.2　轴的强度校核计算

在估算出轴的基本直径并依此完成轴的结构设计后，轴上零件的位置，轴上载荷的大小、位置，以及支点跨距等便均能确定。此时就可对轴进行强度校核计算。

对一般用途的轴可按弯矩和转矩联合作用的当量弯矩校核其强度，对重要的轴需用许用安全系数法校核其疲劳强度。

**(1) 按当量弯矩校核轴的强度**

现以图 13-18 所示单级平行轴斜齿轮减速器的低速轴 Ⅱ 为例介绍按当量弯矩校核轴强度的方法。如该轴的结构已初步确定，如图 13-19(a) 所示，则校核计算的一般顺序如下：

① 作轴的空间受力分析图 [如图 13-19(b) 所示]。为简化计算，将齿轮、链轮等传动零件对轴的载荷视为作用于轮毂宽度中点的集中载荷，支反力作用点取在轴承的载荷中心，如图 13-20 所示，不计零件自重。

将齿轮等轴上零件对轴的载荷分解到水平面和垂直面内。

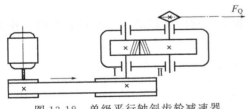

图 13-18　单级平行轴斜齿轮减速器

② 作水平面受力图及弯矩 $M_H$ 图，如图 13-19(c) 所示。

③ 作垂直面受力图及弯矩 $M_V$ 图，如图 13-19(d) 所示。

④ 作合成弯矩 $M=\sqrt{M_H^2+M_V^2}$ 图，如图 13-19(e) 所示。

⑤ 作转矩 T 图，如图 13-19(f) 所示。

⑥ 按当量弯矩校核轴的强度。

a. 确定危险截面。根据弯矩、转矩最大或弯矩、转矩较大而相对尺寸较小的原则选出一个或几个危险截面。

b. 求危险截面上的当量弯矩 $M_e=\sqrt{M^2+(\alpha T)^2}$（由第三强度理论推出）。其中 $\alpha$ 是考虑转矩与弯矩性质不同而设的应力校正系数。对于不变的转矩，取 $\alpha=0.3$；对于脉动循环的转矩，取 $\alpha=0.6$；对于对称循环的转矩，取 $\alpha=1$。如果转矩变化规律不清楚，一般按脉动循环处理。

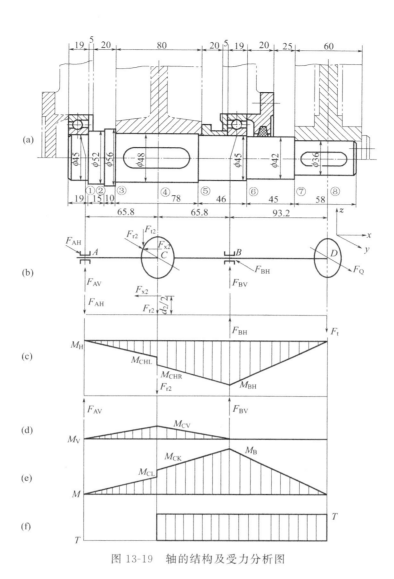

图 13-19 轴的结构及受力分析图

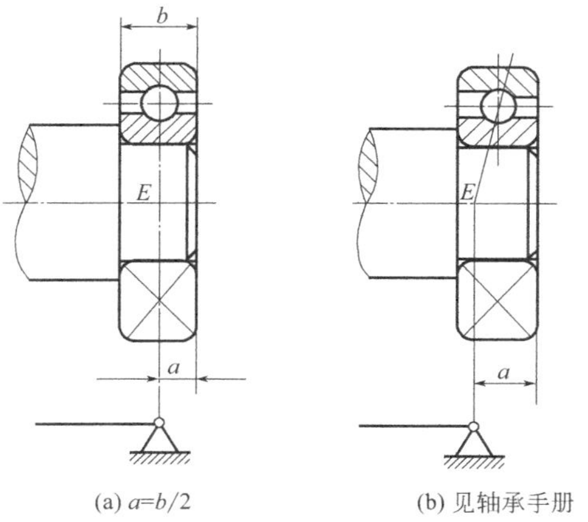

图 13-20 轴支反力作用点位置

(a) $a=b/2$      (b) 见轴承手册

c.强度校核。实心圆轴上危险截面应满足以下强度条件：

$$\sigma_e = \frac{M_e}{W} = \frac{M_e}{0.1d^3} \leqslant [\sigma_{-1}]_w \qquad (13\text{-}3)$$

式中　　$W$——危险截面的抗弯截面系数，$mm^3$，$W = \pi d^3/32 \approx 0.1d^3$；

　　　　$d$——危险截面尺寸，$mm$；

　　$[\sigma_{-1}]_w$——材料在对称循环状态下的许用弯曲应力，$MPa$，见表13-7。

表 13-7　轴材料的许用弯曲应力　　　　　　　　　　　　MPa

| 材料 | $\sigma_b$ | $[\sigma_{+1}]_w$ | $[\sigma_0]_w$ | $[\sigma_{-1}]_w$ | 材料 | $\sigma_b$ | $[\sigma_{+1}]_w$ | $[\sigma_0]_w$ | $[\sigma_{-1}]_w$ |
|---|---|---|---|---|---|---|---|---|---|
| 碳素钢 | 400 | 130 | 70 | 40 | 合金钢 | 800 | 270 | 130 | 75 |
| | 500 | 170 | 75 | 45 | | 1000 | 330 | 150 | 90 |
| | 600 | 200 | 95 | 55 | 铸钢 | 400 | 100 | 50 | 30 |
| | 700 | 230 | 110 | 65 | | 500 | 120 | 70 | 40 |

**例 13-1**　试设计图 13-18 所示单级平行轴斜齿轮减速器的低速轴Ⅱ，已知该轴传递的功率 $P = 2.33kW$，转速 $n = 104r/min$；大齿轮分度圆直径 $d_2 = 300mm$，齿宽 $b_2 = 80mm$，螺旋角 $\beta = 8°03'20''$，左旋；链轮轮毂宽度 $b_3 = 60mm$，链轮对轴的压轴力 $F_Q = 4000N$，水平方向；减速器长期工作，载荷平稳。

**解：** 选用 45 钢，正火处理，估计直径 $d < 100mm$，由表 13-7 查得 $\sigma_b = 600MPa$，查表 13-3，取 $C = 118$，由式(13-2) 得

$$d \geqslant C\sqrt[3]{\frac{P}{n}} = 118 \times \sqrt[3]{\frac{2.33}{104}} = 33.27(mm)$$

所求 $d$ 应为受扭转轴段的直径，即装链轮处的轴径。但因该处有一键槽，查表 13-6，所计算的轴颈在 $30 \sim 100mm$，故轴径应增大 5%，即 $d = 1.05 \times 33.27 = 34.93(mm)$，取标准直径得 $d = 36mm$。

**(2) 轴的结构设计** [如图 13-19(a) 所示]

① 确定各轴段直径　具体数值参考表 13-8。

表 13-8　各轴段直径

| 位置 | 轴直径/mm | 说明 |
|---|---|---|
| 链轮处 | 36 | 按传递转矩估算基本直径 |
| 油封处 | 42 | 为满足链轮的轴向固定要求而设一轴肩，由表 13-4，轴肩高度 $a = (0.07 \sim 0.1)d$，$a = (0.07 \sim 0.1) \times 36mm = 2.52 \sim 3.6mm$，取 $a = 3mm$ |
| 轴承处 | 45 | 因轴承要承受径向力及轴向力，故选用角接触球轴承，为便于轴承从右端装拆，轴承内径应稍大于油封处轴径，并符合滚动轴承标准内径，故取轴径为 45mm，初定轴承型号为 7209C，两端相同 |
| 齿轮处 | 48 | 考虑齿轮从右端装入，故齿轮孔径应稍大于轴承处直径，并为标准直径 |
| 轴环处 | 56 | 齿轮左端用轴环定位，按齿轮处轴径 $d = 48mm$，由表 11-4，轴环高度 $a = (0.07 \sim 0.1)d = (0.07 \sim 0.1) \times 48mm = 3.36 \sim 4.8mm$，取 $a = 4mm$ |
| 左端轴承轴肩处 | 52 | 为便于轴承拆卸，轴肩高度不能过高，按 7209C 型轴承安装尺寸（见轴承手册），取轴肩高度为 3.5mm |

② 确定各轴段长度（由右至左）　具体数值参考表 13-9。

表 13-9 各轴段长度

| 位置 | 轴段长度/mm | 说明 |
|---|---|---|
| 链轮处 | 58 | 已知链轮轮毂宽度为 60mm,为保证轴端挡圈能压紧链轮,此轴段长度应略小于链轮轮毂宽度,故取 58mm |
| 油封处 | 45 | 此段长度包括两部分:为便于轴承盖的拆装及对轴承加润滑脂,本例取轴承盖外端面与链轮左端面的间距为 25mm;由减速器及轴承盖的结构设计,取轴承右端面与轴承盖外端面的间距(即轴承盖的总宽度)为 20mm,故该轴段长度为(25+20)mm=45mm |
| 右端轴承处 (含套筒) | 46 | 此段长度包括四部分:轴承内圈宽度为 19mm(见轴承手册);考虑到箱体的铸造误差,装配时留有余地,轴承左端面与箱体内壁的间距本例取 5mm;箱体内壁与齿轮右端面的间距本例取 20mm,齿轮对称布置,齿轮左右两侧上述两值取同值;齿轮轮毂宽度与齿轮处轴段长度之差为 2mm。故该轴段长度为(19+5+20+2)mm=46mm |
| 齿轮处 | 78 | 已知齿轮轮毂宽度为 80mm,为保证套筒能压紧齿轮,此轴段长度应略小于齿轮轮毂宽度,故取 78mm |
| 轴环处 | 10 | 由表 13-4,轴环宽度 $b=1.4a=1.4\times4\text{mm}=5.6\text{mm}$,取 $b=10\text{mm}$ |
| 左端轴承轴肩处 | 15 | 轴承右端面至齿轮左端面的距离与轴环宽度之差,即[(20+5)-10]mm=15mm |
| 左端轴承处 | 19 | 等于 7209C 型轴承内圈宽度 19mm |
| 全轴长 | 271 | (58+45+78+46+10+15+19)mm=271mm |

③ 传动零件的周向固定 齿轮及链轮处均采用 A 型普通平键,齿轮处为键 GB/T 1096—2003 键 14×9×70;链轮处为键 GB/T 1096—2003 键 10×8×50。

④ 其他尺寸 为加工方便,并参照 7209C 型轴承的安装尺寸(见轴承手册),轴上过渡圆角半径全部取 $r=1\text{mm}$;轴端倒角为 $2\times45°$。

**(3) 轴的受力分析**

① 求轴传递的转矩

$$T=9.55\times10^6\frac{P}{n}=9.55\times10^6\times\frac{2.33}{104}=214\times10^3(\text{N}\cdot\text{mm})$$

② 求轴上作用力 齿轮上的切向力 $F_{t2}=\dfrac{2T}{d_2}=\dfrac{2\times214\times10^3}{300}=1427$ (N)

齿轮上的径向力 $\quad F_{r2}=\dfrac{F_{t2}\tan\alpha_n}{\cos\beta}=\dfrac{1427\times\tan20°}{\cos8°3'20''}=524.6(\text{N})$

齿轮上的轴向力 $\quad F_{ae2}=F_{t2}\tan\beta=1427\times\tan8°3'20''=202(\text{N})$

③ 确定轴的跨距,得

$$\left(\frac{1}{2}\times80+20+5+19-18.2\right)=65.8(\text{mm})$$

链轮力作用点与右端轴承支反力作用点的间距为

$$\left(18.2+20+25+\frac{1}{2}\times60\right)=93.2(\text{mm})$$

**(4) 按当量弯矩校核轴的强度**

① 作轴的空间受力简图,如图 13-19(b) 所示。

② 作水平面受力图及弯矩 $M_H$ 图,如图 13-19(c) 所示。

$$F_{AH}=\frac{F_Q\times93.2-F_{r2}\times65.8-F_{ae}\times\dfrac{d_2}{2}}{131.6}$$

$$= \frac{4000 \times 93.2 - 524.6 \times 65.8 - 202 \times \dfrac{300}{2}}{131.6}$$

$$= 2340.6 \,(\text{N})$$

$$F_{BH} = \frac{F_Q \times 224.8 + F_{r2} \times 65.8 - F_{ae} \times \dfrac{d_2}{2}}{131.6}$$

$$= \frac{4000 \times 224.8 + 524.6 \times 65.8 - 202 \times \dfrac{300}{2}}{131.6}$$

$$= 6864.9 \,(\text{N})$$

$$M_{CHL} = F_{AH} \times 65.8 = 2340.6 \times 65.8 = 150 \times 10^3 \,(\text{N} \cdot \text{mm})$$

$$M_{CHR} = M_{CHL} + F_{ae} \times \frac{d_2}{2} = 150 \times 10^3 + 202 \times \frac{300}{2}$$

$$= 180.3 \times 10^3 \,(\text{N} \cdot \text{mm})$$

$$M_{BH} = F_Q \times 91.4 = 4000 \times 93.2 = 372.8 \times 10^3 \,(\text{N} \cdot \text{mm})$$

③ 作垂直面受力图及弯矩 $M_V$ 图，如图 13-19(d) 所示。

$$F_{AV} = F_{BV} = \frac{F_{t2}}{2} = \frac{1427}{2} = 713.5 \,(\text{N})$$

$$M_{CV} = F_{AV} \times 65.8 = 713.5 \times 65.8 = 46.95 \times 10^3 \,(\text{N} \cdot \text{mm})$$

④ 作合成弯矩 $M$ 图，如图 13-19(e) 所示。

$$M_{CL} = \sqrt{M_{CHL}^2 + M_{CV}^2} = \sqrt{(150 \times 10^3)^2 + (46.95 \times 10^3)^2}$$

$$= 157.1 \times 10^3 \,(\text{N} \cdot \text{mm})$$

$$M_{CR} = \sqrt{M_{CHR}^2 + M_{CV}^2} = \sqrt{(180.3 \times 10^3)^2 + (46.95 \times 10^3)^2}$$

$$= 186.3 \times 10^3 \,(\text{N} \cdot \text{mm})$$

$$M_B = \sqrt{M_{BH}^2 + M_{BV}^2} = \sqrt{(372.8 \times 10^3)^2 + 0^2}$$

$$= 372.8 \times 10^3 \,(\text{N} \cdot \text{mm})$$

⑤ 作转矩 $T$ 图，如图 13-19(f) 所示，得

$$T = 214 \times 10^3 \,(\text{N} \cdot \text{mm})$$

⑥ 按当量弯矩校核轴的强度，由图 13-19(a)、(e)、(f) 可见，截面 B 的弯矩、转矩皆为最大，且相对尺寸较小，故应予以校核。

截面 B 的当量弯矩为

$$M_{Be} = \sqrt{M_B^2 + (\alpha T)^2} = \sqrt{(372.8 \times 10^3)^2 + (0.6 \times 214 \times 10^3)^2}$$

$$= 394.3 \times 10^3 \,(\text{N} \cdot \text{mm})$$

由表 13-2 查得，对于 45 钢，$\sigma_b = 600\text{MPa}$ 其 $[\sigma_{-1}]_W = 55\text{MPa}$，故按式(13-3) 得

$$\sigma_{Be} = \frac{M_{Be}}{0.1d^3} = \frac{387.5 \times 10^3}{0.1 \times 45^3}\text{MPa} = 43.27\text{MPa} < [\sigma_{-1}]_W$$

故轴的强度足够。

# 思　考　题

13-1　根据载荷性质不同，轴可分为哪几类？试举例说明。

13-2　轴的常用材料有哪些？应如何选择？

13-3　有一齿轮轴，单向传动，它的弯曲应力和扭转切应力循环特性有何异同？

13-4　在计算轴的当量弯矩时，系数 $\alpha$ 代表什么意义？

13-5　轴的强度计算有几种方法？各适用于什么场合？

13-6　举例说明提高轴的疲劳强度的方法。

13-7　结构题：

① 指出下图中轴系结构的不合理之处，说明错误原因，并画出正确结构。

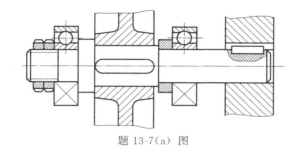

题 13-7(a) 图

② 分析轴系结构的错误，说明错误原因，并画出正确结构。

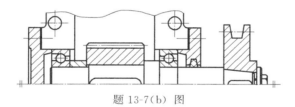

题 13-7(b) 图

# 第14章

# 轴承

## 14.1 轴承的功用及分类

轴承的功用是支承轴和轴上零件,减少轴与支承之间的摩擦和磨损,保证轴的旋转精度。

根据工作面摩擦性质的不同,轴承分为滑动摩擦轴承(简称滑动轴承)和滚动摩擦轴承(简称滚动轴承)两大类。滚动轴承由于摩擦系数小,起动阻尼小,且已标准化,选用、润滑、维护都很方便,因此在一般机器中得到广泛应用。滑动轴承具有一些独特优点,使它在某些不能、不便使用滚动轴承或使用滚动轴承没有优势的场合,如高速、高精度、重载、结构上要求剖分以及在水或腐蚀性介质中工作,就显示出它的优异特性,因此在轧钢机、汽轮机、离心式压缩机、内燃机、铁路机、大型电机、航空发电机附件、雷达、卫星通信地面站、天文望远镜以及各种仪表中等多采用滑动轴承。此外,在低速而带有冲击的机器中,如水泥搅拌机、滚筒清砂机、破碎机等,也常采用滑动轴承。

滑动轴承的类型很多。按其承受载荷方向的不同,可分为径向滑动轴承(承受径向载荷)、止推滑动轴承(承受轴向载荷)和径向止推滑动轴承(同时承受径向载荷和轴向载荷)。根据其滑动表面间润滑状态的不同,可分为液体润滑轴承、不完全液体润滑轴承(指滑动表面间处于边界润滑或混合润滑状态)和自润滑轴承(指工作时不加润滑剂)。根据液体润滑承载机理的不同,液体润滑轴承可分为液体动压润滑轴承(简称液体动压轴承)和液体静压润滑轴承(简称液体静压轴承)。本章主要讨论轴承的基本知识,有关轴承的工作能力及热平衡计算,请参阅相关资料或专著。

滚动轴承的类型也很多,按照承受载荷的方向或公称接触角的不同,滚动轴承可分为向心轴承(主要用于承受径向载荷)和推力轴承(主要用于承受轴向载荷)。按照滚动体形状的不同，滚动轴承可分为球轴承和滚子轴承。滚子轴承又分为圆柱滚子轴承、圆锥滚子轴承、调心滚子轴承、长弧面滚子轴承和滚针轴承等。轴承的分类如图 14-1 所示。

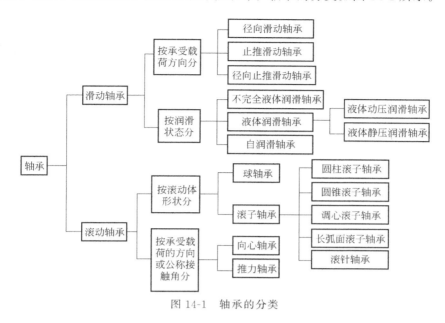

图 14-1　轴承的分类

# 14.2　滑动轴承

## 14.2.1　滑动轴承的结构形式

### （1）径向滑动轴承（径向轴承）

① 整体式径向滑动轴承　整体式径向滑动轴承的结构形式如图 14-2 所示。它由轴承座和减摩材料制成的整体轴套组成。轴承座上面设有安装润滑油杯的螺纹孔；在轴套上开有油孔，并在轴套的内表面上开有油槽。这种轴承的优点是结构简单、成本低廉。其缺点是轴套磨损后，轴承间隙过大时无法调整；另外，只能从轴颈端部装拆，对于重型机器的轴或具有中间轴颈的轴，装拆很不方便或无法安装。所以这种轴承多用在低速、轻载或间歇性工作的机器中，如某些农业机械、手动机械等。这种轴承所用的轴承座叫做整体有衬正滑动轴承座，其标准为 JB/T 2560—2007《整体有衬正滑动轴承座　型式与尺寸》。

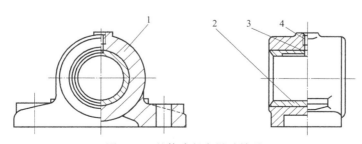

图 14-2　整体式径向滑动轴承
1—轴承座；2—整体轴套；3—油孔；4—螺纹孔

② 对开式径向滑动轴承 对开式径向滑动轴承的结构形式如图 14-3 所示。它是由轴承座、轴承盖、剖分式轴瓦和双头螺柱等组成。轴承座和轴承盖的剖分面常做成阶梯形，以便对中和防止横向错动。轴承盖上部开有螺纹孔，用以安装油杯或油管。剖分式轴瓦由上、下两半组成，通常是下轴瓦承受载荷，上轴瓦不承受载荷。为了节省贵重金属或因其他需要，常在轴瓦内表面贴附一层轴承衬。在轴瓦内壁不承受载荷的表面上开设油槽，润滑油通过油孔和油槽流进轴承间隙。轴承剖分面最好与载荷方向近于垂直，多数轴承的剖分面是水平的，也有做成倾斜的，如倾斜 45°，如图 14-4 所示，以适应径向载荷作用线的倾斜度超过轴承垂直中心线左右 35°范围的情况。这种轴承装拆方便，并且轴瓦磨损后可以用减少剖分面处的垫片厚度来调整轴承间隙（调整后应修刮轴瓦内孔）。这种轴瓦所用的轴承座叫做对开式二螺柱正滑动轴承座，其标准见 JB/T 2561—2007《对开式二螺柱正滑动轴承座 型式与尺寸》；而对开式四螺柱正滑动轴承座的标准见 JB/T 2562—2007《对开式四螺柱正滑动轴承座 型式与尺寸》。

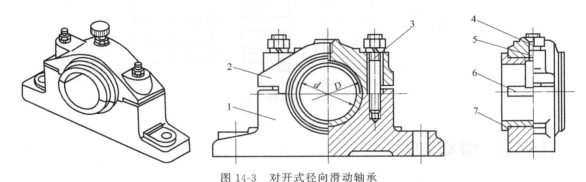

图 14-3 对开式径向滑动轴承

1—轴承座；2—轴承盖；3—双头螺柱；4—螺纹孔；5—油孔；6—油槽；7—剖分式轴瓦

另外，还可将轴瓦的瓦背制成凸球面，并将其支承面制成凹球面，从而组成调心轴承，用于支承挠度较大或多支点的长轴。

轴瓦是滑动轴承中的重要零件，径向滑动轴承的轴瓦内孔为圆柱形。若载荷 F 方向向下，则下轴瓦为承载区，上轴瓦为非承载区。润滑油应由非承载区引入，所以应在顶部开进油口，如图 14-5 所示。在轴瓦内表面，以进油口为中心沿纵向、斜向或横向开有油槽，以利于润滑油均匀分布在整个轴颈上。油槽的形式很多，如图 14-6 所示。一般油槽与轴瓦端面保持一定距离，以防止漏油。

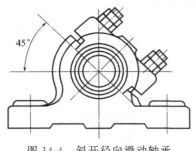

图 14-4 斜开径向滑动轴承

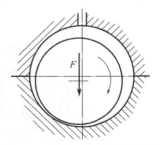

图 14-5 进油口开在非承载区

③ 自位滑动轴承 当轴颈较长（宽径比 $B/d > 1.5 \sim 1.75$）时，轴的刚度较小，或由于

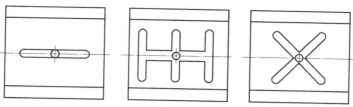

图 14-6 滑动轴承油槽形式

两轴承不是安装在同一刚性机架上，同心度较难保证时，都会造成轴瓦端部的局部接触，如图 14-7 所示，使轴瓦局部磨损严重，为此可采用能相对于轴承自动调整轴线位置的滑动轴承，称为自位滑动轴承，如图 14-8 所示。这种轴承的结构特点是轴瓦的外表面做成凸形球面，与轴承盖及轴承座上的凹形球面相配合。当轴变形时，轴瓦可随轴自动调位，从而保证轴颈和轴瓦为面接触。

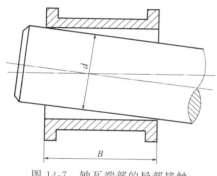

图 14-7 轴瓦端部的局部接触

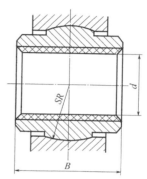

图 14-8 自位滑动轴承

### （2）止推滑动轴承（止推轴承）

止推滑动轴承由轴承座和止推轴颈组成。止推滑动轴承常用的结构形式有空心式、实心式、单环式和多环式，其结构形式及尺寸见表 14-1。

表 14-1 止推滑动轴承的结构形式及尺寸

| | 空心式 | 实心式 | 单环式 | 多环式 |
|---|---|---|---|---|
| 结构形式 | | | | |
| 尺寸 | 由轴的结构设计拟定，$d_1 = (0.4 \sim 0.6)d_2$。若结构上无限制，应取 $d_1 = 0.5d_2$ | $d_1$、$d_2$ 由轴的结构设计拟定 | $d$ 由轴的结构设计拟定，$d_2 = (1.2 \sim 1.6)d$，$d_1 = 1.1d$，$h = (0.12 \sim 0.15)d$，$h_0 = (2 \sim 3)h$ | |

由于实心端面工作面上相对滑动速度不同，越靠近中心处相对滑动速度越小，摩擦越轻；越靠近边缘处相对滑动速度越大，摩擦越重，从而造成工作面上压强分布不均，对润滑极为不利，故通常不用实心端面轴颈。空心端面轴颈和环状轴颈可以克服这一缺点。当载荷

较大时，还可采用多环轴颈，这种结构的轴承能承受双向载荷。但环数目不宜过多，一般为2～5个，否则载荷分布不均现象更为严重。由于轴颈端面与止推轴瓦之间为平行平面的相对滑动，不易形成流体动力润滑，故推力滑动轴承通常在边界润滑状态下工作，多用于低速、轻载机械。

### 14.2.2 滑动轴承材料

**(1) 轴承盖和轴承座材料**

一般轴承盖和轴承座材料不与轴颈直接接触，通常采用灰铸铁制造。当载荷较大或有冲击载荷时，选用铸钢制造。

**(2) 轴瓦及轴承衬材料**

根据轴承的工作情况，要求轴瓦材料具备以下特点：

① 摩擦系数小；

② 导热性好，热膨胀系数小；

③ 耐磨、耐蚀、抗胶合能力强；

④ 有足够的机械强度和可塑性等。

能同时满足上述要求的材料比较少，故应根据具体情况满足其主要使用要求。较常见的是用两层不同金属做成轴瓦，使其在性能上取长补短。在工艺上可以用浇注或压合的方法，将薄层材料黏附在轴瓦基体上，黏附上去的薄层材料通常称为轴承衬。

常用的轴瓦和轴承衬材料有下列几种：

① 铸造轴承合金 铸造轴承合金又称白合金、巴氏合金，有锡基轴承合金、铅基轴承合金、铜基轴承合金和铝基轴承合金四大类。

锡基轴承合金的摩擦系数小，抗胶合性能良好，对油的吸附性强，耐蚀性好，易跑合，是优良的轴承材料，常用于高速、重载的轴承。但它的价格较贵，且机械强度较差，因此只能作为轴承衬材料浇注在钢、铸铁［见图14-9（a）和图14-9（b）］或青铜轴瓦上［见图14-9（c）和图14-9（d）］。用青铜作为轴瓦基体是取其导热性良好的特点。这种轴承合金在110℃开始软化，为了安全，在设计、运行中常将温度控制在110℃以下。

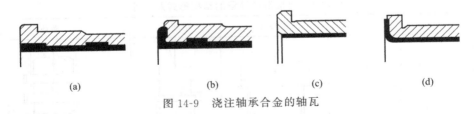

图 14-9 浇注轴承合金的轴瓦

铅基轴承合金的各方面性能与锡基轴承合金相近，但这种材料较脆，不宜承受较大的冲击载荷。它一般用于中速、中载的轴承。

② 青铜 青铜的强度高，承载能力大，耐磨性与导热性都优于铸造轴承合金。它可以在较高的温度（250℃）下工作。但它的可塑性差，不易跑合，与之相配的轴颈必须淬硬。

青铜可以单独做成轴瓦。为了节省有色金属，也可将青铜浇注在钢或铸铁轴瓦内壁上。用作轴瓦材料的青铜，主要有铸造锡青铜、铸造铅青铜和铸造铝青铜。在一般情况下，它们分别用于中速重载、中速中载和低速重载的轴承上。

③ 具有特殊性能的轴承材料 用粉末冶金法（经制粉、成形、烧结等工艺）做成的轴

承，具有多孔性组织，孔隙内可以储存润滑油，常称为含油轴承。运转时，轴瓦温度升高，由于润滑油的膨胀系数比金属大，因而自动进入摩擦表面起到润滑作用。含油轴承加一次油可以使用较长时间，常用于加油不方便的场合。

在不重要的或低速轻载的轴承中，也常采用灰铸铁或耐磨铸铁作为轴瓦材料。

橡胶轴承具有较大的弹性，能减轻振动使运转平稳，可以用水润滑，常用于潜水泵、砂石清洗机、钻机等有泥沙的场合。

塑料轴承具有摩擦系数小，可塑性、跑合性良好，耐磨、耐蚀，可以用水、油及化学溶液润滑等优点。但它的导热性差，膨胀系数较大，容易变形。为改善这些缺点，可将薄层塑料作为轴承衬材料黏附在金属轴瓦上使用。

### 14.2.3　滑动轴承的润滑剂

#### （1）润滑剂

轴承润滑的目的在于降低摩擦功耗，减少磨损，同时还起到冷却、吸振、防锈等作用。轴承能否正常工作，和选用的润滑剂正确与否有很大关系。

润滑剂分为润滑油（液体润滑剂）、润滑脂（半固体润滑剂）和固体润滑剂等。在润滑性能上，润滑油一般比润滑脂好，应用最广。润滑脂具有不易流失等优点，也常用。固体润滑剂除在特殊场合下使用外，目前正在逐步扩大使用范围。

① 润滑油　目前使用的润滑油大部分为石油系润滑油（矿物油）。在轴承润滑中，润滑油最重要的物理性能是黏度，它也是选择润滑油的主要依据。黏度表征液体流动的内摩擦性能。如图 14-10 所示，有两块平板 $A$、$B$，两板之间充满着液体。设板 $B$ 静止不动，板 $A$ 以速度 $v$ 沿 $x$ 轴运动。由于液体与金属表面的吸附作用（称为润滑油的油性），板 $B$ 表层的液体与板 $B$ 一致而静止不动，板 $A$ 表层的液体随板 $A$

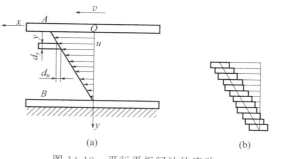

图 14-10　平行平板间油的流动

以同样的速度 $v$ 一起运动。两板之间液体的速度分布如图 14-10（a）所示。也可以将其看作两板间的液体逐层发生了错动，如图 14-10（b）所示。因此，层与层间存在着液体内部的摩擦切应力 $\tau$，根据实验结果得到以下关系式

$$\tau = -\eta \frac{d_u}{d_y} \tag{14-1}$$

式中　$u$——油层中任一点的速度，$\dfrac{d_u}{d_y}$ 是该点的速度梯度；

$\eta$——比例系数，即液体的动力黏度，常简称为黏度。

式（14-1）称为牛顿液体流动定律。式中的"－"表示 $u$ 随 $y$ 的增大而减小。

根据式（14-1）可知，动力黏度的量纲是力·时间/长度$^2$，在国际单位制中，它的单位是 Pa·s。

此外，还有运动黏度 $\upsilon$，它等于动力黏度与液体密度 $\rho$ 的比值，即

$$\upsilon = \frac{\eta}{\rho} \qquad (14\text{-}2)$$

在国际单位制中 $\upsilon$ 的单位是 $m^2/s$。我国石油产品是用运动黏度标定的。

润滑油的黏度并不是不变的，它会随着温度的升高而降低。这对于运行着的轴承来说，必须加以注意。描述黏度随温度变化情况的线图称为黏-温曲线，如图 14-11 所示。

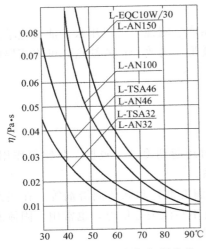

图 14-11　几种润滑油的黏-温曲线

L-EQC10W/30 为汽油机油

润滑油的黏度还随着压力的升高而增大，当压力不太高（如小于 10MPa）时，变化极小，可略而不计。

选用润滑油时，要考虑速度、载荷和工作情况。对于载荷大、温度高的轴承宜选黏度大的油，对于载荷小、速度高的轴承宜选黏度较小的油。

② 润滑脂　润滑脂是由润滑油和各种稠化剂（如钙、钠、铝、锂等金属皂）混合稠化而成。润滑脂密封简单，不需经常加添，不易流失，所以在垂直的摩擦表面上也可以应用。润滑脂对载荷和速度有较大的适应范围，受温度的影响不大；但摩擦损耗较大，机械效率较低，故不宜用于高速运转的场合。润滑脂易变质，不如润滑油稳定。总的来说，一般参数的机器，特别是低速或带有冲击的机器，都可以使用润滑脂润滑。

目前使用最多的是钙基润滑脂，它有耐水性，常用于工作温度在 60℃ 以下的各种机械设备中轴承的润滑。钠基润滑脂可用于工作温度在 115～145℃ 以下的场合，但不耐水。锂基润滑脂性能优良，耐水，可在 -20～150℃ 范围内广泛使用，可以代替钙基、钠基润滑脂。

③ 固体润滑剂　固体润滑剂有石墨、二硫化钼、聚氟乙烯树脂等多种品种，一般在超出润滑油使用范围时才考虑使用，例如在高温介质中或在低速重载条件下。目前固体润滑剂的应用已逐渐广泛，例如可将固体润滑剂调和在润滑油中使用，也可以涂覆、烧结在摩擦表面形成覆盖膜，或者用固结成型的固体润滑剂嵌装在轴承中使用，或者混入金属或塑料粉末中烧结成型。

石墨性能稳定，在 350℃ 以上才开始氧化，并可在水中工作。聚氟乙烯树脂摩擦系数低，只有石墨的一半。二硫化钼与金属表面吸附性强，摩擦系数低，使用温度范围也广（-60～300℃），但遇水则性能下降。

**（2）润滑装置**

润滑油或润滑脂的供应方法在设计中是很重要的，尤其是油润滑时的供应方法与零件在工作时所处润滑状态有着密切的关系。

① 油润滑　向摩擦表面施加润滑油的方法可分间歇式和连续式两种。手工用油壶或油枪向注油杯内注油，只能做到间歇润滑。图 14-12 所示为压配式注油杯，图 14-13 所示为旋套式注油杯。这些只可用于小型、低速或间歇运动的轴承。对于重要的轴承，必须采用连续供油的方法。

图 14-14（a）和图 14-14（b）所示的分别为针阀油杯和油芯油杯，都可做到连续供油润滑。针阀油杯可调节滴油速度来改变供油

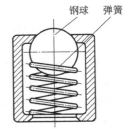

钢球　弹簧

图 14-12　压配式注油杯

量，并且停车时可扳动油杯上端的手柄关闭针阀，停止供油。油芯油杯在停车时则仍继续滴油，引起无用的油耗。

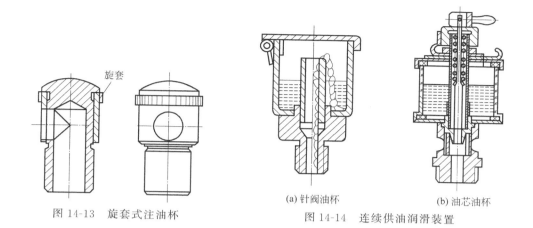

图 14-13 旋套式注油杯

(a) 针阀油杯　　　　(b) 油芯油杯

图 14-14 连续供油润滑装置

② 油环润滑 图 14-15 所示为油环润滑的结构示意图。油环套在轴颈上，下部浸在油中。当轴颈转动时带动油环转动，将油带到轴颈表面进行润滑。轴颈速度过高或者过低时，油环带的油量都会不足，通常用于润滑转速不低于 50～60r/min 的大型电机的滑动轴承。油环润滑的轴承，其轴线应水平布置。

③ 飞溅润滑 利用转动件（如齿轮）或曲轴的曲柄等将润滑油溅成油星以润滑轴承。

④ 压力循环润滑 用液压泵进行压力供油润滑，可保证供油充分，能带走摩擦热以冷却轴承。这种润滑方法多用于高速、重载轴承或齿轮传动上。

**(3) 脂润滑**

脂润滑只能间歇供应润滑脂。如图 14-16 所示，旋盖式油脂杯是应用最广的脂润滑装置。杯中装满润滑脂，旋动上盖即可将润滑脂挤入轴承中。有的也使用油枪向轴承中补充润滑脂。

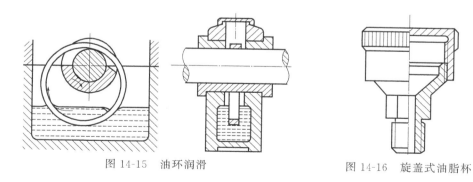

图 14-15 油环润滑

图 14-16 旋盖式油脂杯

# 14.3 滚动轴承的结构、类型特点及代号

滚动轴承已经标准化，在各种机械中被广泛使用，它具有摩擦阻力小、起动快和效率高等优点。滚动轴承由专业化轴承厂大批量生产，制造成本较低，类型和尺寸系列多，选用及

更换方便。设计人员的任务主要是熟悉标准、正确选用。

### 14.3.1　滚动轴承的结构

滚动轴承一般是由内圈 1、外圈 2、滚动体 3 和保持架 4 组成，如图 14-17 所示。内圈

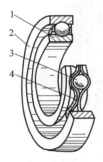
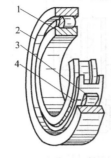

装在轴上，外圈装在机座或零件的轴承孔内。内外圈上有滚道，当内外圈相对旋转时，滚动体将沿滚道滚动。保持架的作用是把滚动体均匀地隔开。

滚动体与内外圈的材料应有高的硬度和接触疲劳强度、良好的耐磨性和冲击韧性。一般用含铬合金钢制造，经热处理后硬度可达 61HRC～65HRC，工作表面须经磨削和抛光。保持架一般用低碳钢板冲压制成，高速轴承的保持架多采用有色金属或塑料。

与滑动轴承相比，滚动轴承具有摩擦阻力小、启动灵敏、效率高、润滑简便和易于互换等

(a) 深沟球轴承　　(b) 圆柱滚子轴承

图 14-17　滚动轴承的构造

1—内圈；2—外圈；3—滚动体；4—保持架

优点，所以获得广泛应用。它的缺点是抗冲击能力较差，高速时出现噪声，工作寿命也不及液体摩擦的滑动轴承。

### 14.3.2　滚动轴承的基本类型和特点

接触角是滚动轴承的一个主要参数，滚动轴承的分类以及受力分析、承载能力都与接触角有关。表 14-2 列出了部分轴承（以球轴承为例）的公称接触角。

表 14-2　部分轴承的公称接触角

| 轴承类型 | 向心轴承 | | 推力轴承 | |
|---|---|---|---|---|
| | 径向接触 | 向心角接触 | 推力角接触 | 轴向接触 |
| 公称接触角 | $\alpha=0°$ | $0°<\alpha\leqslant45°$ | $45°<\alpha<90°$ | $\alpha=90°$ |
| 图例<br>（以球轴承为例） | | | | |

滚动体与套圈接触处的法线与垂直于轴承轴线的平面之间的夹角称为公称接触角，简称接触角。接触角越大，轴承承受轴向载荷的能力也越强。

按照承受载荷的方向或公称接触角的不同，滚动轴承可分为：

① 向心轴承　主要用于承受径向载荷，其公称接触角 $\alpha$ 为 0°～45°；

② 推力轴承　主要用于承受轴向载荷，其公称接触角 $\alpha$ 为 45°～90°，见表 14-2。

滚动体分为球滚动体 [图 14-18（a）] 和滚子。滚子又分为圆柱滚子 [图 14-18（b）]、圆锥滚子 [图 14-18（c）]、调心滚子 [图 14-18（d）]、长弧面滚子 [图 14-18（e）] 和滚针 [图 14-18（f）] 等。

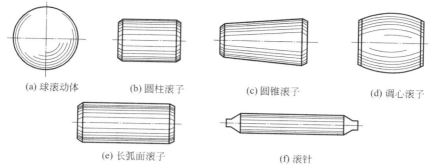

(a) 球滚动体　　(b) 圆柱滚子　　(c) 圆锥滚子　　(d) 调心滚子

(e) 长弧面滚子　　　　　　(f) 滚针

图 14-18　滚动体的类型

通常轴承按其所能承受的载荷方向或公称接触角、滚动体的种类综合分类，我国机械工业中常用的滚动轴承见表 14-3。

表 14-3　我国机械工业中常用的滚动轴承

| 轴承类型 | | 结构简图、承载方向 | 类型代号 | 尺寸系列代号 | 基本代号 | 性能和特点 |
|---|---|---|---|---|---|---|
| 调心球轴承 | | | 1 | (0)2 | 1200 | 因外圈滚道表面是以轴承中点为中心的球面，故能自动调心，允许内圈（轴）相对外圈（外壳）轴线偏斜量 ≤2°~3°。一般不宜承受纯轴向载荷 |
| | | | (1) | 22 | 2200 | |
| | | | 1 | (0)3 | 1300 | |
| | | | (1) | 23 | 2300 | |
| 调心滚子轴承 | | | 2 | 13 | 21300 | 性能、特点与调心球轴承相同，但具有较大的径向承载能力，允许内圈对外圈轴线偏斜量 ≤1.5°~2.5° |
| | | | 2 | 22 | 22200 | |
| | | | 2 | 23 | 22300 | |
| | | | 2 | 30 | 23000 | |
| | | | 2 | 31 | 23100 | |
| | | | 2 | 32 | 23200 | |
| | | | 2 | 40 | 24000 | |
| | | | 2 | 41 | 24100 | |
| 圆锥滚子轴承 | | | 3 | 02 | 30200 | 可以同时承受径向载荷及轴向载荷（30000 型以承受径向载荷为主，30000B 型以承受轴向载荷为主）。外圈可分离，安装时可调整轴承游隙。一般成对使用，对称安装 |
| | | | 3 | 03 | 30300 | |
| | | | 3 | 13 | 31300 | |
| | | | 3 | 20 | 32000 | |
| | | | 3 | 22 | 32200 | |
| | | | 3 | 23 | 32300 | |
| | | | 3 | 29 | 32900 | |
| | | | 3 | 30 | 33000 | |
| | | | 3 | 31 | 33100 | |
| | | | 3 | 32 | 33200 | |
| 推力球轴承 | 单向 | | 5 | 11 | 51100 | 只能承受轴向载荷。高速时离心力大，钢球与保持架磨损，发热严重，寿命降低，故极限转速很低。为了防止钢球与滚道之间发生滑动，工作时必须加有一定的轴向载荷。轴线必须与轴承座底面垂直，载荷必须与轴线重合，以保证钢球载荷的均匀分配 |
| | | | 5 | 12 | 51200 | |
| | | | 5 | 13 | 51300 | |
| | | | 5 | 14 | 51400 | |
| | 双向 | | 5 | 22 | 52200 | |
| | | | 5 | 23 | 52300 | |
| | | | 5 | 24 | 52400 | |

续表

| 轴承类型 | 结构简图、承载方向 | 类型代号 | 尺寸系列代号 | 基本代号 | 性能和特点 |
|---|---|---|---|---|---|
| 深沟球轴承 | 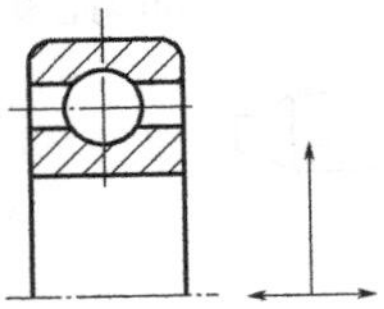 | 6 | 17 | 61700 | 主要承受径向载荷,也可同时承受小的轴向载荷。当量摩擦系数最小。在高转速时,可用来承受纯轴向载荷。工作中允许内、外圈轴线偏斜量≤8′~16′,大量生产,价格最低 |
| | | 6 | 37 | 63700 | |
| | | 6 | 18 | 61800 | |
| | | 6 | 19 | 61900 | |
| | | 16 | (0)0 | 16000 | |
| | | 6 | (1)0 | 6000 | |
| | | 6 | (0)2 | 6200 | |
| | | 6 | (0)3 | 6300 | |
| | | 6 | (0)4 | 6400 | |
| 角接触球轴承 | 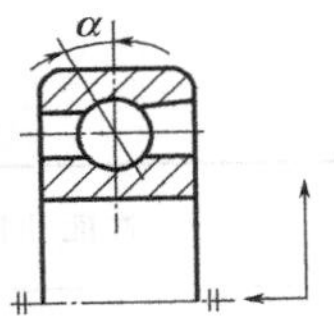 | 7 | 19 | 71900 | 可以同时承受径向载荷及轴向载荷,也可以单独承受轴向载荷。能在较高转速下正常工作。由于一个轴承只能承受单向的轴向力,因此,一般成对使用。其承受轴向载荷的能力与接触角有关。接触角越大,承受轴向载荷的能力越高 |
| | | 7 | 1(0) | 7000 | |
| | | 7 | (0)2 | 7200 | |
| | | 7 | (0)3 | 7300 | |
| | | 7 | (0)4 | 7400 | |
| 滚针轴承 | 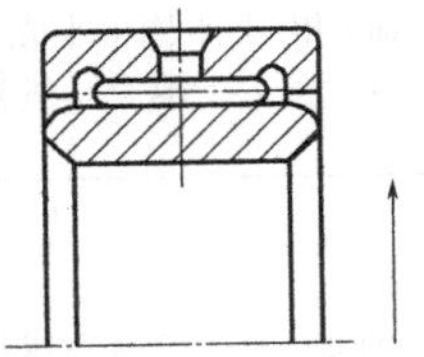 | NA | 48 | NA4800 | 在同样内径条件下,与其他类型轴承相比,其外径最小,内圈与外圈可以分离,工作时允许内、外圈有少量的轴向错动。有较大的径向承载能力。一般不带保持架。摩擦系数较大 |
| | | NA | 49 | NA4900 | |
| | | NA | 69 | NA6900 | |
| | 结构简图与左图不同时,其代号另有规定,详见轴承手册 | | | | |
| 圆柱滚子轴承 | 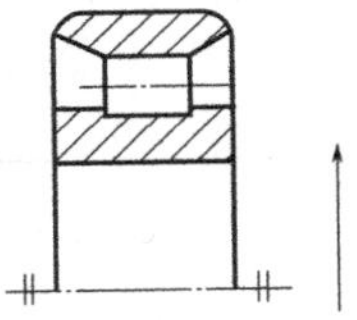 外圈无挡边 | N | 10 | N1000 | 有较大的径向承载能力。外圈(或内圈)可以分离,故不能承受轴向载荷,滚子由内圈(或外圈)的挡边轴向定位,工作时允许内、外圈有少量的轴向错动。内外圈轴线的允许偏斜量很小(2′~4′)。此类轴承还可以不带外圈或内圈 |
| | | N | (0)2 | N200 | |
| | | N | 22 | N2200 | |
| | | N | (0)3 | N300 | |
| | | N | 23 | N2300 | |
| | | N | (0)4 | N2400 | |
| | 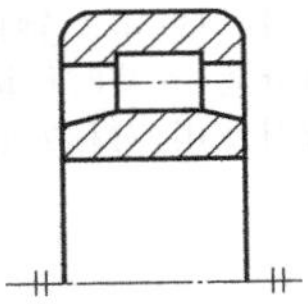 内圈无挡边 | NU | 10 | NU1000 | |
| | | NU | (0)2 | NU200 | |
| | | NU | 22 | NU2200 | |
| | | NU | (0)3 | NU300 | |
| | | NU | 23 | NU2300 | |
| | | NU | (0)4 | NU2400 | |

### 14.3.3 滚动轴承的代号

在常用的各类滚动轴承中,每一种类型又可做成几种不同的结构、尺寸和公差等级,以适应不同的技术要求。为了统一表中各类轴承的特点,便于组织生产和选用,GB/T 272—2017《滚动轴承 代号方法》规定了轴承代号的表示方法。

滚动轴承代号由前置代号、基本代号和后置代号组成,用字母和数字等表示。滚动轴承代号的构成见表14-4。

表 14-4 滚动轴承代号的构成

| 前置代号 | 基本代号 | | | | | 后置代号 | | | | | | | | |
|---|---|---|---|---|---|---|---|---|---|---|---|---|---|---|
| | 一 | 二 | 三 | 四 | 五 | | | | | | | | | |
| | | 尺寸系列代号 | | | | | | | | | | | | |
| 轴承分部件代号 | 类型代号 | 宽度(或高度)系列代号 | 直径系列代号 | 内径代号 | | 内部结构代号 | 密封与防尘与外部形状代号 | 保持架及其材料代号 | 轴承零件材料代号 | 公差等级代号 | 游隙代号 | 配置代号 | 振动及噪声代号 | 其他代号 |

注：基本代号下面的一至五表示代号自左向右的位置序数。

**(1) 前置代号**

轴承的前置代号表示轴承的分部件，用字母表示。当轴承的某些分部件具有某些特点时，就在基本代号前加上相应的字母。

例如：L 表示可分离轴承的可分离内圈或外圈；K 表示滚子与保持架组件；R 表示不带可分离内圈或外圈的组件（滚针轴承仅适用于 NA 型）。

**(2) 基本代号**

基本代号用来表明轴承的内径、直径系列、宽（高）度系列和类型，现分述如下。

① 类型代号 基本代号左起第一位数字（或字母）为类型代号，其表示方法见表 14-3。

② 宽度（或高度）系列代号 轴承的宽度（或高度）系列即结构、内径和直径系列都相同的轴承，在宽（高）度方面的变化系列。对于推力轴承，是指高度系列。

基本代号左起第二位数字为轴承的宽度（或高度）系列代号。宽度系列代号有 8、0、1、2、3、4、5 和 6，对应同一直径系列的轴承，其宽度依次递增。多数轴承在代号中不标出代号 0。但对于调心滚子轴承和圆锥滚子轴承，宽度系列代号 0 应标出。高度系列代号有 7、9、1、2。

③ 直径系列代号 轴承的直径系列即结构、内径相同的轴承在外径和宽/高度方面的变化系列。轴承的直径系列用基本代号左起第三位数字表示。直径系列代号有 7、8、9、0、1、2、3、4 和 5，对应于相同内径轴承的外径尺寸依次递增。部分直径系列之间的尺寸对比如图 14-19 所示。

宽度（或高度）系列代号和直径系列代号统称为尺寸系列代号。

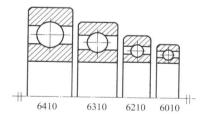

图 14-19 部分直径系列之间的尺寸对比

④ 内径代号 轴承内径是指轴承内圈的内径，常用 $d$ 表示。基本代号左起第四、五位数字为内径代号。内径代号见表 14-5。

表 14-5 内径代号

| 轴承公称内径/mm | 内径代号 | 示例 |
|---|---|---|
| 0.6～10(非整数) | 用公称内径毫米数直接表示，在其与尺寸系列代号之间用"/"分开 | 深沟球轴承 618/2.5 $d=2.5$mm<br>深沟球轴承 617/0.6 $d=0.6$mm |
| 1～9(整数) | 用公称内径毫米数直接表示，对深沟及角接触球轴承直径系列 7、8、9，内径与尺寸系列代号之间用"/"分开 | 深沟球轴承 618/5 $d=5$mm<br>深沟球轴承 625 $d=5$mm |

续表

| 轴承公称内径/mm | | 内径代号 | 示例 |
|---|---|---|---|
| 10～17 | 10 | 00 | 深沟球轴承 6200　d＝10mm |
| | 12 | 01 | |
| | 15 | 02 | |
| | 17 | 03 | |
| 20～480(22、28、32 除外) | | 公称内径除以 5 的商数,商数为个位数,需在商数左边加"0",如 08 | 调心滚子轴承 23208　d＝40mm |
| 大于和等于 500 以及 22、28、32 | | 用公称内径毫米数直接表示,但在与尺寸系列之间用"/"分开 | 调心滚子轴承 230/500　d＝500mm<br>深沟球轴承 62/22　d＝22mm |

**（3）后置代号**

轴承的后置代号是用字母和数字等表示轴承的结构、公差及材料的特殊要求等。后置代号的内容很多,下面介绍几个常用的代号。

① 内部结构代号　内部结构代号用于表示类型和外形尺寸相同但内部结构不同的轴承,其代号用字母紧跟着基本代号表示。如接触角为 15°、25°和 40°的角接触球轴承分别用 C、AC 和 B 表示其内部结构的不同。更详细的内部结构代号及含义参见 GB/T 272—2017《滚动轴承　代号方法》。

② 公差等级代号　轴的公差等级分为：2 级,尺寸精度相当于 4 级、旋转精度高于 4 级,4 级,尺寸精度相当于 5 级、旋转精度相当于 4 级,5 级,6X 级,6 级和普通级共八个级别,其精度依次由高级到低级,其代号分别为/P2、/UP、/P4、/SP、/P5、/P6X、/P6 和/PN。公差等级中,普通级在轴承代号中省略不标出,是最常用的轴承公差等级。

③ 游隙代号　常用的轴承径向游隙系列分为 2 组、N 组、3 组、4 组和 5 组五个组别。N 组在轴承代号中省略不标出,其余的游隙组别在轴承代号中分别用/N2、/N3、/N4 和/N5 表示。

实际应用中,标准滚动轴承类型是很多的,其中有些轴承的代号也比较复杂。以上介绍的代号是轴承代号中最基本、最常用的部分,熟悉了这部分代号,就可以识别和查选常用的轴承。滚动轴承详细的代号方法可查阅 GB/T 272—2017《滚动轴承　代号方法》。

**（4）代号举例**

① 6308　内径为 40mm 的深沟球轴承,尺寸系列 03,普通级公差,N 组游隙。

② 7211C　内径为 55mm 的角接触球轴承,尺寸系列 02,接触角 15°,普通级公差,N 组游隙。

③ N408/P5　内径为 40mm 的外圈无挡边圆柱滚子轴承,尺寸系列 04,5 级公差,N 组游隙。

# 14.4　滚动轴承的选择计算

## 14.4.1　滚动轴承的主要失效形式

滚动轴承在通过轴线的轴向载荷（中心轴向载荷）$F$ 作用下,可认为各滚动体所承受的载荷相等。如图 14-20 所示,当轴承受纯径向载荷 $F_r$ 作用时,情况就不同了。假设在 $F_r$

作用下，内外圈不变形，那么内圈沿 $F_r$ 方向下降一距离 $\delta$，上半圈滚动体不承载，而下半圈由于各接触点上的弹性变形量不同，各滚动体承受的载荷不同。处于 $F_r$ 作用线最下位置的滚动体承载最大（承载力 $F_{max}$），而远离作用线的各滚动体，其承载就逐渐减小。对于 $\alpha=0°$ 的向心轴承，可以得出

球轴承：
$$F_{max} \approx \frac{5F_r}{z} \tag{14-3}$$

滚子轴承：
$$F_{max} \approx \frac{4.6F_r}{z} \tag{14-4}$$

式中　$z$——轴承的滚动体总数。

**（1）疲劳破坏**

滚动轴承工作过程中，滚动体相对内圈或外圈不断地转动，因此滚动体与滚道接触表面受到的是变应力。如图 14-20 所示，此变应力可近似看作载荷按脉动循环变化。由于脉动接触应力的反复作用，首先在滚动体或滚道表面下一定深度处产生疲劳裂纹，继而扩展到接触表面，形成疲劳点蚀，致使轴承不能正常工作。通常，疲劳点蚀是滚动轴承的主要失效形式。

**（2）永久变形**

当轴承转速很低或间歇摆动时，一般不会产生疲劳损坏。但在很大载荷或冲击载荷作用下，轴承滚道和滚动体接触处会产生永久变形，即滚道表面形成变形凹坑，从而使轴承在运转中产生剧烈振动和噪声，以致轴承不能正常工作。

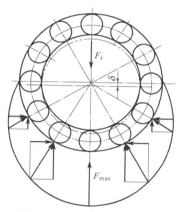

图 14-20　径向载荷的分布

此外，使用维护和保养不当或密封润滑不良等也能引起轴承早期磨损、胶合、内外圈和保持架破损等不正常失效。

滚动轴承的正常失效形式是内外圈滚道或滚动体上的点蚀破坏，如图 14-21 所示。这是轴承在安装、润滑、维护良好的条件下，大量重复地承受变化的接触应力所致。单个轴承，其中一个套圈或滚动体首次出现疲劳裂纹扩展之前，一套圈相对于另一套圈的转数称为轴承的寿命。轴承点蚀破坏后，在运转时通常会出现较强烈的振动、噪声和发热现象。

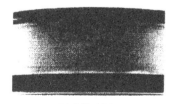

(a) 点蚀破坏　　　　　　　　(b) 严重点蚀破坏

图 14-21　轴承滚道上的点蚀破坏

### 14.4.2　轴承寿命

由于制造精度、材料的均质程度等差异，即使是同样材料、同样尺寸以及生产出来同一批的轴承，在完全相同的条件下工作，它们的寿命也会各不相同。图 14-22 所示为一典型的

轴承寿命分布曲线，从图中可以看出，轴承的最长工作寿命与最早破坏的轴承的寿命可相差几倍甚至几十倍。

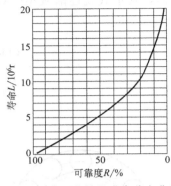

图 14-22　典型的轴承寿命分布曲线

轴承的寿命，不能以同一批试验轴承中的最长寿命或者最短寿命作为标准。因为前者过于不安全，以其作为标准时，在实际使用中，轴承提前破坏的可能性几乎为100%；而后者又过于保守，几乎 100% 的轴承可以超过标准寿命继续工作。现在规定，一组在相同条件下运转的近于相同的轴承，将其可靠度为 90% 时的寿命作为标准寿命，即按一组轴承中 10% 的轴承发生点蚀破坏、90% 的轴承不发生点蚀破坏的转数（以 $10^6$ r 为单位）或工作小时数作为轴承的寿命，并把这个寿命叫做基本额定寿命，以 $L_{10}$ 表示。

由于基本额定寿命与破坏概率有关，所以在实际中按基本额定寿命计算选择出的轴承中，可能有 10% 的轴承发生提前破坏；同时，可能有 90% 的轴承超过基本额定寿命后还能继续工作，甚至相当多的轴承还能工作一个、两个或更多个基本额定寿命。对每一个轴承来说，它能顺利地在基本额定寿命内正常工作的概率为 90%，而在基本额定寿命未达到之前即发生点蚀破坏的概率仅为 10%。在做轴承的寿命计算时，必须先根据机器的类型、使用条件及对可靠性的要求，确定一个恰当的预期计算寿命（用 $L_h$ 表示），即设计机器时所要求的轴承寿命，通常可参照机器的大修期限取定。表 14-6 中给出了根据对机器的使用经验推荐的预期计算寿命值，可供参考。

表 14-6　推荐的轴承预期计算寿命 $L_h$

| 机器类型 | 预期计算寿命 $L_h$/h |
| --- | --- |
| 不经常使用的仪器或设备,如闸门开闭装置等 | 300～3000 |
| 短期或间断使用的机械,中断使用不致引起严重后果,如手动机械等 | 3000～8000 |
| 间断使用的机械,中断使用后果严重,如发动机辅助设备、流水作业线自动传送装置、升降机、车间吊车、不常使用的机床等 | 8000～12000 |
| 每日 8h 工作的机械(利用率不高),如一般的齿轮传动、某些固定电动机等 | 12000～20000 |
| 每日 8h 工作的机械(利用率较高),如金属切削机床、连续使用的起重机、木材加工机械、印刷机械等 | 20000～30000 |
| 24h 连续工作的机械,如矿山升降机、纺织机械、泵、电动机等 | 40000～60000 |
| 24h 连续工作的机械,中断使用后果严重,如纤维生产或造纸设备、发电站主发电机、矿井水泵、船舶螺旋桨轴等 | 100000～200000 |

除了点蚀以外，轴承还可能发生其他多种形式的失效。例如，润滑油不足，会使轴承烧伤；润滑油不清洁，会使滚动体和滚道过度磨损；装配不当，会使轴承卡死、胀破内圈、挤碎内外圈和保持架等。这些失效形式虽然多种多样，但一般都是可以而且应当避免的，所以不能根据这些失效形式来建立轴承的计算理论和公式。对于重要用途的轴承，可在使用中采取在线监测及故障诊断的措施，及时发现上述故障并更换失效的轴承。

### 14.4.3 滚动轴承的基本额定动载荷

轴承的寿命与所受载荷的大小有关。工作载荷越大，引起的接触应力也就越大，因而在发生点蚀破坏前所能经受的应力变化次数也就越少，即轴承的寿命越短。所谓轴承的基本额定动载荷，就是轴承的基本额定寿命恰好为 $10^6$ r（转）时，轴承所能承受的载荷，用字母 $C$ 表示。这个基本额定动载荷，对向心轴承，指的是纯径向载荷，称为径向基本额定动载荷，用 $C_r$ 表示；对推力轴承，指的是纯轴向载荷，称为轴向基本额定动载荷，用 $C_a$ 表示；对角接触球轴承或圆锥滚子轴承，指的是使套圈间产生纯径向位移的载荷的径向分量。

不同型号的轴承有不同的基本额定动载荷值，它表征了不同型号轴承的承载特性。在轴承样本中对每个型号的轴承都给出了它的基本额定动载荷值，需要时可从轴承样本中查取。轴承的基本额定动载荷值是在大量的试验研究的基础上，通过理论分析得出来的。

### 14.4.4 滚动轴承寿命的计算公式

对于具有基本额定动载荷 $C$（$C_r$ 或 $C_a$）的轴承，当它所受的载荷 $P$（当量动载荷，为计算值，见下面说明）恰好为 $C$ 时，其基本额定寿命就是 $10^6$ r。但是当所受的载荷 $P \neq C$ 时，轴承的寿命为多少？这就是轴承寿命计算所要解决的一类问题。轴承寿命计算所要解决的另一类问题是，轴承所受的载荷等于 $P$，而且要求轴承具有的预期计算寿命为 $L_h$，需选用具有多大的基本额定动载荷的轴承？下面讨论解决上述问题的方法。

图 14-23 所示为在大量试验研究基础上得出的代号为 6207 轴承的载荷-寿命曲线。该曲线表示这类轴承的载荷 $P$ 与基本额定寿

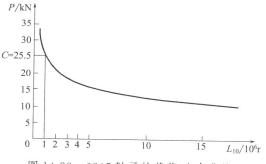

图 14-23  6207 轴承的载荷-寿命曲线

命 $L_{10}$ 之间的关系。曲线上对应于寿命 $L_{10} = 1 \times 10^6$ r 的载荷 25.5kN，即为 6207 轴承的基本额定动载荷 $C$。其他型号的轴承，也有与上述曲线的函数规律完全一样的载荷-寿命曲线。此曲线的公式表示为

$$L_{10} = \left(\frac{C}{P}\right)^{\varepsilon} \tag{14-5}$$

式中　$L_{10}$——基本额定寿命，$10^6$ r；

　　　$\varepsilon$——指数（对于球轴承，$\varepsilon = 3$；对于滚子轴承，$\varepsilon = 10/3$）。

实际计算时，用小时数表示寿命比较方便。这时可将式（14-5）改写。如令 $n$ 代表轴承的转速（单位为 r/min），则以小时数表示的轴承基本额定寿命为

$$L_{10} = \frac{10^6}{60n}\left(\frac{C}{P}\right)^{\varepsilon} \tag{14-6}$$

如果载荷 $P$ 和转速 $n$ 已知，预期计算寿命 $L_h$ 又已取定，则所需轴承应具有的基本额定动载荷 $C$（单位为 N）可根据式（14-6）计算得出

$$C = P \sqrt[\varepsilon]{\frac{60nL_h}{10^6}} \tag{14-7}$$

在较高温度下工作的轴承（例如高于 120℃），应该采用经过较高温度回火处理或特殊材料制造的轴承。由于在轴承样本中列出的基本额定动载荷值是对一般轴承而言的，因此，如要将该数值用于高温轴承，需乘以温度系数 $f_t$，其具体数值见表 14-7；考虑到工作中的冲击和振动会使轴承寿命降低，为此需除以载荷系数 $f_p$，其具体数值见表 14-8，即

$$C_{tp} = f_t C / f_p \tag{14-8}$$

式中   $C_{tp}$——修正后额定动载荷；

$C$——轴承样本所列的同一型号轴承的基本额定动载荷。

这时式(14-5)、式(14-6)、式(14-7) 变为

$$L_{10} = \left(\frac{f_t C}{f_p P}\right)^{\varepsilon} \tag{14-9}$$

$$L_{10} = \frac{10^6}{60n} \left(\frac{f_t C}{f_p P}\right)^{\varepsilon} \tag{14-10}$$

$$C = \frac{f_p P}{f_t} \sqrt[\varepsilon]{\frac{60nL_h}{10^6}} \tag{14-11}$$

表 14-7   温度系数 $f_t$

| 轴承工作温度/℃ | ≤120 | 125 | 150 | 175 | 200 | 220 | 250 | 300 | 350 |
|---|---|---|---|---|---|---|---|---|---|
| 温度系数 $f_t$ | 1 | 0.95 | 0.9 | 0.85 | 0.8 | 0.75 | 0.7 | 0.6 | 0.5 |

表 14-8   载荷系数 $f_p$

| 载荷性质 | 无冲击或轻微冲击 | 中等冲击 | 强烈冲击 |
|---|---|---|---|
| $f_p$ | 1.0~1.2 | 1.2~1.8 | 1.8~3.0 |

### 14.4.5   滚动轴承的当量动载荷

滚动轴承的基本额定动载荷是在一定的运转条件下确定的，如载荷条件为向心轴承仅承受纯径向载荷 $F_r$，推力轴承仅承受纯轴向载荷 $F_a$。实际上，轴承在许多应用场合，常常同时承受径向载荷 $F_r$ 和轴向载荷 $F_a$。因此，在进行轴承寿命计算时，必须把实际载荷转换为与确定基本额定动载荷的载荷条件相一致的当量动载荷，用字母 $P$ 表示。这个当量动载荷，对于以承受径向载荷为主的轴承，称为径向当量动载荷，用 $P_r$ 表示；对于以承受轴向载荷为主的轴承，称为轴向当量动载荷，用 $P_a$ 表示。当量动载荷 $P$（$P_r$ 或 $P_a$）的一般计算公式为

$$P = XF_r + YF_a \tag{14-12}$$

式中   $X$，$Y$——径向动载荷系数、轴向动载荷系数，其值见表 14-9。

表 14-9 径向动载荷系数 $X$ 和轴向动载荷系数 $Y$

| 轴承类型 | | 相对轴向载荷 $F_a/C_{0r}$ [1] | 判断系数 $e$ [2] | $F_a/F_r \leqslant e$ | | $F_a/F_r > e$ | |
|---|---|---|---|---|---|---|---|
| 调心球轴承 | | — | $1.5\tan\alpha$ | 1 | $0.42\cot\alpha$ [3] | 0.65 | $0.65\cot\alpha$ [3] |
| 调心滚子轴承 | | — | $1.5\tan\alpha$ [3] | 1 | $0.45\cot\alpha$ [3] | 0.67 | $0.67\cot\alpha$ [3] |
| 圆锥滚子轴承 | | — | $1.5\tan\alpha$ [3] | 1 | 0 | 0.4 | $0.4\cot\alpha$ [3] |
| 深沟球轴承 | | 0.014 | 0.19 | | | | 2.30 |
| | | 0.028 | 0.22 | | | | 1.99 |
| | | 0.056 | 0.26 | | | | 1.71 |
| | | 0.084 | 0.28 | | | | 1.55 |
| | | 0.11 | 0.30 | 1 | 0 | 0.56 | 1.45 |
| | | 0.17 | 0.34 | | | | 1.31 |
| | | 0.28 | 0.38 | | | | 1.15 |
| | | 0.42 | 0.42 | | | | 1.04 |
| | | 0.56 | 0.44 | | | | 1.00 |
| 角接触球轴承 | $\alpha = 15°$ | 0.015 | 0.38 | | | | 1.47 |
| | | 0.029 | 0.40 | | | | 1.40 |
| | | 0.058 | 0.43 | | | | 1.30 |
| | | 0.087 | 0.46 | | | | 1.23 |
| | | 0.12 | 0.47 | 1 | 0 | 0.44 | 1.19 |
| | | 0.17 | 0.50 | | | | 1.12 |
| | | 0.29 | 0.55 | | | | 1.02 |
| | | 0.44 | 0.56 | | | | 1.00 |
| | | 0.58 | 0.56 | | | | 1.00 |
| | $\alpha = 25°$ | — | 0.68 | 1 | 0 | 0.41 | 0.87 |
| | $\alpha = 40°$ | — | 1.14 | 1 | 0 | 0.35 | 0.57 |

[1] $C_{0r}$ 为轴承的额定静载荷;
[2] $e$ 为确定系数 $X$ 和 $Y$ 不同值时,$C_{0r}$ 适用范围的界限值;
[3] 具体数值按不同型号的轴承由轴承手册查出。

对于只能承受纯径向载荷 $F_r$ 的轴承,如 N 类外圈无挡边圆柱滚子轴承和 NA 类滚针轴承,当量动载荷 $P$ 的计算公式为

$$P = F_r \tag{14-13}$$

对于只能承受纯轴向载荷 $F_a$ 的轴承,如 5 类推力球轴承,当量动载荷 $P$ 的计算公式为

$$P = F_a \tag{14-14}$$

### 14.4.6 角接触球轴承和圆锥滚子轴承的径向载荷 $F_r$ 与轴向载荷 $F_a$ 的计算

角接触球轴承和圆锥滚子轴承承受径向载荷时,要产生派生的轴向力。为了保证正常工作,这类轴承通常是成对使用,如图 14-24 所示,图中表示了两种不同的安装方式(图中只给出了角接触球轴承)。

在按式(14-12)计算各轴承的当量动载荷 $P$ 时,其中的径向载荷 $F_r$ 是由外界作用到轴上的径向力 $F_{re}$ 在各轴承上产生的径向载荷,但其中的轴向载荷 $F_a$ 并不完全由外界的轴向作用力 $F_{ae}$ 产生,而是应该根据整个轴上的轴向载荷(包括因径向载荷 $F_r$ 产生的派生轴向力 $F_d$)之间的平衡条件得出。下面来分析这个问题。

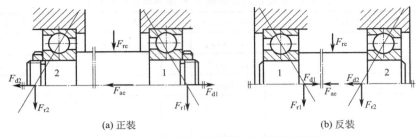

(a) 正装　　　　　　　　　(b) 反装

图 14-24　角接触球轴承轴向载荷的分析

如图 14-24 所示，根据力的径向平衡条件，很容易由外界作用到轴上的径向力 $F_{re}$ 计算出两个轴承上的径向载荷 $F_{r1}$、$F_{r2}$。当 $F_{re}$ 的大小及作用位置固定时，径向载荷 $F_{r1}$、$F_{r2}$ 也就确定了。由 $F_{r1}$、$F_{r2}$ 派生的轴向力 $F_{d1}$、$F_{d2}$ 的大小可按照表 14-10 中的公式计算。计算所得的 $F_d$ 值，相当于正常的安装情况，即大致相当于下半圈的滚动体全部受载（轴承实际的工作情况不允许比这样更坏）。

表 14-10　下半圈的滚动体全部受载时派生轴向力 $F_d$ 的计算公式

| 轴承类型 | 角接触球轴承 | | | 圆锥滚子轴承 |
| --- | --- | --- | --- | --- |
| | $\alpha = 15°$ | $\alpha = 25°$ | $\alpha = 40°$ | $F_r/(2Y^{②})$ |
| $F_d$ | $e^{①}F_r$ | $0.68F_r$ | $1.14F_r$ | |

① $e$ 值由表 14-9 查出；
② $Y$ 是对应表 14-9 中 $F_a/F_r > e$ 的 $Y$ 值。

如图 14-24 所示，把派生轴向力的方向与外加轴向载荷 $F_{ae}$ 方向一致的轴承标为 2，另一端轴承标为 1。取轴和与其相配合的轴承内圈为分离体，如达到轴向平衡，应满足

$$F_{ae} + F_{d2} = F_{d1} \tag{14-15}$$

如果按表 14-10 中的公式求得的 $F_{d1}$ 和 $F_{d2}$ 不满足上面的关系式，就会出现下面两种情况：

① 当 $F_{ae} + F_{d2} > F_{d1}$ 时，轴有向左窜动的趋势，相当于轴承 1 被"压紧"，轴承 2 被"放松"，但实际上轴必须处于平衡位置，即轴承座必然要通过轴承元件施加一个附加的轴向力来阻止轴的窜动，所以被"压紧"的轴承 1 所受的总轴向力为

$$F_{d1} = F_{ae} + F_{d2} \tag{14-16}$$

而被"放松"的轴承 2 所受的轴向力为

$$F_{a2} = F_{d1} \tag{14-17}$$

② 当 $F_{ae} + F_{d2} < F_{d1}$ 时，同前理，被"放松"的轴承 1 所受的轴向力为

$$F_{a1} = F_{d1} \tag{14-18}$$

而被"压紧"的轴承 2 所受的总轴向力为

$$F_{a2} = F_{d1} - F_{ae} \tag{14-19}$$

综上可知，计算角接触球轴承和圆锥滚子轴承所受轴向力的方法可以归结为：

① 通过派生轴向力及外加轴向载荷的计算与分析，判定被"放松"或被"压紧"的轴承；

② 确定被"放松"轴承的轴向力仅为其本身派生的轴向力，被"压紧"轴承的轴向力则为除去本身派生的轴向力外其余各轴向力的代数和。

轴承反力的径向分力在轴线上的作用点叫做轴承的压力中心。图 14-24(a) 和图 14-24(b) 所示的两种安装方式,对应两种不同的压力中心位置。但当两轴承支点间的距离不是很小时,常以轴承宽度中点作为支点反力的作用位置,这样计算起来比较方便,且误差也不大。

### 14.4.7　滚动轴承的静强度计算

轴承的主要失效形式是点蚀破坏,但是,对于那些在工作载荷下基本上不旋转的轴承(例如起重机吊钩上用的推力轴承),或者慢慢地摆动以及转速极低的轴承,如果还是按照点蚀破坏来选择轴承的尺寸,就不符合轴承的实际失效形式了。因为在这些情况下,滚动接触面上的接触应力过大,其使材料表面引起不允许的塑性变形才是轴承的失效形式。这时应按轴承的静强度来选择轴承的尺寸。为此,必须对每个型号的轴承规定一个不能超过的外载荷界限。GB/T 4662—2012《滚动轴承　额定静载荷》规定,将受载最大的滚动体与滚道接触中心处产生的接触应力达到一定值的载荷,作为轴承静强度的界限,称为基本额定静载荷,用 $C_0$($C_{0r}$ 或 $C_{0a}$) 表示。实践证明,在上述接触应力作用下所产生的永久接触变形量,除了那些要求转动灵活性高和振动小的轴承外,一般不会影响其正常工作。

轴承样本中列有各型号轴承的基本额定静载荷值,以供选择轴承时查用。

轴承上作用的径向静载荷 $F_r$ 和轴向静载荷 $F_a$,应折合成一个当量静载荷 $P_0$,即

$$P_0 = X_0 F_r + Y_0 F_a \tag{14-20}$$

式中　$X_0$,$Y_0$——分别表示当量静载荷的径向载荷系数和轴向载荷系数,其部分数值见
　　　　表 14-11,详细数值请查阅轴承手册。

表 14-11　径向载荷系数 $X_0$ 和轴向载荷系数 $Y_0$

| 轴承类型 | | $X_0$ | $Y_0$ |
|---|---|---|---|
| 深沟球轴承 | | 0.6 | 0.5 |
| 角接触球轴承 | $\alpha = 15°$ | 0.5 | 0.46 |
| | $\alpha = 25°$ | 0.5 | 0.38 |
| | $\alpha = 40°$ | 0.5 | 0.26 |
| 圆锥滚子轴承 | | 0.5 | 见轴承手册 |

按轴承静载能力选择轴承的公式为

$$C_0 \geqslant S_0 P_0 \tag{14-21}$$

式中　$S_0$——轴承静强度安全系数。

$S_0$ 的值取决于轴承的使用条件。当要求轴承转动很平稳时,则 $S_0$ 应取大于 1 的值,以尽量避免轴承滚动表面的局部塑性变形量过大;当对轴承转动平稳性要求不高,又无冲击载荷,或轴承仅作摆动运动时,则 $S_0$ 可取 1 或小于 1 的值,以尽量使轴承在保证正常运行条件下发挥最大的静载能力。$S_0$ 的选择可参考表 14-12。

表 14-12　静强度安全系数 $S_0$

| 轴承类型 | 工作条件 | $S_0/\min$ |
|---|---|---|
| 球轴承 | 运转条件平稳:运转平稳,无振动,旋转精度高 | 2 |
| | 运转条件正常:运转平稳,无振动,正常精度高 | 1 |
| | 承受冲击载荷条件:显著的冲击载荷[①] | 1.5 |

| 轴承类型 | 工作条件 | $S_0/\min$ |
|---|---|---|
| 滚子轴承 | 运转条件平稳:运转平稳,无振动,旋转精度高 | 3 |
| | 运转条件正常:运转平稳,无振动,正常精度高 | 1.5 |
| | 承受冲击载荷条件:显著的冲击载荷[2] | 3 |
| | 对于推力球面滚子轴承,在所有的工作条件下,$S_0$ 的最小推荐值为 4;对于表面硬化的冲压外圈滚子轴承,在所有的工作条件下,$S_0$ 的最小推荐值为 3 | |

[1] 当载荷大小未知时,$S_0$ 值至少取 1.5;当冲击载荷的大小可精确得到时,可采用较小的 $S_0$ 值。
[2] 当载荷大小未知时,$S_0$ 值至少取 3;当冲击载荷的大小可精确得到时,可采用较小的 $S_0$ 值。

### 14.4.8 计算实例

**例 14-1** 试求 NF207 圆柱滚子轴承允许的最大径向载荷。已知工作转速 $n=200\text{r/min}$,工作温度 $t<100\text{℃}$,寿命 $L_h=10000\text{h}$,载荷平稳。

**解:** 对向心轴承,由式(14-11),知径向基本额定动载荷 $C$ 为

$$C=\frac{f_p P}{f_t}\sqrt[\varepsilon]{\frac{60nL_h}{10^6}}$$

由机械设计手册查得,NF207 圆柱滚子轴承的径向基本额定动载荷 $C_r=28500\text{N}$;由表 14-7 查得 $f_t=1$,由表 14-8 查得 $f_p=1$,对滚子轴承取 $\varepsilon=10/3$。将以上有关数据代入上式,得

$$28500=\frac{1\times P}{1}\left(\frac{60\times20\times10^4}{10^6}\right)^{\frac{3}{10}}$$

则 $P=6778\text{N}$。

由式(14-13),可得 $P=F_r=6778\text{N}$。

故在规定的条件下,NF207 轴承可承受的最大径向载荷为 6778N。

★题后思考:此题应用在实际设计的何种场合?

**例 14-2** 某水泵用深沟球轴承,已知轴颈 $d=35\text{mm}$,轴的转速 $n=2860\text{r/min}$,径向载荷 $F_r=1600\text{N}$,轴向载荷 $F_a=800\text{N}$,预期使用寿命 $L_h=5000\text{h}$,试选择轴承型号。

**解:** 本例是深沟球轴承同时承受径向和轴向载荷作用的情况。因轴承型号未定,所以 $F_a/C_0$、$e$ 值均未知,无法直接按表 14-9 查得 $X$、$Y$。故需先初选轴承型号进行试算。现分别试选 (0) 2、(0) 3、(0) 4 三个尺寸系列轴承同时试算,以便比较。

由轴承手册中查得 6207、6307、6407 轴承的 $C_r$ 及 $C_{0r}$ 值为:

| 试选型号 | $C_r/\text{kN}$ | $C_{0r}/\text{kN}$ |
|---|---|---|
| 6207 | 25.7 | 15.3 |
| 6307 | 33.4 | 19.2 |
| 6407 | 56.9 | 29.6 |

① 确定 $X$、$Y$

a. 求 $F_a/C_{0r}$:

| 试选型号 | $F_a/C_{0r}$ 结果 |
|---|---|
| 6207 | 0.052 |
| 6307 | 0.042 |
| 6407 | 0.027 |

b. 由表 14-9 用插值法求出 $e$ 值：

| 试选型号 | $e$ 线性插值 | $e$ 结果 |
|---|---|---|
| 6207 | $e=0.22+\dfrac{(0.26-0.22)\times(0.052-0.028)}{0.056-0.028}$ | 0.254 |
| 6307 | $e=0.22+\dfrac{(0.26-0.22)\times(0.042-0.028)}{0.056-0.028}$ | 0.24 |
| 6407 | $e=0.19+\dfrac{(0.26-0.19)\times(0.027-0.014)}{0.028-0.014}$ | 0.218 |

c. 由于试选的三个型号轴承的 $F_a/C_r=800/1600=0.5$ 均大于 0.254、0.24、0.218，即均属于 $F_a/C_r>e$ 的情况，故由表 14-9 查得 $X=0.56$，$Y$ 值可根据 $e$ 值用线性插值法求得。

| 试选型号 | $Y$ 线性插值 | $Y$ 结果 |
|---|---|---|
| 6207 | $Y=1.71+\dfrac{(1.99-1.71)\times(0.26-0.254)}{0.26-0.22}$ | 1.75 |
| 6307 | $Y=1.71+\dfrac{(1.99-1.71)\times(0.26-0.24)}{0.26-0.22}$ | 1.85 |
| 6407 | $Y=1.99+\dfrac{(2.3-1.99)\times(0.22-0.218)}{0.22-0.19}$ | 2.01 |

② 求当量动载荷 $P$　由式（14-12）得：

| 试选型号 | $P=XF_r+YF_a$ | 结果/N |
|---|---|---|
| 6207 | $P=0.56\times1600+1.75\times800$ | 2296 |
| 6307 | $P=0.56\times1600+1.85\times800$ | 2376 |
| 6407 | $P=0.56\times1600+2.01\times800$ | 2504 |

③ 求径向基本额定动载荷的计算值　根据载荷性质，由表 14-8 查得，$f_p=1$；取 $\varepsilon=3$，$f_t=1$（设工作温度小于 100℃），由式（14-11）得径向基本额定动载荷的计算值 $C_j$ 为：

| 试选型号 | $C_j=\dfrac{f_p P}{f_t}\sqrt[\varepsilon]{\dfrac{60nL_h}{10^6}}$ | 结果/N |
|---|---|---|
| 6207 | $C_j=\dfrac{1.1\times2296}{1}\times\sqrt[3]{\dfrac{60\times2860\times5000}{10^6}}$ | 24003 |
| 6307 | $C_j=\dfrac{1.1\times2376}{1}\times\sqrt[3]{\dfrac{60\times2860\times5000}{10^6}}$ | 24839 |
| 6407 | $C_j=\dfrac{1.1\times2504}{1}\times\sqrt[3]{\dfrac{60\times2860\times5000}{10^6}}$ | 26169 |

将各试选型号轴承的基本额定动载荷的计算值 $C_j$ 与其径向基本额定动载荷值 $C_r$ 相比较，6207 轴承的 $C_r$ 大于 $C_j$，且两值比较接近，故 6207 轴承适用。虽然 6307 轴承和 6407 轴承的 $C_r$ 大于 $C_j$ 值，但裕度太大，不宜选用。

★题后思考：此题应用在实际设计的何种场合？

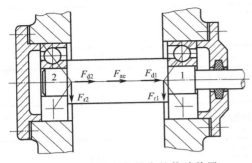

图 14-25　工程机械中的传动装置

例 14-3　一工程机械中的传动装置，根据工作条件决定采用一对角接触球轴承（图 14-24），并暂定轴承型号为 7308AC。已知轴承载荷作用中心作用的径向载荷 $F_{r1}=1000\text{N}$，$F_{r2}=2060\text{N}$，外加作用在轴线上的轴向载荷 $F_{ae}=880\text{N}$，方向如图 14-25 所示。转速 $n=5000\text{r/min}$，运转中受中等冲击，预期使用寿命 $L_h=2500\text{h}$。试校核所选轴承型号是否恰当。

**解：**

① 计算轴承的内部轴向力　由表 14-10 查得 7308AC 型轴承派生轴向力的计算公式为 $F_d=0.68F_r$，故得

$$F_{d1}=0.68F_{r1}=0.68\times1000=680(\text{N})$$
$$F_{d2}=0.68F_{r2}=0.68\times2060=1401(\text{N})$$

分别在图中载荷作用中心画出 $F_{d1}$、$F_{d2}$ 的指向，如图 14-25 所示。

② 计算轴承的轴向载荷　因为 $F_{ae}+F_{d2}=880+140=2281$（N）$>F_{d1}=680(\text{N})$，故：

轴承 1 为"压紧"端，$F_{a1}=F_{ae}+F_{d2}=880+1401=2281(\text{N})$

轴承 2 为"放松"端，$F_{a2}=F_{d2}=1401\text{N}$

③ 计算轴承的径向当量动载荷

a. 轴承 1 的径向当量动载荷 $P_{r1}$

由表 14-9 查得 70000AC 型轴承的 $e=0.68$，因 $F_{a1}/F_{r1}=2281/1000=2.28>e=0.68$，由表 14-9 查得 $X=0.41$，$Y=0.87$，则可得

$$P_{r1}=XF_{r1}+YF_{a1}=0.41\times1000+0.87\times2281=2394(\text{N})$$

b. 轴承 2 的径向当量动载荷 $P_{r2}$

因 $F_{a2}/F_{r2}=1401/2060=0.68=e=0.68$，由表 14-9 查得 $X=1$，$Y=0$，则可得

$$P_{r2}=XF_{r2}+YF_{a2}=1\times2060+0\times1401=2060(\text{N})$$

两轴承型号相同，而且 $P_{r1}>P_{r2}$，故应按 $P_{r1}$ 计算轴承寿命。

④ 校核轴承径向基本额定动载荷　由于运转过程中受中等冲击，由表 14-8 查得，$f_p=1.5$；取 $f_t=1$，$\varepsilon=3$，由式（14-11）求得轴承应具有的径向基本额定动载荷的计算值 $C_j$ 为

$$C_j=\frac{f_pP}{f_t}\sqrt[\varepsilon]{\frac{60nL_h}{10^6}}=\frac{1.5\times2394}{1}\times\sqrt[3]{\frac{60\times5000\times2500L}{10^6}}=32635(\text{N})$$

由轴承手册查得 7308AC 轴承的径向基本额定动载荷 $C_r=35500\text{N}$，大于 $C_j=32635\text{N}$，并且数值接近，故所选用的轴承适用。

★题后思考：

(1) 如果 $C_r<C_j$，说明什么问题？应该如何处理？

(2) 如果 $C_r>C_j$，但数值相差太大，说明什么问题？应该如何处理？

## 14.5 滚动轴承装置的设计

要想保证轴承顺利工作，除了正确选择轴承类型和尺寸外，还应该正确设计轴承装置。轴承装置的设计主要是正确解决轴承的安装、配置、紧固、调节、润滑、密封等问题。下面介绍一些设计中的注意要点，以供参考。

### 14.5.1 支承部分的刚度和同轴度

轴和安装轴承的外壳或轴承座，以及轴承装置中的其他受力零件必须有足够的刚度，因为这些零件的变形都会阻滞滚动体的滚动而使轴承提前损坏。外壳及轴承座孔壁均应有足够的厚度，外壳上轴承座的悬臂应尽可能地缩短，并用加强肋来增强支承部位的刚度。如果外壳是用轻金属合金或非金属制成的，安装轴承处应采用钢或铸铁制的套杯。

对于一根轴上两个支承的座孔，必须尽可能地保持同轴，以免轴承内外圈间产生过大的偏斜。最好的办法是采用整体结构的外壳，并把安装轴承的两个孔一次镗出。在一根轴上装有不同尺寸的轴承时，外壳上的轴承孔仍应一次镗出。这时可利用衬筒来安装尺寸较小的轴承。当两个轴承孔分别在两个外壳上时，则应把两个外壳组合在一起进行镗孔。

### 14.5.2 滚动轴承的固定

一般来说，一根轴需要两个支点，每个支点可由一个或一个以上的轴承组成。合理的轴承固定，应考虑轴在机器中的正确配置、防止轴产生轴向窜动以及轴受热膨胀后不致将轴承卡死等因素。常用的轴承固定方法有以下两种。

**（1）两端固定**

图 14-26（a）所示为轴承在轴上和轴承座中最常见的固定方式之一。对于工作温度不高的短轴，可采用图 14-26（a）所示的轴承固定方式，即轴的两个支承各限制一个方向的移动，两个支承共同限制了轴的双向移动，这种轴承固定方式称为两端固定。考虑到工作时轴总会因受热而膨胀，因此，在端盖与轴承外圈端面之间应留有膨胀补偿间隙 $c$，如图 14-26（b）所示，$c$ 一般为 $0.2 \sim 0.3\text{mm}$。

**（2）一端固定、一端游动**

对于工作温度较高的长轴，因其随温度变化伸长量较大，故应采用图 14-27 所示的轴承固定方式，即一端轴承固定（图 14-27 中左端）并限制轴的双向移动，而另一端轴承为游动支承（轴承可随轴的伸缩在轴承座中沿轴向游动）。这种轴承固定方式称为一端固定、一端游动。

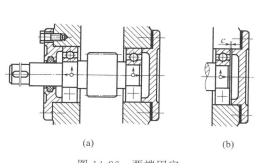

(a)   (b)

图 14-26　两端固定

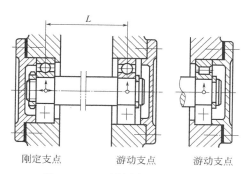

刚定支点  游动支点  游动支点

图 14-27　一端固定、一端游动

### 14.5.3 滚动轴承的轴向紧固

**(1) 滚动轴承内圈轴向紧固**

① 用轴用弹性挡圈嵌在轴的沟槽内　主要用于轴向力不大及转速不高时,如图 14-28 (a) 所示。

② 用螺钉固定的轴端挡圈紧固　可用于在高转速下承受大的轴向力,如图 14-28(b) 所示。

③ 用圆螺母和止动垫圈紧固　主要用于轴承转速高、承受较大的轴向力的情况,如图 14-28(c) 所示。

④ 用紧定衬套、止动垫圈和圆螺母紧固　用于光轴上轴向力和转速都不大的、内圈为圆锥孔的轴承。内圈的另一端,常以轴肩作为定位面。为了便于轴承拆卸,轴肩的高度应低于轴承内圈的厚度。

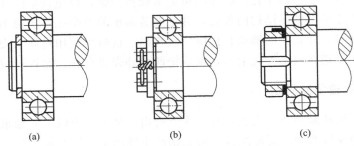

(a)　　　　　　(b)　　　　　　(c)

图 14-28　内圈轴向紧固的常用方法

**(2) 滚动轴承外圈轴向紧固**

① 用嵌入外壳沟槽内的孔用弹性挡圈紧固　用于轴向力不大且需减小轴承装置的尺寸时,如图 14-29(a) 所示。

② 用轴用弹性挡圈嵌入轴承外圈的止动槽内紧固　用于带有止动槽的深沟球轴承,当外壳不便设凸肩或外壳为剖分式结构,如图 14-29(b) 所示。

③ 用轴承盖紧固　用于高转速及轴向力很大时的各类向心、推力和向心推力轴承,如图 14-29(c) 所示。

④ 用螺纹环紧固　用于轴承转速高、轴向载荷大且不适于使用轴承盖紧固情况,如图 14-29(d) 所示。

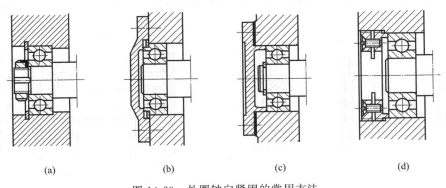

(a)　　　　　(b)　　　　　(c)　　　　　(d)

图 14-29　外圈轴向紧固的常用方法

### 14.5.4　滚动轴承组合的调整

#### （1）轴承游隙的调整

轴承游隙是滚动轴承的一个重要技术参数，它直接影响轴承的载荷分布、振动、噪声、使用寿命和机械的运动精度。径向接触轴承的游隙由制造厂保证，应根据轴承类型、安装和工作条件选用合适的游隙等级；向心角接触轴承的游隙在安装时保证，应考虑轴承游隙的调整。

圆锥滚子轴承或角接触球轴承为正装时，可利用轴承端盖与箱体间的垫片来调整轴承游隙，如图 14-30（a）所示；或用端盖与套杯间的垫片来调整轴承游隙，如图 14-31 所示。另外，也可采用图 14-30（b）所示的调整螺钉和压盖的方法调整轴承游隙。圆锥滚子轴承为反装时，轴承游隙由轴承内圈的锁紧螺母进行调整，如图 14-31 所示。

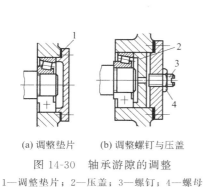

(a) 调整垫片　　(b) 调整螺钉与压盖

图 14-30　轴承游隙的调整

1—调整垫片；2—压盖；3—螺钉；4—螺母

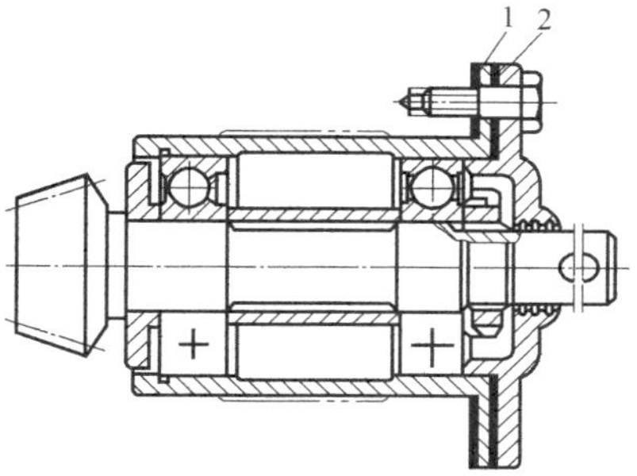

图 14-31　小锥齿轮轴的轴承组合结构

1—套杯；2—垫片

#### （2）轴承组合位置的调整

轴承组合位置调整的目的是使轴上零件在安装时能得到准确的工作位置，这就要求轴承组合位置可以调整。如图 14-32（a）所示的锥齿轮传动，要求两个齿轮的锥顶重合于一点，因此，两个锥齿轮须进行轴向调整（图中箭头所示）。又如图 14-32（b）所示的蜗杆传动，要求蜗轮的中间平面通过蜗杆的轴线，因此，蜗轮要进行轴向调整。图 14-31 所示为小锥齿轮轴的轴承组合结构，轴承装在套杯 1 内，利用垫片 2 调整套杯的轴向位置，即可调整锥齿轮的轴向位置。

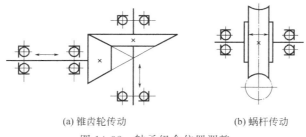

(a) 锥齿轮传动　　　　　　　(b) 蜗杆传动

图 14-32　轴承组合位置调整

### 14.5.5　滚动轴承的预紧

为了提高轴承的旋转精度，增加轴承装置的刚性，减小机器工作时轴的振动，常采用预紧的滚动轴承。例如机床的主轴轴承，常用预紧来提高其旋转精度与轴向刚度。

所谓预紧，就是在安装时用某种方法在轴承中产生并保持一轴向力，以消除轴承中的轴向游隙，并在滚动体和内、外圈接触处产生接触变形。预紧后的轴承受到工作载荷时，其内、外圈的径向及轴向相对位移量要比未预紧的轴承大大地减少。

预紧力可以利用图14-33(a)所示的加金属垫片或图14-33(b)所示的磨窄套圈等方法获得。常用的预紧装置有：

① 夹紧一对圆锥滚子轴承的外圈而预紧，如图14-34(a)所示。

② 用弹簧预紧，可以得到稳定的预紧力，如图14-34(b)所示。

③ 在一对轴承中间装入长度不等的套筒而预紧。如图14-34(c)所示，预紧力可由两套筒的长度差控制，这种装置刚度较大。

④ 夹紧一对磨窄了的外圈而预紧。如图14-34(d)所示，反装时可磨窄内圈并夹紧。这种特制的成对安装的角接触球轴承，可由生产厂选配组合成套提供。在滚动轴承样本中，可以查到不同型号的成对安装的角接触球轴承的预紧载荷值及相应的内圈或外圈的磨窄量。

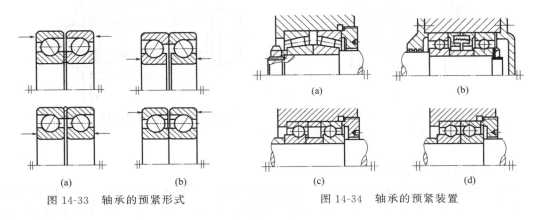

图14-33　轴承的预紧形式　　　　　　图14-34　轴承的预紧装置

### 14.5.6　滚动轴承的配合

滚动轴承的配合是指内圈与轴颈、外圈与轴承座孔的配合。这些配合的松紧将直接影响轴承游隙的大小。轴颈与内圈的配合太松，工作时可能出现相对运动，这是不允许的。因此，设计时应合理选择轴承的配合。概括起来说，转动圈（通常轴承工作时，内圈随轴一起转动，此时内圈为转动圈）的转速越高，载荷越大，工作温度越高，越应采用紧些的配合；游动圈（如图14-27所示，游动支承的外圈工作时可沿轴向游动，称为游动圈）、非转动圈或须经常拆卸的轴承套圈，则要采用松些的配合。

滚动轴承是标准件，选择配合时就把它作为基准件。因此，轴承内圈与轴的配合采用基孔制，轴承外圈与孔的配合则采用基轴制。

一般情况下，内圈随轴一起转动，可取紧一些的配合，轴颈公差带代号可取n6、m6、k6、js6等；而外圈与座孔常取较松的配合，座孔的公差带代号为K7、J7、H7或G7等。

### 14.5.7　滚动轴承的润滑和密封

润滑和密封，对滚动轴承的使用寿命有很大影响。润滑的主要目的是减小摩擦与磨损。

滚动接触部位形成油膜时，还有吸收振动、降低工作温度等作用。密封的作用是防止灰尘、水分等进入轴承，并阻止润滑剂的流失。

**（1）滚动轴承的润滑**

常用的滚动轴承润滑剂为润滑油和润滑脂两种，具体选用可按 $dn$ 值来定。其中，$d$ 代表轴承内径，单位 mm；$n$ 代表轴承转速，单位 r/min。$dn$ 值间接地反映轴颈的圆周速度。当 $dn<(1.5\sim2)\times10^5$ mm·r/min 时，一般采用润滑脂润滑，超过这一范围宜采用润滑油润滑。

润滑脂因不易流失，故便于密封和维护，且一次充填润滑脂可运转较长时间。滚动轴承中润滑脂的加入量一般应是轴承空隙体积的 1/3～1/2，装脂过多会引起轴承内部摩擦增大，工作温度升高，影响轴承的正常工作。

润滑油的优点是摩擦阻力小，散热效果好，主要用于速度较高或工作温度较高的轴承。有时轴承速度和工作温度虽然不高，但在轴承附近具有润滑油源时（如减速器内润滑齿轮的润滑油），也可采用润滑油润滑。

图 14-35 所示为根据轴承的工作参数来选择润滑油所用的线图。在实际选择润滑油时，可根据轴承的工作温度 $t$（单位℃）、$dn$（单位 mm·r/min）值及当量动载荷 $P$（单位 N）三个工作状态参数来选择合适的润滑油黏度。

若采用浸油润滑方式，则油面高度不应超过最低滚动体的中心，以免产生过大的搅油损失和发热。高速轴承通常采用滴油或油雾方式润滑。

**（2）滚动轴承的密封**

滚动轴承密封方法的选择与润滑剂的种类、工作环境、温度、密封表面的圆周速度有关。常用密封方法可分为接触式密封、非接触式密封和组合密封三大类。它们的密封形式、适用范围和性能见表 14-13。

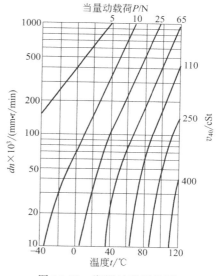

图 14-35　润滑油选用线图

表 14-13　常用密封方法

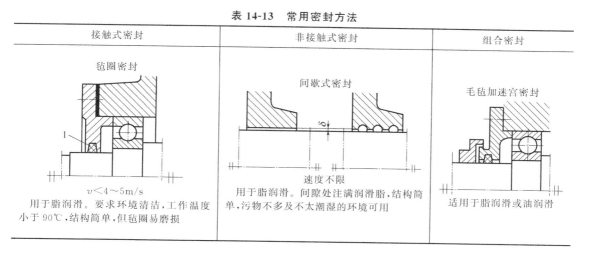

续表

| 接触式密封 | 非接触式密封 | 组合密封 |
|---|---|---|
| 橡胶密封 | 迷宫式密封 | 毛毡加迷宫密封 |
| 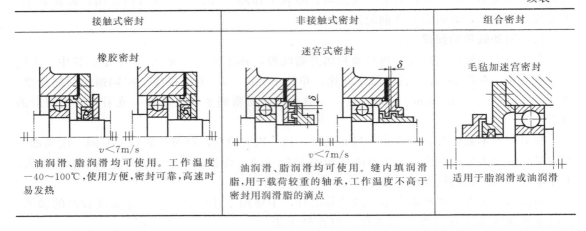 | | |
| $v<7\text{m/s}$ | $v<7\text{m/s}$ | |
| 油润滑、脂润滑均可使用。工作温度 $-40\sim100℃$，使用方便，密封可靠，高速时易发热 | 油润滑、脂润滑均可使用。缝内填润滑脂，用于载荷较重的轴承，工作温度不高于密封用润滑脂的滴点 | 适用于脂润滑或油润滑 |

### 14.5.8 滚动轴承的装拆

设计轴承组合时，应考虑便于轴承装拆，以便在装拆过程中不损坏轴承和其他零件。如图 14-36 所示，若轴肩高度大于轴承内圈外径时，就难以放置拆卸工具的钩爪。外圈拆卸也是如此，应留出拆卸高度 $h$，如图 14-37(a) 和图 14-37(b) 所示；或在壳体上制出能放置拆卸螺钉的螺孔，如图 14-37(c) 所示。

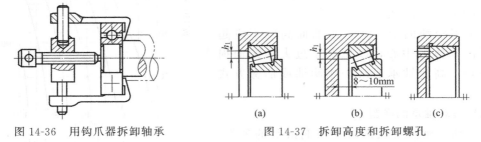

图 14-36  用钩爪器拆卸轴承     图 14-37  拆卸高度和拆卸螺孔

# 思　考　题

14-1　滑动轴承有哪几种结构？各有什么特点？

14-2　滑动轴承的摩擦状态有几种？各有何特点？

14-3　滑动轴承的主要特点是什么？常用于什么场合？

14-4　与滑动轴承比较，滚动轴承有哪些优缺点？

14-5　在机械设备中为何广泛采用滚动轴承？

14-6　试说明轴承代号 32130B、N207E 和 7210AC 的含义。

14-7　选择滚动轴承的类型时，主要考虑哪些因素？

14-8　角接触球轴承为什么要成对使用、反向安装？

14-9　为什么角接触球轴承会产生内部轴向力？

14-10　滚动轴承的主要失效形式有哪几种？计算准则是什么？

14-11　试述滚动轴承的寿命、基本额定寿命、额定载荷及当量动载荷的含义。在寿命期限内，轴承是否可能出现点蚀？

14-12 以径向接触轴承为例，说明轴承内、外圈为何采用松紧不同的配合。

14-13 滚动轴承润滑和密封的意义何在？在什么条件下选用脂润滑？

14-14 为什么轴承采用脂润滑时，润滑脂不能充满整个轴承空间？为什么采用浸油润滑时，油面不能超过最低滚动体的中心？

14-15 密封分为哪三大类？请说出三种密封装置的名称、特点及应用场合。

14-16 图示的简支梁与悬臂梁用圆锥滚子轴承支承，试分析正装和反装对轴系的刚度有何影响。

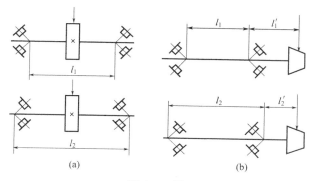

题 14-16 图

# 第15章

## 联轴器和离合器

联轴器和离合器是机械传动中常用的部件，其主要用来连接轴与轴或连接轴与其他回转零件，以传递运动与转矩的装置；有时也可用作安全装置。根据工作特性，联轴器和离合器分为以下几种。

① 联轴器 联轴器用来把两轴连接在一起，机器运转时两轴不能分离；只有在机器停车并将连接拆开后，两轴才能分离。

② 离合器 离合器是在机器运转过程中，可使两轴随时接合或分离的一种装置。它可用来操纵机器传动系统的断续，以实现变速及换向等。

③ 安全联轴器及安全离合器 在机器工作时，如果转矩超过规定值，这种联轴器及离合器可自行断开或打滑，以保证机器中的主要零件不致因过载而损坏。

④ 特殊功用的联轴器及离合器 用于某些有特殊要求处，例如在一定的回转方向或达到一定的转速时，联轴器或离合器即可自动接合或分离等。

由于机器的工况各不相同，对联轴器和离合器的要求也各不相同，如传递转矩的大小、转速的高低、扭转刚度的变化情况、体积的大小、缓冲吸振能力等。为了适应这些不同的要求，联轴器和离合器有很多类型。同时新型联轴器和离合器还在不断涌现，设计人员可以结合具体需要自行设计联轴器和离合器。

由于联轴器和离合器的类型繁多，本章仅介绍几种典型的联轴器和离合器，以便为选用和设计提供必要的基础。

## 15.1 联轴器的种类和特性

联轴器一般由两个半联轴器及连接件组成。半联轴器与主动轴、从动轴常采用键、花键等连接。联轴器连接的两轴一般属于两个不同的机器或部件，由于制造、安装误差或工作时零件的变形等原因，一般无法保证被连接的两轴精确同心，往往存在着某种程度的相对位移与偏斜，如两轴间的轴向位移 $x$，如图 15-1（a）所示；径向位移 $y$，如图 15-1（b）所示；角位移 $\alpha$，如图 15-1（c）所示；这些位移组合的综合位移，如图 15-1（d）所示。如果联轴器不具有补偿这些相对位移的能力，就会产生附加动载荷，甚至引起强烈振动。因此，设计联轴器时要从结构上采取各种措施，使联轴器具有补偿各种偏移量的功能。

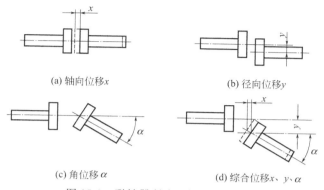

(a) 轴向位移 $x$　　　　　　　(b) 径向位移 $y$

(c) 角位移 $\alpha$　　　　　　　(d) 综合位移 $x$、$y$、$\alpha$

图 15-1　联轴器所连两轴的相对位移

根据联轴器补偿位移的能力，联轴器可分为刚性联轴器和挠性联轴器两大类。刚性联轴器由刚性传力件组成，不能补偿两轴的相对位移。刚性联轴器有凸缘联轴器、套筒联轴器和夹壳联轴器。挠性联轴器分为无弹性元件挠性联轴器和弹性联轴器；而弹性联轴器又有金属弹性元件挠性联轴器和非金属弹性元件挠性联轴器之分。

无弹性元件挠性联轴器能补偿两轴间的相对位移，如滑块联轴器、齿轮联轴器、滚子链联轴器、万向联轴器等。而弹性联轴器除了能补偿两轴间的相对位移外，还具有吸收振动和缓和冲击的能力。

金属弹性元件挠性联轴器有蛇形弹簧联轴器、簧片联轴器、膜片联轴器等，现广泛应用于大功率和高转速传动（如泵、风机、压气机、燃气轮机等）、具有冲击和负载变化剧烈的传动（如破碎机械）、有高精度要求或在高温环境下的传动（如数控机床、印刷、包装、纺织、造纸机械等）。

与金属弹性元件相比，非金属弹性元件具有弹性模量范围大、质量轻、内摩擦大、阻尼性能好、无机械摩擦和无须润滑等优点，但承载能力低、耐高温性能过差、易老化变质、使用寿命短和动力性能较难控制。非金属弹性元件联轴器有弹性套柱销联轴器、弹性柱销联轴器、梅花形弹性联轴器、轮胎式联轴器等，目前主要用于对减振缓冲有要求的传动中。

### 15.1.1　刚性联轴器

刚性联轴器由刚性零件组成，无缓冲减振能力，适用于无冲击、被连接的两轴中心线对中要求较高的场合。这类联轴器有凸缘式、套筒式和夹壳式等结构形式。

**（1）凸缘联轴器**

凸缘联轴器是应用最广泛的固定式刚性联轴器，如图 15-2 所示。它用螺栓将两个半联轴器的凸缘连接起来，以实现两轴连接。联轴器中的螺栓可以用普通螺栓，也可以用铰制孔用螺栓。这种联轴器有 GY 型凸缘联轴器、GYS 型凸缘联轴器和 GYH 型凸缘联轴器三种主要的结构形式，如图 15-2（a）～（c）所示。为安全起见，凸缘联轴器的外圈还应加上防护罩或将凸缘制成轮缘形式。制造凸缘联轴器时，应准确保持半联轴器的凸缘端面与孔的轴线垂直，安装时应使两轴精确同心。

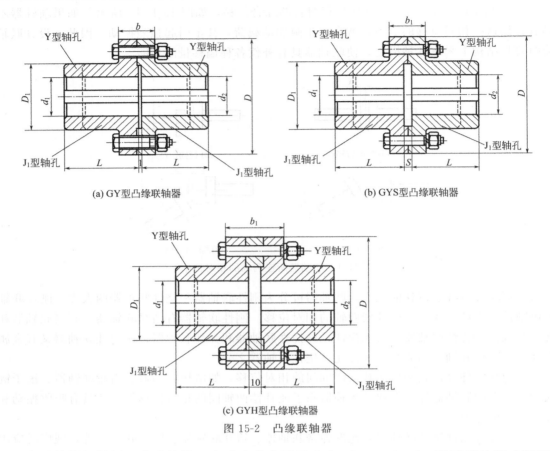

(a) GY型凸缘联轴器

(b) GYS型凸缘联轴器

(c) GYH型凸缘联轴器

图 15-2　凸缘联轴器

半联轴器的材料通常为铸铁，当受重载或圆周速度 $v \geqslant 30\text{m/s}$ 时，可采用铸钢或锻钢。凸缘联轴器的结构简单、工作可靠、刚性好、使用和维护方便、可传递的转矩较大，但它对两轴的对中性要求较高、不能缓冲减振。它主要用于两轴对中精度良好、载荷平稳、转速不高的传动场合。

**（2）套筒联轴器**

如图 15-3 所示，套筒联轴器是一个圆柱形套筒。它与轴用圆锥销或键连接以传递转矩。当用圆锥销连接时，传递的转矩较小；当用键连接时，传递的转矩较大。套筒式联轴器的结构简单、制造容易、径向尺寸小，但两轴线要求严格对中，装拆时需作轴向移动，适用于工作平稳，经常正反转，且要求两轴对中好且无冲击载荷的低速轻载的场合。

**（3）夹壳联轴器**

夹壳联轴器由两个半圆筒形的夹壳及连接它们的螺栓所组成。如图 15-4 所示，将套筒做成剖分式夹壳结构，通过拧紧螺栓产生的预紧力使两夹壳与轴连接，并依靠键以及夹壳与轴表面之间的摩擦力来传递转矩。其特点是无须沿轴向移动即可方便装拆，但不能连接不同直径的两轴，外形复杂且不易平衡，高速旋转时会产生离心力。其主要用于低速、工作平稳的场合。

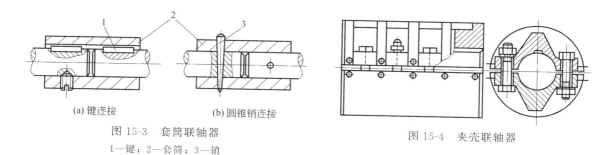

(a) 键连接　　　　　　　(b) 圆锥销连接

图 15-3　套筒联轴器

1—键；2—套筒；3—销

图 15-4　夹壳联轴器

## 15.1.2　挠性联轴器

### (1) 无弹性元件挠性联轴器

无弹性元件联轴器是利用联轴器中元件间的相对滑动来补偿两轴间的相对偏移的。此类联轴器承载能力较大，但缺乏缓冲吸振的能力，不宜用于有冲击振动的场合。这类联轴器补偿两轴间的相对偏移时，其元件间有相对滑动。为减轻摩擦和磨损，提高传动效率，其工作表面的硬度要求较高且要有良好的润滑。常用的有以下几种。

① 齿轮联轴器　齿轮联轴器如图 15-5 所示，是一种无弹性元件挠性联轴器，在允许综合位移的联轴器中，齿轮联轴器是最有代表性的一种。它由齿数相同的内齿圈和带外齿圈的凸缘半联轴器及连接螺栓组成。两个带外齿圈的半联轴器分别与两轴相连，内外齿圈上的轮齿相互啮合，在外壳内贮有润滑油，以便润滑啮合轮齿。外齿分为直齿和鼓形齿两种齿形。鼓形齿将外齿制成球面，球面中心在齿轮轴线上，齿侧间隙较一般齿轮大。鼓形齿联轴器可允许较大的角位移，可改善齿的接触条件，提高传递转矩的能力，延长使用寿命。

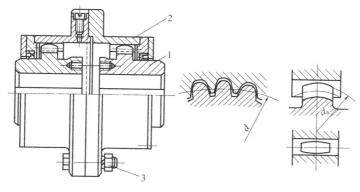

图 15-5　齿轮联轴器

1—内齿圈；2—外齿圈；3—螺栓

齿轮联轴器中，所用齿轮的齿廓曲线为渐开线，啮合角为 20°，齿数一般为 30~80，材料一般用 45 钢或 ZG310-570。

齿轮联轴器与尺寸相近的其他联轴器相比，承载能力较大，不具备缓冲减振能力，齿轮啮合处需润滑，结构较复杂，造价高，适用于重载、低速场合，但不适用于立轴传动。

② 十字滑块联轴器　十字滑块联轴器由两个端面上开有凹槽的半联轴器和一个两面带有相互垂直凸牙的中间盘组成，如图 15-6 所示。两个半联轴器分别固定在主动轴和从动轴

上，中间盘两面的凸牙位于相互垂直的两个直径方向上，并在安装时分别嵌入凹槽中，将两轴连为一体。因凸牙可在凹槽中滑动，故能补偿一定的径向和角位移。在轴产生径向位移且转速较高时，滑块会产生很大的离心力和磨损。

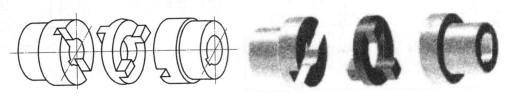

图 15-6 十字滑块联轴器

这种联轴器零件的材料可用 45 钢，工作表面需进行热处理，以提高其硬度；要求较低时也可用 Q275 钢，不需进行热处理。为了减少摩擦及磨损，使用时应从中间盘的油孔中注油进行润滑。

这种联轴器径向尺寸较小、结构简单，用于转速较低（一般转速 $n < 250 \text{r/min}$）、轴的刚性较大、无剧烈冲击的场合。其效率为：

$$\eta = (3 \sim 5) \frac{fy}{d}$$

式中　$f$——摩擦系数，一般取 0.12～0.25；

$y$——两轴间径向位移量，mm；

$d$——轴径，mm。

因为半联轴器与中间盘组成移动副，无法发生相对转动，故主动轴与从动轴的角速度应相等。但在两轴间有相对位移的情况下工作时，中间盘会产生很大的离心力，从而增大动载荷及磨损。因此选用时应注意其工作转速不得大于规定值。

③ 滑块联轴器　滑块联轴器与十字滑块联轴器相似，只是两边半联轴器上的沟槽很宽，并把原来的中间盘改为两边不带凸牙的方形滑块，且通常用夹布胶木制成，如图 15-7 所示。由于中间滑块的质量减小，又有弹性，故具有较高的极限转速。中间滑块也可以用尼龙制成，并在装配时加入少量的石墨或二硫化钼，以便在使用时可以自行润滑。

这种联轴器结构简单、尺寸紧凑，适用于小功率、中等转速且无剧烈冲击的场合。

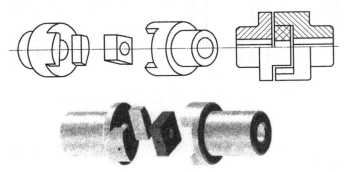

图 15-7 滑块联轴器

④ 万向联轴器　如图 15-8 所示，万向联轴器由两个叉形接头 1、3，以及一个中间连接件 2 和十字销 4（包括销套及铆钉）、5 所组成；十字销 4 与 5 互相垂直配置并分别把两个叉形接头与中间连接件 2 用铰链连接，从而形成一个可动的连接。这种联轴器允许两轴间有较

大的夹角，而且在运转过程中，夹角 $\alpha$ 发生变化时仍可正常工作；但当夹角 $\alpha$ 过大时，转动效率会明显降低，夹角 $\alpha$ 最大可达 $35°\sim45°$。

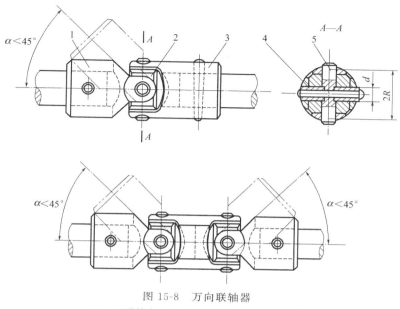

图 15-8 万向联轴器

1,3—叉形接头；2—中间连接件；4,5—十字销

若用单个万向联轴器连接轴线相交的两轴，当主动轴以等角速度 $\omega_1$ 回转时，从动轴的角速度 $\omega_2$ 并不是常数，而是在一定的范围内（$\omega_1\cos\alpha\leqslant\omega_2\leqslant\dfrac{\omega_1}{\cos\alpha}$）变化，因而在传动过程中将产生附加的动载荷。为了改善这种状况，常将万向联轴器成对使用，组成双万向联轴器，如图 15-9 所示。但安装时应保证主、从动轴与中间轴间的夹角相等，且中间轴两端叉形接头应在同一平面内。这样便可使主、从动轴的角速度相等。

万向联轴器各元件的材料，除铆钉用 20 钢外，其余多用合金钢，以获得较高的耐磨性及较小的尺寸。

万向联轴器的结构紧凑，维修方便，能补偿较大的位移，因而在汽车、拖拉机和金属切削机床中获得广泛应用。

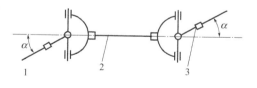
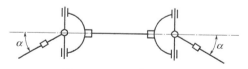

图 15-9 双万向联轴器

1—主动轴；2—中间轴；3—从动轴

⑤ 滚子链联轴器　如图 15-10 所示，滚子链联轴器利用一条公用的双排链条 2 同时与两个齿数相同的并列链轮啮合来实现两个半联轴器 1 与 3 的连接。为了改善润滑条件并防止污染，一般将联轴器密封在罩壳 4 内。

滚子链联轴器对两轴线的偏移具有一定的补偿能力，且具有结构简单、装拆方便、尺寸紧凑、质量轻、对安装精度要求不高、工作可靠、寿命较长、成本较低等优点，可用于纺织、农机、起重运输、矿山、轻工、化工等机械的轴系传动中。因链条的套筒与其相配件间

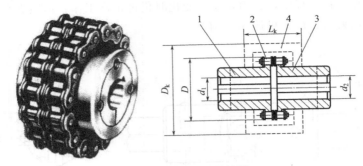

图 15-10　滚子链联轴器

1,3—半联轴器；2—双排链条；4—罩壳

存在间隙，不适宜用于逆向传动、启动频繁或立轴传动。滚子链联轴器适用于高温、潮湿和多尘等工况环境，但由于受离心力影响，不适用于高速传动、有剧烈冲击载荷和传递轴向力的场合。

**（2）弹性联轴器**

这类联轴器装有弹性元件，不仅可以补偿两轴间的相对位移，而且具有缓冲、减振的能力。弹性元件所能储蓄的能量越多，联轴器的缓冲能力越强；弹性元件的弹性滞后与弹性变形时零件间的摩擦功越大，联轴器的减振能力越好。这类联轴器目前应用很广，品种也较多。

制造弹性元件的材料有金属和非金属两种。金属材料制成的弹性元件（主要为各种弹簧）具有强度高、尺寸小而寿命较长等特点。非金属材料有橡胶、塑料等，其特点为质量小、价格便宜、有良好的弹性滞后性能，因而减振能力强。

联轴器在受到工作转矩 $T$ 以后，被连接两轴将因弹性元件的变形而产生相应的扭转角 $\phi$。工作转矩 $T$ 与扭转角 $\phi$ 成正比关系的弹性元件为定刚度，不成正比关系的为变刚度。非金属材料的弹性元件都是变刚度的；金属材料的弹性元件，根据其结构不同可有变刚度的与定刚度的两种。常用非金属材料的刚度多随载荷的增大而增大，故缓冲性好，特别适用于工作载荷有较大变化的机器。

① 弹性套柱销联轴器　如图 15-11 所示，这种联轴器的构造与凸缘联轴器相似，不同的是用套有弹性套的柱销代替了连接螺栓。

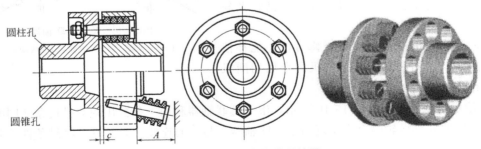

图 15-11　弹性套柱销联轴器

因为通过蛹状的弹性套传递转矩，可缓冲减振。弹性套的材料常用耐油橡胶，并做成截面形状如图中网纹部分所示，以提高其弹性。半联轴器的材料常用 HT200，有时也采用 35

钢或 ZG270-500；柱销材料多用 35 钢。这种联轴器可按 GB/T 4323—2017 选用，必要时应验算联轴器的承载能力。

为了更换橡胶套时简便而又不必拆移机器，设计中应注意留出安装空间 $A$；为了补偿轴向位移，安装时应注意留出相应大小的间隙 $c$。

弹性套柱销联轴器制造容易、装拆方便、成本较低，但弹性套易磨损、寿命较短。它适用于连接载荷平稳、需正反转或启动频繁的传递中小转矩的轴。

② 弹性柱销联轴器 如图 15-12 所示，这种联轴器用若干个弹性柱销将两个半联轴器连接而成。为了防止柱销的滑出，在半联轴器的外侧，用螺钉固定挡板，装配挡板时应注意留出间隙。

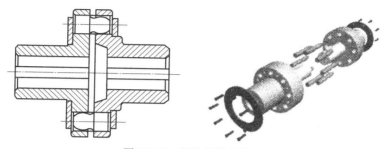

图 15-12　弹性柱销联轴器

弹性柱销一般用尼龙制造。为了增加补偿量，常将柱销的一端制成鼓形。由于尼龙柱销对温度比较敏感，故使用温度限制在 $-20 \sim 70℃$ 的范围内。

弹性柱销联轴器与弹性套柱销联轴器很相似，但传递转矩的能力更强，结构更为简单，两半联轴器可以互换，加工容易，安装、制造、维修方便，耐久性好，弹性柱销有一定的缓冲和吸振能力，允许被连接两轴有一定的轴向位移以及少量的径向位移和角位移。尼龙柱销的弹性虽不如橡胶，但强度高、耐磨性好。当两轴相对位移不大时，这种联轴器的性能比弹性套柱销联轴器还要好，特别是寿命长，结构尺寸紧凑，适用于轴向窜动较大、冲击不大、经常正反转的中低速以及较大转矩的传动轴系中。

③ 梅花形弹性联轴器 如图 15-13 所示，梅花形弹性联轴器的半联轴器与轴的配合孔可做成圆柱形或圆锥形。装配联轴器时，将梅花形弹性件的花瓣部分夹紧在两半联轴器端面凸齿交错插进所形成的齿侧空间，以便在联轴器工作时起到缓冲、减振的作用。弹性元件可根据使用要求选用不同硬度的聚氨酯橡胶、铸型尼龙等材料制造。

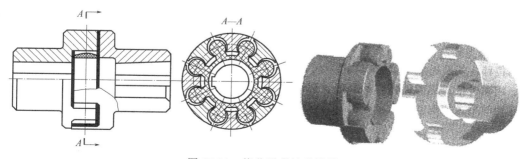

图 15-13　梅花形弹性联轴器

梅花形弹性联轴器适用于连接两同轴线的传动轴系，具有一定补偿两轴间相对偏移和一般减振的性能，径向尺寸小，结构简单，不用润滑，维护方便。其工作范围为 $-35\sim80℃$，短时工作温度可达 $100℃$，传递的公称转矩范围为 $16\sim25000N\cdot m$。

④ 轮胎式联轴器 如图 15-14 所示，这种联轴器是用橡胶或橡胶织物制成轮胎状的弹性元件，用螺栓与两半联轴器连接而成。轮胎环中的橡胶织物元件与低碳钢制成的骨架硫化黏结在一起，骨架上焊有螺母，装配时用螺栓与两半联轴器的凸缘连接，依靠拧紧螺栓，在轮胎环与凸缘端面之间产生的摩擦力来传递转矩。

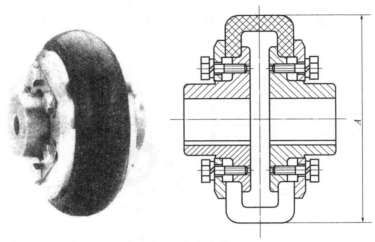

图 15-14　轮胎式联轴器

轮胎式联轴器的优点是弹性强、补偿位移能力大，有良好的阻尼和减振能力，绝缘性能好，运转时无噪声，而且结构简单、不需要润滑，装拆和维护方便。其缺点是承载能力较小，外形尺寸 $A$ 较大，当转矩较大时会因过大的扭转变形而产生附加轴向载荷。

轮胎式联轴器适用于起动频繁、经常正反向运转、有冲击振动、两轴间有较大的相对位移量以及潮湿多尘之处。它的径向尺寸较大，但轴向尺寸较窄，有利于缩短串接机组的总长度。它的最大转速可达 $5000r/min$。

⑤ 膜片联轴器 如图 15-15 所示，膜片联轴器的弹性元件为一定数量的很薄的多边环形或圆环形金属膜片叠合而成的膜片组，膜片上有沿圆周均布的若干个螺栓孔，用铰制孔与螺栓交错间隔与两边的半联轴器相连接。这样就将弹性元件上的弧段分为交错受压缩和受拉伸的两部分，拉伸部分传递转矩，压缩部分趋向皱褶。当所连接的两轴存在轴向、径向和角

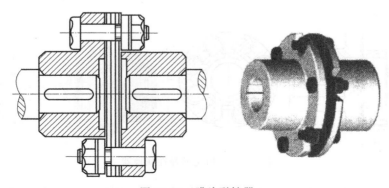

图 15-15　膜片联轴器

位移时，金属膜片便产生波状变形。

膜片联轴器具有结构比较简单，弹性元件的连接没有间隙，不需润滑，维护方便，平衡容易，质量小，对环境适应性强，发展前途广阔等优点，但扭转弹性较低，缓冲减振性能差，主要用于载荷比较平稳的高速传动。

上述联轴器中，除膜片联轴器外，其余四种均为非金属弹性元件的挠性联轴器。金属弹性元件的挠性联轴器除膜片联轴器外，还有定刚度的圆柱弹簧联轴器（图 15-16）、变刚度的蛇形弹簧联轴器（图 15-17）及径向弹簧片联轴器（图 15-18）等多种形式。

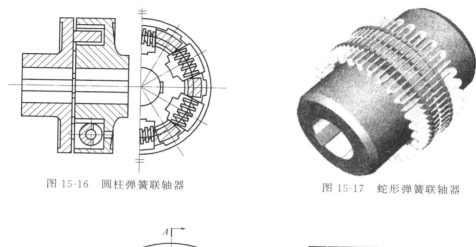

图 15-16　圆柱弹簧联轴器　　　　　　图 15-17　蛇形弹簧联轴器

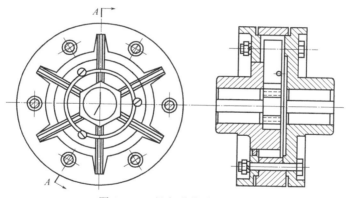

图 15-18　径向弹簧片联轴器

## 15.2　联轴器的选择

绝大多数联轴器均已标准化或规格化（见有关手册）。一般机械设计者的任务主要是选用。下面介绍选用联轴器的基本步骤。

### 15.2.1　选择联轴器的类型

选择一种合适的联轴器类型，一般可先依据机器的工作条件，综合考虑两轴间的相对偏移、联轴器的载荷特性、工作转速等方面选定合适的类型，然后按照计算转矩、轴的转速和轴端直径从标准中选择所需的型号和尺寸。必要时还应对其中的某些零件进行验算。

根据传递转矩的大小、轴转速的高低、被连接两部件的安装精度，参考各类型联轴器的特性，选择合适的联轴器。具体如下：

① 传递的转矩大小和性质以及缓冲减振功能的要求　对大功率的重载传动，可选用齿式联轴器；对有冲击载荷或要求消除轴系扭转振动的传动，可选用轮胎式联轴器等具有高弹性的联轴器。

② 联轴器的工作转速高低和引起的离心力大小　对于高速传动轴，应选用平衡精度高的联轴器，例如膜片联轴器等，而不宜选用存在偏心的滑块联轴器等。

③ 两轴相对位移的大小和方向　在安装调整过程中，难以保持两轴严格精确对中，或工作过程中两轴将产生较大的附加相对位移时，应选用挠性联轴器。例如当径向位移较大时，可选滑块联轴器；角位移较大或相交两轴的连接可选用万向联轴器等。

④ 联轴器的可靠性和工作环境　通常由金属元件制成的不需润滑的联轴器比较可靠；需要润滑的联轴器，其性能易受润滑程度的影响，且可能污染环境。含有橡胶等非金属元件的联轴器对温度、腐蚀性介质及强光等比较敏感，而且容易老化。

⑤ 联轴器的制造、安装、维护和成本　在满足使用性能的前提下，应选用装拆方便、维护简单、成本低的联轴器。例如刚性联轴器不但结构简单，而且装拆方便，可用于低速、刚性大的传动轴。一般的弹性套柱销联轴器、弹性柱销联轴器、梅花形弹性联轴器等非金属弹性元件联轴器，由于具有良好的综合性能，广泛适用于一般的中小功率传动。

### 15.2.2　计算联轴器的计算转矩

由于机器启动时的动载荷和运转中可能出现的过载现象，所以应当按轴上的最大转矩作为该联轴器的计算转矩 $T_{ca}$，并按下式计算：

$$T_{ca} = K_A T \qquad (15\text{-}1)$$

式中　$T$——公称转矩，N·m；

　　　　$K_A$——工作情况系数，其数值见表 15-1。

表 15-1　工作情况系数 $K_A$

| 工作机 | 原动机 | | | |
|---|---|---|---|---|
| | 电动机、汽轮机 | 四缸及四缸以上内燃机 | 双缸内燃机 | 单缸内燃机 |
| 转矩变化很小的机械,如发动机、小型通风机、小型离心泵 | 1.3 | 1.5 | 1.8 | 1.5 |
| 转矩变化较小的机械,如透平压缩机、木工机械、运输机 | 1.5 | 1.7 | 2.0 | 1.7 |
| 转矩变化中等的机械,如搅拌机、增压机、有飞轮的压缩机 | 1.7 | 1.9 | 2.2 | 1.9 |
| 转矩变化和冲击载荷中等的机械,如织布机、水泥搅拌机、拖拉机 | 1.9 | 2.1 | 2.4 | 2.1 |
| 转矩变化和冲击载荷较大的机械,如挖掘机、碎石机、造纸机械 | 2.3 | 2.5 | 2.8 | 2.5 |
| 转矩变化和冲击载荷大的机械,如压延机、起重机、重型轧机 | 3.1 | 3.3 | 3.6 | 3.3 |

### 15.2.3　确定联轴器的型号

根据计算转矩 $T_{ca}$ 及所选的联轴器类型，按照 $T_{ca} \leqslant [T]$ 的条件，由联轴器标准选定该联轴器型号。其中，$[T]$ 为该型号联轴器的许用转矩，单位为 N·m。

同时，还要对被连接轴的转速 $n$ 进行校核，要求被连接轴的转速 $n$ 不应超过所选联轴器允许的最高转速 $n_{max}$，即

$$n \leqslant n_{max}$$

初步选定联轴器后，其孔径 $d$、轴孔长 $L$ 应符合主、从动端轴径的要求，否则应根据轴径 $d$ 调整联轴器的规格。当转矩、转速相同，主、从动轴轴径不同时，可按大轴径选择联轴器型号。

### 15.2.4　规定部件相应的安装精度

根据所选联轴器允许轴的相对位移偏差，规定部件相应的安装精度。通常标准中只给出单项位移偏差的允许值。如果有多项位移偏差存在，则必须根据联轴器的尺寸大小计算出相互影响的关系，以此作为规定部件安装精度的依据。

### 15.2.5　进行必要的校核

如有必要，应对联轴器的主要承载零件进行强度校核。使用含非金属弹性元件的联轴器时，还应注意联轴器所在部位的工作温度不要超过该弹性元件材料允许的最高温度。

### 15.2.6　计算实例

某电动机与一小型离心泵之间用联轴器连接，功率 $P = 4kW$，转速 $n = 960r/min$，轴伸直径 $d = 32mm$，试确定该联轴器的型号。

**解：**

① 选择联轴器的类型　因为轴的转速较高，启动频繁，载荷有变化，宜选用缓冲性较好，同时具有可移动性的弹性套柱销联轴器。

② 计算联轴器的计算转矩　公称转矩 $T$ 为

$$T = 9550P/n = 9550 \times 4/960 = 39.79 (\text{N·m})$$

由表 15-1 查得 $K_A = 1.3$，故由式（15-1）得计算转矩 $T_{ca}$ 为

$$T_{ca} = K_A T = 1.3 \times 39.79 = 51.73 (\text{N·m})$$

③ 确定联轴器的型号　从 GB/T 4323—2017《弹性套柱销联轴器》中查得 LT4 型弹性套柱销联轴器的公称转矩 $T_n = 63\text{N·m}$，钢制的许用转速 $[n] = 5700r/min$，轴径在 $20 \sim 28mm$；而 LT5 型弹性套柱销联轴器的公称转矩 $T_n = 125\text{N·m}$，钢制的许用转速 $[n] = 4600r/min$，轴径在 $25 \sim 35mm$。故选用 LT5 型弹性套柱销联轴器。

其余计算略。

## 15.3　离合器

离合器在机器运转中可将传动系统随时分离或接合。对离合器的基本要求有：

① 接合平稳，分离迅速而彻底；

② 调节和修理方便;

③ 结构简单,外廓尺寸小;

④ 质量小,转动惯性小;

⑤ 耐磨性好,有足够的散热能力;

⑥ 操纵方便省力。

离合器已成为自动化机械中的重要组成部分。其操纵方式除机械式外,还有电磁式、液压式、气动式。离合器主要分为啮合式和摩擦式两类。另外,还有电磁离合器和自动离合器。电磁离合器在自动化机械中作为控制转动的元件而被广泛应用。自动离合器能够在特定的工作条件下自动接合或分离。

### 15.3.1 牙嵌离合器

如图 15-19 所示,牙嵌离合器由两个端面带牙的半离合器组成,其中半离合器 1 紧配在轴上,而另一半离合器 2 可以沿导向平键 3 在另一根轴上移动。利用操纵杆移动滑环 4 可使两个半离合器接合或分离。为避免滑环的过量磨损,可动的半离合器应装在从动轴上。为便于两轴对中,在半离合器 1 中固装有对中环 5,从动轴端则可在对中环中自由转动。

牙嵌离合器常用的牙形如图 15-20 所示。如图 15-20(a) 和图 15-20(b) 所示,三角形牙用于传递小转矩的低速离合器;如图 15-20(c) 所示,梯形牙的强度高,能传递较大的转矩,能自动补偿牙的磨损与间隙,从而减少冲击,故应用较广;如图 15-20(d) 所示,锯齿形牙

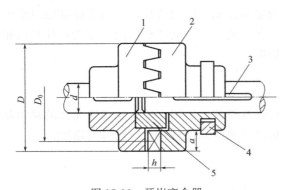

图 15-19　牙嵌离合器

1,2—半离合器;3—导向平键;4—滑环;5—对中环

的强度高,只能传递单向转矩,用于特定的工作条件处;如图 15-20(e) 所示,矩形牙无轴向分力,不便于接合与分离,磨损后无法补偿,故使用较少;如图 15-20(f) 所示的牙形主要用于安全离合器;如图 15-20(g) 所示为牙形的纵截面。牙数一般取为 3~60。

牙嵌离合器的承载能力主要取决于牙根处的弯曲强度。对于操作频繁的离合器,尚需验算牙面的压强,由此控制磨损。即

$$\sigma_b = \frac{hK_A T}{zWD_0} \leqslant [\sigma_b] \tag{15-2}$$

$$p = \frac{2K_A T}{zD_0 ah} \leqslant [p] \tag{15-3}$$

式中　$h$——牙的高度;

　　　$z$——牙的数目;

　　　$W$——牙根的弯曲截面系数;

　　　$D_0$——牙的平均直径;

　　　$a$——牙的宽度;

　　　$[\sigma_b]$——许用弯曲应力;

　　　$[p]$——许用压强。

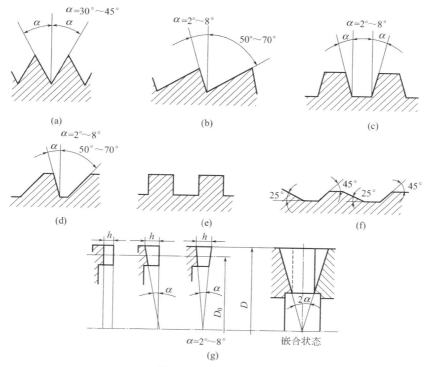

图 15-20　常用牙形图

对于表面淬硬的钢制牙嵌离合器，在停车时接合，$[\sigma_b] = \sigma_s/1.5$MPa，$p = 90 \sim 120$MPa；在低速运转时接合，$[\sigma_b] = \dfrac{\sigma_s}{4.5 \sim 5.9}$MPa，$[p] = 50 \sim 70$MPa。

牙嵌离合器的常用材料为低碳合金钢，如 20Cr、20MnB，经渗碳淬火等处理后，牙面硬度达到 56～62HRC。有时也采用中碳合金钢，如 40Cr、45MnB，经表面淬火等处理后，牙面硬度达到 48～58HRC。不重要的和静止状态接合的离合器，也允许用 HT200 制造。

牙嵌离合器的结构简单，尺寸小，离合准确可靠，能确保连接两轴同步运转，但接合应在两轴不转动或转速差很小时进行，故常用于转矩不大、低速接合处，如机床和农业机械中。

### 15.3.2　摩擦离合器

摩擦离合器是在主动摩擦盘转动时，利用主、从动半离合器接触表面上的摩擦力来传递转矩和运动的。与牙嵌离合器比较，摩擦离合器具有下列特点：

① 不论在何种速度，两轴都可以接合或分离；

② 接合过程平稳，冲击、振动较小；

③ 从动轴的加速时间和所传递的最大转矩可以调节；

④ 过载时可发生打滑，以保护重要零件不致损坏；

⑤ 外廓尺寸较大；

⑥ 在接合、分离过程中要产生滑动摩擦，故发热量较大，磨损也较大。

为了散热和减轻磨损，可以把摩擦离合器浸入油中工作。根据是否浸入润滑油中工作，摩擦离合器分为干式与油式两种。

摩擦离合器在接合与分离时，从动轴的转速总是小于主动轴的转速，因而内外摩擦盘间必会产生相对滑动，从而消耗摩擦功，并引起摩擦盘的磨损和发热。当温度过高时，会引起摩擦系数改变，严重时还可能导致摩擦盘胶合与塑性变形。一般对钢制摩擦盘，应限制其表面最高温度不超过 $300\sim400℃$，整个离合器的平均温度不大于 $100\sim120℃$。

根据离合器的结构，摩擦离合器可分为单盘式、多盘式和圆锥式三类。

**（1）单盘摩擦离合器**

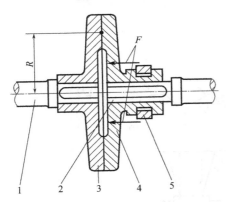

图 15-21 单盘摩擦离合器
1—主动轴；2—从动轴；
3,4—摩擦盘；5—操纵环

图 15-21 为单盘摩擦离合器的简图。在主动轴 1 和从动轴 2 上，分别安装摩擦盘 3 和 4，操纵环 5 可以使摩擦盘 4 沿轴 2 移动。接合时以力 $F$ 将盘 4 压在盘 3 上，主动轴上的转矩由两盘接触面间产生的摩擦力矩传到从动轴上。设摩擦力的合力作用在平均半径 $R$ 的圆周上，则可传递的最大转矩为

$$T_{\max}=FfR \qquad (15\text{-}4)$$

式中 $f$——摩擦系数。

单盘摩擦离合器结构简单，但传递的转矩较小，多用于转矩在 2000N·m 以下的轻型机械，如包装机械、纺织机械等。而在实际生产中常采用多盘摩擦离合器。

**（2）多盘摩擦离合器**

图 15-22 所示为多盘摩擦离合器。它有两组摩擦盘，一组外摩擦盘 5，如图 15-23（a）所示，以其外齿插入主动轴 1 上的外鼓轮 2 内缘的纵向槽中，盘的孔壁不与任何零件接触，故盘 5 可与轴 1 一起转动，并可在轴向力推动下沿轴向移动；另一组内摩擦盘 6，如图 15-23（b）所示，以其孔壁凹槽与从动轴 3 上的套筒 4 的凸齿相配合，盘的外缘不与任何零件接触，故盘 6 可与轴 3 一起转动，也可在轴向力推动下作轴向移动。另外，在套筒 4 上开有三

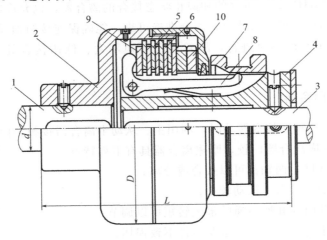

图 15-22 多盘摩擦离合器
1—主动轴；2—外鼓轮；3—从动轴；4—套筒；5—外摩擦盘；6—内摩擦盘；
7—滑环；8—曲臂压杆；9—压板；10—调节螺母

个纵向槽，其中安置可绕销轴转动的曲臂压杆 8。当滑环 7 向左移动时，曲臂压杆 8 通过压板 9 将所有内、外摩擦盘紧压在调节螺母 10 上，离合器即进入接合状态。螺母 10 可调节摩擦盘之间的压力。如图 15-23(c) 所示，内摩擦盘也可做成碟形，当承压时，可被压平而与外盘贴紧；松脱时，由于内盘的弹力作用可以迅速与外盘分离。

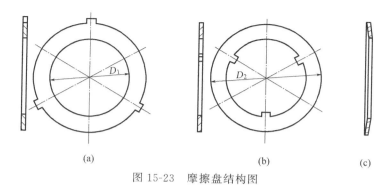

(a)           (b)           (c)

图 15-23　摩擦盘结构图

摩擦盘数目多，可以增大所传递的转矩。但盘数过多，将使各层间压力分布不均匀，所以一般不超过 12～15 盘。这种离合器常用于车床主轴箱内。其所能传递的最大转矩和作用在摩擦接合面上的压强分别为

$$T_{\max} = z f F_a R_f = \frac{z f F_a (D_1 + D_2)}{4} \geqslant K_A T \tag{15-5}$$

$$p = \frac{4 F_a}{\pi (D_2^2 - D_1^2)} \leqslant [p] \tag{15-6}$$

式中　　$z$——摩擦接合面的数目；

$D_1$——摩擦盘接合面的内径，mm；

$D_2$——摩擦盘接合面的外径，mm；

$F_a$——作用于摩擦盘上的轴向力，N；

$R_f$——摩擦盘的半径，mm；

$K_A$——工作情况系数；

$T$——离合器的理论转矩，N·m；

$f$——摩擦盘接合面的摩擦系数，见表 15-2；

$[p]$——许用压强，MPa，见表 15-2。

表 15-2　常用摩擦盘材料的摩擦系数 $f$ 和许用压强 $[p]$

| 摩擦盘材料 | 摩擦系数 $f$ | | 许用压强$[p]$/MPa | |
| --- | --- | --- | --- | --- |
| | 在油中工作 | 不在油中工作 | 在油中工作 | 不在油中工作 |
| 铸铁-铸铁或钢 | 0.06～0.12 | 0.15～0.25 | 0.6～1.0 | 0.2～0.4 |
| 淬火钢-淬火钢 | 0.05～0.10 | 0.15～0.20 | 0.6～1.0 | 0.2～0.4 |
| 青铜-钢或铸铁 | 0.06～0.12 | 0.15～0.20 | 0.6～1.0 | 0.2～0.4 |
| 淬火钢-金属陶瓷 | 0.10～0.12 | 0.3～0.4 | 2.0～3.0 | 1.2～3.0 |
| 压制石棉-铸铁或钢 | 0.08～0.12 | 0.25～0.4 | 0.4～0.6 | 0.2～0.3 |

注：摩擦盘数少，$[p]$ 值可取上限；盘数多，$[p]$ 值取下限。

### （3）圆锥摩擦离合器

如图 15-24 所示，圆锥摩擦离合器由两个内、外圆锥面的半离合器组成。具有内圆锥面的左半离合器用平键与主动轴固联，具有外圆锥面的右半离合器则用导向平键与从动轴构成动连接。当在右半离合器上加以向左的轴向力后，就可使内、外圆锥面压紧，于是主动轴上的转矩通过接触面上的摩擦力传到从动轴上。圆锥摩擦离合器结构简单，可用较小的轴向力产生较大的正压力，从而传递较大的转矩；但它对轴的偏斜比较敏感，对锥体的加工精度要求也较高。

### （4）电磁摩擦离合器

摩擦离合器的操纵方法有机械式、电磁式、气动式和液压式等多种。机械式操纵多用杠杆机构；当所需轴向力较大时，也有采用其他机械的（如螺旋机构）。下面介绍一种电磁操纵的多盘摩擦离合器。如图 15-25 所示，当直流电经接触环 1 导入电磁线圈 2 后，产生磁通 $\Phi$ 使线圈吸引衔铁 5，于是衔铁 5 将两组摩擦盘 3、4 压紧，离合器处于接合状态。当电流切断时，依靠复位弹簧 6 将衔铁推开，使两组摩擦盘松开，离合器处于分离状态。电磁摩擦离合器可实现远距离操纵，动作迅速，无不平衡的轴向力，因而在数控机床等机械中获得了广泛的应用。

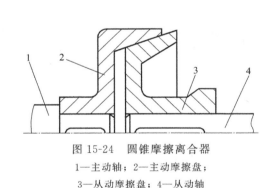

图 15-24　圆锥摩擦离合器

1—主动轴；2—主动摩擦盘；
3—从动摩擦盘；4—从动轴

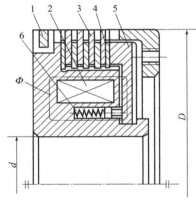

图 15-25　电磁摩擦离合器

1—接触环；2—电磁线圈；3,4—摩擦盘；
5—衔铁；6—复位弹簧

设计摩擦离合器时，可先选定摩擦面的材料，再根据结构要求初步确定摩擦面的尺寸 $D_1$、$D_2$。对油式摩擦离合器，取 $D_1=(1.5\sim2)d$（$d$ 为从动轴直径），$D_2=(1.5\sim2)D_1$；对于干式摩擦离合器，取 $D_1=(2\sim3)d$，$D_2=(1.5\sim2.5)D_1$。然后利用式（15-6）求出轴向压力，最后再求出接合面数 $z$。摩擦离合器传递的转矩随 $z$ 的增加而成正比的增加。但如果 $z$ 取得过大，所传递的转矩并不随之增加，而且还会影响离合器的灵活性。故对油式摩擦离合器取 $z=5\sim15$；对于干式摩擦离合器取 $z=1\sim6$，并常限制内外盘的总盘数不大于 $25\sim30$。

### 15.3.3　磁粉离合器

磁粉离合器的构造和工作原理如图 15-26 所示。零件 1～8 中，除 5 为磁粉外，其余均为盘形或环形零件，环 3 与盘 7、盘 8 连成一体，可绕轴心回转；盘 6 的毂用键与轴相连，是另一回转件。通过磁粉的聚集或分散，可使两回转体接合或分离，而磁粉的状态靠电磁线圈 1 是否通电来控制。

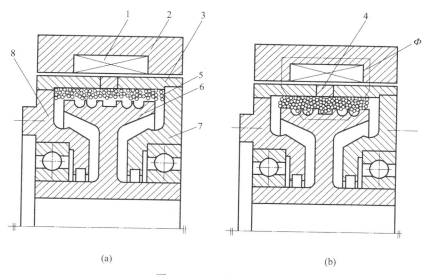

图 15-26 磁粉离合器

1—电磁线圈；2—环形零件；3—环；4—隔磁环；5—磁粉；6,7,8—盘

线圈通电时，磁力线使磁粉在两回转体内、外表面间楔紧，使两回转体连成一体，如图 15-26(b) 所示；断电则使磁粉恢复分散状态，使两回转体解除接合，如图 15-26(a) 所示。内装电磁线圈 1 的环形零件 2 被固定，起导磁作用；零件 4 是隔磁环，其作用是迫使磁力线通过磁粉。

磁粉的性能是决定离合器性能的重要因素。磁粉应具有磁导率高、剩磁小、流动性良好、耐磨、耐热、不烧结等性能，一般常用铁钴镍、铁钴钒等合金粉，并加入适量的粉状二硫化钼。磁粉的形状以球形或椭球形为好，颗粒大小宜为 $20\sim70\mu m$。为了提高充填率，可采用不同粒度的磁粉混合使用。

磁粉离合器具有下列优良性能：

① 励磁电流与转矩呈线性关系，转矩调节简单而且精确，调节范围也宽。

② 可用作恒张力控制，这对造纸机、纺织机、印刷机、绕线机等是十分可贵的。例如当卷绕机的卷径不断增加时，通过传感器控制励磁电流变化，使转矩亦随之相应地变化，以保证获得恒定的张力。

③ 若将磁粉离合器的主动件固定，则可作制动器使用。

此外，这种离合器操纵方便、离合平稳、工作可靠，但质量较大。

### 15.3.4 定向离合器

图 15-27 所示为滚柱式定向离合器，图中星轮 1 和外环 2 分别装在主动件和从动件上，星轮和外环间的楔形空腔内装有滚柱 3，滚柱数目一般为 3～8 个。每个滚柱都被弹簧推杆 4 以不大的推力向前推进而处于半楔紧状态。

星轮和外环均可作为主动件，现以外环为主动件来分析。当外环逆时针方向回转时，以摩擦力带动滚柱向前滚动，进一步楔紧内、外接触面，从而驱动星轮一起转动，离合器处于接合状态；反之，当外环顺时针方向回转时，则带动滚柱克服弹簧力而滚到楔形空腔的宽敞部分，离合器处于分离状态，所以称之为定向离合器。当星轮与外环均按顺时针方向作同向旋转时，根据相对运动原理，若外环转速小于星轮转速，则离合器处于接合状态；反之，如外环转速大于星轮转速，则离合器处于分离状态，因此又称之为超越离合器。定向离合器常用于汽车、机床等的传动装置中。

图 15-28 所示为楔块式定向离合器。这种离合器以楔块代替滚柱，楔块的形状如图所示。内、外环工作面都为圆形，整圈的拉簧压着楔块始终和内环接触，并力图使楔块绕自身作逆时针方向偏摆。当外环顺时针方向旋转或内环逆时针方向旋转时，楔块克服弹簧力而作顺时针方向偏摆，从而在内、外环间越楔越紧，离合器处于接合状态。反向时，楔块松开而成分离状态。

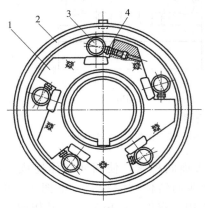

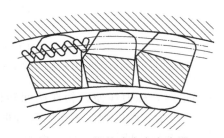

图 15-27　滚柱式定向离合器　　　　　　　　图 15-28　楔块式定向离合器
1—星轮；2—外环；3—滚柱；4—弹簧推杆

由于楔块式定向离合器楔块的曲率半径大于滚柱式定向离合器滚柱的半径，而且装入量也远比滚柱多，因此相同尺寸的楔块式定向离合器可以传递更大的转矩；但其缺点是高速运转时有较大的磨损，寿命较短。

# 15.4　安全联轴器和安全离合器

安全联轴器及安全离合器的作用是当工作转矩超过机器允许的极限转矩时，连接件将发生折断、脱开或打滑，使联轴器或离合器自动停止传动，从而起到过载保护作用，以保护机器中的重要零件不致损坏。

### 15.4.1　剪切销安全联轴器

这种联轴器有单剪式和双剪式两种，分别如图 15-29（a）和图 15-29（b）所示。现以单剪联轴器为例加以说明。单剪联轴器的结构与凸缘联轴器类似，但单剪联轴器不用螺栓，而是用钢制销钉连接。销钉装入经过淬火的两段钢制套管中，过载时即被剪断。销钉直径 $d$（单位为 mm）可按剪切强度计算。

销钉材料可采用 45 钢淬火或高碳工具钢，准备剪断处应预先切槽，使剪断处的残余变形最小，以免毛刺过大，有碍于报废销钉的更换。

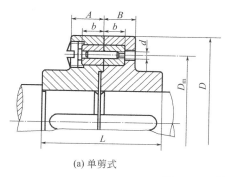
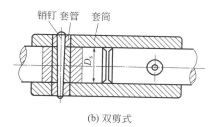

(a) 单剪式  (b) 双剪式

图 15-29　剪切销安全联轴器

这类联轴器由于销钉材料的力学性能不稳定，以及制造尺寸的误差等原因，致使工作精度不高；而且销钉剪断后，不能自动恢复工作能力，因而必须停车更换销钉；但由于构造简单，常适用于很少过载的机器。

### 15.4.2　安全离合器

**(1) 滚珠安全离合器**

滚珠安全离合器的结构形式很多，这里介绍较常用的一种。如图 15-30(a) 所示，离合器由主动齿轮 1、从动盘 2、外套筒 3、弹簧 4、调节螺母 5 组成。主动齿轮 1 活套在轴上，外套筒 3 用花键与从动盘 2 连接，同时又用键与轴相连。在主动齿轮 1 和从动盘 2 的端面内，各沿直径为 $D_m$ 的圆周上制有数量相等的滚珠承窝（一般为 4～8 个），承窝中装入大半滚珠后（$a > d/2$），如图 15-30(b) 所示，进行敛口，以免滚珠脱出。正常工作时，由于弹簧 4 的推力使两盘的滚珠互相交错压紧，如图 15-30(b) 所示，主动齿轮传来的转矩通过滚珠、从动盘、外套筒传给从动轴。当转矩超过许用值时，弹簧被过大的轴向分力压缩，从动盘向右移动，使原来交错压紧的滚珠因被放松而相互滑过，此时主动齿轮空转，从动轴即停止转动；当载荷恢复正常时，又可重新传递转矩。弹簧压力的大小可用螺母 5 来调节。这种离合器由于滚珠表面会受到较严重的冲击与磨损，故一般只用于传递较小转矩的装置中。

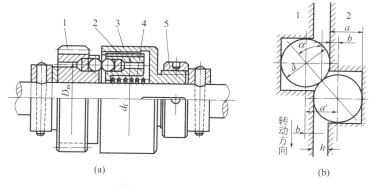

(a)  (b)

图 15-30　滚珠安全离合器
1—主动齿轮；2—从动盘；3—外套筒；4—弹簧；5—调节螺母

**(2) 牙嵌式安全离合器**

图 15-31 所示为牙嵌式安全离合器，它与牙嵌离合器很相似，只是牙的倾斜角 $\alpha$ 较大。

它没有操纵机构，过载时牙面产生的轴向分力大于弹簧压力，迫使离合器退出啮合，从而中断传动，可用螺母调节弹簧压力的方法控制传递转矩的大小。

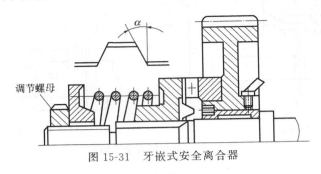

图 15-31　牙嵌式安全离合器

# 思　考　题

15-1　联轴器的作用是什么？常用的联轴器有哪些？

15-2　联轴器和离合器有何区别？

15-3　选用联轴器时应考虑哪些因素？

15-4　常用的离合器有哪些类型？

15-5　某离心式水泵采用弹性柱销联轴器连接，原动机为电动机，传递功率 38kW，转速 300r/min，联轴器两端连接轴径均为 50mm，试选择该联轴器的型号。若原动机改为活塞式内燃机，又该如何选择联轴器？

第**5**篇

连 接

# 第16章

## 螺纹连接

## 16.1 螺纹的常用类型及主要参数

### 16.1.1 螺纹的常用类型

将一倾斜角为 $\phi$ 的直线绕在圆柱体上便形成一条螺旋线，如图 16-1 所示。取一平面图

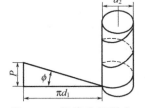

图 16-1 螺旋线的形成

形，如三角形、梯形、矩形和锯齿形等，使它沿着螺旋线运动，运动时保持此图形通过圆柱体的轴线，就得到螺纹。

按螺纹形成的表面不同，螺纹分内螺纹和外螺纹，二者共同组成螺旋副用于连接或传动。按母体的形状，螺纹可分为圆柱螺纹和圆锥螺纹；按螺纹螺旋线方向，螺纹可分为左旋螺纹和右旋螺纹，如图 16-2 所示。使轴线垂直，螺旋线的可见部分是自左向右上升的，为右旋；反之为左旋。机械制造中一般采用右旋螺纹，有特殊

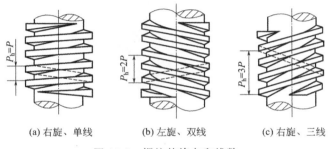

(a) 右旋、单线　　　　(b) 左旋、双线　　　　(c) 右旋、三线

图 16-2 螺纹的旋向和线数

要求时，才采用左旋螺纹。如图 16-2 所示，按螺纹线数，螺纹可分为单线、轴向等距分布的多线。单线螺纹用于连接，其他用于传动。为了制造方便，螺纹的线数一般不超过 4 线。按螺纹轴向截面的形状，即螺纹的牙型（常用的螺纹牙型如图 16-3 所示），螺纹分为三角形螺纹、锯齿形螺纹、梯形螺纹、矩形螺纹等。

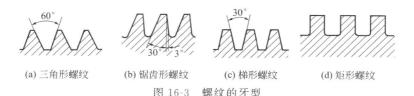

(a) 三角形螺纹　　(b) 锯齿形螺纹　　(c) 梯形螺纹　　(d) 矩形螺纹

图 16-3　螺纹的牙型

### 16.1.2　螺纹的主要几何参数

现以圆柱螺纹为例，说明螺纹的主要几何参数，如图 16-4 所示。

$d$——大径，与外螺纹牙顶（或内螺纹牙底）相切的假想圆柱或圆锥的直径。

$d_1$——小径，与外螺纹牙底（或内螺纹牙顶）相切的假想圆柱或圆锥的直径。

$d_2$——中径，是一个假想圆柱或圆锥的直径，该圆柱或圆锥的母线通过牙型上沟槽和凸起宽度相等的地方。

$P$——螺距，相邻两牙在中径线上对应两点间的轴向距离。

$P_h$——导程，同一条螺旋线上的相邻两牙在中径线上对应两点间的轴向距离。设螺旋线数为 $n$，则 $P_h = nP$。

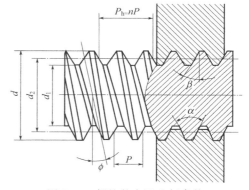

图 16-4　螺纹的主要几何参数

$\phi$——螺纹升角，在中径圆柱或中径圆锥上，螺旋线的切线与垂直于螺纹轴线的平面的夹角，即

$$\tan\phi = \frac{np}{\pi d_2} \tag{16-1}$$

$\alpha$——牙型角，轴向截面内螺纹牙型两相邻牙侧间的夹角称为牙型角。

$\beta$——牙侧角，牙型侧边与螺纹轴线的垂线间的夹角称为牙侧角。

对于对称牙型，$\beta = \alpha/2$，如图 16-4 所示。

## 16.2　螺纹连接及螺纹连接件

### 16.2.1　螺纹连接的基本类型

**（1）螺栓连接**

螺栓连接是将螺栓穿过被连接件的光孔，拧紧螺母后将连接件固联成一体的一种连接方式，如图 16-5 所示。

螺栓连接分为普通螺栓连接和铰制孔用螺栓连接。普通螺栓连接，如图 16-5(a) 所示，螺栓与孔有间隙，结构简单，装拆方便，应用广泛。而铰制孔用螺栓连接，如图 16-5(b) 所示，螺栓杆与螺栓孔是相互配合的，常采用基孔制过渡配合，适用于承受垂直于螺栓轴线的横向载荷。

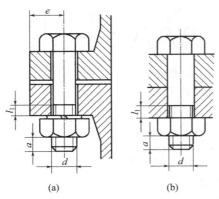

螺纹余留长度$l_1$；
静载荷$l_1 \geqslant (0.3 \sim 0.5)d$；
变载荷$l_1 \geqslant 0.75d$；
冲击载荷或弯曲载荷$l_1 \geqslant d$；
铰制孔用螺栓$l_1 = 0$；
螺纹伸出长度$a = (0.2 \sim 0.3)d$；
螺栓轴线到边缘的距离$e = d + (3 \sim 6)$mm

(a)　　　　(b)

图 16-5　螺栓连接

**（2）螺钉连接**

如图 16-6(a) 所示，螺钉直接旋入被连接件的螺纹孔中，省去了螺母。因此结构比较简单。若经常装拆，则易损坏螺纹，故适用于被连接件之一太厚且不必经常装拆的场合。

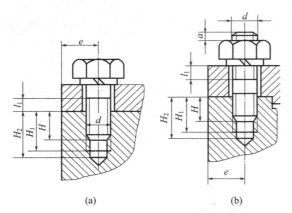

座端拧入深度$H$；
钢或青铜$H = d$；
铸铁$H = (1.25 \sim 1.5)d$；
铝合金$H = (1.5 \sim 2.5)d$；
螺纹孔深度$H_1 = H + (2 \sim 2.5)P$；
钻孔深度$H_2 = H_1 + (0.5 \sim 1)d$；
$l_1$、$a$、$e$值同图16-5

(a)　　　　(b)

图 16-6　螺钉连接和双头螺柱连接

**（3）双头螺柱连接**

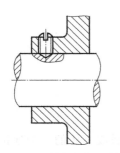

图 16-7　紧定螺钉连接

如图 16-6(b) 所示，双头螺柱多用于较厚的被连接件或为了结构紧凑而采用不通孔的连接。双头螺柱连接允许多次装拆而不损坏被连接零件。

**（4）紧定螺钉连接**

如图 16-7 所示，紧定螺钉连接是利用紧定螺钉拧入一被连接件上的螺纹孔，并以螺钉末端直接顶住另一被连接件的表面或相应的孔穴，以固定两被连接件的相对位置的连接方式。这种连接多用于传力不大的力或力矩，多用于轴和轴上零件的连接。

### 16.2.2　螺纹连接件

螺纹连接件的类型很多，在机械制造中常见的螺纹连接件有螺栓、双头螺柱、螺钉、紧定螺钉、螺母和垫圈等。这类零件大多已标准化，设计时可根据有关标准选用。

**（1）螺栓**

螺栓头部形状很多，最常用的有大六角头和小六角头，如图16-8所示。小六角头螺栓尺寸小，质量轻，但不适宜用于装拆频繁、被连接件抗压强度低和易锈蚀的地方。

**（2）双头螺柱**

双头螺柱两端都有螺纹，如图16-9所示，旋入被连接件螺纹孔的一端称为座端，另一端为螺母端，其公称长度为 $L$。

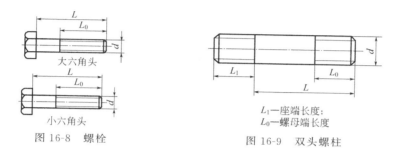

大六角头

小六角头

图 16-8　螺栓

$L_1$—座端长度；
$L_0$—螺母端长度

图 16-9　双头螺柱

**（3）螺钉**

螺钉的结构形式与螺栓相同，但头部形式较多，如六角头、圆柱头、半圆头、沉头、内六角头、十字槽、吊环，具体形式如图16-10所示，以适应装配空间、拧紧程度、连接外观和拧紧工具的要求。

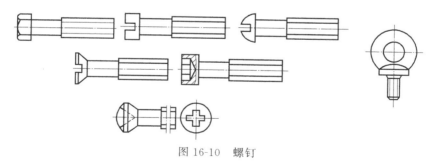

图 16-10　螺钉

**（4）紧定螺钉**

紧定螺钉的头部和尾部制有各种形状，常见的头部形状为一字槽，如图16-11(a)所示；螺钉的末端主要起紧定作用，常见的尾部形状有锥端、平端、圆尖端等各种形状，分别如图16-11(b)～(d)所示。

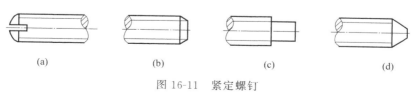

(a)　　　　(b)　　　　(c)　　　　(d)

图 16-11　紧定螺钉

**（5）螺母**

螺母的形状有图 16-12(a)～(c) 所示的六角形和 16-12(d) 所示的圆形等。六角螺母有三种不同厚度，如图 16-12(a)～(c) 所示。薄螺母用于尺寸受限制的地方，厚螺母用于经常装拆易于磨损之处。圆螺母常用于轴上零件的轴向固定。

**（6）垫圈**

垫圈的作用是增加被连接件的支承面积和避免拧紧螺母时擦蚀被连接件的表面。常用的垫圈如图 16-13(a)、(b) 所示。

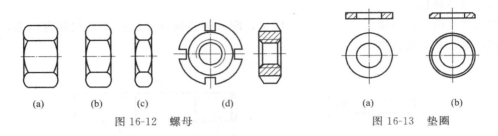

(a)  (b)  (c)  (d)　　　　　　　　(a)  (b)

图 16-12　螺母　　　　　　　图 16-13　垫圈

螺纹紧固件按制造精度分为 A、B、C 三级（不一定每个类别都为 A、B、C 三级，详见有关手册），A 级精度最高。A 级螺栓、A 级螺母、A 级垫圈组合可用于重要的、要求装备精度高的、受冲击或变载荷的连接；B 级用于较大尺寸的紧固件；C 级用于一般螺栓连接。

# 16.3　机械制造常用螺纹

### 16.3.1　三角形螺纹

三角形螺纹主要有普通螺纹和管螺纹，前者多用于紧固连接，后者用于各种管道的紧密连接。国家标准中，把牙型角 $\alpha=60°$ 的三角形米制螺纹称为普通螺纹，以大径 $d$ 为公称直径。同一公称直径可以有多种螺距的螺纹，其中螺距最大的称为粗牙螺纹，其余都称为细牙螺纹，如图 16-14(a) 所示。细牙螺纹的螺距、螺纹深度及螺纹升角均较小，自锁性能好，强度大，但不耐磨，常用于薄壁零件、受动载荷或要求紧密性的连接。粗牙螺纹的螺距及螺纹深度较大，在连接中应用更广泛。普通螺纹的公称尺寸见表 16-1 和表 16-2。

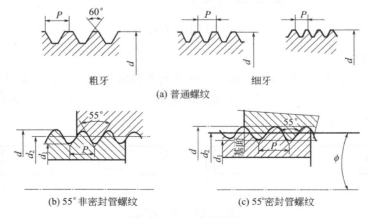

粗牙　　　　　　　细牙

(a) 普通螺纹

(b) 55°非密封管螺纹　　　　　　　(c) 55°密封管螺纹

图 16-14　三角形螺纹

表 16-1 细牙普通螺纹的公称尺寸     mm

| 螺距 $P$ | 中径 $D_2$、$d_2$ | 小径 $D_1$、$d_1$ | 螺距 $P$ | 中径 $D_2$、$d_2$ | 小径 $D_1$、$d_1$ |
|---|---|---|---|---|---|
| 0.35 | $d-1+0.773$ | $d-1+0.621$ | 1.25 | $d-1+0.188$ | $d-2+0.647$ |
| 0.5 | $d-1+0.675$ | $d-1+0.459$ | 1.5 | $d-1+0.026$ | $d-2+0.376$ |
| 0.75 | $d-1+0.513$ | $d-1+0.188$ | 2 | $d-2+0.701$ | $d-3+0.835$ |
| 1 | $d-1+0.350$ | $d-2+0.918$ | 3 | $d-2+0.052$ | $d-3+0.752$ |

表 16-2 粗牙普通螺纹的公称尺寸（摘自 GB/T 196—2003）     mm

| 公称直径 $d$（大径） | 螺距 $P$ | 中径 $D_2$、$d_2$ | 小径 $D_1$、$d_1$ |
|---|---|---|---|
| 3 | 0.5 | 2.675 | 2.459 |
| 4 | 0.7 | 3.545 | 3.242 |
| 5 | 0.8 | 4.480 | 4.134 |
| 6 | 1 | 5.350 | 4.917 |
| 8 | 1.25 | 7.188 | 6.647 |
| 10 | 1.5 | 9.026 | 8.376 |
| 12 | 1.75 | 10.863 | 10.106 |
| (14) | 2 | 12.701 | 11.835 |
| 16 | 2 | 14.701 | 13.835 |
| (18) | 2.5 | 16.376 | 15.294 |
| 20 | 2.5 | 18.376 | 17.294 |
| (22) | 2.5 | 20.376 | 19.294 |
| 24 | 3 | 22.051 | 20.752 |
| (27) | 3 | 25.051 | 23.752 |
| 30 | 3.5 | 27.727 | 26.211 |

除了普通螺纹以外，三角形螺纹一般还有 55°非密封管螺纹 ［图 16-14（b）所示，圆柱管壁，$\alpha=55°$］、55°密封管螺纹 ［图 16-14（c）所示，圆锥管壁，$\alpha=55°$］ 和 60°圆锥管螺纹。管螺纹的公称直径是管子的公称通径。55°非密封管螺纹广泛应用于水、煤气、润滑管路系统中。圆锥管螺纹不用填料就能保证紧密性而且旋合迅速，适用于密封要求较高的管路连接中。

## 16.3.2 梯形螺纹

如图 16-15 所示，梯形螺纹的牙型为等腰梯形，$\alpha=30°$，其传动效率略低于矩形螺纹，工艺性和对中性好，可补偿磨损后的间隙，是最常用的传动螺纹。梯形螺纹的公称尺寸见表 16-3。

表 16-3 梯形螺纹的公称尺寸（摘自 GB/T 5796.1—2005 和 GB/T 5796.3—2005）     mm

| 螺距 $P$ | 螺纹牙高 $h_3=H4$ | 牙顶间隙 $a_c$ | 公称直径 $d$ 第 1 系列 | 公称直径 $d$ 第 2 系列 | 中径 $D_2$、$d_2$ | 内螺纹小径 $D_1$ |
|---|---|---|---|---|---|---|
| 4 | 2.25 | 0.25 | 16、20 | 18 | $d-2$ | $d-4$ |
| 5 | 2.75 | 0.25 | 24、28 | 22、26 | $d-2.5$ | $d-5$ |
| 6 | 3.5 | 0.5 | 32、36 | 30、34 | $d-3$ | $d-6$ |
| 8 | 4.5 | 0.5 | 24、28、48、52 | 22、26、46、50 | $d-4$ | $d-8$ |
| 10 | 5.5 | 0.5 | 32、36、40、70、80 | 30、34、38、42、65、75 | $d-5$ | $d-10$ |
| 12 | 6.5 | 0.5 | 44、48、52、90、100 | 46、50、85、95、100 | $d-6$ | $d-12$ |

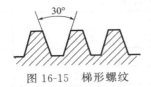

图 16-15　梯形螺纹

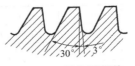

图 16-16　锯齿形螺纹

### 16.3.3　锯齿形螺纹

如图 16-16 所示，锯齿形螺纹的牙型为不等腰梯形，工作面牙侧角为 3°，非工作面牙侧角为 30°。其兼有矩形螺纹传动效率高和梯形螺纹牙型强度高的特点，常用于单向受力的传动或连接。

### 16.3.4　矩形螺纹

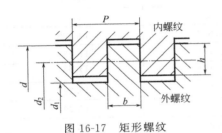

图 16-17　矩形螺纹

如图 16-17 所示，矩形螺纹的牙型为正方形，牙型角为 0°。其传动效率较其他螺纹高，但牙根强度弱，螺旋副磨损后，间隙难以修复和补偿，传动精度较低。为了便于铣削和磨削加工，牙型角可制成 10°。

矩形螺纹尚未标准化，推荐尺寸为 $d = 5/4d_1$，$P = 1/4d_1$。目前矩形螺纹应用较少，已逐渐被梯形螺纹所代替。

## 16.4　螺旋副的受力分析、效率和自锁

### 16.4.1　矩形螺纹

螺旋副在力矩和轴向载荷作用下的相对运动，可看成作用在中径的水平力推动滑块（重物）沿螺纹运动，如图 16-18(a) 所示。将矩形螺纹沿中径展开可得一斜面，如图 16-18(b) 所示。图中 $\phi$ 为螺纹升角，$F_a$ 为轴向载荷（其最小值为滑块的重力）；$F$ 为作用于中径处的水平推力；$F_n$ 为法向力；$fF_n$ 为摩擦力；$\rho$ 为摩擦角；$f$ 为摩擦系数，$f = \tan\rho$。

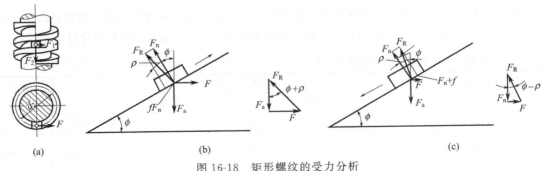

图 16-18　矩形螺纹的受力分析

当滑块沿斜面等速上升时，$F_a$ 为阻力，$F$ 为驱动力。因摩擦力向下，故总反力 $F_R$ 与 $F_a$ 的夹角为 $(\phi + \rho)$。由力的平衡条件可知，$F_R$、$F$ 和 $F_a$ 三力组成封闭的力多边形，如

图 16-18（b）所示，即

$$F=F_a\tan(\phi+\rho)$$ (16-2)

作用在螺旋副上的相应驱动力矩为

$$T=Fd_2/2=Fd_2\tan(\phi+\rho)/2$$ (16-3)

当滑块沿斜面等速下滑时，轴向载荷变为驱动力；而 $F$ 变为阻力，它也是维持滑块等速运动所需的平衡力，如图 16-18（c）所示。由力多边形可得

$$F=F_a\tan(\phi-\rho)$$ (16-4)

作用在螺旋副上的相应驱动力矩为

$$T=Fd_2/2=F_ad_2\tan(\phi-\rho)/2$$ (16-5)

式（16-4）求出的 $F$ 值可为正，也可为负。当斜面倾角 $\phi$ 大于摩擦角 $\rho$ 时，滑块在重力作用下有向下加速运动的趋势。这时由式（16-4）求出的平衡力 $F$ 为正，方向如图 16-18（c）所示。它阻止滑块加速以便保持等速下滑，故 $F$ 是阻力。当斜面倾角 $\phi$ 小于摩擦角 $\rho$ 时，滑块不能在重力作用下自行下滑，即处于自锁状态。这时由式（16-4）求出的平衡力 $F$ 为负值，其方向与运动方向成锐角，在这种情况下 $F$ 就成了驱动力。它说明在自锁条件下，必须施加反向驱动力 $F$ 才能使滑块等速下滑。

### 16.4.2 非矩形螺纹

非矩形螺纹是指牙侧角 $\beta\neq0°$ 的三角形螺纹、梯形螺纹和锯齿形螺纹。

对比图 16-19（a）和图 16-19（b）可知，若略去螺纹升角的影响，在轴向载荷 $F_a$ 作用下，非矩形螺纹的法向压力比矩形螺纹的大。若把法向压力的增加看作摩擦系数的增加，则非矩形螺纹的摩擦阻力可写为

$$\frac{F_a}{\cos\beta}f=\frac{f}{\cos\beta}F_a=f'F_a$$

式中 $f'$——当量摩擦系数。

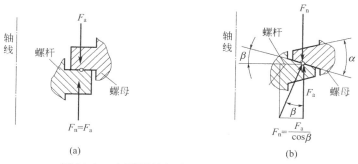

(a)                             (b)

图 16-19 矩形螺纹与非矩形螺纹的法向压力

$$f'=\frac{f}{\cos\beta}=\tan\rho'$$ (16-6)

式中 $\rho'$——当量摩擦角；

      $\beta$——牙侧角。

因此，将 $f$ 改为 $f'$，$\rho$ 改为 $\rho'$，就可像矩形螺纹那样对非矩形螺纹进行力的分析。当滑

块沿非矩形螺纹等速上升时，可得水平推力为

$$F=F_a\tan(\phi+\rho')\qquad(16\text{-}7)$$

作用在螺旋副上的相应驱动力矩为

$$T=Fd_2/2=Fd_2\tan(\phi-\rho')/2\qquad(16\text{-}8)$$

当滑块沿非矩形螺纹等速下滑时，可得

$$F=F_a\tan(\phi-\rho')\qquad(16\text{-}9)$$

作用在螺旋副上的相应驱动力矩为

$$T=Fd_2/2=F_ad_2\tan(\phi-\rho')/2\qquad(16\text{-}10)$$

与矩形螺纹分析相同，若螺纹升角 $\phi$ 小于当量摩擦角 $\rho'$，则螺纹具有自锁特性。如不能施加驱动力矩，无论轴向驱动力 $F_a$ 多大，都不能使螺旋副相对运动。考虑到极限情况，非矩形螺纹的自锁条件可表示为

$$\phi\leqslant\rho'\qquad(16\text{-}11)$$

为了防止螺母在轴向力作用下自动松开，用于连接的紧固螺纹必须满足自锁条件。

以上分析适用于各种螺旋传动和螺纹连接。

螺旋副的效率是有用功与输入功之比。若按螺旋转动一圈计算，输入功为 $2\pi T$，此时升举滑块（重物）所作的有用功为 $F_aS$，故螺旋副的效率为

$$\eta=\frac{F_aS}{2\pi T}=\frac{F_a\pi d_2\tan\phi}{2\pi F_a\dfrac{d_2}{2}\tan(\phi+\rho')}=\frac{\tan\phi}{\tan(\phi+\rho')}\qquad(16\text{-}12)$$

由式(16-12)可知，当量摩擦角 $\rho'$ 一定时，效率只是螺纹升角 $\phi$ 的函数。取 $\dfrac{dn}{d\phi}=0$，可得，$\phi=45°-\dfrac{\rho'}{2}$ 时效率最高。过大的螺纹升角制造困难，效率提高也不显著，一般取 $\phi\leqslant25°$。

### 16.4.3 计算实例

**例 16-1** 试计算粗牙普通螺纹 M10 和 M30 的螺纹升角，并说明静载荷下这两种螺纹能否自锁（已知摩擦系数 $f=0.10$）。

**解：**

① 螺纹升角　由表 16-1 查得 M10 的螺距 $P=1.5$mm，中径 $d_2=9.026$mm；M30 的 $P=3.5$mm，$d_2=27.727$mm。对于 M10 得

$$\phi=\arctan\frac{p}{\pi d_2}=\arctan\frac{1.5}{9.026\pi}=3.03°$$

对于 M30 得

$$\phi=\arctan\frac{p}{\pi d_2}=\arctan\frac{3.5}{27.727\pi}=2.3°$$

② 自锁性能　由普通螺纹的牙侧角、摩擦系数，得相应的当量摩擦角为

$$\rho'=\arctan\frac{f}{\cos\beta}=\arctan\frac{0.1}{\cos30°}=6.59°$$

因 $\phi<\rho'$，故能自锁。

实际上，单线普通螺纹的螺纹升角约为 $1.5°\sim3.5°$，远小于当量摩擦角，因此在静载荷作用下能保证自锁。

## 16.5　螺纹连接的预紧与防松

螺纹连接在装配时必须拧紧，这时螺纹连接受到预紧力的作用。预紧的目的在于：

① 防止连接在工作中松动；

② 确保连接在受到工作载荷后，仍能使被连接件的接合面具有足够的紧密性，如气缸、管路凸缘的连接等；

③ 在被连接件的接合面间产生正压力，以便被连接件受到横向载荷时，被连接件间不产生相对滑动。

### 16.5.1　拧紧力矩

螺纹连接的拧紧力矩等于克服螺旋副相对转动的阻力矩 $T_1$ 和螺母支承面上的摩擦阻力矩 $T_2$ 之和，即

$$T = T_1 + T_2 = \frac{F_a d_2}{2}\tan(\phi + \rho') + f_c F_a r_f \tag{16-13}$$

式中　$F_a$——轴向力，对于不承受轴向工作载荷的螺纹，$F_a$ 即预紧力；

$\quad\quad d_2$——螺纹中径；

$\quad\quad f_c$——螺母与被连接件支承面之间的摩擦系数，无润滑时可取 $f_c = 0.15$；

$\quad\quad r_f$——支承面摩擦半径，$r_f \approx \dfrac{d_w + d_0}{4}$，其中，$d_w$ 为螺母支承面外径，$d_0$ 为螺栓孔直径，如图 16-20 所示。

对于 M10～M68 的粗牙螺纹，若取 $f' = \tan\rho' = 0.15$ 及 $f_c = 0.15$，则式（16-13）可简化为

$$T \approx 0.2 F_a d \tag{16-14}$$

式中　$d$——公称直径，mm；

$\quad\quad F_a$——预紧力，N。

$F_a$ 值是由螺纹连接的要求决定的。为了充分发挥螺栓的工作能力，保证预紧可靠，螺栓的预紧应力一般可达材料屈服极限的 50%～70%。对于重要的螺纹连接，为了保证所需的预紧力，又不使连接螺栓过载，在装配时应控制预紧力。通常是利用测力矩扳手或定力矩扳手来获得所要求的拧紧力矩，如图 16-21 所示。

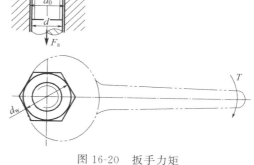

图 16-20　扳手力矩

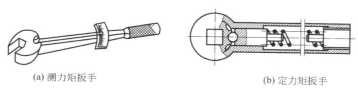

(a) 测力矩扳手　　　　(b) 定力矩扳手

图 16-21　测力矩扳手和定力矩扳手

### 16.5.2 螺纹连接的防松

在静载荷恒温的条件下，单线普通螺纹的螺纹升角小于其当量摩擦角，自锁性好，螺纹连接不会松脱，但在冲击、振动或变载荷作用下，或在温度变化较大时，预紧力可能瞬间消失，螺纹连接有可能松脱。因此，设计时必须采取有效的防松措施。

螺纹连接防松的原理就是阻止螺旋副的相对转动。具体的防松装置或方法很多，按工作原理可分为摩擦防松、机械防松和破坏螺旋副的防松。

**(1) 摩擦防松**

摩擦防松是利用摩擦力防松，多用于冲击和振动较小的场合，常用的有弹簧垫圈、对顶螺母、尼龙圈锁紧螺母等，如图 16-22 所示。

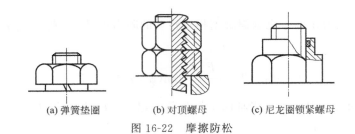

(a) 弹簧垫圈　　(b) 对顶螺母　　(c) 尼龙圈锁紧螺母

图 16-22　摩擦防松

弹簧垫圈防松如图 16-22(a) 所示。其材料为弹簧钢，装配后弹簧垫圈被压平，弹力使螺纹间保持压紧力和摩擦力，且垫圈切口处的尖角也能阻止螺母松脱。

对顶螺母防松如图 16-22(b) 所示。利用两螺母对顶拧紧，螺栓旋合段承受拉力而螺母受压，从而使螺纹间始终保持相当大的正压力和摩擦。其结构简单，用于低速重载的场合。

尼龙圈锁紧螺母防松如图 16-22(c) 所示。螺母中嵌有尼龙圈，拧上后尼龙圈内孔被胀大，箍紧螺栓。

**(2) 机械防松**

机械防松是利用机械零件防松。这种防松相当可靠，应用广泛。常用的有槽形螺母与开口销、圆螺母与带翅垫圈、止动垫圈和串联钢丝等，如图 16-23 所示。

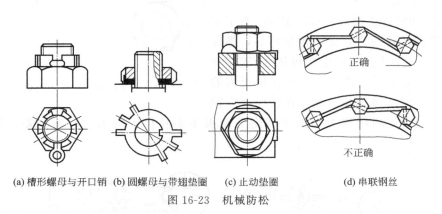

(a) 槽形螺母与开口销　(b) 圆螺母与带翅垫圈　(c) 止动垫圈　　(d) 串联钢丝

图 16-23　机械防松

① 槽形螺母与开口销　拧紧螺母后用开口销穿过螺栓尾部小孔和螺母的槽，也可用普通螺母拧紧后再配钻开口销孔。

② 圆螺母与带翅垫圈 使垫圈的内翅嵌入螺栓（轴）的槽内，拧紧螺母后将垫圈外翅之一折嵌到螺母的一个槽内。

③ 止动垫圈 将垫圈折边以固定螺母和被连接件的相对位置。

④ 串联钢丝 用拉紧的钢丝将各螺栓串联起来，防止连接松动，但应注意，钢丝须有正确的穿行方向，否则起不到放松的作用。

**（3）破坏螺旋副的防松**

破坏螺旋副的防松是永久防松。这种方法相当可靠，但拆卸后连接件不能重复使用，常用的方法有冲点、点焊和黏合等，如图 16-24 所示。

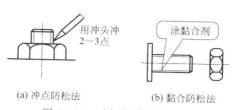

(a) 冲点防松法　　(b) 黏合防松法

图 16-24　破坏螺旋副的防松

### 16.5.3　计算实例

**例 16-2** 已知 M12 螺栓用碳素结构钢制成，其屈服极限 $\sigma_s = 240\text{MPa}$，螺纹间的摩擦系数 $f = 0.1$，螺母与支承面间的摩擦系数 $f_c = 0.15$，螺母支承面外径 $d_w = 16.6\text{mm}$，螺栓孔直径 $d_0 = 13\text{mm}$。欲使螺母拧紧后螺杆的拉应力达到材料屈服极限的 50%，求应施加的拧紧力矩，并验算其能否自锁。

**解：**

① 求当量摩擦系数 $f'$ 及当量摩擦角 $\rho'$

$$f' = \frac{f}{\cos\beta} = \frac{0.1}{\cos 30°} = 0.115$$

$$\rho' = \arctan f' = 6.59°$$

② 求螺纹升角 $\phi$ 由表 16-1 查得，M12 螺纹的 $P = 1.75\text{mm}$，$d_2 = 10.863\text{mm}$，$d_1 = 10.106\text{mm}$，则

$$\phi = \arctan\frac{p}{\pi d_2} = \arctan\frac{1.75}{10.863\pi} = 2.94°$$

因 $\phi < \rho'$，故具有自锁性。

③ 求螺杆总拉力（预紧力）$F_a$

$$F_a = \frac{\pi d_1^2}{4} \times \frac{\sigma_s}{2} = \frac{\pi \times 10.106^2}{4} \times \frac{240}{2} = 9625(\text{N})$$

④ 求拧紧力矩 $T$ 将上述数值代入式(16-13) 得

$$T = \frac{F_a d_2}{2}\tan(\phi + \rho') + f_c F_a r_f = \frac{9625 \times 10.863}{2}\tan(2.94° + 6.59°) +$$

$$0.15 \times 9625 \times \frac{16.6 + 13}{4} = 19.5(\text{N} \cdot \text{m})$$

## 16.6　螺栓连接的强度计算

螺栓的主要失效形式有螺栓杆被拉断、螺纹的压溃和剪断以及经常装拆时因磨损而发生滑扣现象等。螺栓与螺母的参数均已标准化，在进行强度计算时，主要确定螺纹小径 $d_1$，然后按照标准选定螺纹公称直径（大径）$d$ 及螺距 $P$。

### 16.6.1 松螺栓连接

如图 16-25 所示，吊钩螺栓工作前不拧紧，无预紧力作用，称为松螺栓连接。当承受载荷 $F_a$ 时，螺栓杆受拉，其强度条件为

$$\sigma = \frac{4F_a}{\pi d_1^2} \leqslant [\sigma] \tag{16-15}$$

或

$$d_1 \geqslant \sqrt{\frac{4F_a}{\pi [\sigma]}} \tag{16-16}$$

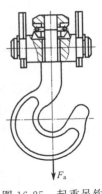

图 16-25　起重吊钩

式中　$d_1$——螺纹小径，mm；

　　　$[\sigma]$——许用拉应力，MPa。

### 16.6.2 紧螺栓连接

紧螺栓连接在装配时必须把螺母拧紧。

**（1）仅受预紧力的紧螺栓连接**

紧螺栓连接除在工作前有预紧力 $F_a$ 产生拉伸应力外，摩擦力矩还产生扭转切应力，使螺栓处于复合应力状态。因此，进行强度计算时，应综合考虑拉伸应力和扭转切应力的作用，按第四强度理论（最大变形能理论），其强度条件为

$$\sigma = \frac{1.3 \times 4F_a}{\pi d_1^2} \leqslant [\sigma] \tag{16-17}$$

由式(16-17)，可得设计公式为

$$d_1 \geqslant \sqrt{\frac{4 \times 1.3 F_a}{\pi [\sigma]}} \tag{16-18}$$

**（2）受横向工作载荷的螺栓连接**

图 16-26 所示的螺栓连接，螺栓与孔留有间隙，承受垂直于螺栓轴线的横向工作载荷 $F$，它依靠被连接件间产生的摩擦力保持连接件无相对滑动。若接合面间的摩擦力不足，在横向工作载荷作用下发生相对滑动，则认为连接失效。因此，所需的螺栓轴向压紧力（预紧力）应为

$$F_a = F_0 \geqslant \frac{CF}{mf} \tag{16-19}$$

式中　$F_0$——预紧力，N；

　　　$C$——可靠系数，通常取 $C=1.1\sim1.3$；

　　　$m$——接合面数目；

　　　$f$——接合面摩擦系数，对于钢或铸铁被连接件可取 $f=0.1\sim0.15$。

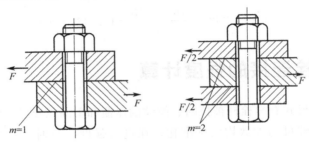

图 16-26　受横向工作载荷的螺栓连接

求出 $F_a$ 值后，可按式(16-17)计算螺栓强度。

由式(16-19)计算的预紧力要比外载荷大得多，据此设计出的螺栓尺寸必然很大。为避免这个缺点，可采用各种减载装置，如用键、套筒或销来承担横向载荷，而螺栓仅起连接作用，如图 16-27 所示。也可以采用螺栓与孔没有间隙的铰制孔用螺栓连接，如图 16-28 所示。这些减载装置中的键、套筒、销和铰制孔用螺栓可按受剪切和受挤压进行强度核算。现以图 16-28 为例，则螺栓杆与孔壁的抗挤压强度条件为

$$\sigma_p = \frac{F}{d_0 \delta} \leqslant [\sigma_p] \tag{16-20}$$

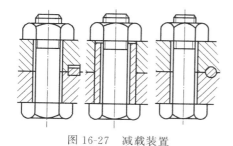

图 16-27　减载装置

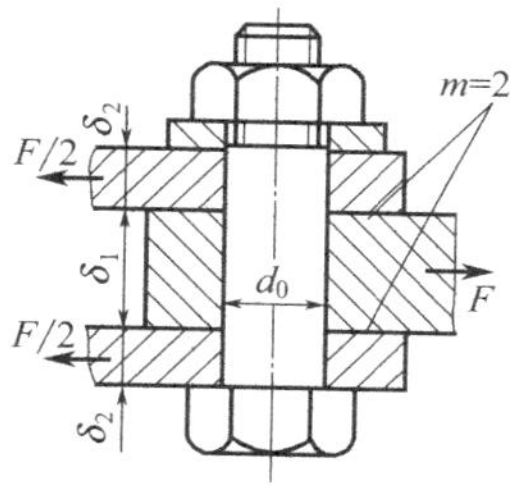

图 16-28　受横向载荷的铰制孔用螺栓连接

螺栓杆的抗剪切强度条件为

$$\tau = \frac{4F}{\pi m d_0^2} \leqslant [\tau] \tag{16-21}$$

式中　　$F$——单个螺栓所受的横向载荷，N；

　　　　$d_0$——螺栓杆剪切面直径，mm；

　　　　$\delta$——螺栓杆与孔壁挤压面间的最小接触高度，mm，取 $\delta_1$ 和 $2\delta_2$ 两者中的较小值；

　　　$[\sigma_p]$——螺栓和被连接件中强度较弱材料的许用挤压应力，MPa；

　　　　$[\tau]$——螺栓的许用切应力，MPa。

$[\sigma_p]$ 和 $[\tau]$ 见表 16-4。

表 16-4　螺栓连接的许用应力

| 螺栓连接受载情况 | | | 许用应力 | |
|---|---|---|---|---|
| 松螺栓连接 | | | | $S = 1.2 \sim 1.7$ |
| 紧螺栓连接 | 受轴向、横向载荷 | | $[\sigma] = R_{EL}/S$ | 控制预紧力时,安全系数 $S = 1.2 \sim 1.5$;不严格控制预紧力时,安全系数 $S$ 查表 16-5 |
| | 铰制孔用螺栓受横向载荷 | 静载荷 | $[\tau] = R_{EL}/2.5$ $[\sigma_p] = R_{EL}/1.25$(被连接件为钢) $[\sigma_p] = R_{EL}/(2 \sim 2.5)$(被连接件为铸铁) | |
| | | 变载荷 | $[\sigma] = R_{EL}/(3.5 \sim 5)$ $[\sigma_p]$ 按静载荷的 $[\sigma_p]$ 值降低 $20\% \sim 30\%$ | |

**（3）受轴向工作载荷的螺栓连接**

图 16-29 所示的缸体中，设流体压强为 $p$，螺栓数为 $z$，则缸体周围每个螺栓平均承受

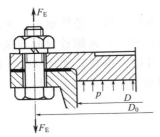

图 16-29 压力容器的螺栓连接

的轴向工作载荷 $F_E = \dfrac{p\pi D^2}{4z}$。

在承受轴向工作载荷的螺栓连接中，螺栓实际承受的总拉伸载荷 $F_a$ 并不等于预紧力 $F_0$ 与 $F_E$ 之和。这是因为：

螺栓和被连接件受载前后的情况如图 16-30 所示。图 16-30(a) 所示为连接还没有拧紧的情况。螺栓拧紧后，螺栓受到拉力 $F_0$ 而伸长了 $\delta_{b0}$，被连接件受到压缩力 $F_0$ 而缩短了 $\delta_{c0}$，如图 16-30(b) 所示。在连接承受轴向载荷工作载荷 $F_E$ 时，螺栓的伸长量增加 $\Delta\delta$ 而成为 $(\delta_{b0}+\Delta\delta)$，相应的拉力就是螺栓的总拉伸载荷 $F_a$。与此同时，被连接件则随着螺栓的伸长而弹回，其压缩量减少了 $\Delta\delta$ 而成为 $(\delta_{c0}-\Delta\delta)$，与此相应的压力就是残余预紧力 $F_R$，如图 16-30(c) 所示。

如图 16-30(c) 所示，工作载荷 $F_E$ 和残余预紧力 $F_R$ 一起作用在螺栓上，所以螺栓的总拉伸载荷为

$$F_a = F_E + F_R \tag{16-22}$$

$F_R$ 与螺栓刚度、被连接件刚度、预紧力 $F_0$ 及工作载荷 $F_E$ 有关。

紧螺栓连接能保证被连接件的接合面不出现缝隙，因此，残余预紧力 $F_R$ 应大于零。当工作载荷 $F_E$ 没有变化时，可取 $F_R = (0.2\sim0.6)F_E$；当 $F_E$ 有变化时，$F_R = (0.6\sim1.0)F_E$；对于有紧密性要求的连接，如压力容器的螺栓连接，$F_R = (1.5\sim1.8)F_E$。

在一般计算中，可先根据连接的工作要求规定残余预紧力 $F_R$，再由式(16-22)求出总拉伸载荷 $F_a$，最后按式(16-17)计算螺栓强度。

若轴向工作载荷 $F_E$ 在 $0\sim F_E$ 周期性变化，则螺栓所受总拉伸载荷在 $F_0\sim F_E$ 变化。受变载荷螺栓的粗略计算可按总拉伸载荷 $F_a$ 进行，其强度条件仍为式(16-17)，不同的是许用应力按表 16-4 在变载荷项内查取。

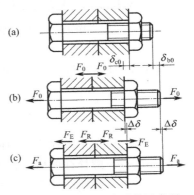

图 16-30 载荷与变形的示意图

# 16.7　螺栓的材料和许用应力

螺栓的常用材料有低碳钢和中碳钢，重要和特殊用途的螺纹连接件可采用力学性能较高的合金钢。螺栓连接的许用应力及安全系数见表 16-4 和表 16-5。螺栓、螺柱、螺钉、螺母的力学性能等级及推荐材料见表 16-6。

表 16-5　螺栓连接的安全系数 $S$（不能严格控制预紧力时）

| 材料 | 静载荷 | | 变载荷 | |
|---|---|---|---|---|
| | M6～M16 | M16～M30 | M6～M16 | M16～M30 |
| 非合金钢 | 4～3 | 3～2 | 10～6.5 | 6.5 |
| 合金钢 | 5～4 | 4～2.5 | 7.6～5 | 5 |

表 16-6　螺栓、螺柱、螺钉、螺母的力学性能等级及推荐材料（摘自 GB/T 3098.1—2010 和 GB/T 3098.2—2015）

| 力学性能等级 | | 4.6 | 4.8 | 5.6 | 5.8 | 6.8 | 8.8 (d≤16mm) | 8.8 (d>16mm) | 9.8 (d≤16mm) | 10.9 | 12.9 |
|---|---|---|---|---|---|---|---|---|---|---|---|
| 抗拉强度 $R_m$/MPa | 公称 | 400 | 400 | 500 | 500 | 600 | 800 | 800 | 900 | 1000 | 1200 |
| | min | 400 | 420 | 500 | 520 | 600 | 800 | 830 | 900 | 1040 | 1220 |
| 下屈服强度 $R_{eL}$/MPa | 公称 | 240 | — | 300 | — | — | — | — | — | — | — |
| | min | 240 | — | 300 | — | — | — | — | — | — | — |
| 布氏硬度 /HBW | min | 114 | 124 | 147 | 152 | 181 | 245 | 250 | 286 | 316 | 380 |
| | max | 209 | 209 | 238 | 238 | 316 | 316 | 331 | 355 | 375 | 429 |
| 材料和热处理 | | 碳钢或添加元素的碳钢 | | | | | 碳钢淬火并回火，或添加元素的碳钢（如硼或锰或铬）淬火并回火，或合金钢淬火并回火 | | | | 添加元素的碳钢（如硼或锰或铬）淬火并回火，或合金钢淬火并回火 |

| 螺母性能等级 | | 04 | 05 | 5 | 6 | 8 | 10 | 12 |
|---|---|---|---|---|---|---|---|---|
| 材料与螺母热处理 | 粗牙螺纹 | 碳钢 | 碳钢淬火并回火 | 碳钢 | 碳钢 | 标准螺母（1 型）D≤16mm 碳钢；标准螺母（1 型）D>16mm 碳钢淬火并回火 | 碳钢淬火并回火 | 碳钢淬火并回火 |
| | 细牙螺纹 | 碳钢 | 碳钢淬火并回火 | 碳钢 | 高螺母（2 型）D≤16mm 碳钢，D>16mm 碳钢淬火并回火 | 标准螺母（1 型）碳钢；标准螺母（1 型）碳钢淬火并回火 | 碳钢淬火并回火 | 碳钢淬火并回火 |

表 16-6 中从 4.6 到 12.9，共有 9 个等级。力学性能等级数字中，小数点前的数字代表公称抗拉强度的 1/100，小数点后的数字代表公称屈服强度（下屈服强度）与公称抗拉强度比值的 10 倍。

# 16.8 提高螺栓连接强度的措施

螺栓连接的强度主要取决于螺栓的强度，因此，必须考虑影响螺栓强度的因素，以确定提高螺栓连接强度的措施。

## 16.8.1 减少螺栓的刚度或增大被连接件的刚度

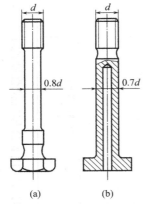

图 16-31 减少螺栓刚度的螺栓结构

减少螺栓刚度或增大被连接件的刚度都可以减小轴向载荷 $F_a$ 的变化幅度，从而提高了变载荷螺栓连接的疲劳强度。

为了减少螺栓刚度，可减小螺栓光杆部分直径或采用空心螺杆，如图 16-31(a) 和图 16-31(b) 所示；有时也可增加螺栓的长度。

被连接件的刚度是较大的，但被连接件的接合面因需要密封而采用软垫片时（如图 16-32 所示）将降低其刚度。若采用金属薄垫片或采用 O 形密封圈作为密封元件（如图 16-33 所示），则仍可保持被连接件原来的刚度值。

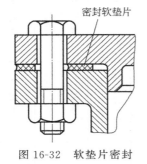

图 16-32 软垫片密封

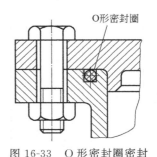

图 16-33 O 形密封圈密封

## 16.8.2 改善螺纹牙间的载荷分布

螺纹连接承载后，螺纹螺距的变化在旋合的第一圈处最大，以后各圈逐渐递减。内外螺纹牙面间是相互接触的，旋合的第一圈螺纹牙受力最大，旋合螺纹间载荷分布如图 16-34(a) 所示。实验表明，约有 1/3 的载荷集中在第一圈螺纹牙上，到第 8～10 圈以后，螺纹几乎不承受载荷。所以，采用圈数多的厚螺母并不能提高连接强度。若采用图 16-34(b) 所示的悬置（受拉）螺母，则螺母锥形悬置段与螺栓杆均为拉伸变形，有助于减少螺母与螺栓杆的螺距变化差，从而可保证载荷分布比较均匀。图 16-34(c) 所示为环形槽螺母，其作用和悬置螺母相似。

## 16.8.3 减小应力集中的程度

如图 16-35 所示，为了减小应力集中的程度，可以加大过渡处的圆角，如图 16-35(a) 所示；采用卸载结构，如图 16-35(b)、(c) 所示；或将螺纹收尾改为退刀槽等。

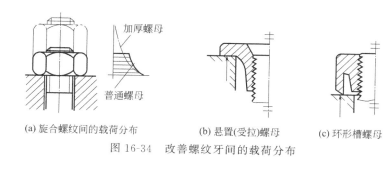

(a) 旋合螺纹间的载荷分布　　(b) 悬置(受拉)螺母　　(c) 环形槽螺母

图 16-34　改善螺纹牙间的载荷分布

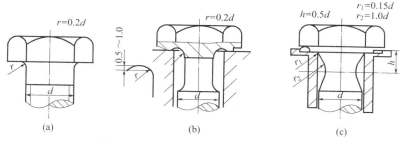

图 16-35　减小螺栓应力集中程度的方法

### 16.8.4　避免产生附加弯曲应力

由于设计、制造或安装产生的偏心载荷会在螺栓中引起附加弯曲应力，如图 16-36 所示。为了避免螺纹连接产生附加弯曲应力，应从结构和工艺上采取措施。例如，在铸件或锻件等未加工表面上安装螺栓时，常采用凸台或沉头座等结构；经切削加工后可获得平整的支承面，如图 16-37 所示。

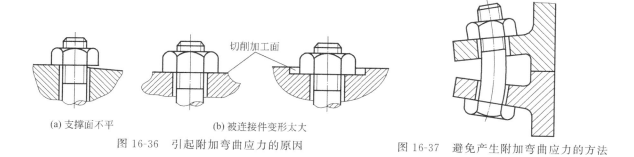

(a) 支撑面不平　　　　(b) 被连接件变形太大

图 16-36　引起附加弯曲应力的原因　　　　　图 16-37　避免产生附加弯曲应力的方法

除上述方法外，在制造工艺上可采取冷墩头部和碾压螺纹等。对螺栓表面进行渗氮、碳氮共渗等表面硬化处理工艺，也可提高螺栓的疲劳强度。

# 16.9　螺旋传动简介

### 16.9.1　螺旋传动的类型

螺旋传动是利用螺杆和螺母组成的螺旋副，将旋转运动转换为直线运动，将转矩转换成推力。按照工作特点，螺旋传动可分为传力螺旋、传导螺旋和调整螺旋三种类型。

**（1）传力螺旋**

传力螺旋以传递动力为主，要求以较小的力矩产生较大的轴向推力，一般为间歇运动，工作速度不高，通常要求能自锁。其广泛应用于起重或加压场合，如图 16-38(a) 所示的螺旋起重器。

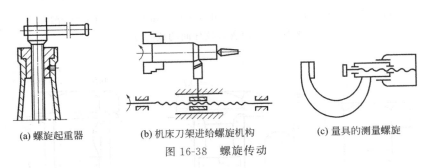

(a) 螺旋起重器　　　　(b) 机床刀架进给螺旋机构　　　　(c) 量具的测量螺旋

图 16-38　螺旋传动

**（2）传导螺旋**

传导螺旋以传递运动为主，常要求具有较高的精度，一般在较长的时间内连续转动，工作速度较高，如图 16-38(b) 所示为机床刀架进给螺旋机构。

**（3）调整螺旋**

用以调整并固定零件或部件之间的相对位置，一般不经常转动，要求自锁，有时也要求有很高精度，如图 16-38(c) 所示为量具的测量螺旋。

### 16.9.2　螺杆和螺母的材料

螺杆和螺母的材料除要求有足够的强度、耐磨性外，还要求两者配合时摩擦系数小。一般的螺杆可选用 Q275、45 钢、50 钢等材料；重要螺杆可选用 T12、40Cr、65Mn 等材料，并进行热处理。常用的螺母材料有铸造锡青铜，如 $ZCuSn_{10}P_1$ 和 $ZCuSn_5Pb_5Zn_5$；重载低速时可选用强度高的铸造铝青铜，如 $ZCuAl_{10}Fe_3$；低速轻载，特别是不经常运转时，螺母材料也可选用耐磨铸铁。

### 16.9.3　螺旋传动的设计计算

螺旋传动的失效形式主要是螺纹磨损，因此通常先由耐磨性条件，算出螺杆的直径和螺母高度，并参照标准确定螺旋传动的各主要参数，而后对可能发生的其他失效一一进行校核。

**（1）耐磨性计算**

影响磨损的因素很多，目前还没有完善的计算方法，通常限制螺纹接触处的压力 $p$。其校核公式为

$$p = \frac{F_a}{\pi d_2 h z} \leqslant [p] \tag{16-23}$$

式中　$F_a$——轴向力，N；

　　　$z$——参加接触的螺纹圈数；

　　　$d_2$——螺纹中径，mm；

　　$h$——螺纹工作高度，mm；

　　$[p]$——许用压力，MPa，见表 16-7。

表 16-7　螺旋副的许用压力 $[p]$　　　　　　　　　　　　　MPa

| 配对材料 | | 钢对铸铁 | 铜对青铜 | 淬火钢对青铜 |
|---|---|---|---|---|
| 许用应力 $[p]$ | 速度 $v<12\text{m/min}$ | 4~7 | 7~10 | 10~13 |
| | 低速，如人力驱动等 | 10~18 | 15~25 | — |

注：对于精密传动或要求使用寿命时，可取表中值的 1/3~1/2。

　　为了设计方便，令 $\phi=H/d_2$（$H$ 为螺母高度）；又因 $z=H/P$（$P$ 为螺距）；矩形和梯形螺纹的工作高度 $h=0.5P$；30°锯齿形螺纹的工作高度 $h=0.75P$。将这些关系式代入式（16-23）整理后，可得决定螺纹中径 $d_2$ 的设计公式为

　　矩形和梯形螺纹：

$$d_2 \geqslant 0.8\sqrt{\frac{F_a}{\phi[p]}} \tag{16-24}$$

　　30°锯齿形螺纹：

$$d_2 \geqslant 0.65\sqrt{\frac{F_a}{\phi[p]}} \tag{16-25}$$

　　对于整体式螺母，由于磨损后不能调整间隙，为使受力比较均匀，螺纹接触圈数不宜太多，$\phi$ 值为 1.2~2.5；剖分式螺母 $\phi$ 值取为 2.5~3.5。但应注意，由于螺纹各圈受力是不均匀的，第 10 圈以上的螺纹实际上起不到分担载荷的作用，因此螺纹圈数 $z$ 一般不宜超过 10 圈。

　　计算出中径 $d_2$ 之后，应按标准选取相应的公称直径 $d$ 及螺距 $P$。

　　**（2）自锁性计算**

　　对有自锁要求的螺旋传动，还要验算所选螺纹参数能否满足自锁条件，即

$$\phi \leqslant \rho' \tag{16-26}$$

式中　$\rho'$——螺旋副的当量摩擦角，$\rho'=\arctan f'$，$f'$ 为当量摩擦系数。

　　当螺旋副材料为钢对青铜时，取 $f'=0.08$~$0.1$；当材料为钢对铸铁时，取 $f'=0.12$~$0.15$。

　　**（3）螺杆强度的校核**

　　螺杆受有轴向力 $F_a$，因此在螺杆轴向产生压（或拉）应力，同时转矩 $T$ 使螺杆截面内产生切应力，$T$ 按螺杆实际的受力情况确定。根据压（或拉）应力和切应力，按第四强度理论可求出危险截面的当量应力 $\sigma_e$，强度条件为

$$\sigma_e=\sqrt{\sigma^2+3\tau^2}=\sqrt{\left(\frac{4F_a}{\pi d_1^2}\right)+\left(\frac{16T}{\pi d_1^3}\right)^2} \leqslant [\sigma] \tag{16-27}$$

式中　$d_1$——螺纹小径，mm；

　　$[\sigma]$——螺杆材料的许用应力，对于非合金钢 $[\sigma]$ 可取 $0.2$~$0.33\sigma_s$。

　　**（4）螺杆的稳定性计算**

　　细长螺杆受到较大轴向力时，可能会丧失稳定，其临界载荷与材料、螺杆长细比（或称柔度）$\lambda=\dfrac{\mu l}{i}$ 有关。

　　① 当 $\lambda \geqslant 100$ 时，临界载荷由欧拉公式决定，即

$$F_c=\frac{\pi^2 EI}{(\mu l)^2} \tag{16-28}$$

式中　$E$——螺杆材料弹性模量，MPa（对于钢，$E=2.06\times10^5$ MPa）；

$\quad\quad I$——危险截面的惯性矩，对于螺杆可按螺纹小径 $d_1$ 计算，即 $I=\pi d_1^4/64$；

$\quad\quad l$——螺杆的最大工作长度，mm；

$\quad\quad \mu$——长度系数（与螺杆端部结构有关，对于起重器可视为一端固定、一端自由，取 $\mu=2$；对于压力机可视为一端固定、一端铰支，取 $\mu=0.7$；对于传导螺旋可视为两端铰支，取 $\mu=1$）；

$\quad\quad i$——螺杆危险截面的惯性半径，mm，若螺杆危险截面面积 $A=\pi d_1^2/4$，则 $i=\sqrt{\dfrac{I}{A}}=\dfrac{d_1}{4}$。

② 当 $40<\lambda<100$ 时，对于 $R_m\geqslant370$ MPa 的碳素结构钢，$F_c$ 取

$$F_c=(304-1.12\lambda)\frac{\pi d_1^2}{4} \tag{16-29}$$

对于 $R_m\geqslant470$ MPa 的优质碳素结构钢（如 35 钢、40 钢），$F_c$ 取

$$F_c=(461-2.57\lambda)\frac{\pi d_1^2}{4} \tag{16-30}$$

③ 当 $\lambda\leqslant40$ 时，不必进行稳定性校核　稳定性校核满足的条件为

$$F_a\leqslant F_c/S \tag{16-31}$$

式中　$S$——稳定性校核安全系数，通常取 $S=2.5\sim4$，当不能满足上述条件时应增大螺纹小径。

**（5）螺纹牙强度的校核**

防止螺母螺纹牙根部剪断的校核式为

$$\tau=\frac{F_a}{\pi Dbz}\leqslant[\tau] \tag{16-32}$$

式中　$b$——螺纹牙根部的宽度，mm，对梯形螺纹 $b=0.65P$，对锯齿形螺纹 $b=0.74P$（$P$ 为螺距）。

若需校核螺杆螺纹牙的强度，将式（16-32）中螺母的大径换为螺杆的小径 $d_1$ 即可。对于铸铁螺母取 $\tau=40$ MPa，对于青铜螺母取 $\tau=30\sim40$ MPa。

# 思 考 题

16-1　常用螺纹的种类有哪些？分别用于何种场合？

16-2　螺纹的导程和螺距有何区别？螺纹的导程、螺距与螺纹线数有何关系？

16-3　螺纹连接的基本形式有哪几种？各用于什么场合？

16-4　为什么螺纹连接通常要采用防松措施？常用的防松方法和装置有哪些？

16-5　应用螺栓连接的强度计算公式时应考虑哪些条件？

16-6　提高螺栓连接强度的措施有哪些？

16-7　螺旋传动在设计计算时应考虑哪些因素？

# 第17章

# 轮毂连接

为了传递运动和转矩，安装在轴上的齿轮、带轮等必须和轴连接在一起。轴毂连接的常用方法有键、花键、销和无键连接等。

## 17.1 键连接

### 17.1.1 键连接的功能、分类及应用

键是一种标准零件，通常用来实现轴与轮毂之间的周向固定以传递转矩，有的还能实现轴上零件的轴向固定或轴向滑动的导向。键连接的主要类型有：平键连接、半圆键连接、楔键连接和切向键连接。

**（1）平键连接**

根据用途的不同，平键分为普通平键、薄型平键、导向平键和滑键四种。其中普通平键和薄型平键用于静连接，导向平键和滑键用于动连接。

图 17-1（a）为普通平键连接的结构形式。键的两侧是工作面，工作时，靠键同键槽侧面的挤压来传递转矩。键的上表面和轮毂的键槽底面留有间隙。平键连接具有结构简单、装拆方便、对中性较好等优点，因而得到广泛应用。这种键连接不能承受轴向力，因而对轴上的零件不能起到轴向固定的作用。

普通平键按构造分，有圆头（A 型）、平头（B 型）及单圆头（C 型）三种。圆头平键 [图 17-1（b）] 键在槽中固定良好，但键的头部侧面与轮毂上的键槽并不接触，因而键的圆头部分不能充分利用，而且轴上键槽端部的应力集中较大。平头平键 [图 17-1（c）] 应力集中较小，但对于尺寸大的键，宜用紧定螺钉固定在轴上的键槽中，以防松动。单圆头平键 [图 17-1（d）] 则常用于轴端与毂类零件的连接。

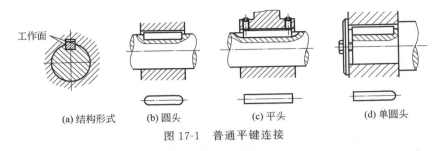

(a) 结构形式　　(b) 圆头　　　　(c) 平头　　　　(d) 单圆头

图 17-1　普通平键连接

薄型平键与普通平键的主要区别是键的高度约为普通平键的 $60\%\sim70\%$，也分圆头、平头和单圆头三种形式，但传递转矩的能力较低，常用于薄壁结构、空心轴及一些径向尺寸受限制的场合。

当被连接的毂类零件在工作过程中必须在轴上作轴向移动时（如变速箱中的滑移齿轮），则需采用导向平键或滑键。导向平键［图 17-2(a)］是一种较长的平键，用螺钉固定在轴上的键槽中，为了便于拆卸，键上制有起键螺孔，以便拧入螺钉使键退出键槽。轴上的传动零件则可沿键作轴向移动。当零件需滑移的距离较大时，因所需导向平键的长度过大，制造困难，故宜采用滑键［图 17-2(b)］。滑键固定在轮毂上，轮毂带动滑键在轴上的键槽中作轴向滑移。这样，只需在轴上铣出较长的键槽，而键可做得较短。

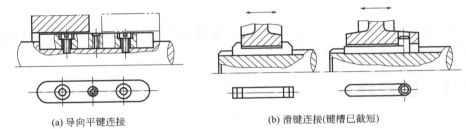

(a) 导向平键连接　　　　　　　　　(b) 滑键连接(键槽已截短)

图 17-2　导向平键连接和滑键连接

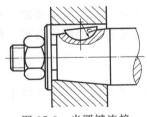

图 17-3　半圆键连接

**（2）半圆键连接**

半圆键连接如图 17-3 所示，其工作面是侧面。轴上键槽用尺寸与半圆键相同的半圆键槽铣刀铣出，因而键在槽中能绕其几何中心摆动以适应轮毂中键槽的斜度。这种键连接的优点是工艺性较好，装配方便，尤其适用于锥形轴端与轮毂的连接。缺点是轴上键槽较深，对轴的强度削弱较大，故一般只用于轻载静连接中。

**（3）楔键连接**

楔键连接如图 17-4 所示。键的上、下两面是工作面，键的上表面和与它相配合的轮毂键槽底面均具有 1∶100 的斜度。装配后，键即楔紧在轴和轮毂的键槽里。工作时，靠键的楔紧作用来传递转矩，同时还可以承受单向的轴向载荷，对轮毂起到单向的轴向固定作用。楔键的侧面与键槽侧面有很小的间隙，当转矩过载而导致轴与轮毂发生相对移动时，键的侧面能像平键那样参加工作。因此，楔键连接在传递有冲击和振动的较大转矩时，仍能保证连接的可靠性。楔键连接的缺点是键楔紧后，轴和轮毂的配合产生偏心和偏斜。因为主要用于毂类零件的定心精度要求不高和低转速的场合。

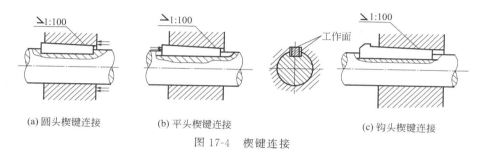

(a) 圆头楔键连接    (b) 平头楔键连接    工作面    (c) 钩头楔键连接

图 17-4　楔键连接

楔键分为普通楔键和钩头楔键两种。普通楔键有圆头、平头和单圆头三种形式。装配时，圆头楔键要先放入轴上键槽中，然后打紧轮毂〔图 17-4(a)〕，平头、单圆头和钩头楔键则在轮毂装好后才将键放入键槽并打紧。钩头楔键的钩头供拆卸用，安装在轴端时，应注意加装防护罩。

**（4）切向键连接**

切向键连接如图 17-5 所示。切向键是由一对斜度为 1:100 的楔键组成。切向键的工作面是由一对楔键沿斜面拼合后相互平行的两个窄面。被连接的轴和轮毂上都制有相应的键槽。装配时，把一对楔键分别从轮毂两端打入，拼合而成的切向键就沿轴的切线方向楔紧在轴与轮毂之间。工作时，靠工作面上的挤压力和轴与轮毂间的摩擦力来传递转矩。用一个切向键时，只能传递单向转矩，当要传递双向转矩时，必须用两个切向键，两者间的夹角为 $120°\sim130°$。由于切向键的键槽对轴的削弱较大，因此常用于直径大于 100mm 的轴上，如大型带轮、大型飞轮、矿山用大型绞车的卷筒及齿轮等与轴的连接。

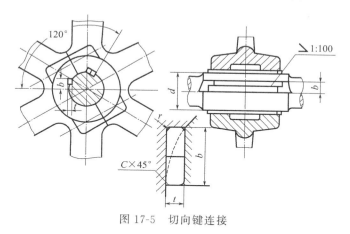

图 17-5　切向键连接

### 17.1.2　键的选择和平键连接强度计算

键的选择包括类型选择和尺寸选择两个方面。键的类型应根据键连接的结构特点、使用要求和工作条件来选择，键的尺寸则按标准和强度要求来确定。键的主要尺寸为其截面尺寸（一般以键宽 $b×$键高 $h$ 表示）与长度 $L$。键的截面尺寸 $b×h$ 在键的标准中选定。键的长度 $L$ 一般由轮毂的长度而定，即键长等于或略短于轮毂的长度。对于导向平键，长度由轮毂的长度及其滑动距离而定。一般轮毂的长度可取为 $L'≈(1.5\sim2)d$，这里 $d$ 为轴的直径。所选定的键长亦应符合标准规定的长度系列。普通平键的主要尺寸见表 17-1。重要的键连接在选出键的类型和尺寸后，还应进行强度校核计算。这里简单介绍平键的校核方法。

表 17-1　普通平键的主要尺寸（摘自 GB/T 1096—2003）　　　　mm

| 轴的直径 $d$[①] | 6～8 | >8～10 | >10～12 | >12～17 | >17～22 | >22～30 | >30～38 | >38～44 |
|---|---|---|---|---|---|---|---|---|
| 键宽 $b$×键高 $h$ | 2×2 | 3×3 | 4×4 | 5×5 | 6×6 | 8×7 | 10×8 | 12×8 |
| 轴的直径 $d$ | >44～50 | >50～58 | >58～65 | >65～75 | >75～85 | >85～95 | >95～110 | >110～130 |
| 键宽 $b$×键高 $h$ | 14×9 | 16×10 | 18×11 | 20×12 | 22×14 | 25×14 | 28×16 | 32×18 |
| 键的长度系列 $L$ | 6,8,10,12,14,16,18,20,22,25,28,32,36,40,45,50,56,63,70,80,90,100,110,125,140,180,200,220,250,… | | | | | | | |

① GB/T 1096—2003 中没有给出相应的轴径尺寸，此行数据取自旧国家标准，供选键参考。

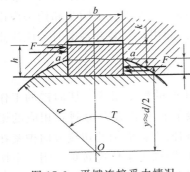

图 17-6　平键连接受力情况

平键连接传递转矩时，连接中各零件的受力情况如图 17-6 所示。对于采用常见的材料组合和按标准选取尺寸的普通平键连接（静连接），其主要失效形式是工作面被压溃。除非有严重过载，一般不会出现键的剪断［图 17-6 中沿 $a$—$a$ 面剪断］。因此，通常只按工作面上的挤压应力进行强度校核计算。对于导向平键连接和滑键连接（动连接），其主要失效形式是工作面的过度磨损。因此，通常按工作面上的压力进行条件性的强度校核计算。

假定载荷在键的工作面上均匀分布，普通平键连接的强度条件为

$$\sigma_{p} = \frac{4T}{hld} \leqslant [\sigma_{p}] \tag{17-1}$$

导向平键连接和滑键连接的强度条件为

$$p = \frac{4T}{hld} \leqslant [p] \tag{17-2}$$

式中　　$T$——传递的转矩，N·mm；

$d$——轴的直径，mm；

$h$——键的高度，mm；

$l$——键的工作长度，mm（圆头平键 $l=L-b$，单圆头平键 $l=L-0.5b$，平头平键 $l=L$，这里 $L$ 为键的公称长度，mm；$b$ 为键的宽度，mm）；

$[\sigma_{p}]$——键、轴、轮毂三者中最弱材料的许用挤压应力，MPa，见表 17-2；

$[p]$——键、轴、轮毂三者中最弱材料的许用压力，MPa，见表 17-2。

表 17-2　键连接的许用挤压应力、许用压力　　　　MPa

| 许用挤压应力、许用压力 | 连接工作方式 | 键或毂、轴的材料 | 载荷性质 | | |
|---|---|---|---|---|---|
| | | | 静载荷 | 轻微冲击 | 冲击 |
| $[\sigma_{p}]$ | 静连接 | 钢 | 120～150 | 100～120 | 60～90 |
| | | 铸铁 | 70～80 | 50～60 | 30～45 |
| $[p]$ | 动连接 | 钢 | 50 | 40 | 30 |

注：如与键有相对滑动的被连接件表面经过淬火，则动连接的许用压力 $[p]$ 可提高 2～3 倍。

在进行强度校核后，如果强度不够，则采用双键。这时应考虑键的合理布置：两个平键

最好布置在沿周向相隔 180°位置；两个半圆键应布置在轴的同一条母线上；两个楔键则应布置在沿周向相隔 90°～120°位置。考虑两键上载荷分配的不均匀性，在强度校核中只按 1.5 个键计算。如果轮毂允许适当加长，也可相应地增加键的长度，以提高单键连接的承载能力。但由于传递转矩时键上载荷沿其长度分布不均，故键的长度不宜过大。当键的长度大于 2.25d 时，其多出的长度实际上可认为并不承受载荷，故一般采用的键长不宜超过 (1.6～1.8) d。

# 17.2 花键连接

### 17.2.1 花键连接的类型、特点和应用

花键连接由外花键 [图 17-7(a)] 和内花键 [图 17-7(b)] 组成。由图可知，花键连接是平键连接在数目上的发展。但是，由于结构形式和制造工艺的不同，与平键连接比较，花键连接在强度、工艺和使用方面有下述一些优点。①因为在轴上与毂孔上直接而匀称地制出较多的齿与槽，故连接受力较为均匀。②因槽较浅，齿根处应力集中较小，轴与毂的强度削弱较少。③齿数较多，总接触面积较大，因而可承受较大的载荷。④轴上零件与轴的对中性好（这对高速及精密机器很重要）。⑤导向性较好（这对动连接很重要）。⑥可用磨削的方法提高加工精度及连接质量。其缺点是齿根仍有应力集中；有时需用专门设备加工；成本较高。因此，花键连接适用于定心精度要求高、载荷大或经常滑移的连接。花键连接的齿数、尺寸、配合等均应按标准选取。

花键连接可用于静连接或动连接。按齿形不同，花键可分为矩形花键和渐开线花键两类，均已标准化。

**（1）矩形花键**

按齿高的不同，矩形花键的齿形尺寸在国家标准中规定了两个系列，即轻系列和中系列。轻系列的承载能力较差，多用于静连接或轻载连接，中系列用于中等载荷的连接。

矩形花键的定心方式为小径定心（图 17-8），即外花键和内花键的小径为配合面。其特点是定心精度高，定心的稳定性好，能用磨削的方法消除热处理引起的变形。矩形花键连接应用广泛。

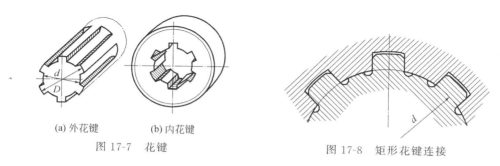

|  |  |
|---|---|
| (a) 外花键 | (b) 内花键 |

图 17-7　花键

图 17-8　矩形花键连接

**（2）渐开线花键**

渐开线花键的齿廓为渐开线，分度圆压力角有 30°和 45°两种（图 17-9），齿顶高分别为 0.5m 和 0.4m，此处 m 为模数。图中 $d_i$ 为渐开线花键的分度圆直径。与渐开线齿廓相比，

渐开线花键齿较短，齿根较宽，不发生根切的最少齿数较少。

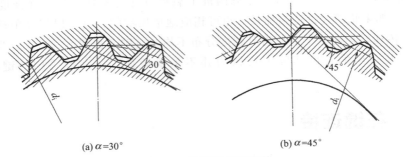

(a) $\alpha=30°$　　　　　　　　(b) $\alpha=45°$

图 17-9　渐开线花键连接

渐开线花键可以用制造齿轮的方法来加工，工艺性较好，制造精度也较高，花键齿的根部强度高，应力集中小，易于定心，当传递的转矩较大且轴颈也大时，宜采用渐开线花键连接。压力角为 45°的渐开线花键，由于齿形钝而短，与压力角为 30°的渐开线花键相比，对连接件的削弱较少，但齿的工作面高度较小，故承载能力较差，多用于载荷较轻、直径较小的静连接，特别适用于薄壁零件的轴毂连接。

渐开线花键的定心方式为齿形定心。当齿受载时，齿上的径向力能起到自动定心作用，有利于各齿均匀承载。

### 17.2.2　花键连接强度计算

花键连接的强度计算与键连接相似，首先根据连接的结构特点、使用要求和工作条件选定花键类型和尺寸，然后进行必要的强度校核计算。花键连接受力情况如图 17-10 所示。其主要失效形式是工作面被压溃（静连接）或工作面过度磨损（动连接）。因此，静连接通常按工作面上的挤压应力进行强度计算，动连接则按工作面上的压力进行条件性的强度计算。

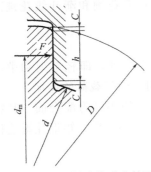

图 17-10　花键连接受力情况

计算时，假设载荷在键的工作面上均匀分布，每个齿工作面上压力的合力 $F$ 作用在平均直径 $d_m$ 处（图 17-10），即传递的转矩 $T=zF\dfrac{d_m}{2}$，并引入系数 $\psi$ 来考虑实际载荷在各花键齿上分配不均的影响，则花键连接的强度条件为

静连接：
$$\sigma_p=\frac{2T}{\psi zhld_m}\leqslant[\sigma_p] \tag{17-3}$$

动连接：
$$p=\frac{2T}{\psi zhld_m}\leqslant[p] \tag{17-4}$$

式中　$\psi$——载荷分配不均系数，与齿数多少有关，一般取 $\psi=0.7\sim0.8$，齿数多时取偏小值；

$z$——花键的齿数；

$l$——齿的工作长度，mm；

$h$——花键齿侧面的工作高度，矩形花键，$h=\dfrac{D-d}{2}-2C$，此处 $D$ 为外花键的大径，

$d$ 为内花键的小径，$C$ 为倒角尺寸（图 17-10），单位均为 mm，渐开线花键 $\alpha = 30°$，$h = m$，$\alpha = 45°$，$h = 0.8m$，$m$ 为模数；

$d_m$——花键的平均直径，矩形花键，$d_m = \dfrac{D+d}{2}$，渐开线花键，$d_m = d_i$，$d_i$ 为分度圆直径，mm；

$[\sigma_p]$——花键连接的许用挤压应力，MPa，见表 17-3；

$[p]$——花键连接的许用压力，MPa，见表 17-3。

花键常用抗拉强度极限不低于 600MPa 的钢料制造，多数需热处理，特别是在载荷下频繁移动的花键齿，应通过热处理获得足够的硬度以抗磨损。花键连接的许用挤压应力和许用压力见表 17-3。

表 17-3　花键连接的许用挤压应力、许用压力　　　　　　　　　　MPa

| 许用挤压应力、许用压力 | 连接工作方式 | 使用和制造情况 | 齿面未经热处理 | 齿面经热处理 |
|---|---|---|---|---|
| $[\sigma_p]$ | 静连接 | 不良 | 30～50 | 40～70 |
| | | 中等 | 60～100 | 100～140 |
| | | 良好 | 80～120 | 120～200 |
| $[p]$ | 空载下移动的动连接 | 不良 | 15～20 | 20～35 |
| | | 中等 | 20～30 | 30～60 |
| | | 良好 | 25～40 | 40～70 |
| | 在载荷作用下移动的动连接 | 不良 | — | 3～10 |
| | | 中等 | — | 5～15 |
| | | 良好 | — | 10～20 |

注：1. 使用和制造情况不良指受变载荷，有双向冲击、振动频率高和振幅大、润滑不良（双动连接）、材料硬度不高或精度不高等。

2. 同一情况下，$[\sigma_p]$ 或 $[p]$ 的较小值用于工作时间长和较重要的场合。

3. 花键材料的抗拉强度极限不低于 600MPa。

# 17.3　无键连接

凡是轴与毂连接不用键或花键时，统称为无键连接。下面介绍型面连接和胀紧连接。

## 17.3.1　型面连接

型面连接如图 17-11 所示。把安装轮毂的那一段轴做成表面光滑的非圆形截面的柱体［图 17-11（a）］或非圆形截面的锥体［图 17-11（b）］，并在轮毂上制出相应的孔。这种轴与

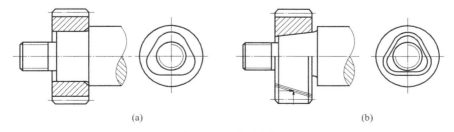

(a)　　　　　　　　　　　　　　　　　(b)

图 17-11　型面连接

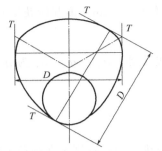

图 17-12 型面连接用等距曲线

毂孔相配合而构成的连接，称为型面连接。

型面连接装拆方便，能保证良好的对中性；连接面上没有键槽及尖角，从而减少了应力集中，故可传递较大的转矩。但加工比较复杂，特别是为了保证配合精度，最后工序多要在专用机床上进行磨削加工，故目前应用还不广泛。

型面连接常用的型面曲线有摆线和等距曲线两种。等距曲线如图 17-12 所示，因与其轮廓曲线相切的两平行线 $T$ 间的距离 $D$ 为一常数，故把此轮廓曲线称为等距曲线。与摆线相比，其加工与测量均较简单。

此外，型面连接也有采用方形、正六边形及带切口的圆形等截面形状的。

### 17.3.2　胀紧连接

胀紧连接（图 17-13）是在毂孔与轴之间装入胀紧连接套（简称胀套），可装一个（指一组）或几个，在轴向力作用下，同时胀紧轴与毂而构成的一种静连接。根据胀套结构形式的不同，JB/T 7934—1999 规定了 20 种型号（$Z_1 \sim Z_{20}$ 型），下面简要介绍采用 $Z_1$、$Z_2$ 胀套的胀紧连接。

采用 $Z_1$ 型胀套的胀紧连接如图 17-13 所示，在毂孔和轴的对应光滑圆柱面间，加装一个胀套［图 17-13(a)］或两个胀套［图 17-13(b)］。当拧紧螺母或螺钉时，在轴向力的作用下，内、外套筒互相楔紧。内套筒缩小而箍紧轴，外套筒胀大而撑紧毂，使接触面间产生压紧力。工作时，利用此压紧力所引起的摩擦力来传递转矩或（和）轴向力。

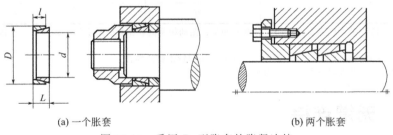

(a) 一个胀套　　　　　　　　　　(b) 两个胀套

图 17-13　采用 $Z_1$ 型胀套的胀紧连接

采用一个 $Z_2$ 型胀套的胀紧连接如图 17-14 所示。$Z_2$ 型胀套中，与轴或毂孔贴合的套筒均开有纵向缝隙（图中未示出），以利变形和胀紧。根据传递载荷的大小，可在轴与毂孔间加装一个或几个胀套。拧紧连接螺钉，便可将轴、毂胀紧，以传递载荷。

各型胀套已标准化，选用时只需根据设计的轴和轮毂尺寸以及传递载荷的大小，查阅手册选择合适的型号和尺寸，使传递的载荷在许用范围内。

当一个胀套满足不了要求时，可用两个以上的胀套串联使用，这时单个胀套传递载荷的能力将随胀套数目的增加而降低，故胀套不宜过多。

胀紧连接的定心性好，装拆方便，引起的应力集中较小，承载能力强，并且有安全保护作用。但由于要在轴和毂孔之间安装胀套，应用有时受到结构尺寸的限制。

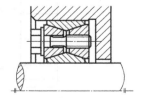

图 17-14　采用 $Z_2$ 型胀套的
胀紧连接

# 17.4 销连接

销按用途可分为定位销、连接销和安全销。定位销（图 17-15）用来固定零件之间的相对位置，它是组合加工和装配时的重要辅助零件。连接销（图 17-16）用于连接，可传递不大的载荷。安全销（图 17-17）可作为安全装置中的过载剪断元件。

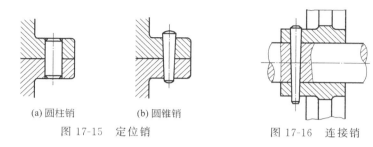

(a)圆柱销　　　(b)圆锥销

图 17-15　定位销　　　　　　　　　　　图 17-16　连接销

销有多种类型，如圆柱销、圆锥销、槽销、销轴和开口销等，这些销均已标准化。

圆柱销［图 17-15（a）］靠过盈配合固定在销孔中，经多次装拆会降低其定位精度和可靠性。圆柱销的直径偏差有 h8 和 m6 两种，以满足不同的使用要求。

圆锥销［图 17-15（b）］具有 1∶50 的锥度，在受横向力时可以自锁。它安装方便，定位精度高，可多次装拆而不影响定位精度。端部带螺纹的圆锥销（图 17-18）可用于盲孔或拆卸困难的场合。开尾圆锥销（图 17-19）适用于有冲击、振动的场合。

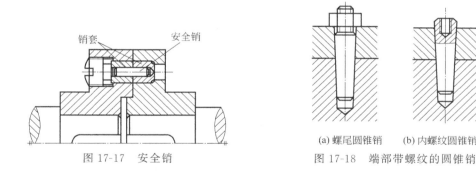

销套　　　　安全销

图 17-17　安全销

(a)螺尾圆锥销　　　(b)内螺纹圆锥销

图 17-18　端部带螺纹的圆锥销

槽销上有碾压或模锻出的三条纵向沟槽（图 17-20），将槽销打入销孔后，由于材料的弹性使销挤紧在销孔中，不易松脱，因而能承受振动和变载荷。安装槽销的孔不需要铰制，加工方便，可多次装拆。

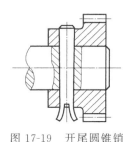

图 17-19　开尾圆锥销

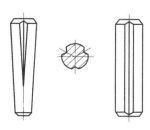

图 17-20　槽销

销轴用于两零件的铰接处，构成铰链连接（图 17-21）。销轴通常用开口销锁定，工作可靠，拆卸方便。

开口销如图 17-22 所示。装配时将尾部分开，以防脱出。开口销除与销轴配用外，还常用于螺纹连接的防松装置中。

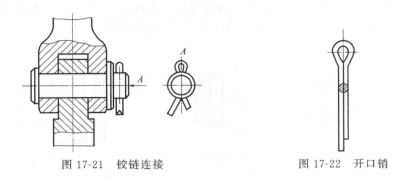

图 17-21　铰链连接　　　　　　　　图 17-22　开口销

定位销通常不受载荷或只受很小的载荷，故不做强度校核计算，其直径可按结构确定，数目一般不少于两个。销装入每一被连接件内的长度，约为销直径的 1～2 倍。

连接销的类型可根据工作要求选定，其尺寸可根据连接的结构特点按经验或规范确定，必要时再按剪切和挤压强度条件进行校核计算。

销的材料为 35 钢、45 钢（开口销为低碳钢）等，许用切应力 $[\tau]=80$MPa，许用挤压应力 $[\sigma_p]$ 查表 17-2。

# 思　考　题

17-1　验算键连接时，如强度不够应采用什么措施？如需要再加一个键，这个键的位置应在何处？平键和楔键工作面有何不同？

17-2　如何选择普通平键的尺寸？其公称长度与工作长度之间有什么关系？

17-3　花键连接和平键连接相比有哪些优缺点？

17-4　在一直径 $d=80$mm 的轴端，安装一钢制直齿圆柱齿轮（题 17-4 图），轮毂宽度 $L=1.5d$，工作时有轻微冲击。试确定平键的尺寸，并计算允许传递的最大转矩。

17-5　某转轴转速 $n=960$r/min，在轴端轴径 $d=55$mm 处装有一齿轮，采用 C 型键（$b\times h\times L=14\text{mm}\times 9\text{mm}\times 70\text{mm}$）进行固定，$[\sigma_p]=53$MPa，试求其传递的最大扭矩 $T$ 和最大功率 $P$。

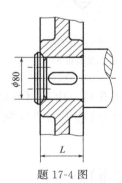

题 17-4 图

# 第18章

# 其他常用连接

## 18.1 弹性连接

弹性连接是靠弹性变形工作的弹性元件进行的连接。弹簧是最常用的一种弹性元件，它利用材料的弹性和结构特点通过变形和储存能量来工作，具有刚性小、弹性大、在载荷作用下容易产生弹性变形等特性，被广泛地应用于各种机器、仪表、交通运输工具及日常用品中。

### 18.1.1 弹簧类型、功用及材料

**(1) 弹簧的类型**

从外形上看，弹簧可分为螺旋弹簧、环形弹簧、碟形弹簧、平面涡卷弹簧和板弹簧等。

螺旋弹簧是用金属丝（条）按螺旋线卷绕而成的，按其形状分为：圆柱形［图 18-1(a)、(b)、(d)］，圆锥形［图 18-1(c)］等。按受载荷情况分为：拉伸弹簧［图 18-1(a)］、压缩弹簧［图 18-1(b)、(c)］、扭转弹簧［图 18-1(d)］等。

环形弹簧［图 18-2(a)］和碟形弹簧［图 18-2(b)］都是压缩弹簧，在工作过程中，一部分能量消耗在各圈之间的摩擦上，因此，具有很高的缓冲吸振能力，多用于重型机械的缓冲装置。平面涡卷弹簧［或称盘簧，图 18-2(c)］，它的轴向尺寸很小，常用作仪器和钟表的储能装置。板弹簧［图 18-2(d)］是由许多长度不同的钢板叠合而成，主要用作各种车辆的减振装置。

**(2) 弹簧的功用**

① 控制机构的运动，如制动器、离合器中的控制弹簧，内燃机气缸的阀门弹簧。

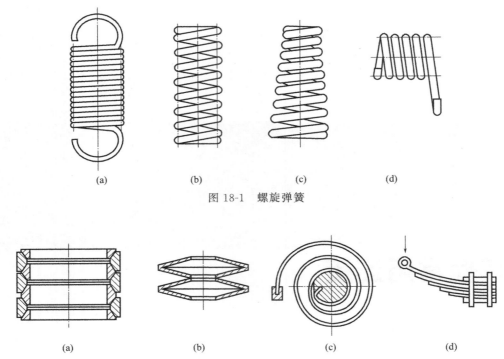

图 18-1 螺旋弹簧

图 18-2 环形弹簧、碟形弹簧、平面涡卷弹簧和板弹簧

② 减振和缓冲，如汽车、火车车厢下的减振弹簧，各种缓冲器用的弹簧。

③ 储存及输出能量，如仪表、仪器中的弹簧，枪闩弹簧。

④ 测量力的大小，如测力器、弹簧秤中的弹簧。

**(3) 弹簧的材料**

弹簧在机械中常承受具有冲击性的变载荷，所以弹簧的材料应具有高的弹性极限、疲劳极限、一定的冲击韧性、塑性和良好的热处理性能等。常用的弹簧材料有优质碳素弹簧钢、合金弹簧钢和有色金属合金。

① 碳素弹簧钢 含碳质量分数为 $0.6\% \sim 0.7\%$，如 65 钢、70 钢、85 钢等碳素弹簧钢。这类钢价廉易得，热处理后具有较高的强度、适宜的韧性和塑性，但当弹簧丝直径大于12mm 时，不宜淬透，故仅适用于小尺寸的弹簧。

碳素弹簧钢丝按抗拉强度极限的高低分为 B、C、D 三级，分别适用于低、中、高应力弹簧。表 18-1 列出了碳素弹簧钢丝抗拉强度极限的下限值。

表 18-1 碳素弹簧钢丝的抗拉强度极限 $\sigma_b$ MPa

| 级别 | 钢丝直径 $d$/mm | | | | | | | | | | | | | |
|---|---|---|---|---|---|---|---|---|---|---|---|---|---|---|
| | 0.5 | 0.8 | 1.0 | 1.2 | 1.6 | 2.0 | 2.5 | 3.0 | 3.5 | 4.0 | 4.5 | 5.0 | 6.0 | 8.0 |
| B 级 | 1860 | 1710 | 1660 | 1620 | 1570 | 1470 | 1420 | 1370 | 1320 | 1320 | 1320 | 1320 | 1220 | 1170 |
| C 级 | 2200 | 2010 | 1960 | 1910 | 1810 | 1710 | 1660 | 1570 | 1570 | 1520 | 1520 | 1470 | 1420 | 1370 |
| D 级 | 2550 | 2400 | 2300 | 2250 | 2110 | 1910 | 1760 | 1710 | 1660 | 1620 | 1620 | 1570 | 1520 | — |

② 合金弹簧钢　承受变载荷、冲击载荷或工作温度较高的弹簧，需采用合金弹簧钢，常用的有硅锰钢和铬矾钢等。

③ 有色金属合金　在潮湿、酸性或其他腐蚀性介质中工作的弹簧，宜采用有色金属合金，如硅青铜、锡青铜、铍青铜等。

选择材料时，应考虑到弹簧的用途、重要程度、使用条件（包括载荷性质、大小及循环特性、工作持续时间、工作温度和周围介质情况等）、加工、热处理和经济性等因素。同时，也要参照现有设备中使用的弹簧，选择较为合理的材料。

弹簧按载荷性质分为三类：Ⅰ类——受变载荷作用次数在 $10^6$ 以上或很重要的弹簧，如内燃机气门弹簧、电磁制动器弹簧；Ⅱ类——受变载荷作用次数在 $10^3 \sim 10^5$ 及受冲击载荷的弹簧或受静载荷的重要弹簧，如调速器弹簧、安全阀弹簧、一般车辆弹簧；Ⅲ类——受变载荷作用次数在 $10^3$ 以下，即基本上受静载荷的弹簧，如摩擦时安全离合器弹簧等。弹簧常用材料和许用应力见表 18-2。

**表 18-2　弹簧的常用材料和许用应力**

| 材料 | | 许用切应力/MPa | | | 推荐使用温度/℃ | 推荐硬度范围/HRC | 特性及用途 |
|------|------|------|------|------|------|------|------|
| 名称 | 牌号 | Ⅰ类弹簧 $[\tau_Ⅰ]$ | Ⅱ类弹簧 $[\tau_Ⅱ]$ | Ⅲ类弹簧 $[\tau_Ⅲ]$ | | | |
| 碳素弹簧钢丝(可分为B、C、D 三级) | 65 钢、70 钢 | $(0.3\sim0.38)\sigma_b$ | $(0.38\sim0.45)\sigma_b$ | $0.5\sigma_b$ | $-40\sim130$ | | 强度高,但尺寸大不易淬透。B、C、D 级分别适用于低、中、高应力弹簧 |
| | 65Mn | 340 | 455 | 570 | $-40\sim130$ | | |
| 合金弹簧钢丝 | 60Si2Mn | 445 | 590 | 740 | $-40\sim200$ | $45\sim50$ | 弹性好,回火稳定性好,易脱碳,用于重载弹簧 |
| | 50CrVA | 445 | 590 | 740 | $-40\sim210$ | $45\sim50$ | 疲劳强度高,淬透性和回火稳定性好,常用于受变载荷的弹簧 |
| | 60CrMnA | 430 | 570 | 710 | $-40\sim250$ | $47\sim52$ | 抗高温,用于重载、大尺寸弹簧 |
| 青铜丝 | QSi-3 | 196 | 250 | 333 | $-40\sim120$ | | 耐腐蚀、防磁 |
| | QSn4-3 | 196 | 250 | 333 | $-250\sim120$ | | |

注：1. 钩环式拉伸弹簧因钩环过渡部分存在附加应力，其许用切应力取表中数值80%。
2. 对重要的、其损坏会引起整个机械损坏的弹簧，许用切应力 $[\tau]$ 应适当降低。
3. 经压强、喷丸处理的弹簧，许用切应力可提高 20%。
4. 极限切应力可取为：Ⅰ类，$\tau_s=1.67\,[\tau_Ⅰ]$；Ⅱ类，$\tau_s=1.25\,[\tau_Ⅱ]$；Ⅲ类，$\tau_s=1.12\,[\tau_Ⅲ]$。

## 18.1.2　圆柱形螺旋弹簧的基本几何参数

圆柱形螺旋弹簧的主要参数和几何尺寸如图 18-3 所示，包括：弹簧丝直径、外径、内径、中径、节距、螺旋升角、弹簧工作圈数和弹簧自由高度等。螺旋弹簧各参数间的关系见表 18-3。

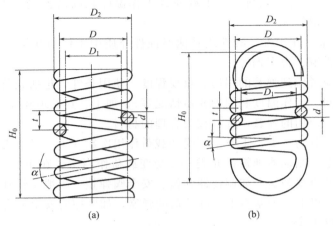

图 18-3　圆柱形螺旋弹簧的主要参数和几何尺寸

**表 18-3　螺旋弹簧基本几何参数间的关系**

| 参数名称 | 压缩弹簧 | 拉伸弹簧 |
|---|---|---|
| 外径 | $D_2 = D + d$ | |
| 内径 | $D_1 = D - d$ | |
| 螺旋角 | $\alpha = \arctan \dfrac{t}{\pi D}$ | |
| 节距 | $t = (0.28 \sim 0.5)D$ | $t = d$ |
| 有效工作圈数 | $n$ | |
| 死圈数 | $n_2$ | — |
| 弹簧总圈数 | $n_1 = n + n_2$ | |
| 弹簧自由高度 | 两端并紧、磨平<br>$H_0 = nt + (n_2 - 0.5)d$<br>两端并紧、不磨平<br>$H_0 = nt + (n_2 + 1)d$ | $H_0 = nd +$ 挂钩尺寸 |
| 弹簧丝展开长度 | $L = \dfrac{\pi D n_1}{\cos\alpha}$ | $L = \pi D n +$ 挂钩展开尺寸 |

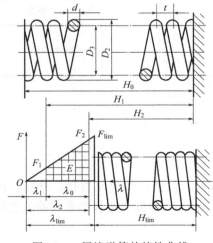

图 18-4　压缩弹簧的特性曲线

## 18.1.3　弹簧的强度与刚度计算

### (1) 弹簧的特性曲线

弹簧应具有经久不变的弹性，且不允许永久变形。因此在设计弹簧时，必须使工作应力在弹性极限范围内。在这个范围内工作的弹簧，当承受轴向载荷 $F$ 时，弹簧将产生相应的弹性变形，其变形量为 $\lambda$。为了表示弹簧的载荷与变形的关系，取纵坐标表示弹簧承受的载荷，横坐标表示弹簧的变形，这种表示载荷与变形关系的曲线称为特性曲线，如图 18-4 所示，它是弹簧设计和制造过程中检验或试验的重要依据。

等节距圆柱螺旋压缩（拉伸）弹簧，$F$ 与 $\lambda$ 呈线性变化，其特性曲线为一直线。压缩弹簧的特性曲线如图 18-4 所示。

图 18-4 中，$F_1$ 为最小工作载荷，它是弹簧安装时所预加的初始载荷。在 $F_1$ 的作用下，弹簧产生最小变形 $\lambda_1$，其高度由自由高度 $H_0$ 压缩到 $H_1$。$F_2$ 为最大工作载荷，在 $F_2$ 的作用下，弹簧变形增加到 $\lambda_2$，此时高度为 $H_2$。$F_{lim}$ 是弹簧的极限工作载荷，在 $F_{lim}$ 的作用下，弹簧变形增加到 $\lambda_{lim}$，这时其高度为 $H_{lim}$，弹簧丝的应力达到材料的屈服极限。其中，$h = \lambda_2 - \lambda_1$，$h$ 称为弹簧的工作行程。弹簧的最大工作载荷由工作条件所确定。

**（2）弹簧的强度计算**

圆柱压缩螺纹在受载时，簧丝以受切应力为主，其强度条件为

$$\tau = K \frac{8FC}{\pi d^2} \leqslant [\tau] \tag{18-1}$$

式中　$[\tau]$——许用剪切应力，MPa；

$\quad\quad F$——弹簧的工作载荷，N；

$\quad\quad d$——弹簧直径，mm；

$\quad\quad C$——旋绕比，查表 18-4；

$\quad\quad K$——曲度系数，根据 $C$ 直接从图 18-5 中选取。

所得设计公式为

$$d \geqslant 1.6 \sqrt{\frac{KFC}{[\tau]}} \tag{18-2}$$

表 18-4　旋绕比 $C$

| $d/mm$ | 0.2~0.4 | 0.5~1 | 1.1~2.2 | 2.5~2.6 | 7~16 | 18~42 |
|---|---|---|---|---|---|---|
| $C$ | 7~14 | 5~12 | 5~10 | 4~10 | 4~8 | 4~6 |

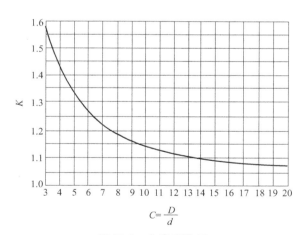

图 18-5　曲度系数 $K$

**（3）弹簧的刚度计算**

圆柱螺旋压缩（拉伸）弹簧的轴向变形公式为

$$\lambda = \frac{8FC^3 n}{Gd} \tag{18-3}$$

式中　　$n$——弹簧的工作圈数；

　　　　$G$——弹簧材料的剪切弹性模量（钢 $G=8\times10^4$，铜 $G=4\times10^4$）。

弹簧刚度 $k$ 是弹簧的主要参数之一，它表示弹簧单位变形所需要的力，计算公式为

$$k=\frac{F}{\lambda}=\frac{Gd}{8C^3n} \tag{18-4}$$

刚度越大，需要的力越大，弹簧的弹力也就越大。

则弹簧的圈数为

$$n=\frac{\lambda Gd}{8FC^3}=\frac{Gd}{8C^3k} \tag{18-5}$$

对于拉伸弹簧总圈数大于 20 圈时，一般圆整为整圈数，小于 20 圈时可以圆整为 0.5 圈。对于压缩弹簧，总圈数的尾数宜取 0.25、0.5 或整数。有效圈数通常为 0.5 的整倍数，并且大于 2 才能保证弹簧具有稳定的性能。若计算的 $n$ 与 0.5 的倍数相差较大时，应在圆整后再计算弹簧的实际长度。

弹簧的总圈数与有效圈数的关系可以根据 GB/T 23935—2009《圆柱螺旋弹簧设计计算》确定。压缩弹簧可以根据已知条件首先选择标准弹簧（GB/T 1358—2009《圆柱螺旋弹簧尺寸系列》或有关手册），当无法选择时再自行设计。

# 18.2　铆接

利用铆钉将两个或两个以上的被连接件（一般为板材或型材）连接在一起的一种不可拆的连接称为铆钉连接，简称铆接。铆接典型结构如图 18-6 所示。它们主要由连接件铆钉 1 和被连接件板 2、3 所组成。有的还有辅助连接件盖板 4。

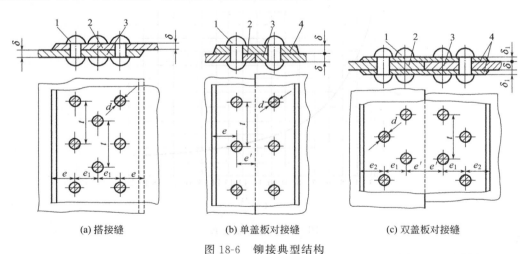

图 18-6　铆接典型结构

1—铆钉；2,3—被连接件板；4—辅助连接件盖板

铆接中基本元件在构造物上所形成的连接部分统称为铆接缝（简称铆缝）。铆缝的结构形式很多，就接头情况看，有如图 18-6 所示的搭接缝、单盖板对接缝和双盖板对接缝。就

铆钉排数看，又有单排、双排与多排之分。如按铆缝性能的不同，又可分为三种：以强度为基本要求的铆缝称为强固铆缝，如飞机蒙皮与框架、起重设备的机架、建筑物的桁架等结构用的铆缝；不但要求具有足够的强度，而且要求保证良好的紧密性的铆缝称为强密铆缝，如蒸汽锅炉、压缩空气贮存器等承受高压器皿的铆缝；仅以紧密性为基本要求的铆缝称为紧密铆缝，多用于一般的流体贮存器和低压管道上。

铆钉的类型多种多样，且多已标准化（GB/T 863.1—1986～GB/T 876—1986 等）。按钉头形状不同有半圆头、小半圆头、平锥头、平头、扁平头、沉头和半沉头铆钉等。图 18-7 所示为机械中常用铆钉在铆接后的形式。为适应不同工作要求，铆钉又有实心、空心和半空心之分。其中实心铆钉多用于受力大的金属零件的连接，空心铆钉一般用于受力较小的薄板或非金属零件的连接。除此之外，还有一些特殊结构的铆钉，如抽芯铆钉，如图 18-8 所示。

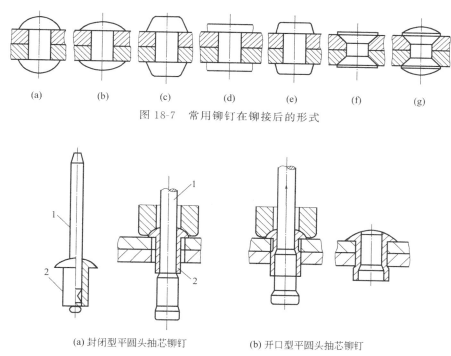

   (a)   (b)   (c)   (d)   (e)   (f)   (g)

图 18-7 常用铆钉在铆接后的形式

(a) 封闭型平圆头抽芯铆钉   (b) 开口型平圆头抽芯铆钉

图 18-8 抽芯铆钉

1—芯杆；2—钉套

铆接具有工艺设备简单、抗振、耐冲击和牢固可靠等优点。其缺点是：机构一般较为笨重，被连接件上所制的铆孔对被连接件的强度有较大的削弱；铆接时噪声很大，影响工人健康。因此，目前除在桥梁、建筑、造船、重型机械及飞机制造等工业部门中仍常采用外，应用已渐减少，并被焊接、胶接所代替。

# 18.3 焊接

借助加热（有时还要加压）使两个以上的金属元件在连接处以分子间的结合而构成的不可拆连接称为焊连接，简称焊接。

　　焊接的方法很多，机械制造业中常用的是属于熔融焊的电焊、气焊与电渣焊，其中电焊应用最广。电焊又分为电阻焊和电弧焊两种。前者是利用大的低压电流通过被焊件时，在电阻最大的接头处（被焊接部位）引起强烈发热，使金属局部融化，同时机械加压而形成的连接；后者则是利用电焊机低压电流，通过电焊条（为一个电极）与被焊件（为另一个电极）间形成的回路，在两极间引起电弧来熔融被焊接部分的金属和焊条，使熔融的金属混合并填充接缝而形成的连接，如图 18-9 所示。

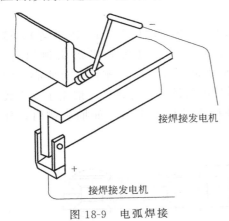

接焊接发电机

接焊接发电机

图 18-9　电弧焊接

　　焊接具有强度高、容易保证紧密性、工艺简单、操作简便、重量轻等优点。焊接还可以采用型材、铸件、锻件拼焊成形状复杂的零件，可以节约金属，简化制造工艺，降低成本，尤其适合单件或小批量生产的机械零件制造，从而得到广泛应用。焊接的缺点是：焊接后被焊件上通常会产生残余焊接应力和残余焊接变形，所以不宜承受严重的冲击和振动载荷；连接质量不易从外部检查。

# 18.4　胶接

　　胶接是利用胶黏剂在一定条件下把预制的元件连接在一起，并具有一定的连接强度的不可拆连接方式，如图 18-10 所示。

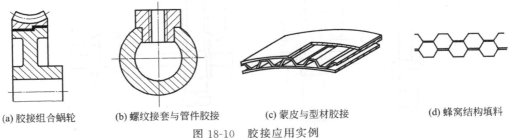

(a) 胶接组合蜗轮　　(b) 螺纹接套与管件胶接　　(c) 蒙皮与型材胶接　　(d) 蜂窝结构填料

图 18-10　胶接应用实例

　　它与铆接、焊接和螺纹连接等相比有许多独特的优点，主要有：①可以胶接不同性质的材料，因两种性质完全不同的材料很难焊接，若采用铆接或螺纹连接又容易产生电化学腐蚀；②可以胶接异型、复杂部件和大的薄板结构件，以避免焊接产生的热变形和铆接产生的机械变形；③胶接是面连接，不易产生应力集中，故耐疲劳、耐蠕变性能较好；④胶接容易实现密封、绝缘、防腐蚀，可根据要求使接头具有某些特种性能，如导电、透明、隔热等；⑤胶接工艺简单、操作方便，能节约能源、降低成本，减轻劳动强度；⑥胶接件外形平滑，比起铆接、焊接和螺纹连接等可减轻重量（一般可减轻 20% 左右）。但胶接也有以下缺点：①胶接结构抗剥离、抗弯曲及抗冲击振动性能较差；②耐老化、耐介质（如酸、碱等）性能较差且不稳定，多数胶黏剂的耐热性不高，使用温度有很大的局限性；③胶接工艺的影响因素很多，难以控制、检测手段还不完善，有待改进和发展。

目前，胶接在机床、汽车、拖拉机、造船、化工、仪表、航空、航天等工业部门中的应用日渐广泛。

## 18.5　过盈连接

过盈连接利用零件间的配合过盈来达到连接目的。这种连接也称为干涉配合连接或紧配合连接。

如图 18-11 所示，过盈连接是将外径为 $d_B$ 的被包容件压入内径为 $d_A$ 的包容件中。由于配合直径间有 $\Delta A + \Delta B$ 的过盈量，装配后在配合面上将产生一定的径向压力。

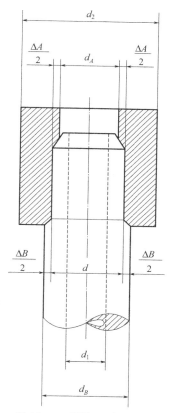

图 18-11　圆柱面过盈连接

过盈连接的装配方法有压入法和胀缩法（温差法）。压入法是利用压力机将被包容件直接压入包容件中。由于过盈量的存在，在压入过程中配合表面微观不平度的峰尖不可避免地要受到擦伤或压平，因而降低了连接的紧固性。对连接质量要求更高的场合，应采用胀缩法进行装配，即加热包容件或冷却被包容件，使之既便于装配又可减少或避免损伤配合表面，在常温时达到牢固的连接。加热法常用于配合直径较大的场合；冷却法则常用于配合直径较小的场合。

过盈连接主要用于轴与毂的连接、轮圈与轮芯的连接以及滚动轴承与轴或座孔的连接等。这种连接的特点是结构简单、对中性好、承载能力强、承受冲击性能好、对轴削弱少，但配合面加工精度要求高、装拆不便。

# 思 考 题

18-1  举出实际生活中的三种不同的弹簧，说明它们的类型、结构和功用。

18-2  弹簧的特性系数是什么？它在设计中起什么作用？

18-3  设计弹簧时，为什么通常取弹簧指数 $C＝4\sim16$？弹簧指数的含义是什么？

18-4  制造弹簧的材料应符合哪些主要要求？常用材料有哪些？

18-5  铆接、焊接、胶接各自有何特点？常用于什么场合？

18-6  过盈连接的装配方法有哪些？

第**6**篇
机械设计实训

# 第 19 章

# 机械仿真设计

## 19.1 常用仿真软件介绍

**（1）UG 软件**

UG 软件是一个集 CAD、CAE 和 CAM 于一体的机械工程辅助系统。UG 采用基于特征的实体造型，具有尺寸驱动编辑功能和统一的数据库。其核心 Parasolid 提供强大的实体建模功能和无缝数据转换能力。UG 实现了全相关的和数字化实体模型之间的数据共享，它提供用户一个灵活的复合建模模块，如实体建模、曲面建模、线框建模、基于特征的参数建模以及功能强大的逼真照相的渲染、动画和快速原型工具。UG 使用户能快速和精确地通过公差特征将公差信息与几何对象相关联。UG 还提供了二次开发工具，允许用户扩展 UG 的功能，强大的编程框架使用户和软件供应商可以开发出与 UG 能很快集成并全相关的应用程序。UG 具有很强的数控加工能力，可以进行 2～2.5 轴、3～5 轴联动的复杂曲面加工和镗铣。它覆盖制造全过程，以及制造的自动化、集成化和用户化。在产品制造周期、产品制造成本和产品制造质量方面，都提供了实用的、柔性的 CAM 产品，融合了世界丰富的产品加工经验。UG 适用于航空航天器、汽车、通用机械以及模具等的设计、分析及制造工程。

**（2）Pro/Engineering 软件**

Pro/Engineering 软件是美国 PTC（Parametric Technology Corporation）公司的机械设计自动化软件产品，Pro/Engineering 软件以参数化著称，它是最早较好地实现了参数优化设计性能，在 CAD 领域中具有领先技术并取得相当成功的软件。Pro/Engineering 软件有诸多版本，如 Pro/E 2001、Pro/E 2.0、Pro/E 3.0、Pro/E 4.0、Pro/E 5.0、Creo 1.0、Creo 2.0、Creo 3.0、Creo 4.0、Creo 5.0。

Pro/Engineering 包含了 70 多个专用功能模块，如特征造型、产品数据管理 PDM、有限元分析、装配等，被称为新一代 CAD 系统。Pro/Engineering 建立在一个统一的能在系统内部引起变化的数据结构的基础上，因此开发过程中某一处所发生的变化能够很快传遍整个设计制造过程，确保所有的零件和各个环节保持一致性和协调性。

Pro/Engineering 的核心技术是以部件为中心，可以画出非常复杂的几何外形，其设计的零件不仅包含制造工艺和成本等一些非几何的信息，而且包括零件的位置信息以及它们之间的相互联系。这意味着在对零件进行布置时并不需要一个坐标系，零件自身知道它们是如何和模型的其余部分相联系的。这就使得对模型的改动非常迅速，并且始终和最初的设计意图相一致。所以它能使工程师高效率地设计、归档和管理任意大小的产品部件。

Pro/Engineering 不光使用方便，还提供了全面的以 Internet 为中心的工具。用户可以进行在线浏览、交互访问和共享 Pro/Engineering 的设计。而且，从 Web 网上还可以得到 PTC 公司新的 InPart，这是业界最大的在线零件目录，其中有来自领先部件供应商的成千上万个以前创立的 Pro/Engineering 标准设计。

**（3）I-DEAS 软件**

I-DEAS 是美国机械软件行业先驱 SDRC（Structural Dynamics Research Corporation）公司自 1993 年推出的新一代机械设计自动化软件，也是 SDRC 公司在 CAD/CAE/CM 领域的旗舰产品，它集产品设计、工程分析、数控加工、塑料模具仿真分析、样机测试及产品数据管理于一体，是集成化的 CAD/CAE/CAM 一体化工具。在我国，使用 I-DEAS Master Series 软件的用户近千家，居于三维实体机械设计自动化软件的主导地位。由于 SDRC 公司早期是以工程与结构分析为主逐步发展起来的，所以工程分析是该公司的特长。

I-DEAS 共有 7 大主模块：工程设计（Engineering Design）模块、工程制图（Drafting）模块、制造（Manufacturing）模块、有限元仿真（Simulation）模块、测试数据分析（Test Data Analysis）模块、数据管理（Data Management）模块、几何数据交换（Geometry Translator）模块。它帮助工程师以极高的效率，在单一数字模型中完成从产品设计、仿真分析、测试直至数控加工的产品研发全过程。

I-DEAS 与 SDRC 自身的 Metaphase 这一当今最先进的产品数据管理（PDM）软件的无缝集成为企业提供了掌控产品开发全过程的保证。I-DEAS 还允许设计团队基于公共主模型同时开展工作。由此生成的数字样机可提供以前只能靠物理样件实验才能得到的答案。

作为 I-DEAS 核心的 VGX 技术提供了动态引导器（Dynamic Navigator）这样独特的关键技术。作为一个交互性能很强的工具，动态引导器可自动识别并预增亮装配件、零件、边、（曲）面、线框、草图、单个几何实体和所有约束，参与用户的下一步操作。它具有直接在实体零件上任意位置勾画草图的能力，可以直接在三维数字模型上进行增、删、改任一个或一个组特征的操作，既直观且随意。I-DEAS 可兼收并蓄其他商业或自用软件，实现与电子、机械设计、分析、测试、加工、快速成型以及其他具有并行工程功能的应用软件的数据共享，保护企业以前的投资。

**（4）AutoCAD 系列软件**

AutoCAD 系统是美国 Autodesk 公司为微机开发的一个交互式绘图软件，它基本上是一个二维工程绘图软件，具有较强的绘图、编辑、剖面线和图案绘制、尺寸标注以及方便用户的二次开发功能，也具有部分的三维作图造型功能。

Autodesk 公司还推出一款三维可视化实体模拟软件 Autodesk Inventor Professional

（AIP）。Autodesk Inventor Professional 软件是一套全面的设计工具，用于创建和验证完整的数字样机；帮助制造商减少物理样机投入，以更快的速度将更多的创新产品推向市场。Autodesk Inventor Professional 包括 Autodesk Inventor 三维设计软件；基于 AutoCAD 平台开发的二维机械制图软件 AutoCAD Mechanical；还加入了用于缆线和束线设计、管道设计及 PCBIDF 文件输入的专业功能模块，并加入了由业界领先的 ANSYS 技术支持的 FEA 功能，可以直接在 Autodesk Inventor 软件中进行应力分析。在此基础上，集成的数据管理软件 Autodesk Vault 用于安全地管理进展中的设计数据。

**（5）Solid Edge**

作为美国公司 Unigraphics Solutions 的中端 CAD 软件包，Solid Edge 提出了杰出的机械装配设计和制图性能、高效的实体造型能力和无与伦比的易用性。其实体建模系统具有最佳的易用、易用性，并可按照设计师和工程师的思路工作。Solid Edge 参数、基于特征的实体建模操作依据定义清晰、直观一致的工作步骤，推动了工作效率的提高。Solid Edge 强大的造型工具能帮助用户更快地将高质量的产品推入市场。

Solid Edge 是适用于 Windows 的机械装配设计系统，它是一种完全创新的应用于机械装配和零件模型制作的计算机辅助设计系统。Solid Edge 是第一个将真参数化、特征化实体模型制作引入 Windows 环境的机械设计工具，通过模仿实际和自然的机械工程流程的直观界面，Solid Edge 避免了传统 CAD 系统中命令混乱和复杂的模型制作过程。

Solid Edge 可以快速方便地与其他的计算机辅助工具相配合，如与办公室自动化程序、机械设计、工程和制造系统结合在一起。

**（6）SolidWorks 软件**

SolidWorks 公司的 SolidWorks 系列软件是一套功能相当强大的三维造型软件，三维造型是该软件的主要优势，该软件从最早的 SolidWorks 98 版开始，就提出了功能强大、易学易用、技术创新这三大特点。SolidWorks 是世界上第一个专门在 Windows 环境下设计的面向产品的 CAD 系统，它以特征造型为基础，包括了零件设计、钣金设计、二维工程图自动生成、装配等，功能全面，而且集成和兼容了所有 Windows 系统的卓越功能。另外该软件的界面友好，使用全中文的窗口式菜单操作，这样一来就给使用者提供了学习便利。

此外，SolidWorks 软件还具有以下特点：①采用双向关联的尺寸驱动机制，设计数据100%可以编辑，尺寸、相互关系和几何轮廓形状可以随时修改；②采用特征建立零件，并具有独特的特征管理设计树（Feature Manager Tree），复杂零部件的细节和局部设计安排条理清晰明了，操作简单；③三维模型由零件、装配体和工程图组成，零件、装配体及工程图在不同文件中显示同一零件模型，如果在一个文件中对零件模型进行了修改，则包括此零件模型的其他文件也会相应地修改；④利用插件数据接口，可以很方便地与其他三维 CAD软件进行数据交换，并通过 OLE（对象链接与嵌入）技术为用户提供强大的二次开发接口。

**（7）MasterCAM 软件**

MasterCAM 是美国 CNC 系统公司开发的一套适用于机械产品设计、制造的运行在 PC平台上的 CAD/CAM 交互式图形集成系统。它不仅可以完成产品的设计，更能完成各种类型数控机床的自动编辑，包括数控铣床（2～5 轴）、车床（可带 C 轴）、线切割机（4 轴）、激光切割机、加工中心等的编辑加工。

产品零件的造型可以由系统本身的 CAD 模块来建立模型，也可通过坐标测量仪测得的数据建模，系统提供的 DXIGES、CADL、VDA、STL 等标准图形接口可实现与其他 CAD

系统的双向图形传输，也可通过专用 DWG 图形接口直接与 AutoCAD 进行图形传输。系统具有很强的加工能力，可实现多曲面连续加工、毛坯粗加工、刀具干涉检查与消除、实体加工模拟、DNC 连续加工以及开放式的通用后置处理功能。

# 19.2　SolidWorks 软件介绍

对于齿轮零件来说，建模的难点主要体现在齿形（也就是齿廓曲线）的生成上。从生成齿廓曲线方法的角度看，可大致分为使用外部导入数据生成齿廓曲线、直接使用 Solid-Works 主程序生成齿廓曲线以及使用第三方软件生成齿廓曲线。

SolidWorks 从 2010 版开始，在方程式驱动的曲线中可以输入参数方程，而 2011 版可以输入由方程驱动的 3D 曲线，因此使用 2011 及以上版本的用户，可以用渐开线的参数方程来画标准齿轮；对于使用较低版本的用户，绘制渐开线则稍微复杂一点，本书主要讲述的是使用 SolidWorks 2012 版本创建齿轮零件。

齿轮零件的绘制主要体现在齿形（也就是齿廓曲线）的生成上。在此，我们主要通过例题对在 SolidWorks 中渐开线曲线的绘制加以分析研究。

齿轮零件建模主要体现在齿形（也就是齿廓曲线）的生成上。在我们的课程设计过程中，主要研究的是渐开线齿轮，在此，我们主要通过例题对在 SolidWorks 中渐开线曲线的绘制加以分析研究。

**（1）"Toolbox"生成齿轮**

在 SolidWorks 自带的"Toolbox"工具插件中有简化的"渐开线"齿轮的绘制方法，下面就来介绍一下这种方法。这种建模方法，可以制作出简化的渐开线齿轮。

**例 19-1**　制作简化渐开线齿轮。

① 单击【设计库】按钮，打开【Toolbox】插件，单击【现在插入】，单击【Gb】按钮 Gb，出现【垫圈和挡圈】、【结构件】、【密封件】、【铆钉和焊钉】、【动力传动】、【键和销】等多个标准件按钮，单击【动力传动】→【齿轮】，出现"直斜接齿轮""直齿伞（小齿轮）""直齿伞（齿轮）"等多种结构的齿轮。

② 右击【正齿轮】按钮，单击【生成零件】，出现【零件参数设置】对话框，对齿轮进行设置，如图 19-1 所示，生成如图 19-2 所示的零件。单击【标准】工具栏【保存】图标，保存模型。

③ 如需要辐板式齿轮，就可以使用【旋转切除】、【拉伸切除】、【圆周阵列】等命令完成。通过一系列的设置，就可以得到想要的齿轮。

**（2）曲面生成渐开线**

曲面生成渐开线有很多种方法，曲面扫描、曲面放样等都可生成渐开线齿面，这里仅介绍曲面放样生成渐开线。

图 19-1　齿轮属性设置

图 19-2 直齿圆柱齿轮

例 19-2 建立模数 $m = 3.00$mm，齿数 $z = 80$ 的渐开线齿轮，轮齿边缘有倒角，轴心处有一个带键槽的轴孔。

分析：由公式 $d = mz$，$d_a = (z + 2h_a^*) m$，$d_f = (z - 2h_a^* - 2c^*) m$，$d_b = d \cos \alpha$ 可知：$d = 240.00$mm，$d_a = 246.00$mm，$d_f = 232.50$mm，$d_b = 225.53$mm。

① 单击【新建】按钮 ，建立一个新的零件文件。

② 选取【前视基准面】，单击【正视于】按钮 ，单击【草图绘制】按钮 ，单击【圆】按钮 ，绘制圆，并标注尺寸，为生成渐开线的基圆，单击【确定】按钮 ，得到草图 1，如图 19-3 所示。

③ 选取【前视基准面】，单击【草图绘制】按钮 ，单击【直线】按钮 ，绘制水平构造线和竖直实线，绘制的竖直线需标注尺寸，尺寸的大小不限，因为后面要链接到方程式。单击【确定】按钮 ，得到草图 2，如图 19-4 所示。

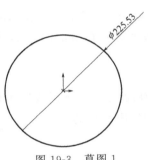

图 19-3 草图 1

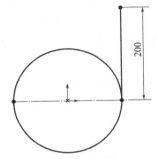

图 19-4 草图 2

④ 右击设计树的【注解】，勾选【显示注解】和【显示特征尺寸】。双击竖直线的尺寸，出现【尺寸】对话框，将鼠标放置于"尺寸值"位置时，系统出现提示来创建方程式，如图 19-5 所示。按照提示创建方程式，先点击草图 1 圆的直径尺寸（D1@草图 1），然后输入"*pi/2"，如图 19-6 所示，这样这段线段的长度就与开始圆（基圆）周长的一半一样长，单击【确定】按钮 ，得到如图 19-7 所示的直线尺寸。

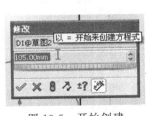

图 19-5 开始创建

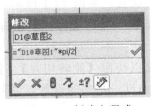

图 19-6 创建方程式

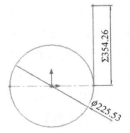

图 19-7 设定直线长度

⑤ 选取【前视基准面】，单击【草图绘制】按钮 ，单击【3 点圆弧】按钮 ，在这个草图中绘制一个半径与草图 1 的圆一样大的半圆，并且圆心重合，圆弧的两点分别与圆的两

个点重合。单击【确定】按钮 🔄，得到草图 3，如图 19-8 所示。

⑥ 选取【前视基准面】，单击【草图绘制】按钮 🖉，单击【点】按钮 ✳，将点放置在草图 3 圆弧的左侧端点处。单击【确定】按钮 🔄，得到草图 4，如图 19-9 所示。

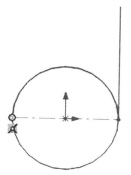

图 19-8　草图 3　　　　　　　　　图 19-9　草图 4

⑦ 单击【插入】→【曲面】→【放样曲面】按钮 🔔 放样曲面(L)...，出现"曲面-放样"属性设置，属性设置如图 19-10 所示，单击【确定】按钮 ✔，得到的放样曲面如图 19-11 所示。其中"中心线参数"的作用是：从放样的两个轮廓（草图 2 和草图 4）之间形成的中间轮廓（渐开线曲面）都是"中心线参数"（草图 3）的法线方向。

图 19-10　【放样】属性设置

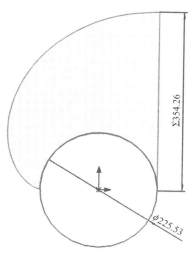

图 19-11　放样曲面

⑧ 选取【前视基准面】，单击【草图绘制】按钮 🖉，单击【转换实体引用】按钮 🗗，出现【属性设置】对话框，选择渐开线曲面的边线，属性设置如图 19-12 所示。单击【确定】按钮 🔄，得到的转换实体如图 19-13 所示。

⑨ 右击步骤⑧中形成的渐开线曲面，单击【隐藏】按钮 ⊘，将渐开线曲面隐藏，得到如图 19-14 所示的渐开线。

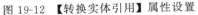

图 19-12 【转换实体引用】属性设置

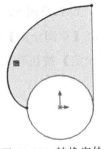

图 19-13 转换实体

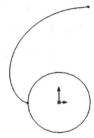

图 19-14 渐开线

⑩ 单击【圆】按钮 ⊘，绘制以基圆圆心（坐标原点）为圆心的一系列同心圆，并标注尺寸，分别为渐开线齿轮的齿根圆、分度圆、齿顶圆，其中分度圆不构成实体，所以使用构造线，如图 19-15 所示。

⑪ 单击【剪裁】按钮 ，剪去渐开线上多余部分。单击【点】按钮 ，在【快速捕捉】选项中选择【交叉点捕捉】按钮 ，将点放置在渐开线与分度圆的相交处，如图 19-16 所示。单击【工具】→【草图工具】→【圆周阵列】按钮 圆周阵列(C)，"阵列中心"选择坐标原点，"要阵列的实体"选择刚才添加的点，圆周草图阵列属性设置如图 19-17 所示，单击【确定】按钮 。单击【直线】按钮 ，绘制中心线，并通过渐开线的相邻点与坐标原点，如图 19-18 所示，该中心线作为进行【镜向】操作时的镜向点。

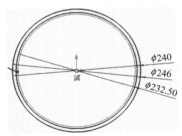

图 19-15 齿根圆、分度圆和齿顶圆

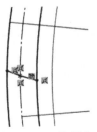

图 19-16 绘制点

图 19-17 【圆周阵列】属性设置

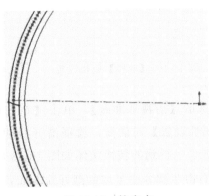

图 19-18 镜向点

⑫ 单击【草图绘制】中的【镜向】按钮 ▲，属性设置如图 19-19 所示，单击【确定】按钮 ✓，得到如图 19-20 所示的曲线。单击【剪裁】按钮 ✦，剪去多余部分，得到如图 19-21 所示的图形。

图 19-19 【镜向】属性设置

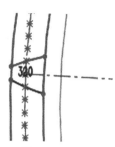

图 19-20 镜向

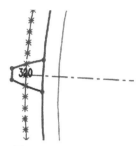

图 19-21 剪裁后轮齿

⑬ 单击【工具】→【草图工具】→【圆周阵列】按钮 ⚙ 圆周阵列(C)，"阵列中心"选择坐标原点，圆周草图阵列属性设置如图 19-22 所示，单击【确定】按钮 ✓，得到如图 19-23 所示的图形。

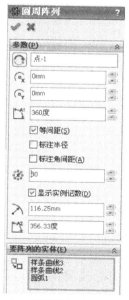

图 19-22 【圆周阵列】属性设置

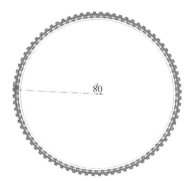

图 19-23 轮齿的圆周阵列

⑭ 单击【剪裁】按钮 ✦，剪去多余部分，得到如图 19-24 所示的图形。

⑮ 单击【拉伸凸台】按钮 ▥，出现【拉伸】属性管理器，其设置如图 19-25 所示，拉伸后得到模型如图 19-26 所示。

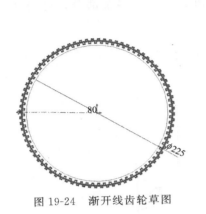

图 19-24 渐开线齿轮草图　　　　图 19-25 【拉伸】属性设置　　　　图 19-26 渐开线齿轮轮坯

⑯ 选取【右视基准面】，单击【正视于】按钮 ，单击【剖面视图】按钮 ，单击【确定】按钮 。再单击【右视基准面】，单击【草图绘制】按钮 ，单击【直线】按钮 ，绘制中心线，如图 19-27 所示。单击【直线】按钮 ，绘制如图 19-28 所示草图。

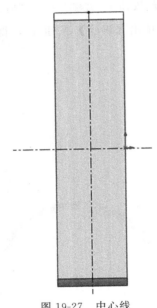

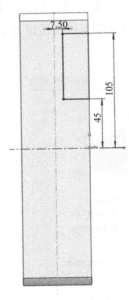

图 19-27 中心线　　　　　　　　　图 19-28 草图

⑰ 单击【草图绘制】中的【镜向】按钮 ，选择竖直中心线为镜向点，属性设置如图 19-29 所示。单击【确定】按钮 ，得到如图 19-30 所示的图形。

⑱ 单击【插入】→【切除】→【旋转】按钮 旋转(R)... ，旋转切除属性设置如图 19-31 所示，旋转轴为水平中心线，单击【确定】按钮 ，再单击【剖面视图】按钮 ，得到如图 19-32 所示模型。

⑲ 选取【前视基准面】，单击【正视于】按钮 ，单击【草图绘制】按钮 ，再单击

【圆】按钮 ⊙，绘制草图，得到如图 19-33 所示的模型。

图 19-29 【镜向】属性设置　　　　图 19-30 镜向　　　　图 19-31 【旋转切除】属性设置

⑳ 单击【工具】→【草图工具】→【圆周阵列】按钮 ⊹ 圆周阵列(C)，"阵列中心"选择坐标原点，圆周草图阵列属性设置如图 19-34 所示，单击【确定】按钮 ✔，得到如图 19-35 所示的模型。

图 19-32 旋转切除

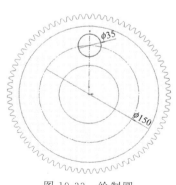

图 19-33 绘制圆　　　　　　　　　　图 19-34 【圆周阵列】属性设置

㉑ 单击【拉伸切除】按钮 ▣，"方向 1"为"反向""完全贯穿"，属性设置如图 19-36 所示，单击【确定】按钮 ✔，得到如图 19-37 所示的模型。

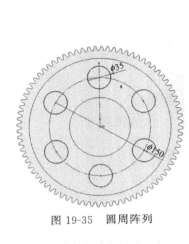

图 19-35　圆周阵列

图 19-36　【拉伸切除】属性设置

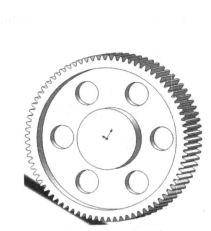

图 19-37　拉伸切除

㉒ 选取【前视基准面】，单击【正视于】按钮 ⚓，单击【草图绘制】按钮 ✎，再单击【圆】按钮 ⊙，绘制草图，如图 19-38 所示。单击【拉伸切除】按钮 🔲，"方向 1"为"反向""完全贯穿"，单击【确定】按钮 ✔，得到如图 19-39 所示的模型。

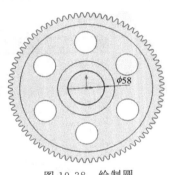

图 19-38　绘制圆

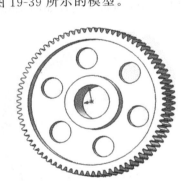

图 19-39　加工轴孔

㉓ 选取【前视基准面】，单击【正视于】按钮 ⚓，单击【草图绘制】按钮 ✎，应用【直线】、【3 点圆弧】命令绘制如图 19-40 所示的键槽。单击【拉伸切除】按钮 🔲，"方向 1"为"反向""完全贯穿"，单击【确定】按钮 ✔，得到模型，如图 19-41 所示。

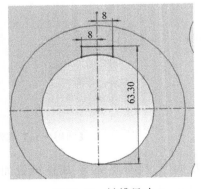

图 19-40　键槽尺寸

图 19-41　加工键槽

㉔ 单击【插入】→【特征】→【倒角】按钮 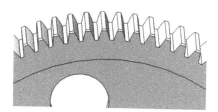，其属性设置如图 19-42 所示，单击【确定】按钮 ✓，将齿轮轮缘进行倒角，得到模型，如图 19-43 所示。

图 19-42 【倒角】属性设置（一）

图 19-43 轮缘倒角

㉕ 单击【插入】→【特征】→【倒角】按钮 倒角(C)…，其属性设置如图 19-44 所示，单击【确定】按钮 ✓，将锻造边缘、轴孔进行倒角，得到模型，如图 19-45 所示。

图 19-44 【倒角】属性设置（二）

图 19-45 锻造边缘、轴孔倒角

㉖ 单击【插入】→【特征】→【圆角】按钮 圆角(F)…，其属性设置如图 19-46 所示，单击【确定】按钮 ✓，生成锻造圆角，得到模型，如图 19-47 所示。

㉗ 依次生成面圆角，最后得到的渐开线直齿圆柱齿轮如图 19-48 所示。单击【标准】工具栏【保存】图标 💾，保存模型。

图 19-46 【圆角】属性设置

图 19-47 生成圆角

图 19-48 渐开线直齿圆柱齿轮

**（3）插值法生成渐开线**

SolidWorks 是基于 Windows 操作系统开发的，所以对于微软的程序比较兼容。本节讲述的插值法就是利用 Microsoft Excel 进行差值，然后用 SolidWorks 的"通过 XYZ 点的曲线"命令生成渐开线。

| A | B | C | D | E | F |
|---|---|---|---|---|---|
| 0 | 100 | 0 | | | |
| 0.1 | 100.4988 | 0.0333 | | | |
| 0.2 | 101.98 | 0.265602 | | | |
| 0.3 | 104.3993 | 0.891926 | | | |
| 0.4 | 107.6828 | 2.099394 | | | |
| 0.5 | 111.7295 | 4.063426 | | | |
| 0.6 | 116.4121 | 6.94411 | | | |
| 0.7 | 121.5795 | 10.88282 | | | |
| 0.8 | 127.0592 | 15.99907 | | | |
| 0.9 | 132.6604 | 22.38779 | | | |
| 1 | 138.1773 | 30.11687 | | | |
| 1.1 | 143.3924 | 39.22516 | | | |
| 1.2 | 148.0805 | 49.72098 | | | |
| 1.3 | 152.0124 | 61.58097 | | | |
| 1.4 | 154.9597 | 74.74957 | | | |
| 1.5 | 156.698 | 89.13892 | | | |
| 1.6 | 157.0118 | 104.6293 | | | |
| 1.7 | 155.6986 | 121.07 | | | |
| 1.8 | 152.5724 | 138.2811 | | | |
| 1.9 | 147.4681 | 156.055 | | | |
| 2 | 140.2448 | 174.1591 | | | |
| 2.1 | 130.7894 | 192.3386 | | | |
| 2.2 | 119.0191 | 210.3199 | | | |
| 2.3 | 104.8846 | 227.814 | | | |
| 2.4 | 88.37179 | 244.5208 | | | |
| 2.5 | 69.50367 | 260.1331 | | | |
| 2.6 | 48.34148 | 274.3412 | | | |
| 2.7 | 24.98535 | 286.8375 | | | |

图 19-49 生成 Excel 数据

**例 19-3** 插值法生成渐开线。

① 新建一个 Excel 文档，在第一列第一行输入 0，然后每往下一格增加 0.1 弧度，直到数值增加到 2.7 为止，来定义渐开线的区间。如果读者需要其他区间的渐开线，可以灵活修改，也可以通过控制每两个点之间的增量来控制渐开线的精度。

② 渐开线方程的笛卡儿坐标方程：

$$x = a(\cos\theta + \theta\sin\theta)$$
$$y = a(\sin\theta - \theta\cos\theta)$$

式中　　$a$——基圆半径；

　　　　$\theta$——极轴角度。

③ 在本例题中令基圆半径 $a = 100\text{mm}$，则在文档的第二列输入公式："＝100 * (cos(A1)＋A1 * sin(A1))"，然后拖动 Excel 手柄将整列都复制成该公式。在第三列输入公式"＝100 * (sin(A1)－A1 * cos(A1))"，同样将整列都复制为该公式，如图 19-49 所示。

④ 复制 B 列和 C 列数据到新的 Excel 工作表。

需要注意的是在粘贴时点击右键，选择【选择性粘贴】，如图 19-50 所示；然后在弹出的对话框中选择【数值】，如图 19-51 所示。

⑤ 再将新表格的第三列全部用 "0" 填充，那么，这三列数据就是渐开线的 $X$、$Y$、$Z$ 的坐标值，如图 19-52 所示。选中这些数值，将其复制到新建的 "文本文档.txt" 文件中，并进行保存。

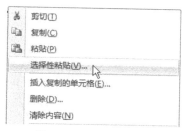

图 19-50　选择性粘贴

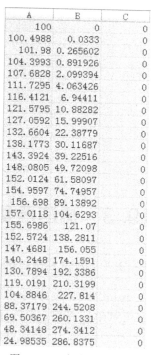

| A | B | C |
|---|---|---|
| 100 | 0 | 0 |
| 100.4988 | 0.0333 | 0 |
| 101.98 | 0.265602 | 0 |
| 104.3993 | 0.891926 | 0 |
| 107.6828 | 2.099394 | 0 |
| 111.7295 | 4.063426 | 0 |
| 116.4121 | 6.94411 | 0 |
| 121.5795 | 10.88282 | 0 |
| 127.0592 | 15.99907 | 0 |
| 132.6604 | 22.38779 | 0 |
| 138.1773 | 30.11687 | 0 |
| 143.3924 | 39.22516 | 0 |
| 148.0805 | 49.72098 | 0 |
| 152.0124 | 61.58097 | 0 |
| 154.9597 | 74.74957 | 0 |
| 156.698 | 89.13892 | 0 |
| 157.0118 | 104.6293 | 0 |
| 155.6986 | 121.07 | 0 |
| 152.5724 | 138.2811 | 0 |
| 147.4681 | 156.055 | 0 |
| 140.2448 | 174.1591 | 0 |
| 130.7894 | 192.3386 | 0 |
| 119.0191 | 210.3199 | 0 |
| 104.8846 | 227.814 | 0 |
| 88.37179 | 244.5208 | 0 |
| 69.50367 | 260.1331 | 0 |
| 48.34148 | 274.3412 | 0 |
| 24.98535 | 286.8375 | 0 |

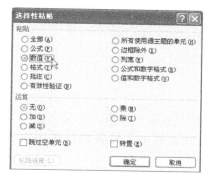

图 19-51　粘贴数值

图 19-52　各点位移坐标

⑥ 单击【新建】按钮 🗋，建立一个新的零件文件。

⑦ 选取【前视基准面】，单击【正视于】按钮 ↥，单击【草图绘制】按钮 ⌇，单击【圆】按钮 ⊙，绘制圆，并标注尺寸，为生成渐开线的基圆，单击【确定】按钮 ⌇，得到草图 1，如图 19-53 所示的基圆。

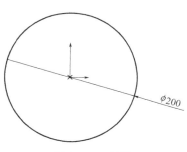

图 19-53　基圆

⑧ 单击【插入】→【曲线】→【通过 XYZ 点的曲线】按钮 ⅋ 通过 XYZ 点的曲线...，出现【属性设置】对话框，单击【浏览】，在打开的【文件类型】中选择 "Text Files"，如图 19-54 所示，导入步骤⑤生成的文本文档，如图 19-55 所示。单击【保存】、【确定】按钮，则会生成所需的渐开线，如图 19-56 所示。

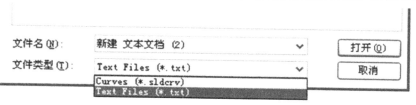

图 19-54　选择文件类型

⑨ 由生成的渐开线，可以制作出渐开线齿轮，其步骤同"曲面生成渐开线"例 19-2 中步骤⑩～㉗，这里不再赘述。

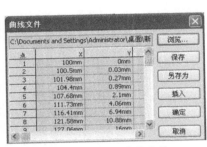

图 19-55　导入曲线文件

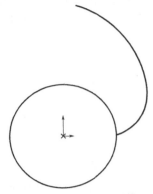

图 19-56　生成渐开线

# 19.3　减速器仿真设计详解

### 19.3.1　齿轮减速器的总体结构

在 SolidWorks 系统中，零件、装配体和工程图都属于对象，它采用了自顶向下的设计方法创建对象。在 SolidWorks 系统中，零件设计是核心，特征设计是关键，草图设计是基础。

模型的建立过程是设计过程的反向实现，通常可通过如下流程来建立模型：

① 创建草图　创建模型的草绘图形，此草绘图形可以是模型的一个截面或轨迹等。

② 创建特征　添加拉伸、旋转、扫描等特征，利用创建的草绘图形创建实体。

③ 装配部件　如果模型为装配体，那么还需要将各个零部件按某种规则进行装配，以检验零部件间装配是否合理。

④ 绘制工程图　二维工程图有利于工作人员按图样要求加工零件，依照三维实体绘制出二维的工程图是 SolidWorks 的强项，并且比直接绘制二维图形要迅速。

图 19-57 所示为齿轮减速器的总体结构外观图，图 19-58(a)～(d) 所示，分别为齿轮减速器的高速轴（输入轴）、低速轴（输出轴）和箱体（箱盖、箱座）的外观图。

图 19-59 所示为齿轮减速器的零件分解图，如图所示，齿轮减速器主要由箱体（包括箱盖和箱座）及其附件和轴系零件、部件（包括轴、轴承、轴承盖以及齿轮等传动零件）等组成，从中可以了解齿轮减速器的内部结构和各零部

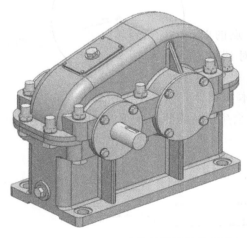

图 19-57　齿轮减速器的总体结构外观图

件的名称。

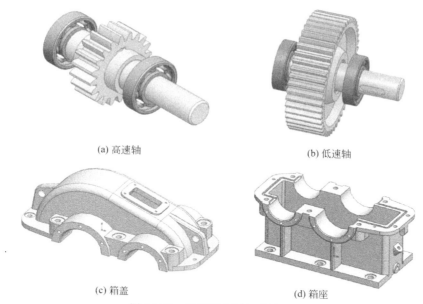

(a) 高速轴                                        (b) 低速轴

(c) 箱盖                                          (d) 箱座

图 19-58  减速器主要部件外观图

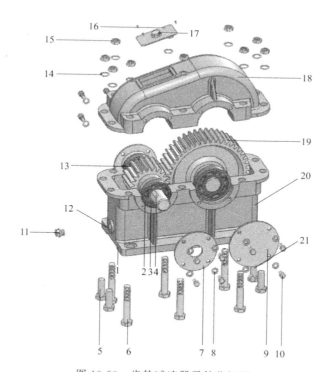

图 19-59  齿轮减速器零件分解图

1—箱座；2—轴承；3—毡圈；4—键；5—定位销；6—螺栓；7,9—轴承盖；8—平垫圈；10—螺钉；11—螺塞；
12—封油圈；13—齿轮轴；14—弹簧垫圈；15—螺母；16—检查孔盖；17—通气器；18—箱盖；
19—大齿轮；20—油标尺；21—起盖螺钉

图 19-57 所示减速器为单级圆柱齿轮减速器，将其进行分解，得到减速部分零部件，其图例如图 19-60～图 19-72 所示。

(a) 一级减速器箱盖

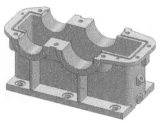

(b) 一级减速器箱体

图 19-60　减速箱

图 19-61　轴

图 19-62　圆柱齿轮

图 19-63　窥视板孔

图 19-64　套筒

图 19-65　输出轴-透盖

图 19-66　输出轴-闷盖

图 19-67　轴承

图 19-68　底座-油塞

图 19-69　油标

图 19-70　套杯

图 19-71　箱体顶部-通气孔

图 19-72　底座-通气器

### 19.3.2 低速轴组件

如图 19-73 所示为低速轴的装配图，图 19-74(a) 为低速轴组件的零件组成，图 19-74 (b) 为最后完成的低速轴组件的装配模型。

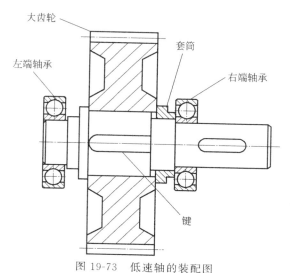

图 19-73 低速轴的装配图

如图 19-73 所示，以轴环为界，左侧的零件从左侧安装，右侧的零件从右侧安装，安装顺序分别如下。

左侧安装顺序：左端轴承。

右侧安装顺序：键、小齿轮、（低速轴）套筒、右端轴承。

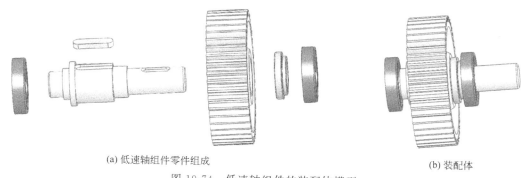

(a) 低速轴组件零件组成        (b) 装配体

图 19-74 低速轴组件的装配体模型

低速轴组件包括低速轴、键、轴承、大齿轮等。下面将具体介绍它的装配过程：由于轴是装配的主体，是其他零件装配的基础，因此，在建立低速轴组件的过程中，先调入轴零件，并把它设为"固定"。

**（1）轴-键的配合**

轴与键通过轴上的键槽相配合，通过添加键与键槽之间的位置约束关系，即可完成轴-键的装配。零件的装配即是添加零件间的约束关系。对于一个模型来说，它在空间的位置是由 6 个自由度来决定的。因此，要确定一个零件在装配体中的位置，必须限制它在空间的几个自由度，就需要添加几个约束关系。在此，只需要 3 个配合即可将键定位，即轴上的键槽底面与键的下表面重合、键的圆头圆柱面与键槽的圆柱面同轴心和键槽的其中一个侧面与键的侧面平行。

轴-键的装配步骤如下：

① 新建装配体文件。启动 SolidWorks 2012，选择菜单命令【文件】→【新建】或单击工具栏中的新建 SolidWorks 文件图标□，在打开的【新建 SolidWorks 文件】对话框中，选择【装配体】，单击【确定】按钮，如图 19-75 所示。

② 系统出现 SolidWorks 2012 建立装配体文件界面，并弹出【插入零部件】对话框，单击【浏览】按钮，如图 19-76 所示。

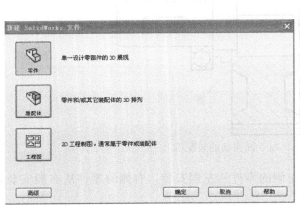

图 19-75　【新建 SolidWorks 文件】对话框

图 19-76　【插入零部件】对话框

③ 系统弹出【打开】对话框，选择已经建好的零件模型文件"低速轴.sldprt"，【打开】对话框中的预览区将出现所选零件的预览结果，如图 19-77 所示。

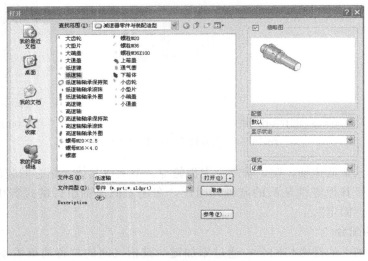

图 19-77　【打开】对话框

④ 定位低速轴，单击【打开】对话框中的【打开】按钮，系统会自动关闭【打开】对

话框，进入 SolidWorks 2012 装配界面。此时光标变为 ⬚ 形状，捕捉系统坐标原点，将低速轴定在原点处，如图 19-78 所示。

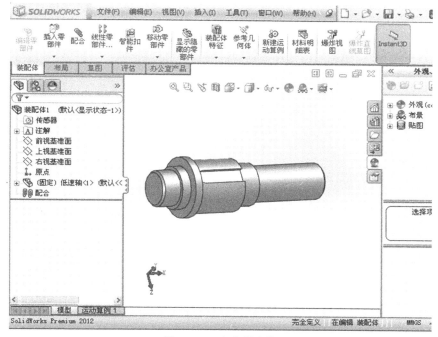

图 19-78 定位低速轴

这时，在 SolidWorks 2012 装配界面的模型树中将会出现"低速轴"零件。同时，低速轴零件名称前面显示了该零件的装配状态符号"＋"（固定）。

如前所述，SolidWorks 2012 将第一个调入装配的零件默认为"固定"状态，即它是装配的基础。通过鼠标右键单击模型树中的零件，在弹出的快捷菜单栏中选择【浮动】项，如图 19-79 所示，可以改变零件的装配状态。在本例中，由于低速轴是轴组件的装配基础，所以保持系统默认的装配状态不变。

⑤ 插入"低速键"到现有装配体。在工具栏中单击【插入零部件】工具图标 ⬚ 或选择菜单命令【插入】→【零部件】→【现有零件/装配体】，系统弹出【插入零部件】对话框，单击【浏览】按钮，在弹出的【打开】对话框中，选取"低速键.sldprt"。单击【打开】按钮或双击该零件，系统关闭【打开】对话框，返回到装配界面。在装配界面的图形窗口中点击任一位置，完成零件的插入，装配体的模型树中将显示出被插入的键，如图 19-80 所示。

⑥ 添加装配关系。用鼠标右键单击模型树中的"低速键"，在弹出的快捷菜单中选择【添加/编辑配合】项。也可以单击工具栏中的【配合】工具图标 ⬚ 或选择菜单命令【插入】→【配合】，系统弹出【配合】对话框，如图 19-81 所示。

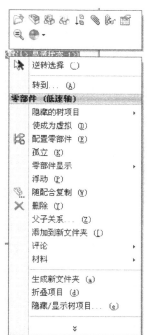

图 19-79 改变零件的装配状态

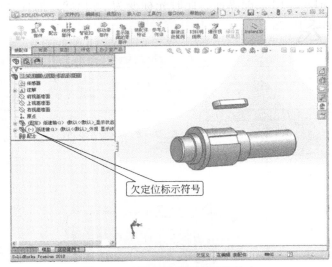

图 19-80　插入低速键到装配体中

在本例中，选择键的下表面、键槽的底面为配合面，如图 19-82 所示。

图 19-81　【配合】对话框

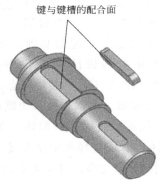

键与键槽的配合面

图 19-82　选择配合面

⑦ 单击【配合】对话框中【标准配合】选项区的【重合】关系按钮，添加配合面的关系为【重合】，单击【确认】按钮，完成添加。此时，【配合】对话框变为【重合】对话框，同时在【配合】区内显示所添加的配合，如图 19-83 所示。

⑧ 参照步骤⑥～⑦，选择配合面为键的侧面与键槽的侧面平行，键的曲面端与键槽的曲面端同轴心，如图 19-84 所示。

这样，键的位置就完全确定了，单击【确认】按钮，完成轴-键的装配，如图 19-85（a）所示。

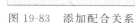

图 19-83 添加配合关系

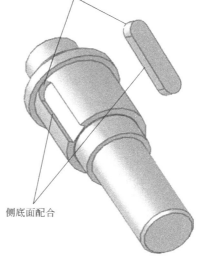

图 19-84 添加装配关系

(a) 完成后的轴-键配合 (b) 零件在模型树中的装配状态显示

图 19-85 轴-键的装配

在 SolidWorks 2012 中，当一个零件的位置关系未确定时，将在装配模型树中的零件前面以符号"—"显示这种欠定位状态，如图 19-80 模型树中的"—"，当添加的约束关系满足确定零件位置的需要时，零件前面的欠定位符号"—"将去除，即显示出完全定位状态"+"，并在【配合】项内显示所添加的配合关系，如图 19-85(b) 所示。

**（2）齿轮-轴-键配合**

在完成了轴-键的配合以后，可以进一步进行齿轮-轴-键的装配了。齿轮与轴的装配中，只需要 3 个配合即可定位，即齿轮轴孔键槽的顶面与键的上表面平行、齿轮轴孔与安装齿轮轴段圆柱面同轴心和轴环端面与齿轮端面重合，具体装配过程如下：

① 在工具栏中单击【插入零部件】工具图标 或选择菜单命令【插入】→【零部件】→【现有零件/装配体】，系统弹出【插入零部件】对话框。单击【浏览】按钮，在弹出的【打开】对话框中，选取"大齿轮.sldprt"。单击【打开】按钮或双击该零件，系统关闭【打开】对话框，返回到装配界面。在装配界面的图形窗口中点击任意位置，完成零件的插入。装配

体的模型树中将显示出被插入的大齿轮，如图 19-86 所示。

由步骤 1 所述轴-键配合的内容可知，大齿轮现在处于"欠定位"（零件前面有"－"符号）状态。

② 添加装配关系。用鼠标右键单击模型树中的"大齿轮"，在弹出的快捷菜单中选择【添加/编辑配合】项，也可以单击工具栏中的【配合】工具图标 ，或选择菜单命令【插入】→【配合】，系统弹出【配合】对话框，如图 19-81 所示。选择大齿轮键槽底面、轴-键组件中键的上表面为配合面，如图 19-87 所示。

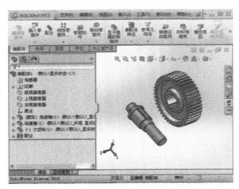

图 19-86　插入"大齿轮"到装配体中

键上表面与键槽底面配合

图 19-87　选择配合面

③ 单击【配合】对话框中【标准配合】选项区的【平行】关系按钮 ，添加配合面的关系为"平行"，单击【配合对齐】按钮 ，找到合适位置，单击【确认】按钮 。

④ 参照步骤②，选择大齿轮轴孔内表面和安装齿轮轴段外表面，如图 19-88 所示。添加配合面的关系为"同轴心"，单击【确认】按钮 ，大齿轮移至配合位置，如图 19-89 所示。

大齿轮轴孔内表面
与轴段外表面配合

图 19-88　轴孔内表面与
轴段外表面同轴心配合图

图 19-89　大齿轮按装配
关系变动后的位置

⑤ 添加端面配合。参照步骤②，选择大齿轮端面与轴肩后端面为配合面，添加配合面的关系为"重合"，如图 19-90 所示。

单击【确认】按钮 ，完成大齿轮的装配，如图 19-91 所示。

**（3）轴和套筒的配合**

在进行轴与套筒的装配时，只需要 2 个配合即可将套筒定位。即套筒轴孔与安装套筒轴段圆柱面同轴心和套筒大端端面与齿轮端面重合。

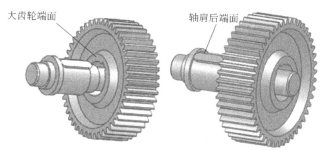

大齿轮端面　　　　　　　　　　轴肩后端面

图 19-90　轴与大齿轮的端面配合

图 19-91　完成后的齿轮-轴-键配合

① 在工具栏中单击【插入零部件】工具图标 或选择菜单命令【插入】→【零部件】→【现有零件/装配体】，系统弹出【插入零部件】对话框。单击【浏览】按钮，在弹出的【打开】对话框中，选取前面所创建的"低速轴套筒.sldprt"。单击【打开】按钮或双击该零件，系统关闭【打开】对话框，返回到装配界面。在装配界面的图形窗口中点击任意位置，完成零件的插入。装配体的模型树中将显示出被插入的"低速轴套筒"零件，且处于"欠定位"状态，如图 19-92 所示。

② 添加装配关系。用鼠标右键单击模型树中的"低速轴套筒"，在弹出的快捷菜单中选择【添加/编辑配合】项。也可以单击工具栏中的【配合】工具图标 或选择菜单命令【插入】→【配合】，系统弹出【配合】对话框（见图 19-81）。选择套筒孔内表面、轴段外表面为配合面，如图 19-93 所示。

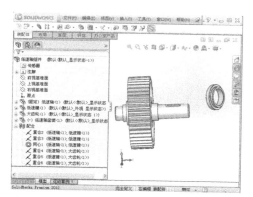

图 19-92　插入"低速轴套筒"到装配体中

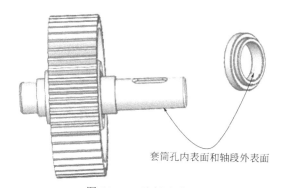

套筒孔内表面和轴段外表面

图 19-93　选择配合面

单击【配合】对话框中的【标准配合】选项区的【同轴心】关系按钮 ，添加配合面的关系为"同轴心"，单击【确认】按钮 ，系统【配合】对话框变为【同轴心】对话框，并在【配合】区内显示所添加的配合，图形窗口中"低速轴套筒"移至与低速轴同轴心的位置，如图 19-94 所示。

③ 参照步骤②，选择配合面为套筒的端面与齿轮的侧端面，如图 19-95 所示。

单击【配合】对话框中的【标准配合】选项区的【重合】关系按钮 ，添加配合面的关系为"重合"，单击【确认】按钮 ，系统【配合】对话框变为【重合】对话框，完成后的轴-套筒配合如图 19-96 所示。

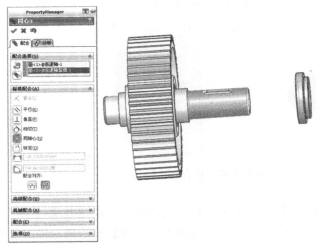

图 19-94  添加"同轴心"关系

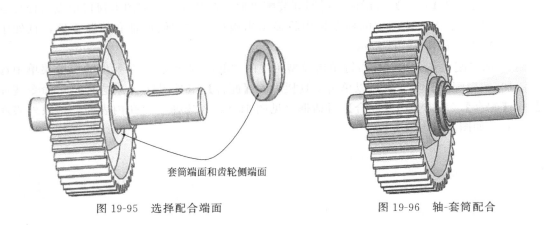

套筒端面和齿轮侧端面

图 19-95  选择配合端面                图 19-96  轴-套筒配合

**(4) 轴和轴承的配合**

低速轴的两端安装"深沟球轴承",在进行轴与轴承的装配时,只需要两个配合即可将轴承相对于轴定位,即轴承内圈轴孔与安装轴承的轴段圆柱面同轴心和轴肩端面与轴承内圈端面重合。

具体的装配步骤如下:

① 在工具栏中单击插入零部件工具图标  或选择菜单命令【插入】→【零部件】→【现有零件/装配体】,系统弹出【插入零部件】对话框。单击【浏览】按钮,在弹出的【打开】对话框中,选取前面所创建的"低速轴轴承.sldprt"。单击【打开】按钮或双击该零件,系统关闭【打开】对话框,返回到装配界面。在装配界面的图形窗口中点击任意位置,完成零件的插入。装配体的模型树中将显示出被插入的"低速轴轴承"零件,且处于"欠定位"状态,如图 19-97 所示。

② 添加装配关系。用鼠标右键单击模型树中的"低速轴轴承",在弹出的快捷菜单中选择【添加/编辑配合】项。也可以单击工具栏中的【配合】工具图标  或选择菜单命令【插入】→【配合】,系统弹出【配合】对话框(见图 19-81)。选择轴承孔内表面、轴段外表面为配合面,如图 19-98 所示。

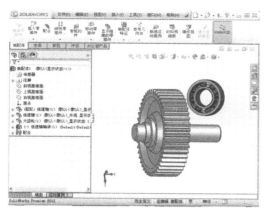

图 19-97 插入"低速轴轴承"到装配体中

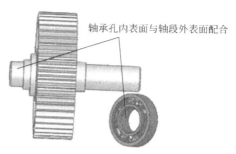

图 19-98 选择配合面

单击【配合】对话框中的【标准配合】选项区的【同轴心】关系按钮 ⊗，添加配合面的关系为"同轴心"，单击【确认】按钮 ✔，系统【配合】对话框变为【同轴心】对话框，并在【配合】区内显示所添加的配合，图形窗口中"低速轴轴承"移至与低速轴同轴心的位置，如图 19-99 所示。

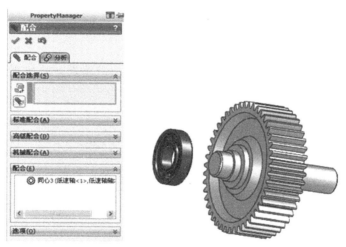

图 19-99 添加"同轴心"关系

③ 参照步骤②，选择配合面为轴承内圈的端面与轴的侧端面，如图 19-100 所示。

图 19-100 选择配合端面

单击【配合】对话框中的【标准配合】选项区的【重合】关系按钮，添加配合面的关系为"重合"，单击【确认】按钮，系统【配合】对话框变为【重合】对话框，完成后的轴-轴承配合如图 19-101 所示。

④ 参照步骤①~③，将低速轴轴承安装在轴的另一侧。至此，低速轴组件已全部装配完成，最后的组件图如图 19-102 所示。

⑤ 保存组件。单击标准工具栏中的【保存】按钮或选择菜单命令【文件】→【保存】，将零件保存为"低速轴组件.sldasm"。

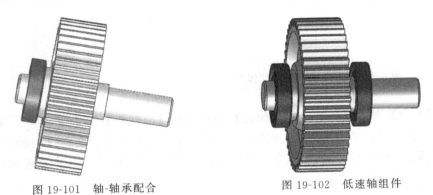

图 19-101　轴-轴承配合　　　　图 19-102　低速轴组件

### 19.3.3　高速轴组件

高速轴的装配图如图 19-103 所示。高速轴组件包括高速轴、高速键、小齿轮以及高速轴轴承，如图 19-104 所示。

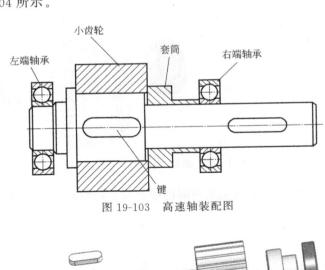

图 19-103　高速轴装配图

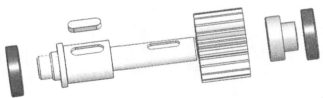

图 19-104　高速轴组件

高速轴组件的装配与低速轴组件的装配过程与方法相同，可参考本章 19.3.2 节低速轴组件进行，在此不再赘述。装配完成的高速轴组件如图 19-105 所示。

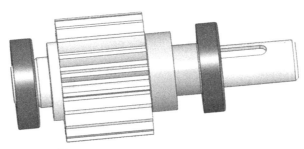

图 19-105 装配完成后的高速轴组件

如图 19-103 所示，以轴环为界，左侧的零件从左侧安装，右侧的零件从右侧安装，安装顺序如下。

左侧安装顺序：左端轴承。

右侧安装顺序：键、小齿轮、（高速轴）套筒、右端轴承。

装配完成后，单击标准工具栏中的【保存】按钮 或选择菜单命令，零件保存为"高速轴组件. sldasm"。

### 19. 3. 4 减速器的总装

本小节在低速轴组件和高速轴组件的基础上，主要讲述减速器的总体装配。通过这部分的学习和练习，可以更进一步掌握 SolidWorks 2012 中的装配方法，并能在建模过程中针对装配零件的相应特征选择合适的装配方法和技巧。

**（1）减速器总装设计方法**

总体装配是三维实体建模的最后阶段，也是建模过程的关键。用户可以使用配合关系来确定零件的位置和方向，可以自下而上设计一个装配体，也可以自上而下地进行设计，或者两种方法结合使用。

本节将以减速器的总装过程为例讲述总体装配自下而上的实现过程，最后完成减速器的整体建模。

**（2）下箱体-低速轴组件装配**

下箱体-低速轴组件的配合是通过低速轴组件中的轴承与下箱体的低速轴轴承孔的配合实现的，只需要两个配合即可将低速轴组件定位，即下箱体低速轴轴承孔圆柱面与低速轴组件轴承外圈圆柱面同轴心和低速轴组件在轴承孔内沿轴线方向合适的位置固定。

具体的装配过程如下：

① 新建装配体文件。启动 SolidWorks 2012，单击工具栏中的【新建】SolidWorks 文件图标 或选择菜单命令【文件】→【新建】，在打开的【新建 SolidWorks 文件】对话框中，选择【装配体】，单击【确定】按钮，如图 19-75 所示。

② 系统出现 SolidWorks 2012 建立装配体文件界面，并弹出【插入零部件】对话框，单击【浏览】按钮，如图 19-106 所示。

③ 系统弹出【打开】对话框，选择前面所创建的下箱体零

图 19-106 插入零部件

件"下箱体.sldprt",【打开】对话框中的预览区将出现所选零件的预览结果,如图 19-107
所示。

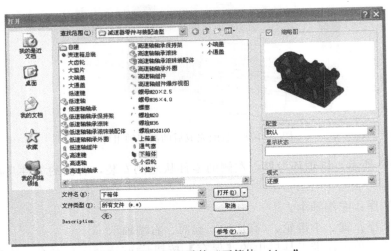

图 19-107  打开零件"下箱体.sldprt"

④ 单击【打开】对话框中的打开按钮,系统会自动关闭【打开】对话框,进入 Solid-
Works 2012 装配界面,此时光标变为 形状。捕捉系统坐标原点,将下箱体定位在原点
处,如图 19-108 所示。

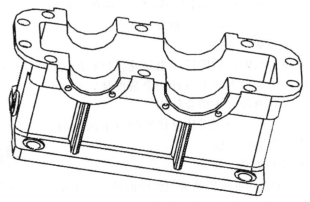

图 19-108  定位下箱体到系统坐标原点

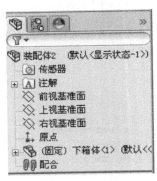

图 19-109  下箱体的装配状态

SolidWorks 2012 将"下箱体.sldprt"零件默认为"固定"
状态,如图 19-109 所示。

⑤ 装配低速轴组件。在工具栏中单击【插入零部件】工具
栏图标 ,插入"低速轴组件.sldasm"。此时,"低速轴组
件"处于"欠定位"状态,如图 19-110 所示。

⑥ 添加装配关系。用鼠标右键单击模型树中的"下箱体",
在弹出的快捷菜单中选择【添加/编辑配合】项,如图 19-111
所示。也可以单击工具栏中的【配合】工具图标 或选择菜单
命令【插入】→【配合】,系统弹出【配合】对话框,如

图 19-112 所示。

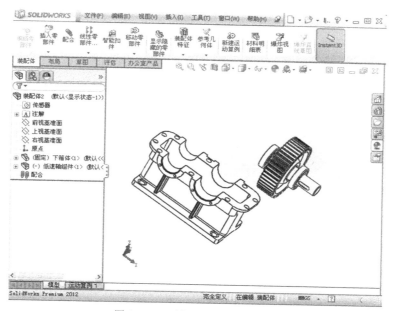

图 19-110 插入"低速轴组件"

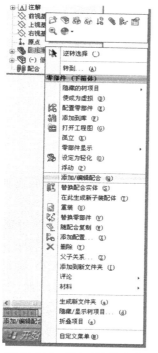

图 19-111 添加/编辑配合

图 19-112 打开【配合】对话框

选择低速轴中轴承外圈外表面、下箱体轴承孔内表面为配合面，如图 19-113 所示。

单击【配合】对话框中【标准配合】选项区的【同轴心】关系按钮◎，添加配合面的

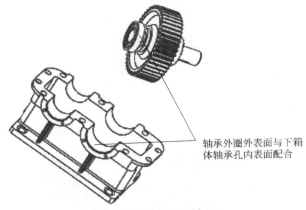

轴承外圈外表面与下箱
体轴承孔内表面配合

图 19-113　选择配合面

关系为"同轴心"，单击【确认】按钮✔，系统【配合】对话框变为【同轴心】对话框。并
在【配合】区内显示所添加的配合，图形窗口中"低速轴组件"移至同轴心位置，如
图 19-114 所示。

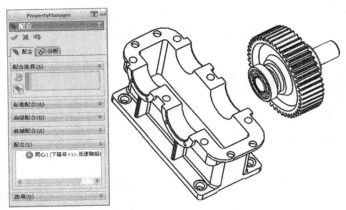

图 19-114　添加"同轴心"配合关系

⑦　参照步骤⑤和⑥，选择配合面为下箱体轴承安装孔凸缘外表面与低速轴组件中轴承
的外侧面，如图 19-115 所示。

在【配合】对话框中，单击【距离】图标，并在【距离】输入框中输入距离值为
27.5mm（因此处将安装轴承端盖，根据轴承端盖小端圆柱长度为27.5mm，因此，此处距离设为27.5mm，一端设置好以后，另一配对轴承端面距离轴承孔端面的距离自然保持 27.5mm，以便安装轴承透盖）。单击【确认】按钮✔，完成低速轴组件的装配，如图 19-116 所示。

**（3）下箱体-高速轴组件配合**
下箱体-高速轴组件的配合与上

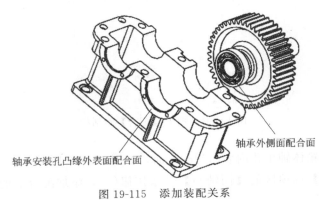

轴承外侧面配合面

轴承安装孔凸缘外表面配合面

图 19-115　添加装配关系

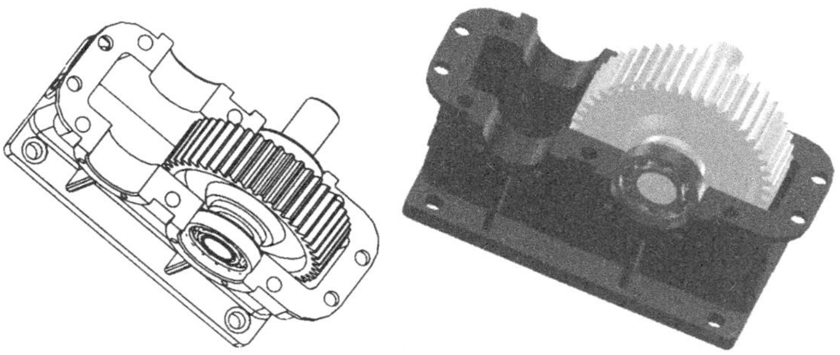

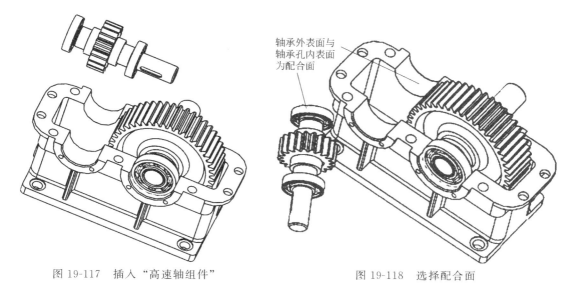

图 19-116　完成后的下箱体-低速轴组件装配

一节中下箱体-低速轴组件配合相似，只需要两个配合即可将高速轴组件的 5 个空间自由度约束，留下高速轴组件相对于下箱体转动 1 个自由度，即下箱体高速轴轴承孔圆柱面与高速轴组件轴承外圈圆柱面同轴心和高速轴组件在轴承孔内沿轴线方向合适的位置固定。具体步骤如下：

① 插入高速轴组件。单击工具栏中的【插入装配体】图标🛠或选择菜单命令【插入】→【零部件】→【现有零部件/装配体】，系统弹出【插入装配体】对话框，在该对话框中单击【浏览】按钮。在弹出的【打开】对话框中，选取 "高速轴组件.sldasm"，在装配界面图形窗口中点击任意位置，插入高速轴组件，如图 19-117 所示。

② 添加装配关系。用鼠标右键单击模型树中的 "高速轴组件"，在弹出的快捷菜单中选择【添加/编辑配合】项，如图 19-111 所示，也可以单击工具栏中的【配合】工具图标🖉或选择菜单命令【插入】→【配合】，系统弹出【配合】对话框，如图 19-112 所示。

选择高速轴组件中轴承外表面、下箱体小轴承孔内表面为配合面，如图 19-118 所示。

图 19-117　插入 "高速轴组件"

图 19-118　选择配合面

单击【配合】对话框中【标准配合】选项区的【同轴心】关系按钮◎，添加配合面的关系为 "同轴心"，单击【确认】按钮✔。系统【配合】对话框变为【同轴心】对话框，并在【配合】区内显示所添加的配合。同时，图形窗口中 "高速轴组件" 移至同轴心位置，如

图 19-119 所示。

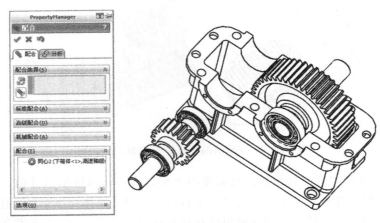

图 19-119  添加"同轴心"配合关系

③ 参照步骤②，选择下箱体小轴承安装孔凸缘外表面与"高速轴组件"中的轴承外侧面为配合面，如图 19-120 所示。

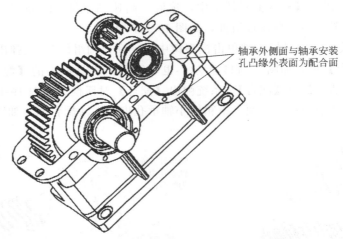

轴承外侧面与轴承安装
孔凸缘外表面为配合面

图 19-120  添加装配关系

在【配合】对话框中，单击【距离】图标，并在【距离】输入框中输入距离值32.5mm（因此处将安装轴承端盖，根据轴承端盖小端圆柱长度为 32.5mm，因此，此处距离设为 32.5mm，一端设置好以后，另一配对轴承端面距离轴承孔端面的距离自然保持32.5mm，便于安装轴承透盖）。单击【确认】按钮，最后完成的下箱体-高速轴组件配合，如图 19-121 所示。

**（4）上箱盖-下箱体配合**

通过以上三个部分的学习，减速器箱体内的传动部分已全部安装完成，从这一节开始，将装配减速器的其他零件。

上箱盖-下箱体的装配时，只需要 3 个配合即可将上下箱体装配，即上箱盖安装凸缘下表面与下箱体上表面重合、前端端面平齐（重合）和上箱盖与下箱体侧面轴承凸缘端面平齐（重合）。具体装配过程如下：

① 插入上箱盖。单击工具栏中的【插入装配体】图标或选择菜单命令【插入】→【零部件】→【现有零部件/装配体】，系统弹出【插入装配体】对话框，在该对话框中单击【浏览】按钮，在弹出的【打开】对话框中，选取前面创建的"上箱盖.sldprt"，在装配界面的图形窗口中点击任意位置，插入上箱盖，如图 19-122 所示。

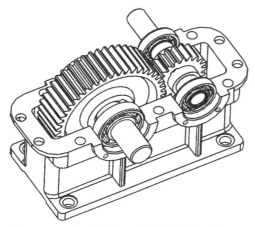

图 19-121　完成后的下箱体-高速轴组件配合

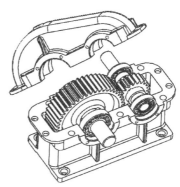

图 19-122　插入"上箱盖"

② 添加装配关系。用鼠标右键单击模型树中的"上箱盖"，在弹出的快捷菜单中选择【添加/编辑配合】项，如图 19-111 所示，也可以单击工具栏中的【配合】工具图标或选择菜单命令【插入】→【配合】，系统弹出【配合】对话框，如图 19-112 所示。

选择上箱盖安装凸缘下表面、下箱体上表面为配合面，如图 19-123 所示。单击【配合】对话框中【标准配合】选项区的【重合】关系按钮，添加配合面的关系为"重合"，单击【确认】按钮，图形窗口中"上箱盖"移至与下箱体配合面重合的位置，如图 19-124 所示。

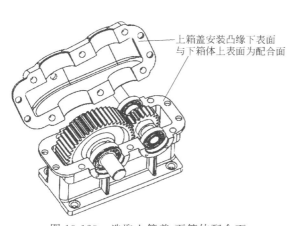

上箱盖安装凸缘下表面
与下箱体上表面为配合面

图 19-123　选取上箱盖-下箱体配合面

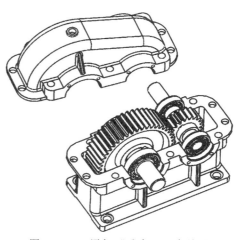

图 19-124　添加"重合"配合关系

③ 参照步骤②，分别选择下箱体侧面与上箱盖侧面、下箱体前端面与上箱盖前端面为配合面，如图 19-125 所示。

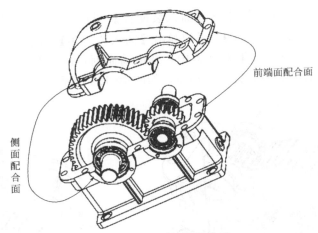

图 19-125　添加装配关系

在【配合】对话框中，选择标准配合【重合】按钮，单击【确认】按钮，完成上箱盖-下箱体的装配，如图 19-126 所示。

**(5) 端盖的装配**

端盖的装配包括大、小闷盖及大、小透盖的装配。端盖与箱体的装配，只需要两个配合即可将端盖与箱体定位。即端盖小端圆柱面与轴承孔圆柱面同轴心、箱体轴承凸缘端面与端盖大端内端面重合（注意对其方向）。大闷盖的具体装配过程如下：

① 单击工具栏中的【插入装配体】图标或选择菜单命令【插入】→【零部件】→【现有零部件/装配体】，系统弹出【插入装配体】对话框，在该对话框中单击【浏览】按钮。在弹出的【打开】对话框中，选取"大闷盖.sldprt"，在装配界面的图形窗口中点击任一位置，插入大闷盖，如图 19-127 所示。

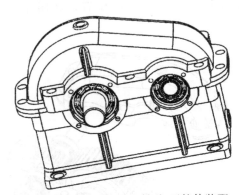

图 19-126　完成后的上箱盖-下箱体装配

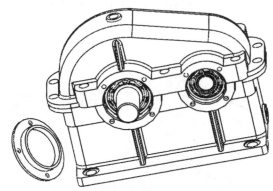

图 19-127　插入"大闷盖"

② 用鼠标右键单击模型树中的"大闷盖"，在弹出的快捷菜单中选择【添加/编辑配合】项（如图 19-111 所示），也可以单击工具栏中的【配合】工具图标或选择菜单命令【插入】→【配合】，系统弹出【配合】对话框，如图 19-112 所示。

选择"大闷盖"小端外表面，下箱体大轴承孔内表面为配合面，如图 19-128 所示。

单击【配合】对话框中【标准配合】选项区的【同轴心】关系按钮，添加配合面的关系为"同轴心"，单击【确认】按钮，系统【配合】对话框变为【同轴心】对话框，并

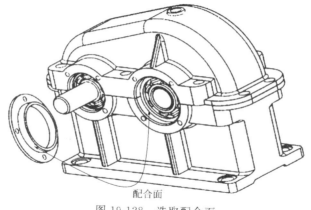

图 19-128　选取配合面

在"配合"区内显示所添加的配合。同时，图形窗口中"大闷盖"移至同轴心位置，如图 19-129 所示。

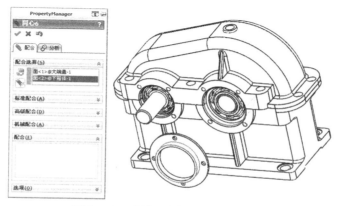

图 19-129　添加"同轴心"配合关系

③ 参照步骤②，选择下箱体大轴承安装孔凸缘外表面与大闷盖大端内表面为配合面，如图 19-130 所示。

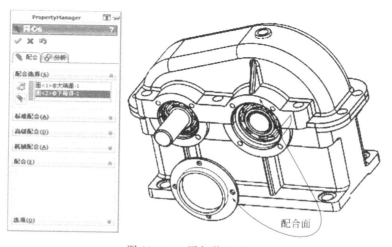

图 19-130　添加装配关系

单击【配合】对话框中【标准配合】选项区的【重合】关系按钮，添加配合面的关系为"重合"，单击【配合对齐】按钮，找到合适位置，单击【确认】按钮，如图 19-131 所示。

④ 对齐螺孔，参照步骤③，选择大闷盖上的一个安装孔与减速器侧面一个螺孔为配合面，添加配合关系为"同轴心"，单击【确认】按钮，完成大端盖的安装。

大透盖、小闷盖和小透盖的装配方法与大闷盖的装配方法相同，在此不再讲述。端盖装配的最后效果如图 19-132 所示。

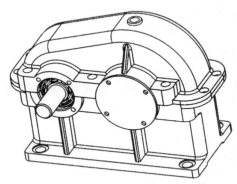

图 19-131 完成后的下箱体-大闷盖配合

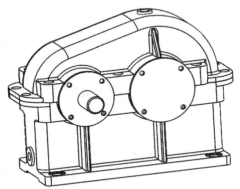

图 19-132 端盖的装配效果

**（6）紧固件的装配**

在完成了传动件的装配和箱体、箱盖及端盖的装配之后，可以进行紧固件的装配。紧固件的装配包括螺栓、螺母及垫片等，在减速器的模型中，紧固件的数量较多，在此仅以上、下箱体的连接螺栓、螺母及垫片的安装为例说明紧固件的装配过程。螺栓与箱体需要两个配合即可将螺栓与箱体定位，即螺栓杆圆柱面与螺栓孔圆柱面同轴心和螺栓头内端面与箱体支撑面重合，垫片、螺母的安装与螺栓的方法类似。

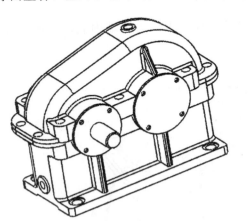

图 19-133 插入"螺栓 M36"

上、下箱体的连接紧固件安装步骤如下：

① 单击工具栏中的【插入装配体】图标或选择菜单命令【插入】→【零部件】→【现有零部件/装配体】，系统弹出【插入装配体】对话框，在该对话框中单击【浏览】按钮。在弹出的【打开】对话框中，选取"螺栓 M36. sldprt"，在装配界面的图形窗口中点击任一位置，插入螺栓，如图 19-133 所示。

② 用鼠标右键单击模型树中的"螺栓 M36"，弹出快捷菜单，选择【添加/编辑配合】项或单击工具栏中的【配合】工具图标。也可以选择菜单命令【插入】→【配合】，弹出【配合】对话框，选择"螺栓 M36"螺杆外表面、上箱盖安装孔内表面为配合面，如图 19-134 所示。

单击【配合】对话框中【标准配合】选项区的【同轴心】关系按钮，添加配合面的

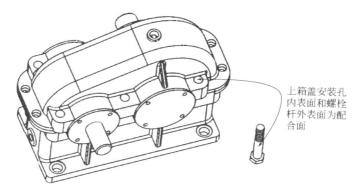

图 19-134 选取螺栓和上箱盖安装孔配合面

关系为"同轴心",单击【确认】按钮 ✓,图形窗口中"螺栓 M36"移至同轴心位置,如图 19-135 所示。

③ 参照步骤②,选择下箱体安装孔凸台下表面与螺栓六方下表面为配合面,如图 19-136 所示。

 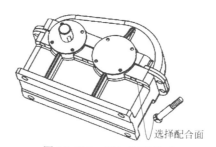

图 19-135 添加"同轴心"配合关系    图 19-136 添加装配关系

单击【配合】对话框中【标准配合】选项区的【重合】关系按钮 ✗,添加配合面的关系为"重合",单击【确认】按钮 ✓,完成螺栓的安装,如图 19-137 所示。

④ 参照步骤①,插入"大垫片.sldprt",如图 19-138 所示。

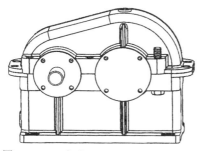 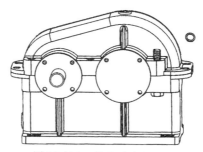

图 19-137 完成后的下箱体-螺栓配合    图 19-138 插入"大垫片"

⑤ 添加大垫片配合关系。用鼠标右键单击模型树中的"大垫片",在弹出的快捷菜单中选择【添加/编辑配合】项或单击工具栏中的【配合】工具图标 🔗,也可以选择菜单命令【插入】→【配合】,系统弹出【配合】对话框。

选择"大垫片"内孔表面与"螺栓 M36"螺杆外表面,添加配合关系为"同轴心";选

取 "大垫片" 下表面与上箱盖安装凸缘上表面为配合面，添加配合关系为 "重合"，如图 19-139 所示。

单击【确认】按钮✅，完成大垫片的装配，如图 19-140 所示。

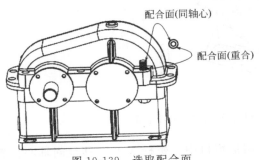

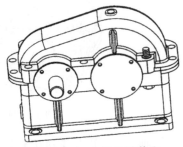

图 19-139　选取配合面　　　　　　　　图 19-140　大垫片的装配

⑥ 参照步骤④，插入 "螺母 M36. sldprt"，如图 19-141 所示。

⑦ 添加螺母配合关系。用鼠标右键单击模型树中的 "螺母 M36"，在弹出的快捷菜单中选择【添加/编辑配合】项或单击工具栏中的【配合】工具图标✍，也可以选择菜单命令【插入】→【配合】，系统弹出【配合】对话框。

选择 "螺母 M36" 内孔表面与 "螺栓 M36" 螺杆外表面，添加配合关系为 "同轴心"，选取 "螺母 M36" 下表面与大垫片上表面为配合面，添加配合关系为 "重合"（注意配合对齐方向），如图 19-142 所示。

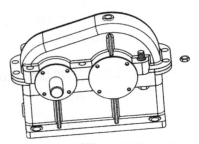

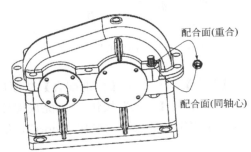

图 19-141　插入 "螺母 M36"　　　　　　图 19-142　选取配合面

单击【确认】按钮✅，完成 "螺母 M36" 的装配，如图 19-143 所示。

仿照上述步骤，可以完成其他紧固件的装配。装配后的减速器如图 19-144 所示。

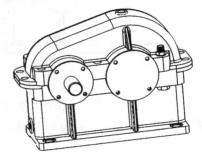

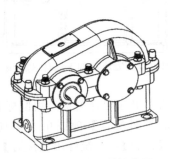

图 19-143　完成 "螺母 M36" 的装配　　　图 19-144　减速器的装配

（7）窥视孔与通气塞、螺塞的安装

窥视孔与通气塞、螺塞的安装较简单，可仿照本节（5）端盖的装配进行。图 19-145 和图 19-146 是通气塞、螺塞安装中所使用的配合面。

装配完成的减速器如图 19-147 所示。

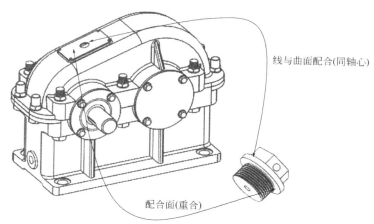

图 19-145　通气塞与上箱盖的配合面

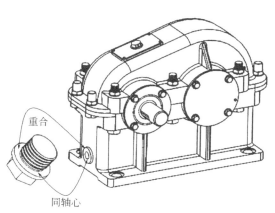

图 19-146　螺塞与下箱体的配合面

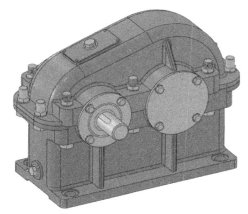

图 19-147　装配完成的减速器

# 第20章

# 学生创新作品介绍

## 可爬楼式拉杆箱

**（1）选题背景及意义**

拉杆箱作为旅行及搬运重物的常用工具，因其便捷性被大家喜爱。实际生活中，几乎每个人都会有一到两个拉杆箱，尤其是旅行者及外地上学的学生。

针对使用拉杆箱不方便的情况做了一个简单的调查，列举如下情况：A 下雨天；B 手提东西多；C 上楼梯；D 拉杆箱东西过重；E 乘公交车；F 安检；G 其他。得到如图 20-1 所示的结果。从图中可以看出，上楼梯时使用拉杆箱不方便占比最高。

随着社会经济的发展，电梯随处可见，但是在旅行以及生活过程中，并不是到处都能利用电梯，尤其是在一些公共场所，往往会碰到高低不等的楼梯。此时，沉重的拉杆箱变成了上、下楼最大的负担。尤其是对于力气比较小的老人、妇女、小孩，提拉沉重的拉杆箱上楼非常困难，且一不小心便容易造成肢体扭伤或跌落等。

许多箱包设计公司把研究方向放在了更大的容量、更结实的外壳、更节省空间的结构等方面，对于上、下楼便利性这方面关注较少。目前针对上、下楼困难提出的几种解决方案都存在一些问题，如噪声大、不易控制、上楼速度不稳定、行李箱过重时仍很费力、不容易施力等，针对上述问题，我们设计了一个辅助上下楼的装置。

**（2）设计目的**

为了解决在使用拉杆箱过程中出现的各种不利问题，同时使拉杆箱的使用更人性化，在拉杆箱上增加一个轮板，将滑动摩擦变为滚动摩擦，减小所需的力量；减小轮与轮

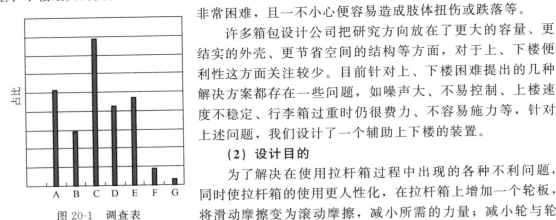

图 20-1　调查表

之间的距离，以错位的方式排列，减小上楼带来的震动，使上楼速度更加稳定；在轮板和箱体之间安装一个可滑动的支撑杆，能调节拉杆与地面的角度，可使人们更方便有效地控制拉杆箱爬楼过程。

　　该设计是解决人们提包上楼的利器，它不仅解决了拉杆箱上楼困难的问题，更极大地节省了搬运行李需付出的人力。拉杆箱采用交错式滚轮设计，极大地减少了箱包上楼的巨大颠簸和磕碰。另外，该设计还允许用户根据个人身高自行调节拉杆长度及角度，使用更加省力、轻便，更具人性化。

　　总体来说，该设计旨在方便人们提箱上楼，解决现在箱包上楼梯困难这一问题，减少出行的后顾之忧。

### （3）设计原理

　　平时提拉拉杆箱上楼是通过双臂提供向上的力使其与重力平衡从而让拉杆箱离开地面，通过双脚做功，克服拉杆箱做的负功，实现上楼的目的。这里存在一个问题：当箱子较重时，老年人、小孩很难把拉杆箱提上楼梯。设计的轮板通过楼梯的支持力能够抵消掉一部分的箱子重力，通过轮板把现有设计的摩擦方式改为滑动摩擦，从而达到能够轻松拉重物上楼的效果。

　　通过力学分析，当加在拉杆箱上的力为平行于楼梯斜面的力时，可以节省约一半的力；楼梯设计角度普遍为 20°～45°，最舒适为 26°左右，通过轮板与拉杆之间的可滑动支撑杆调节箱体的倾斜程度，方便发力，从而达到轻松上楼的目的，如图 20-2 所示。

　　该可爬楼式拉杆箱主要由大轮、箱体、滑块、轮板等构成，另外还有滑块销、连杆等连接装置。下面分别进行说明。

　　上楼梯时，底板小轮接触楼梯，起滚动作用。底板小轮是镶嵌在轮板座上的，内侧有钢珠，可以滚动。小轮采用标准化的轮子。如图 20-3 所示。

　　拉杆箱采用的是双排交错式的小轮，利用空间交错，从垂直方向来看，减小了轮子与轮子之间的落差，使双排交错的轮子更加平滑，

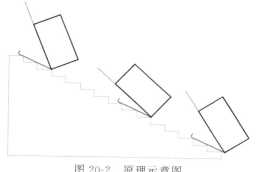

图 20-2　原理示意图

在上楼的过程中，能够有效地减缓轮与轮间隔造成的颠簸和卡顿。

　　此外，该可爬楼式拉杆箱的侧轮固定在轮板的两侧（图 20-4），收起时镶嵌在箱体下部凹槽内，轮板可以根据需要自行选择收放，要上楼时，只需拉动侧杆旁的拉手，侧轮便可被拉出，并被固定住；上楼完毕后，即可再次拉动拉手，将侧轮收回，整个过程简单清晰，有很强的可操作性，适用面广。

　　本设计在箱包的拉杆上也进行了改进，针对市场上的大部分箱包拉杆方向固定且长度不可调的缺点，我们进行深入研究，做出新颖实用的设计。针对不同的人群特点，我们采用可调式拉杆，用户可以根据自身的身高及臂长，将拉杆调整到适合自身使用的长度及方向，如图 20-5 所示。

　　本设计中，大轮仍采用原来的标准滑轮，分别镶嵌在箱体底部两侧，并通过定位销进行加固。箱体主体是一个长方体，下部有一凹槽，用于存放轮板，凹槽上方开有两个拉杆槽，收放拉杆时使用。箱体的顶部配有拉杆，依旧采用双拉杆设计，目的是让箱体在拉动时更加

稳定方便，如图 20-6 所示。

图 20-3　轮板小轮

图 20-4　轮板

图 20-5　拉杆

图 20-6　拉杆箱整体结构

**（4）研究过程**

1）需要解决的问题

① 若将箱子平放在楼梯上，当直接拖动箱子上楼时，在拖动过程中箱体与地面接触处将产生很大的滑动摩擦力，同时也会造成箱体的磨损。

② 若实现人施加给箱子的力平行于楼梯平面，则需要人弯腰来拖拉箱子，这样反而更费力。

③ 如果箱子过重，拉箱上楼时震动过大，不易控制，上楼速度极不稳定。

2）解决方案

① 将箱子与楼梯之间的滑动摩擦变为滚动摩擦。

② 通过调节可滑动支撑杆将力平移至人舒适的角度。

③ 通过轮板上轮子的交错排列降低轮子的震动幅度。

3）方案设计

① 通过轮板的设计来实现滚动摩擦上楼。

② 通过轮板上轮子的排列来提高其可控性。

③ 通过调节支撑杆的滑动来实现力的平移。

**（5）设计效果**

设计效果如图 20-7 和图 20-8 所示。

**（6）创新点**

本设计的创新主要有以下两点。

① 在新型可爬楼梯拉杆箱的设计中，设计出了安装有小轮的轮板。轮板的设计为箱体

的运动提供了轨道，减少了箱体与楼梯台阶的碰撞；小轮的添加将板的滑动转化为滚动，从原有的强拉硬拽式的爬楼方式中解放出来；创造性地运用了轮座镶嵌滚轮的方法，极大地减小了上楼的阻力，使拉杆箱直接拉上楼成为可能。

② 在轮板滚轮的设计中，提出了交错式的设计方案，即通过将滚轮在横向上交错排布，使在任何时刻，轮板打开状态下，都有足够多的滚轮接触楼梯，既减缓了滚轮与楼梯的直接冲撞，又使更多的滚轮承担了箱体的重量，更加便于拉箱上楼。

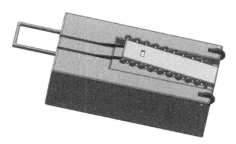 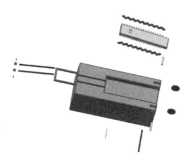

图 20-7　板轮构架　　　　　　　　图 20-8　零部件分解效果图

### （7）推广价值和社会效益

实验证明，该设计方案可实现拉杆箱便捷上楼，提高上楼速度，加强了稳定性，而且比传统的拉杆箱更灵活及实用。同时，该设计方案的改进成本低廉，有一定的市场竞争力。

现在社会生活压力大，竞争激烈，人们往往通过外出旅游来缓解压力，那么旅行箱就成了必不可少的关键物品，一个方便的、能让上楼变得轻松的拉杆箱必然是人们需要的。

我们的设计方案实现了让老人、妇女、小孩等力气小的人也可以轻松携带旅行箱上楼。

该拉杆箱设计新颖，整个设计实践过程都是从人们对箱包的普遍意见与看法出发，符合大众价值取向。在如今的箱包市场上，还没有此类箱包。它的推出必将引起人们的兴趣，尤其是中老年人和青少年。该拉杆箱性价比高，在原有箱包基础上新增两排交错轮子，实现优越的上楼功能；附加成本低，有推广价值，具有很好的市场前景。

### （8）优化方案

下面是在本设计基础上的更完善的优化方案。

① 更改轮子外缘的材质。目前拉杆箱采用的轮子是塑料材质，撞击楼梯时，会对拉杆及箱体造成损害，并且会发出较大声响。如果我们采用富有弹性的轮子，如用橡胶、树脂、硅胶等材料制作的轮子，其在撞击楼梯时，会减少对拉杆、箱体造成的损害，发出的声响也更小。

② 加装弹簧减震装置

考虑到成本的问题，目前的设计没有考虑减震功能，因此，在拉箱子上、下楼梯或在不平路面上行走时，会比较颠簸。如果批量生产，在中心连杆处加装弹簧，使其在下楼时，能够通过重力做功压紧弹簧，弹簧产生弹性形变储存能量，而在上楼时便可以辅助出力，缓冲压力，从而起到减震作用。

### （9）操作说明

拉杆箱是能够根据楼梯的高度和使用者的具体身高、臂长等因素自动转换箱体与地面夹角以及轮板倾斜角度的。扣动轮板中间位置的凹槽把手即可开启轮板，将轮板向内推入即可收起轮板，如图 20-8 所示。

# 参 考 文 献

[1]　闻邦春.机械设计手册：第1卷.6版.北京：机械工业出版社，2018.

[2]　闻邦春.机械设计手册：第2卷.6版.北京：机械工业出版社，2018.

[3]　闻邦春.机械设计手册：第3卷.6版.北京：机械工业出版社，2018.

[4]　闻邦春.机械设计手册：第6卷.6版.北京：机械工业出版社，2018.

[5]　闻邦春.机械设计手册：第7卷.6版.北京：机械工业出版社，2018.

[6]　陈铁鸣.新编机械设计课程设计图册.北京：高等教育出版社，2015.

[7]　吴宗泽，罗圣国，等.机械设计课程设计手册.北京：高等教育出版社，2018.

[8]　吴宗泽.机械设计禁忌1000例.北京：机械工业出版社，2011.

[9]　蒲良贵，陈国定，等.机械设计.北京：高等教育出版社，2013.

[10]　Sclater N，Chironis N P.机械设计实用机构与装置图例.邹平，译.5版.北京：机械工业出版社，2014.

[11]　Robert O，Parmley P E.机械设计零件与实用装置图册.邹平，译.北京：机械工业出版社，2013.

[12]　杨可桢，程光蕴，等.机械设计基础.北京：高等教育出版社，2013.

[13]　张春林，李志香，赵自强.机械创新设计.3版.北京：机械工业出版社，2017.

[14]　吕仲文.机械创新设计.北京：机械工业出版社，2012.

[15]　张丽杰，冯仁余.机械创新设计及图例.北京：化学工业出版社，2018.

[16]　柴树峰，张学玲.机构设计及运动仿真分析实例.北京：化学工业出版社，2014.

[17]　朱金生.机械设计实用机构运动仿真图解.北京：电子工业出版社，2014.

[18]　CAD/CAM/CAE技术联盟.UG NX 10.0中文版从入门到精通.北京：清华大学出版社，2016.

[19]　吕英波，张莹.中文版SolidWorks 2016完全实战技术手册.北京：清华大学出版社，2016.

[20]　张鄂，等.现代设计理论与方法.北京：科学出版社，2018.

[21]　余胜威.MATLAB数学建模经典案例实战.北京：清华大学出版社，2015.

[22]　段志坚，李改灵.SolidWorks 2012机械设计实例精解.北京：机械工业出版社，2013.